The Brain, Emotion, and Depression

脑、情绪与抑郁

[英]艾德蒙·罗尔斯 著

傅小兰 等 译

华东师范大学出版社

·上海·

Edmund T. Rolls

图书在版编目(CIP)数据

脑、情绪与抑郁/(英)罗尔斯著;傅小兰等译.—上海:华东师范大学出版社,2021

ISBN 978 - 7 - 5760 - 2037 - 3

Ⅰ.①脑… Ⅱ.①罗…②傅… Ⅲ.①情绪-自我控制 Ⅳ.①B842.6

中国版本图书馆 CIP 数据核字(2021)第 185941 号

脑、情绪与抑郁

著　　者　[英]艾德蒙·罗尔斯(Edmund T. Rolls)
译　　者　傅小兰 等
责任编辑　彭呈军
责任校对　王丽平
装帧设计　卢晓红

出版发行　华东师范大学出版社
社　　址　上海市中山北路 3663 号　邮编 200062
网　　址　www.ecnupress.com.cn
电　　话　021 - 60821666　行政传真 021 - 62572105
客服电话　021 - 62865537　门市(邮购)电话 021 - 62869887
地　　址　上海市中山北路 3663 号华东师范大学校内先锋路口
网　　店　http://hdsdcbs.tmall.com

印 刷 者　上海昌鑫龙印务有限公司
开　　本　787×1092　16 开
印　　张　25
字　　数　438 千字
版　　次　2022 年 1 月第 1 版
印　　次　2022 年 1 月第 1 次
书　　号　ISBN 978 - 7 - 5760 - 2037 - 3
定　　价　118.00 元

出版人　王　焰

译者序

    人非草木，孰能无情！情绪如影随行，影响人类的方方面面。近几十年来，心理学和神经科学对情绪的研究成果丰硕，《脑、情绪与抑郁》这本书更是荟萃了近10年来情绪领域的最新研究成果。在这本书中，英国剑桥计算神经科学中心的艾德蒙·罗尔斯教授基于自己的系列研究和深入思考，阐述了情绪的特点和机制，内容包括什么是情绪，我们为什么会有情绪，如何产生情绪，如何患上了抑郁症等情绪障碍，如何基于情绪和理性思考作出决策，等等。

    十分有趣的是，罗尔斯教授基于达尔文等先驱的理论提出了自己对于情绪的一些独到见解，令人不觉耳目一新、茅塞顿开。他认为，情绪是由工具性强化物（包括奖赏物和惩罚物）诱发的一种状态；情绪使基因能够限定行为的目标而非限定行为本身；情绪包括认知过程，需要认知加工（不论是有意识的还是无意识的）来确定环境刺激或事件是否是工具性强化物；在没有外部感觉输入和认知加工的情况下产生的情绪状态是心境。

    这本书整合了多领域、多层次、多尺度情绪研究的成果，从动物实验到人类实验，从行为实验到脑成像实验，给读者呈现了一场既有理论高度又有实证支持的学术盛宴。如果你是一位对情绪领域感兴趣的心理学爱好者，你可以从这本书中了解到有益身心健康的知识；如果你是一位心理学和神经科学领域的学生或研究者，你可以从这本书中学习到最前沿的科学研究发现和理论观点。

    我们研究团队与这本书结缘，源于2019年6月18日彭呈军分社长联系到我，说英国有位著名心理学家推荐了自己的一本有关情绪的专著，想出中文版，分享给中国读者，询问我们研究团队是否对翻译这本书感兴趣。考虑到它的研究主题与我们研究组目前关心的问题十分契合，在征得组里几位老师的同意后，我把翻译这本书的任务应承了下来，组里的老师和同学们也纷纷加入到翻译团队中，并分工如下：

序：李才文、禤宇明

中文版序：李才文、禤宇明

第 1 章：臧奋英、禤宇明

第 2 章：李才文、禤宇明

第 3 章：陈琴、禤宇明

第 4 章：顾晶金、黄冠华、赵科

第 5 章：郑爽、黄冠华、赵科

第 6 章：王一帆、付秋芳

第 7 章：张子健、刘烨

第 8 章：代璐瑶、刘烨

第 9 章：覃缨惠、刘烨

第 10 章：王一帆、付秋芳

第 11 章：王一帆、付秋芳

在翻译过程中，团队成员一致的感受是，翻译这本书的难度超乎想象！作者作为该领域国际顶级研究者，在此书中常涉及非常专业的背景知识，译者不得不去参阅作者的过往出版物或其他的相关论著才得以比较准确地理解。而且作者擅长使用长句，从句中套从句，层层递进。这本书对译者的语言能力和专业素养提出了极大挑战，翻译一度步履艰难，但大家坚韧不拔，矢志不渝，终成此稿。在此，我诚挚地感谢参与本书翻译的所有老师和同学！

尽管本书译稿经过了译者之间多轮互校，我本人也通读全文做了审校，但受我们能力和水平的限制，译文难免仍有疏漏或错误，也敬请读者朋友们批评指正。

本书翻译之始，新冠疫情尚未开始；本书即将成书之际，疫情仍在肆虐。面对反反复复且不知何时才能结束的疫情，我们的内心也不免时常起伏动荡，理解情绪、掌控情绪就愈发显得重要！在此也致敬所有在疫情期间负重前行的人们！

傅小兰

中国科学院心理研究所

中国科学院大学心理学系

2021 年 8 月 28 日

2022 年中文版序

本书旨在回答以下问题：情绪是什么？我们为什么会有情绪？我们为什么会得抑郁症(一种主要的情绪障碍)，以及如何治疗抑郁症(包括自助的方式)？我们大多数人都认识一些抑郁症患者，我们真心希望能更好地理解情绪以及理解抑郁症是如何产生的，从而能在很多情况下给人们的生活带来非常直接的改变和帮助。本书讨论的一个关键策略是避免无法获得奖赏的情况，以及避免那些提示无法获得奖赏的线索。另一个关键策略是把能够获得的奖赏作为目标，因为获得奖赏时，被奖赏的行为所带来的控制感可以促进个体的心理健康。

本书是我的著作《脑、情绪与抑郁》(*The Brain, Emotion, and Depression*, Rolls 2018b) 2021 年修订版。

本书面向两类读者。

第一类是那些关心情绪的科学研究，但没有接受过科学训练的非专业读者。这类读者可以阅读本书中蓝色方框里(中文版用仿宋体排版)的内容。

第二类读者是那些希望了解情绪科学的科学家和医学专业人员，他们可能尤其关注情绪在大脑中的实现方式，并关注我们如何通过理解情绪的脑机制，既为理解情绪提供了坚实的基础，又为治疗情绪障碍提供了可能。本书中蓝色方框外(中文版用宋体排版)的内容就是为这类读者准备的；同时我也鼓励更多的普通读者能够关心情绪科学及其未来进展。

在此，我想请大家留意一些可能有用的资源。

第一，我的著作《情绪与决策的解析》(*Emotion and Decision-Making Explained*, Rolls 2014b)可以在 https://www.oxcns.org 免费下载。它包含很多有关情绪科学研究取向的证据，以及对一些不同研究取向的思考。

第二，我的著作《眶额皮层》(*The Orbitofrontal Cortex*, Rolls 2019e)提供了很多眶额皮层是参与情绪加工的关键脑区的证据。

第三，我的著作《大脑计算的内容与方式》(*Brain Computations: What and*

How，Rolls 2021a)指出了理解人类如何工作的关键方式：它描述了我们所知的每个脑区计算的内容，以及这种计算如何进行。该书也指出了脑与传统的数字计算机在工作方式上的差异。它对我们理解自身的健康和疾病，以及对于开发可以模仿某些脑功能的新型计算机有着重要意义。

第四，本书中许多参考文献的免费 PDF 格式文档可以在 https://www.oxcns.org 获取，新的论文也将会放在这个网站上。

在这篇序言的最后，我想对那些在复旦大学以及其他中国的大学和医学院的同事们表示感谢，他们和我在神经科学和医学研究方面进行了出色的合作。他们的名字详见本书末尾的出版论文列表。此外，我想特别感谢冯建峰、程炜、黄楚中、许至栗、林庆波、贾天野、丹尼斯·瓦坦瑟、杜景南和公维康。

我也要特别感谢完成本书中文翻译的中国科学院心理研究所傅小兰教授研究团队的成员，以及华东师范大学出版社彭呈军先生等参与本书出版的所有人员。

艾德蒙·罗尔斯（Edmund T. Rolls）

序

本书描述情绪的脑机制，以及由此形成的理解和治疗抑郁症的新取向。

本书既面向非专业的读者，包括抑郁症患者、抑郁症患者的朋友或亲属、治疗抑郁症的医务人员，也面向那些关心情绪和决策科学及其脑机制的人群。实际上，**本书的主要目的就是描述理解情绪及其潜在脑机制的研究，以及基于情绪及脑机制的新发现建立的理解和治疗抑郁症的新取向。**

为了同时满足非专业的读者和对这个研究领域感兴趣的科学家们的关切，本书用了一种新颖的版式。本书中蓝色方框里（中文版用仿宋体排版）的内容旨在适合非专业的读者，也就是那些没有受过神经科学专业训练的读者。 但除此之外，蓝色方框外（中文版用宋体排版）的内容则会涉及更多的科学细节，既适合科学家读者，也适合那些希望开始更深入地钻研科学的读者。这样的版式有很强的教育意义，向读者展示了如何从一般性理解转向科学实证。它将使非专业的读者，也就是那些起初可能只想阅读蓝色方框里（中文版用仿宋体排版）内容的读者，可以通过钻研本书其他部分内容，了解到科学家如何权衡不同来源的证据进而形成某种认识，这比总结科学结论更为重要。当我还是一名在剑桥大学读医学的本科生时，老师们曾教导我们如何看待实验证据，观察科学研究如何开展，从中又能获得什么样的结论，我对这些有非常深刻的印象。我相信通过仔细阅读蓝色方框外（中文版用宋体排版）的内容，非专业的读者能够对科学方法有所了解。本书总结了情绪、情绪的进化功能、情绪障碍等方面的科学证据，为未来研究提供了基础，因而我希望整本书对那些关心这类问题的科学家和临床医生有所助益。

非专业读者将会注意到我标注了已发表的原始研究，一般是引用作者和年份。被引用的论文列在本书末尾的参考文献部分。这样做的原因是，必须保证读者随时可以找到原始的实证或理论研究，以便能够仔细地核查和评估证据。这是科学方法中非常重要的一部分，即必须能够回溯评估原始研究证据。这并不意味着读者必须去阅读每一篇被引用的论文，但万一有读者想要查看原始研究，他们就能够找到对应的原文。原始研究的摘要通常可以通过谷歌学术(Google Scholar,也有可能通过它下载 PDF 格式的论文全文)或者 PubMed(https://www.ncbi.nlm.nih.gov/pubmed)找到。(我发现采用括号进行引用和备注是促使科学研究取得进步的一种严谨而有效的方式,如果出现在社交媒体上的简要总结没有引用相关研究证据,就存在误导大众而不是传播科学的风险。)我所引用的参考文献聚焦于某些关键的突破性研究发现,它们为理解情绪、情绪的脑机制以及像抑郁症这样的情绪障碍提供了框架,因而会有许多没被我引用的后续研究。不过,读者可以在《情绪与决策的解析》(Rolls 2014b)一书的引用中找到许多本书没有引用的研究,也可以在我的网站 http://www.oxcns.org 上下载其中一些文章的 PDF 格式文档。

除此之外,在本书的第 278 页 *附录中提供了一个专业术语表。

本书关注的一些关键科学问题是:情绪由什么引起?我们为什么会有情绪?我们如何产生情绪?为什么情绪状态会带来某种体验?我们如何做出决策?包括抑郁症在内的情绪障碍到底是怎么回事?在理解这些情绪障碍方面有什么新观点?又有哪些可能的新疗法?本书通过思考这些问题寻求对情绪与决策的解释。

本书是在我早期的一些书籍的基础上发展而来的,如《脑与情绪》(*The Brain and Emotion*,Rolls 1999a),《情绪的解析》(*Emotion Explained*,Rolls 2005b)和《情绪与决策的解析》(Rolls 2014b)。其关系大致如下。

本书《脑、情绪与抑郁》(2018b)针对更加广泛的读者群体,旨在提供一种对抑郁症及其脑机制的新解释,这将对临床治疗具有启发意义。此外,《脑、情绪与抑郁》更新了一些在《情绪与决策的解析》一书中提及的研究。本书《脑、情绪与抑郁》有个优势,那就是《情绪与决策的解析》为本书提供了一个坚实的基础,那些对本书内容感兴趣的读者可以去阅读《情绪与决策的解析》一书,以更深入地了解本书所探讨的相关内容,同时也可以找到一些密切相关的话题,如神经经济学以及涉及情绪和决策实现过程的神经元网络机制等。本书的独特之处在于那些深究抑郁症的部分,这些内容在《情绪与决策的解析》和《大脑皮层:工作原理》(*Cerebral Cortex:Principles of Operation*,Rolls 2016d)中鲜有涉及。

《脑、情绪与抑郁》超越了情绪的脑机制,因为它试图通过以下几个方面来阐释情绪:情绪由什么引起?(我提出的笼统答案是情绪由奖赏物和惩罚物引起,但也有其他因素的影响)我们为什么会有情绪?(总的来说,我认为情绪具有进化适应性,因为

---

* 本书正文引述的页码,以及索引中的页码,均指英文原版书页码,读者可按中文版边码检索。由于图表排版的原因,个别边码无法完全按原版顺序。——编辑注

情绪为基因影响行为从而提高基因的成功率提供了一种有效的手段)我们如何产生情绪?(我将通过描述目前已知的关于情绪的脑机制来回答这一问题)为什么情绪状态会带来某种体验?这个问题是意识这个大问题的一部分,我将会在第 10 章详细解释。

本书超越了情绪的脑机制的另一个方面是,对于为什么动物(包括人类)具有情绪这一问题,第 3 章提出了一个达尔文主义的解释。我相信这个理论就像强调自然选择的达尔文进化论那样能经得起时间的检验。该理论认为,情绪的重要进化作用在于情绪使基因能够限定行为的目标(例如,可以诱发情绪的奖赏物等)而非限定行为本身。这种达尔文式设计的优势在于,尽管基因限定了行为目标,但实际的行为并不是由基因预先设定好的,因此,行为本身仍具有很强的灵活性。这种达尔文式设计表明了基因如何能够在不限定固定的本能行为反应[①]的情况下影响行为,进而也就为有关动物行为的先天和后天之争另辟蹊径。我希望这能使本书引起更多读者的兴趣,包括那些对进化和进化生物学感兴趣的读者们。

尽管,在达尔文式的进化过程中形成了由基因限定的(gene-defined)目标,但是,人类的目标也可能会受到其他过程(如文化)的影响。的确,一些目标是在特定文化背景下定义的。例如,撰写一部类似托尔斯泰(Tolstoy)或弗吉尼亚·伍尔夫(Virginia Woolf)的小说。但是,我们认为正是那些由基因限定的初级强化物[如本书第 19 页表 2.1 中所展示的那些一般类型的初级强化物)使得我们想要在社会中被认可(因为这可以给我们带来好处),想要去解决难题等,因此,我们会从事诸如写小说之类的活动。更多内容见里德利(Ridley 2003)第 8 章,里德利(Ridley 1993b)第 310 页及后续页,拉兰德和布朗(Laland & Brown 2002)第 271 页及后续页,以及道金斯(Dawkins 1982)]。事实上,文化也会受到人类遗传倾向的影响,因此,人类的认知、情感和道德能力都是一个被称作*基因文化共同进化*(Gintis 2011,Gintis 2007)的独特动态系统的产物。

我们也许还要注意的是,基因限定行为目标的理论并不意味着基因决定了我们的行为。现代进化论使人们认识到很多特质(尤其是行为方面的特质)虽然具有一些遗传基础,但是,并不意味着这些特质必然会显现,而是在很大程度上取决于环境(Dawkins 1995,Ridley 2003)。进一步而言,本书所提出的情绪理论的影响力在于,它说明了在进化过程中基因只是限定了奖赏物和惩罚物作为行为的目标,而并未限定行为本身,行为是具有灵活性的,也是可以习得的。此外,第 10 章描述了对于具有

---

① 存在一些基因确实限定固定反应的情况。例如,婴儿可以通过一侧面颊感觉到母亲的乳房,并且条件反射性地将头部转到正确方向来吮吸母乳。

推理能力的人类(和其他动物),推理可以凌驾于基因限定的奖赏物,产生符合个体的表现型利益而非基因利益的行为,因此,这些行为实际上更少受到基因的影响(而非"被决定")。

本书所描述的我们对于情绪、决策和脑功能机制的理解具有广泛的启发意义,例如在美学、伦理学和心智哲学方面。《神经文化:论脑科学的启示》(*Neuroculture*: *On the Implications of Brain Science*, Rolls 2012d)一书中展开讨论了这些广泛的启发意义。

我在《大脑皮层:工作原理》(Rolls 2016d)一书中展示了一些神经机制(本书所描述的和其他的)如何形成一个统一的计算神经科学方法来理解大脑功能的很多方面,包括短时记忆、长时记忆、自上而下的注意、视觉客体识别、大脑信息表征以及决策。对想要了解涉及大脑功能很多方面的计算神经机制的人来说,《大脑皮层:工作原理》一书及其附录可能会有所帮助。

《嘈杂的大脑:脑功能原理的随机动力学》(*The Noisy Brain*: *Stochastic Dynamics as a Principle of Brain Function*, Rolls & Deco 2010)一书详细描述了大脑中的随机动力学,主要内容有,我们如何通过理论物理学的方法理解它,它如何对脑功能和行为的诸多方面作出贡献,以及它如何为研究认知变化(由衰老引起)和精神疾病(如精神分裂症和强迫症)提供了新的研究取向。

希望所有对以下问题感兴趣的读者都能对本书感兴趣,这些问题包括"什么是情绪""我们为什么会有情绪""我们如何产生情绪""我们是怎样患上了抑郁症之类的情绪障碍""我们如何基于情绪和理性思考做出决策"以及"我们如何在不同类型的决策当中做出选择"等。

本书素材的版权归艾德蒙·罗尔斯(Edmund T. Rolls)所有。本书描述的部分素材反映了多年以来我与很多同事合作的研究,非常感谢他们的巨大贡献。很多人的贡献见正文引用的参考文献。此外,与众多同事和朋友的讨论也使我受益匪浅,我希望他们能够在文中看到他们各自耀眼的贡献。例如,特别感谢与乔纳森·唐纳(Jonathan Downar)教授(多伦多大学)关于抑郁症的讨论。同时,我以本书和最近的一篇文章(Rolls 2019a)致敬拉里·韦斯克兰茨(Larry Weiskrantz),他是神经心理学领域的科学先驱,当我在剑桥大学读本科的时候,他是激励我、大卫·马尔(David Marr)和其他许多人的老师,也是我在牛津大学的同事,同时,他还是我坚定的支持者和朋友。还要感谢英国医学研究委员会(the Medical Research Council of the UK),人类前沿科学计划(the Human Frontier Science Program),威康信托基金会(the Wellcome Trust),麦克唐纳—皮尤基金会(the McDonnell-Pew Foundation)和欧洲共同体委员会(the Commission of the European Communities)等的资助,如果没有这么多来源的大量资金支持,我所描述的大部分工作都将无法完成。

本书由作者使用 WinEdt 编辑器在 L^AT_EX 中进行排版。

本书的封面展示了约翰·威廉姆·沃特豪斯(John William Waterhouse)于 1891年所作油画《尤利西斯与海妖塞壬》(*Ulysses and the Sirens*)的片段。这与理解情绪有关的隐喻是,尤利西斯理性意识的大脑系统要求把自己捆绑在桅杆上,用以抵抗基于遗传的情绪吸引物,即海妖塞壬的诱惑;探险家尤利西斯[荷马史诗中的希腊人奥德修斯(Odysseus)]总是不屈不挠地(本书作者也一样)探索着关于这个世界(及其如何运作)的新发现。封面展示了本书的主题之一,即情绪过程和理性(推理)过程之间的关系,这是一个已经持续了几个世纪的主题,如现陈列在大英博物馆里的公元前五世纪古希腊人酒罐上的绘画也展示了奥德修斯要求被捆绑在桅杆上的理性行为。其他的作品还有《亚当和夏娃》(*Adam and Eve*),由老卢卡斯·克拉纳赫(Lucas Cranach the Elder)大约于 1528 年创作,现陈列在佛罗伦萨市乌菲兹美术馆,它为早期的人类情绪和与情绪有关的决策提供了一个初步的解释。而本书为研究情绪、决策和一些情绪障碍提供了一个更新的且更科学的取向。

本书所引用文献的更新和一些论文的 PDF 文档可通过 http://www.oxcns.org 获取。

艾德蒙·罗尔斯谨以本书献给其家人,朋友和同事们:怀念逝者,致敬生者!

目 录

1 引言：科学问题

1.1 引言

情绪是什么？我们为什么会有情绪？情绪的适应性价值是什么？情绪的脑机制是什么？如何理解情绪障碍？为什么有情绪时就会有某种体验？为什么情绪有时会如此强烈？这本书旨在回答以上这些问题。

当知道了情绪是什么，我们为什么会有情绪，大脑如何产生情绪，以及为什么有情绪时就会有某种体验之后，我们将对情绪做一个广泛意义上的解释。

同样地，我们也会追问什么在驱动我们：动机是什么？如何控制动机？大脑如何产生和调节动机？一些动机性障碍，比如，导致饮食过量和肥胖的食欲障碍，到底是哪里出现了问题？这些动机控制系统如何运作才能确保我们摄入适量的食物来维持体重，或者适量的水来补充身体水分？在不同动物和人类身上发现的不同性行为模式的潜在原因是什么？我们为什么(以及如何)会喜欢某些类型的触摸(例如爱抚)，这与动机有什么关系？成瘾的大脑机制是怎样的？情绪和动机状态(如饥饿、食欲、性行为)之间有什么关系？事实证明，对动机行为和对情绪行为的解释在许多方面相似，因此，本书中也讨论了动机。

本书的部分目的是从以下几个方面来解释情绪：

1. 情绪由什么引起？我给出的一个笼统答案是强化刺激，即奖赏物和惩罚物，见第 2 章。

2. 我们为什么会有情绪？总的来说，我认为情绪具有进化适应性。因为情绪是一种帮助基因影响行为的有效方式，目的是提高个体的繁殖适应性（第 3 章）。

3. 我们如何产生情绪？我会通过描述已知的情绪的脑机制来回答这一问题（第 4 章）。

4. 动机是什么？动机是一种状态，在这种状态下我们想达到某一目标（比如食物奖赏或避免疼痛），并愿意采取行动来达成这一目标。

5. 什么是心境？在这种状态下，诱发刺激可能不明确，或者可能在一段时间前已经消失了。（所有术语的相关说明见第 2.7 节）

6. 我们如何做出决策？我从吸引子网络的角度提供了一个答案，这在第 8 章中会有详细描述。大脑中神经元放电的确切时刻是随机的，决策受这种随机性的影响，这一有趣的特性使得我们的决策具有少许不确定性和概率性。这种决策的随机性具有进化适应性，也有助于大脑其他区域产生原创性思维和创造力。

另一个答案是，人类（或许包括人类的近亲动物）有一个二级推理系统来做决策（第 10 章）。这一系统可以做出主要有利于个体利益而非有利于基因利益的长期决策。这两个特性使得两个决策系统有着截然不同的目标或目的，而这可能导致决策中的内部冲突。我认为一般来说，这两种系统在一个庞大的种群中是平衡的，但是，它们的相对重要性在个体间可能具有相当大的差异。此外，我还认为在做出特定决策时到底使用哪个系统（情绪系统或者推理系统）会受到上述随机性的影响。

7. 为什么情绪状态会带来某种体验？这是意识这个大问题的一部分，我将在第 10 章中讨论。

8. 为什么人类的情绪体验会如此强烈？我将在第 10 章中讨论这一问题。

9. 如何理解像抑郁症这样的情绪障碍？这种更深层的理解如何帮助个体更好地应对抑郁感受？既然我们从大脑中潜在计算过程的角度对抑郁症有了更进一步的理解，那么有没有可能开发出治疗抑郁症的新方法呢？我会在第 9 章讨论这些重要问题。

情绪和动机之所以被联系在一起,是因为二者均与奖赏物和惩罚物有关。情绪可以被认为是由奖赏物或惩罚物诱发的状态。第 2 章从情绪与奖赏物、惩罚物的关系出发,详细阐述了情绪的完整定义以及不同情绪理论。动机可以被认为是追求目标过程中(如奖赏物、避免惩罚物)的一种状态。举例来说,饥饿就是一种动机,此时个体想要采取行动来获得食物奖赏。这一点会在第 2、3、5 和 7 章中作详细说明。

考虑到奖赏和惩罚对情绪和动机的重要性,本书在第 1.2 节定义了奖赏和惩罚,并描述了一些涉及奖赏物和惩罚物的学习类型。这是本书后面内容的基础。然而,对于那些在初次阅读时想跳过 1.2 节定义部分(这是为了确保读者能有一个坚实的基础来理解情绪和动机)的读者而言,可以简单地把奖赏物视为动物(包括人类)努力想要得到的东西,把惩罚物视为动物想要逃离或避免的东西。

一些刺激与生俱来就是奖赏物或者惩罚物,它们被称为初级强化物(primary reinforcers)(例如,不需要学习就可以对疼痛做出厌恶的反应);还有一些刺激被称为习得强化物或次级强化物(learned or secondary reinforcers)(例如,"看见巧克力蛋糕"并非与生俱来就具有奖赏意味,但我们可以通过联结学习,在"看到蛋糕"和"品尝到蛋糕的美味"之间建立联系,而"蛋糕的美味"是初级强化物。这样就使得"看到蛋糕"成为一种习得强化物,因此,我们会更努力想要"看到蛋糕")。这种学习被称为刺激—强化联结学习(stimulus-reinforcement association learning),它在情绪和动机中扮演着重要角色。[一个更恰当的称呼是刺激—强化物联结学习(stimulus-reinforcer association learning),其中,强化物指可以作为惩罚物或奖赏物的刺激。]

1.2　奖赏物、惩罚物及其相关的学习：工具性学习和刺激—强化物联结学习

奖赏物是动物(包括人类)努力想要得到的东西。惩罚物是动物努力想逃离或避免(或者会降低与之相倚的动作的可能性)的东西。在这里"努力"指动物为了获得奖赏物或逃避惩罚物而表现出的任意行为,称为操作性反应(operant response),但其中不包括类似于条件反射的简单行为。例如,我们将钱投入自动售货机购买食物,或者老鼠按压杠杆获取食物,这就是操作性反应,这里食物是奖赏物。另一个操作性反应的例子是动物为了逃离或避免厌恶(惩罚性的)刺激,如寒冷的气流,而从一个地方迁徙到另一个地方。如果厌恶刺激先出现,之后动物才做出反应,这称为逃离惩罚物。如若先出现一个警告刺激(比如闪烁的灯光),暗示动物除非做出操作性反应,否则就

会出现惩罚物,那么动物就可以学会在警告线索出现时执行操作性反应,从而*避免*惩罚物。

由于奖赏物和惩罚物的定义要求必须至少可以表明动物习得了任意一种操作性反应(进而获得奖励物或逃离、避免惩罚物),我们可以发现,其实在奖赏物和惩罚物的定义中隐含有"学习"。(在单细胞生物中出现的根据化学梯度向食物来源游动的现象被称为"趋性";它不需要学习,这里的食物也并不符合奖赏物的定义,见第3章。)因为奖赏物和惩罚物的确暗含了学习如何获得奖赏物或逃离、避免惩罚物的能力,并且它们是动物采取工具性动作试图获得的目标,也是达到目标时所获得的强化物,所以我们称奖赏物和惩罚物为"工具性强化物"。

这一介绍引出了工具性强化物(instrumental **reinforcers**)的定义。工具性强化物指的是这样的刺激,它们的出现、终止或撤除取决于某一动作的发生,因而工具性强化物会改变未来做出该动作的可能性[作为与该动作相倚(如相互依赖)的结果]。这种动作(或行为反应)概率的变化表明为实现目标发生了工具性学习。正强化物(如食物)会增加与之相倚的动作出现的概率;这个过程被称为**正强化(positive reinforcement)**,其结果是奖赏物(如食物)。负强化物(如疼痛刺激)会增加能使负强化物撤除(如在主动避免中)或终止(如在逃离中)的动作出现的概率,这个过程被称为**负强化(negative reinforcement)**。相反,**惩罚(punishment)**指的是降低某个动作出现概率的过程。因此,惩罚指的是某个动作由于其后伴随疼痛刺激而出现概率下降的过程,如被动回避。惩罚也可以用来指撤除或终止奖赏物(即"消失"或"结束")的过程,这两种过程都会降低动作的出现概率(Gray 1975,Mackintosh 1983,Dickinson 1980,Lieberman 2000,Mazur 2012)。

我认为情感上正性的或者"欲望性"的刺激(能产生一种愉悦的状态)以**奖赏物(reward)**的形式起作用,当它出现时起到正强化物的作用,当它不出现(撤除或终止)时则会降低与之相倚的动作的出现概率。相反,我认为情感上负性或者厌恶性的刺激(能产生一种不愉悦的状态)作为**惩罚物(punisher)**起作用,当它出现时,可以降低与之相倚的动作的出现概率,当它不出现(被逃离或避免)时,起到负强化物的作用,因为它增加了与之"不出现"相倚的动作的出现概率[1](Rolls 2014b)。

强化物,即奖赏物或惩罚物,可以是非习得的**初级强化物(primary reinforcers)**,也可以是习得的次级强化物。比如,疼痛就是一种初级强化物,它是与生俱来的惩罚物。第一次给动物施加疼痛刺激,动物就会逃避,它们不需要学习就知道疼痛刺激是

---

[1] 请注意,这里对惩罚物的定义与对厌恶性刺激的定义相似,"惩罚物"是指一种刺激或事件,它能够降低该刺激出现时的相倚行为的概率,或者可以增加该刺激不出现时的相倚行为的概率,而"惩罚"这一术语仅限于行为概率降低的情况。

厌恶性刺激。类似地,第一次给动物施予甜味刺激,它就能起到正强化物的作用,因此甜味刺激是初级正强化物或奖赏物。其他通过学习而成为强化物的刺激物,由于与初级强化物的联结而被称为**"次级强化物"**(secondary reinforcers)。例如,一个总是在电击之前出现的(原本中性的)声音刺激可以成为次级强化物。动物会习得次级强化物所强化的操作性反应(动作),比如跳到没有次级强化物或次级强化物被终止的地方去。因此,次级强化物在让动物避免初级惩罚物(如疼痛刺激)等方面具有重要作用。

所有这些过程都与情绪有密切的关系。我们将在第 2 章中介绍,恐惧是一种情绪状态,它可能由先前与电击相联结的声音诱发。这个例子中的电击就是初级惩罚物,恐惧是因刺激(声音刺激)—强化物(电击)联结学习而对声音刺激产生的情绪状态。另一个次级强化物的例子是与食物味道相关联的视觉刺激。例如,当我们第一次看到一种没有见过的食物时,我们并不会将看见这种新的视觉刺激当作强化,但如果这种食物很好吃,那么看见这种食物就会成为正性次级强化物,并且我们可能会在以后看到这种食物时因为它与初级强化物的联结而选择它。因此,这种类型的学习被称为**"刺激—强化物联结学习"**(stimulus-reinforcer association learning)。[这种操作通常被称为刺激—强化联结学习(stimulus-reinforcement association learning)]此类学习对很多情绪都非常重要,因为正是由于这种类型的学习,才使得许多原本是中性的刺激可以诱发情绪反应,就像上面例子中的恐惧一样。

无条件强化刺激常诱发自主反应。(自主反应是指自主神经系统通过迷走神经和交感神经调节的反应,它作用于平滑肌。)例如疼痛刺激引起的心率和血压的改变;食物味道引起的唾液分泌。许多内分泌(激素)反应同样也是通过自主神经系统调节,例如,在情绪激动时肾上腺会释放肾上腺素。如果原本中性的刺激(如前面例子中的声音刺激)与无条件刺激(如前面例子中的电击)配对,让动物学习这种联结,就会形成习得性自主反应。在前面的例子中,声音刺激可能通过与电击刺激联结起来诱发动物的心率变化、汗液分泌等。这种类型的学习被称为**经典条件反射**(classical conditioning),由于伊凡·巴甫洛夫(Ivan Pavlov)对这种类型的学习进行了许多开创性的研究,包括对预测食物到来的铃声习得的唾液分泌的研究,所以这种学习也被称为**巴甫洛夫条件反射**(Pavlovian conditioning)。这是一种与刺激—强化物联结学习非常相似的学习类型,只是在经典条件反射中涉及的反应是自主内分泌反应。

除了涉及的反应系统不同以外,**工具性学习**和经典条件反射的一个关键区别在于操作的相倚性①。在经典条件反射中,动物无法控制无条件刺激是否出现(就像巴

---

① 指操作与刺激出现的关系。——译者注

甫洛夫的实验所描述的那样)。相反,工具性学习的完整概念是动物通过工具性动作决定最终是否获得、逃离或避免强化物。这两种类型的学习对于情绪都十分重要,因为工具性强化物不仅能诱发情绪反应(见第 2 章),而且它通常也会引起自主反应,因此,自主反应一般在情绪状态下发生。此外,工具性强化物确实可以调节情绪的重要影响,比如通过增加心率等使身体做好行动准备。

对经典(巴甫洛夫)条件反射和工具性学习的特性,以及这两者与情绪的关系更详细的描述请见罗尔斯(Rolls 2014b)的研究。

动机(motivation)是指动物愿意为了得到奖赏物或者逃离、避免惩罚物而努力时所处的状态。举个例子,我们把动物为了得到美食而付出努力时所处的动机状态称为饥饿。因此,动机的定义暗含着具备为了获得奖赏物或者逃离、避免惩罚物而做出任意操作性反应的能力。通过暗示"操作性反应",我们排除了反射和趋性(如单细胞生物根据化学梯度在溶液中游动)等简单的行为,如前文和第 2 章所述。通过暗示为了获得奖赏物(或避免惩罚物)而学习行为反应,动机因此聚焦在明确行为目标上。动机这一状态涉及对于大脑设计的理解,并且与如何明确行为目标这一基本问题,以及如何选择合适的行为有关。本书后文对此有进一步阐释,并会在第 2 章中将其汇集为一种情绪理论。

1.3 情绪和动机的研究取向:成因、功能、适应性价值与脑机制

为了解释情绪和动机,研究者们发展出了不同的研究取向,以下对其中一些进行介绍。

1.3.1 情绪的成因

为了研究情绪的成因,我们需要确定诱发情绪的环境刺激和情境,这是第 2 章的主题之一。第 2 章还阐述了引发情绪的不同环境刺激条件如何为不同情绪的分类提供了基础。情绪的诸多功能会在第 3 章中述及,理解情绪的功能也能部分解释我们为什么会有情绪。情绪的这些功能部分解释了它的适应性价值,也部分解释了情绪为什么会进化。人们发现,情绪为基因如何塑造大脑以产生对基因有利的行为这一问题提供了一个基本的解决方案,对情绪的适应价值以及情绪成因的深层见解将在第 3 章中详细阐述。当我们在进化的背景下考虑情绪的适应价值时,必须记住的是动物通常是社会性的,进化可能促进特定奖赏和惩罚系统的发展,从而帮助个体产生适应于社会情境的情绪行为。从进化适应价值的角度来理解和解释社会行为属于社会生物学和进化心理学的范畴(Buss 2015),我们将会在第 7 章性行为的背景下详细

介绍这一取向。

1.3.1.1 在因果关系的"最终"层面解释情绪

在因果关系的"最终"层面,也就是在进化的适应性价值层面(Mayr 1961, Tinbergen 1963),情绪被解释为基因出于自身"自私"的繁殖目的,通过限定工具性动作的奖惩目标来影响行为的一种简单有效的方式,产生的状态就是情绪状态(见第2、3章)。就进化适应性价值而言,这比基因直接限定刺激所诱发的行为反应或动作更简单有效(见第3章)。

1.3.1.2 在因果关系的"邻近"层面解释情绪

另一个用来解释情绪和动机及其基础(奖惩系统)的主要取向是依据实现它们的脑机制。理解行为的大脑加工机制能够确保我们可以正确解释行为是如何产生的。研究情绪和动机、奖赏和惩罚的脑机制,不仅可以让我们了解大脑是如何工作的,更重要的是可以为我们理解和治疗相关疾病奠定基础。这种对行为的解释被认为是因果关系的"邻近"层面(Mayr 1961, Tinbergen 1963),在这一层面解释情绪就涉及理解眶额皮层(orbitofrontal cortex)、前扣带皮层(anterior cingulate cortex)、杏仁核(amygdala)和其他相连脑区的神经机制。

在决策方面,在因果关系的"邻近"层面上的解释依据的是执行决策的吸引子皮层神经元网络机制(见第8章)。这种解释的一个诱人之处在于,它本质上与用于长时记忆[如海马体情景记忆和颞叶语义记忆系统(Rolls 2016d, Kesner & Rolls 2015, Treves & Rolls 1994, Rolls 2018a, Rolls 2021a)]和短时记忆(Rolls 2016d, Rolls, Dempere-Marco & Deco 2013, Rolls 2021a)的其他脑区的皮层机制属于同一类型。此外,这里所描述的决策机制是一种神经元机制,它从神经元和神经元网络的角度说明如何做出决策(Wang 2002b, Rolls & Deco 2010, Deco, Rolls, Albantakis & Romo 2013, Rolls 2016d, Rolls 2021a)(见第8章),在这方面与数学模型有所不同,如漂移扩散模型(drift diffusion model)就没有明确的神经元机制,只是设置了人为定义的噪音源、决策所需达到的阈值等(Ratcliff & Rouder 1998, Ratcliff, Zandt & McKoon 1999, Gold & Shadlen 2007)。

与数学模型相比,邻近层面上的生物机制解释的另一个优点在于它有助于我们了解可能影响这一机制的生物学因素,如对抑郁症(第9章)、精神分裂症和强迫症等神经精神状态的药物治疗(Rolls & Deco 2010, Rolls, Loh, Deco & Winterer 2008d, Rolls, Loh & Deco 2008c, Rolls 2016d, Rolls 2021a, Rolls 2021d)。

在"最终"层面上,决策过程是从进化适应性价值的角度来解释的,即先对不同决策变量(如价值)予以连续性的分级表征,以保证对它们的表征足够精确,然后通过一个非线性的选择机制将其分成两个或两个以上相对稳定的决策状态,从而使行为不会表现出相对抗的情况。第 8 章描述的吸引子网络决策机制的部分进化适应性价值体现在，它运用了一种短时记忆机制，使所做的决策能够维持一段时间，这样就可以在一段时间内将行为导向到执行这一决策。吸引子网络决策机制的另一部分进化适应价值在于，虽然它做出的选择是稳定的并且可以维持一段时间，但最终真正做出的选择可能会受到大脑噪音的影响，就像第 8 章和罗尔斯和德科（Rolls & Deco 2010）所认为的那样，这一过程可能具有躲避捕食者、产生创造性思维等诸多益处。其他具有不同神经元机制的大脑系统也可以做出决策，例如，第 6 章讲到的基底神经节中神经元之间直接的相互抑制。然而，这种依靠神经元直接相互抑制的机制并不具备即时维护决策的进化适应性价值，即通过由皮层网络中回返性的兴奋性连接实现的短时记忆来即时维护决策。事实上，这是第 8 章中对大脑皮层的吸引子决策网络的价值所做的"最终"层面解释的一部分。

因此，本书对情绪、动机与决策都分别提供了"邻近"、"最终"层面的解释。

1.3.2　理解灵长类动物（包括人类）大脑的重要性

本书重点介绍了有关非人灵长类动物（包括猴子）以及人类的研究成果，因为它们与理解人类情绪及其障碍有着密切的关系。这一点很重要，因为与非灵长类动物（例如，大鼠和小鼠）相比，灵长类动物（例如，猴子和人类）中许多涉及情绪和动机的大脑系统都获得了长足的发展。

比如，灵长类动物的颞叶就有了较大发展，而颞叶中的几个系统要么与情绪有关（如杏仁核），要么为涉及情绪和动机的大脑系统提供一些主要的感觉输入。尤其是杏仁核和眶额皮层这两个与情绪有关的大脑关键结构，都接收来自高度发达的颞叶皮层区域的信息输入，这些颞叶皮层区域包括涉及恒定视觉物体识别、面孔身份和表情加工的区域。

另一个例子是，灵长类动物的前额叶皮层也得到了巨大发展。眶额皮层是前额叶的一部分。啮齿类动物的眶额皮层非常不发达，但灵长类动物（包括人类）的眶额皮层却是涉及情绪和动机的主要脑区之一。事实上，有人认为颗粒状前额叶皮层（granular prefrontal cortex）是灵长类动物的新生区域，这种论调意味着大鼠中任何可能被称为眶额皮层的区域（Schoenbaum, Roesch, Stalnaker & Takahashi 2009）都只与灵长类眶额皮层的无颗粒部分（图 1.1 中灰色阴影部分）同源，即 13a、14c 区域和图 1.1 中标记为 Ia 的无颗粒岛叶区域（Wise 2008, Passingham & Wise 2012）。由此推论，对于人类和猕猴的眶额皮层和内侧前额叶皮层的大部分区域（图 1.1 中彩色或浅灰色阴影部分)的讨论,必须着重考虑在猕猴和人类身上的研究。[1] 如图 1.1 所示,啮齿类动物可能不具备与大多数灵长类动物(包括人类在内)眶额皮层同源的皮层区域(Preuss 1995, Wise 2008, Passingham & Wise 2012, Rolls 2021a)。

灵长类动物的上述这些皮层区域中,有的发展太快,以至于那些在进化上比较古老的系统也产生了变化。例如,与啮齿类动物相比,灵长类动物的味觉系统变得更重视皮层内(如眶额皮层等区域)的信息加工(Rolls & Scott 2003, Scott & Small 2009, Small & Scott 2009, Rolls 2016c, Rolls 2016f, Rolls 2019e, Rolls 2021a)(见图 4.2)。在灵长类动物中,味觉的奖赏价值在眶额皮层表征,因为眶额味觉神经元的反应与味觉的奖赏价值或适口性以同样的方式受到饥饿的调节。特别地,有研究表明当猴子被喂饱之后,其眶额皮层味觉神经元不再对食物的味道做出反应,且其食物接受率相应地下降(见图 4.6)(Rolls, Sienkiewicz & Yaxley 1989b)。相反,在灵长类动物的岛叶初级味觉皮层(insular primary taste cortex)(Scott, Yaxley, Sienkiewicz & Rolls 1986, Yaxley, Rolls & Sienkiewicz 1990)中的味觉表征并不受饥饿的调节(Rolls, Scott, Sienkiewicz & Yaxley 1988, Yaxley, Rolls & Sienkiewicz 1988, Rolls 2016b)。因此,灵长类动物的初级味觉皮层[以及包括孤束核(nucleus of the solitary tract)在内的味觉加工的早期阶段]并没有表征味觉的奖赏价值,而是表征了味觉的种类(见第 5.3.1 节)。灵长类动物的味觉皮层加工(首先由初级味觉皮层表征味觉的种类和强度,然后由眶额皮层表征奖赏价值)的重要性在于这两种表征都需要与视觉以及其他需要皮层计算的加工过程交互。例如,它们能够在非饥饿和无奖赏时准确表征当前出现的味道,并通过学习将其与视觉景象以及味道的来源位置联系起来,以便在将来这一味道具有奖赏价值的时候[2]它们能够找到味道的来源,这具有适应性价值。与皮层加工在灵长类动物味觉加工中占主导相一致,在灵长类动物的初级味觉皮层及其之前不存在对味觉的响应性调节,味觉通路直接从脑干孤束核到丘脑(thalamus),然后再到味觉皮层(图 4.2)。与灵长类动物不同,在啮齿类动物(如大鼠)中,孤束核与脑桥味觉区(pontine taste area),即臂旁核(parabrachia nucleus)相连(Rolls & Scott 2003, Scott & Small 2009, Small & Scott 2009, Rolls 2016c, Rolls 2016f, Rolls 2019e)。啮齿类动物的脑桥味觉区不仅与丘脑、皮层有联系,而且与许多在食欲控制中非常重要的皮层下核团有直接联系,包括杏仁核和下丘脑(hypothalamus)(第 5.3.1.4 节)。此外,在啮齿类动物中,饱足感可以使孤束核神经元对食物味道的反应性降低约 30%,因此,啮齿类动物的味觉加工从大脑的第一级

8

9

---

① 作者可能是想强调,研究别的动物的这些脑区对理解情绪没有什么价值。——译者注
② 饥饿的时候。——译者注

突触开始就混杂着奖赏价值与快感。这使得啮齿类动物的味觉(和奖赏)系统在功能上难以理解,因为其中不同的功能(比如表征味觉的种类、强度与快感)没有分离,因此,通过啮齿类动物的味觉系统来理解包括人类在内的灵长类动物的味觉奖赏加工过程会很糟糕(Rolls 2016c, Rolls 2016f, Rolls 2016d, Rolls 2019e, Rolls 2021a)。这些证据强调了我们理解来自灵长类动物(包括人类)的研究证据的重要性,即使对于味觉这种人们认为在进化上十分古老的系统也是如此(第5.3.1.4节)。

关注灵长类动物大脑的另一个原因是,灵长类动物的视觉系统获得了长足发展,这本身会对涉及情绪和动机的大脑系统(Rolls 2014b, Rolls 2016d, Rolls 2021a)和记忆系统(Rolls & Wirth 2018)所加工的感觉刺激的类型产生重要的影响。比如,解码面孔身份和面孔表情对灵长类动物的情绪行为都很重要,并且它们也为灵长类动物的许多社会行为提供了重要的基础。这就是为什么本书所采用的这种取向将重点放在灵长类动物(包括人类)的大脑系统上的原因之一。

本书中所述研究的医学目的是为理解人类情绪、动机和决策的大脑机制提供依据,从而为理解相关的疾病,包括抑郁、焦虑、成瘾、反社会人格障碍、边缘型人格障碍、精神分裂症、进食障碍、决策障碍(包括病态赌博)等提供基础。

1.3.3 从人类功能性神经影像学、神经编码到对大脑的计算理解

在论及情绪和决策的大脑机制时,本书描述了关于人脑成像的研究发现。这些方法中,功能性磁共振成像(functional magnetic resonance imaging, fMRI)通过测量局部脑氧合水平的变化(使用来自脱氧血红蛋白的信号)建立局部脑活动的指标。正电子发射断层扫描(positron emission tomography, PET)通过估计局部脑血流变化,同样可以提供局部脑活动程度的指标。然而,需要注意的是,这些功能性神经成像方法只是为测量大脑功能提供了相当粗略的方法,因为它们的空间分辨率很少能小于3毫米,所以它们所给出的图像就像是一种"大脑的斑点图"(blobs on the brain),它可以大致提示我们大脑的什么地方正在发生什么,以及可能发生哪些类型的功能分离。

然而,由于功能性神经成像分辨率下的每个小区域内都有数百万个神经元,因此,这种成像技术对于大脑究竟如何运作能提供的证据很少。为此,我们需要知道,在大脑的计算元素即神经元(脑细胞)之间交换信息的水平上,每个大脑区域表征了什么样的信息。为了理解大脑是如何作为一个系统运作的,我们还需要知道信息(如外界的刺激或事件)的表征在大脑加工的不同阶段是怎样变化的。事实证明,人们可以通过记录单个神经元或一簇神经元的活动,从大脑中"读取"这些信息(Rolls & Treves 2011, Brenner, Smeets & van den Berg 2001)。之所以说这是理解表征内容

的一个有效方法,是因为每个神经元都具有信息输出的通道,即动作电位的发放。因此,我们可以通过测量神经元的放电来测量某个脑区所表征的丰富信息。这可以为理解大脑如何运作提供至关重要的基本证据(Rolls 2016d, Rolls 2021a)。例如,神经元记录可以揭示某个脑区中表征的全部信息,即使部分信息只由其中很少数量(也许是百分之几)的神经元编码。(这对于脑成像技术来说是不可能的,脑成像技术还容易出现解释困难的问题,即不管是什么引起脑区的最大激活,都将它解释为该区域正在编码的内容。)

神经元记录也为在合适的水平,即神经元网络水平建立大脑功能的计算模型提供了证据。这样的神经元网络计算模型探索给定的大脑区域神经元群如何执行有效计算以实现该脑区正在执行的功能,模型需要考虑该脑区已发现的连接以及符合的生物学原理(例如,改变神经元之间突触连接强度的学习规则)(Rolls 2016d, Rolls 2021a)。这种取向不应当被视作大脑运作的隐喻,而应该被看作是关于大脑各部分如何运作的理论。当然,神经元网络计算理论,以及任何以此为基础的建模或仿真,都可以在一定程度上被简化使之易于处理,但重点是,神经元水平取向以及分析神经元群功能的神经元网络模型,它们共同为理解大脑的实际运作方式提供了一些基本要素。出于这个原因,本书还强调了当前凭借神经元记录,我们所获知的大脑各个区域的加工内容。对于建立大脑功能的理论和模型而言,脑成像证据永远无法取代神经元记录的证据,不过两者确实能够有效地相互补充。

以这种取向(即通过不同脑区的神经网络的计算来研究大脑功能)为主题的著作还有:《神经网络和脑功能》(Rolls & Treves, 1998)、《视觉计算神经科学》(Rolls & Deco, 2002)、《记忆、注意和决策:一种统一的计算神经科学方法》(Rolls, 2008a)、《嘈杂的大脑:脑功能原理的随机动力学》(Rolls & Deco, 2010)、《大脑皮层:工作原理》(Rolls, 2016d)、《大脑计算的内容与方式》(Rolls, 2021a)。读者可以通过参阅这些图书来更全面地理解这种符合生物学原理的脑功能研究取向。它可以被看作是理解大脑功能的机制的取向,因为必须明确理解行为和思维的机制(是行为的"邻近"原因),并且还必须在进化适应价值的背景下理解这些机制(是行为的"最终"原因)。本书还描述了一些神经生理学的研究证据及其对于理解我们的大脑如何产生情绪和动机,以及理解它们的适应性价值的本质的计算意义。

1.4 情绪、动机和抑郁:本书的框架

我们计划在本书第2、3章讨论情绪及其功能相关的主要议题。这些章节通过定义情绪和阐明情绪的功能来解释情绪。在第4章阐述了情绪的运行机制,

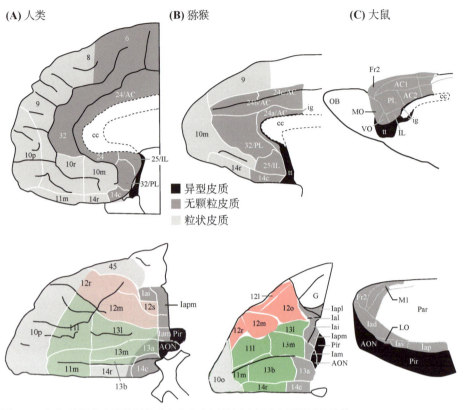

图 1.1 人类、猕猴和大鼠的眶额叶(下)和内侧前额叶(上)皮层区域的比较。

(A) 人类额叶皮层的内侧(上)和眶额(下)区域(Ongur et al. 2003)。绿色部分表示的是内侧眶额皮层(13 区和 11 区),红色部分表示的是外侧眶额皮层(12 区)。除了 13a 区以外,人类的眶额皮层几乎全部都是颗粒状的。深灰色表示的是无颗粒皮质。图中 45 区是三角部额下回的眶部。

(B) 猕猴额叶皮层的内侧(上)和眶额(下)区域(Carmichael and Price 1994)。

(C) 大鼠额叶皮层的内侧(上)和外侧(下)区域(Palomero-Gallagher and Zilles 2004)。

在各图中,喙侧都在左边。上面一行:背侧朝上。下面一行:在图(A)和(B)中,外侧朝上;在(C)中,背侧朝上。(不按比例尺)。

缩略语表:AC,前扣带皮层(anterior cingulate cortex); AON,前嗅核(anterior olfactory 'nucleus');cc,胼胝体(corpus callosum);Fr2,第二额叶区(second frontal area);Ia,无颗粒岛叶皮层(agranular insular cortex); ig,灰被(胼胝体上回)(induseum griseum); IL,边缘下皮层(infralimbic cortex); LO,外侧眶皮层(lateral orbital cortex); MO,内侧眶皮层(medial orbital cortex); OB,嗅球(olfactory bulb); Pr,梨状(嗅)皮层(piriform (olfactory) cortex); PL,前边缘皮层(prelimbic cortex); tt,视顶盖(tenia tecta); VO,腹侧眶皮层(ventral orbital cortex);区域的细分标记为尾侧(c);下(i),外侧(l),内侧(m),眶(o),后或极(p),喙侧或嘴侧(r),或任意指定(a, b)。继 Passingham and Wise (2012)。

(A) 采用自 Dost Ongur, Amon T. Ferry, and Joseph L. Price, Architectonic subdivision of the human orbital and medial prefrontal cortex, *Journal of Comparative Neurology*, 460(3), pp. 425–49. doi. org/10. 1002/cne. 10609. Copyright © 2003 John Wiley and Sons.

(B) 采用自 S. T. Carmichael and J. L. Price, Architectonic subdivision of the orbital and medial prefrontal cortex in the macaque monkey, *Journal of Comparative Neurology*, 346(3), pp. 366–402. Copyright © 1994 John Wiley and Sons.

(C) 采用自 Nicola Palomero-Gallagher and Karl Zilles, 'Isocortex', in Paxinos, George ed., *The Rat Nervous System*, 3e, pp. 729 – 757, doi. org/10. 1016/B978-012547638-6/50024-9. Copyright © 2004 Elsevier Inc. All rights reserved.

也就是情绪究竟是如何在大脑中实现的,这是对情绪的另一部分解释。通过了解情绪的机制,我们不仅能更好地理解诱发情绪的不同过程,还能为开始了解包括抑郁症在内的许多情绪障碍及其治疗方法奠定基础。

情感(情绪)状态和奖赏都与一些动机行为有关,如进食、成瘾和性行为,我们在第5、6和7章讨论了这些内容。这些主题下提供了许多明确的例子,这些例子不仅说明刺激物的愉悦度或奖赏价值如何反映了大脑设计和行为设计的一个重要方面,也有助于说明奖赏物和惩罚物确实会影响我们行为的诸多方面。

第8章讨论了大脑如何决策,以及大脑机制如何反映我们对于所做决定的信心。

在本书其余部分内容的基础上,第9章探讨了抑郁症的成因、脑机制和治疗方法。

情绪体验是意识这一大问题的一部分。在第10章中,我们结合意识体验中的大脑信息加工讨论了情绪体验这一问题。

2　情绪的本质

2.1　引言

在本章中,我将根据诱发情绪的事件来描述情绪。我们一旦有了情绪的操作性定义,就有了系统研究情绪的基础。首先,我会介绍一种正在形成的理解情绪的标准取向,然后将这一取向与其他一些取向进行对比。我们把情绪体验以及更广义的意识问题留给第10章,因为我们可以在完全理解意识是什么之前就取得很大的进展。在本章中,我对这一取向仅作简要的介绍,更完整的描述见《情绪与决策的解析》(Rolls 2014b)。

2.2　情绪理论概述

首先,我将介绍我提出的情绪定义的本质:情绪是由奖赏物和惩罚物,即工

具性强化物诱发的一种状态。

如1.2节所述，奖赏物是动物努力想要获得的任何东西。而惩罚物则是动物想要逃离或避开的任何东西，或者是会抑制与之相倚的动作的任何东西。我注意到改变奖赏物或惩罚物的施加频率所起的作用如同工具性强化物一样。在这个定义中，“工具性”意味着情绪状态被视为限定了任意行为动作的目标，即获得对应的工具性强化物。这与经典条件反射[一种由刺激诱发的，完全没有干预状态的反应（通常是自主反应）]完全不同（更多内容见4.6.2节）。由工具性强化物诱发的相关状态及其特定功能将在第3章中介绍。

因此，情绪的一个例子是快乐。我们得到奖赏物时就会产生快乐，例如拥抱、愉悦的抚摸、赞美、赢了一大笔钱，或者和自己心爱的人在一起。所有这些东西都是奖赏物，因为我们会努力获得它们。情绪的另一个例子是恐惧。当我们在骑行中听到快速驶近的公交车的声音时，或者当我们看到某人脸上愤怒的表情时，就会产生恐惧。我们会努力避开这些刺激，它们是惩罚物。情绪的另外一个例子是沮丧、愤怒或者悲伤，它们是预期奖赏物（例如，奖金）的撤除，或者是奖赏物的终止（例如，爱人去世）而诱发情绪。情绪的另一个例子是轻松，由惩罚刺激的撤除或终止而诱发，例如，疼痛刺激的撤除，航船驶出危险的区域。这些例子表明，情绪可以因为奖赏刺激或惩罚刺激的出现、撤除或终止而诱发。这也在一定程度上说明，不同的情绪是如何产生的，以及如何按照奖赏物和惩罚物的获得、撤除或终止进行分类的。

在大家接受这种提法之前，我们应当考虑是否存在其他任何例外的情况。 13
确实，“什么诱发了情绪”这个问题乍一看来，相当的还原主义。不过，检验“事件导致了情绪”这一定义的一种方法是，探索是否存在一种不会诱发情绪的奖赏物或者惩罚物。反而言之，我们可以探索，是否存在一种情绪，它不是由奖赏性或惩罚性的刺激、事件或回忆诱发的。由于很难找出这个总体原则的例外情况（见Rolls 2014b），因此，我们还是接受这种提法，把它视为一种对情绪诱发条件的有用区分、总结以及操作性定义。完整的情绪理论必须考虑到情绪体验这个问题，这是意识这个更大问题的一部分，这一点将在第10章中讨论。

由奖赏物和惩罚物，即工具性强化物诱发情绪的观点历史悠久，可以追溯到华生(Watson 1930)、哈洛与斯塔格纳(Harlow & Stagner 1933)和阿姆塞尔(Amsel 1962)。后来，米伦森(Millenson 1967)、拉里·卫斯克兰茨(Larry Weiskrantz 1968)和杰弗里·格雷(Jeffrey Gray 1975，1981)发展了这一取向。

依照强化相倚对情绪分类的相关内容将会在2.3节中展开。下面我们讨论奖赏物和惩罚物更正式的定义,以及它们与学习理论中的一些概念(例如强化、工具性学习和惩罚)之间的关系。同时,本书 1.2 节和 4.6.2 节也详细阐述了这些内容。

工具性强化物是一类刺激,如果这类刺激的出现、终止或撤除与某个动作的执行相倚,它们就会改变将来产生这一动作的概率(Gray 1975, Mackintosh 1983, Dickinson 1980, Lieberman 2000, Mazur 2012)。奖赏物和惩罚物就是工具性强化刺激。这里动作的概念是指为了获得奖赏物或者避免惩罚物的任意一个动作,例如,向左转或向右转。因此,反应和强化刺激之间不存在预先的联结。一些刺激是初级(非习得的)强化物(例如,动物饥饿时食物的味道,或者疼痛);而其他的刺激如果与这些初级强化物之间形成了联结,就可以通过学习变成强化物,从而成为"次级强化物"。因此,这种类型的学习称作"刺激—强化物联结",通过联结学习过程发生。正强化物(如食物)会增加与之相倚的动作出现的概率,这个过程称作**正强化(positive reinforcement)**,其结果是一个奖赏物(如食物)。负强化物(如疼痛刺激)会增加能使负强化物撤除(如主动回避时)或终止(如在逃离时)的动作出现的概率,这个过程称作**负强化(negative reinforcement)**。相反,**惩罚(punishment)**指的是降低某个动作出现概率的过程。因此,惩罚可以描述为如果某个动作之后伴随着疼痛刺激,那么这一动作发生的概率下降的过程,如被动回避过程。惩罚也可用来描述涉及奖赏物的撤除或者终止("消失"或者是"结束")的过程,二者均会降低反应的概率(Gray 1975, Mackintosh 1983, Dickinson 1980, Lieberman 2000, Mazur 2012)。为了达成目标而执行某种动作的学习称为"动作—结果"学习。我认为情感上正性的或者欲望性的刺激(能诱发一种愉悦的状态)以**奖赏物**的形式起作用,当它出现时工具性地扮演正强化物的作用,当它不出现(撤除或终止)时则以降低与之相倚的动作出现概率的方式起作用。相反,我认为情感上负性或者厌恶性的刺激(能诱发一种不愉悦的状态)作为**惩罚物**起作用,当它出现时,工具性地降低了与之相倚的动作出现的概率,当它不出现(逃离或避免)时,扮演负强化物的作用,因为它增加了与之不出现时相倚动作的概率。

14   虽然,这里所说的情绪和工具性强化物之间的联系有点操作化了,但是,我们将会看到真正的联系比这更为深入,因为已经发展出了这样一个理论,认为基因限定了初级强化物,以鼓励动物执行任意动作来寻求特定目标,从而增加了基因存活到下一代的可能性(Rolls 1999a, Rolls 2014b)。由强化物诱发的情绪状态有很多功能,本书第 3 章中会阐述相关的这些内容。在我的情绪理论(Rolls 2014b)中,工具性学习当中与初级强化物(为动作提供目标)相关的刺激(例如,看到食物,或伴随电击的声音)产生的干预状态是一个关键概念,因为干预状态就是情感或情绪状态(Rolls 2013d)。

进一步而言,动机可以看作是一种正在寻求目标(即工具性强化物)的状态。我们应该将"动机"一词专门用来描述正在寻求工具性强化物或目标的状态。相反,如果这种行为是一种反射,例如,在缺少食物时伸长鼻子,那么我们就不能称之为动机行为,而应该使用"驱力"一词。

2.3节中将讨论不同情绪与不同强化相倚之间的联系,在此之前,我需要先阐明两个专业术语:心境和情绪。区分心境和情绪的一个有用的方法如下。情绪由认知过程构成,该认知过程产生一个解码信号,表明环境事件(或记忆事件)正在强化,同时产生心境、情感或情绪状态。如果情绪状态是在没有外部感觉输入和认知解码[例如,对大脑进行直流电刺激(Rolls 2005b)]的情况下产生的,那么这只能称为心境状态,它不同于情绪,因为环境中没有心境状态所指向的对象。(由于情绪是由刺激或者客体诱发,因此,情绪"指向或具有某一客体",情绪状态就是哲学家所说的意图状态的例子。)需要强调的是,很可能情绪包含有认知加工(不论是有意识的还是无意识的),因为通常需要认知加工来确定环境刺激或事件是否是工具性强化物。

2.3　情绪类型

正如第2.2节所述,不同的情绪可以部分地根据工具性强化物是正性的还是负性的以及强化相倚来描述和分类。由罗尔斯(Rolls 1990a,1999a,2000a,2005,2014b)阐述的这种分类方案的概要如图2.1所示。

在图中从中心向外表示在连续尺度上情绪强度的增加。图中显示了与奖赏物的出现(S+)有关的情绪,包括愉悦、欢快和狂喜。当然,同一坐标轴上也有其他情绪标签。与惩罚物的出现(S−)有关的情绪包括忧虑、恐惧和惊骇。与奖赏物的撤除(S+)或终止(S+!)有关的情绪包括沮丧、愤怒和狂怒。与惩罚物的撤除(S−)或终止(S−!)有关的情绪包括轻松。尽管这里所示的情绪分类[以及罗尔斯(Rolls 1986a,1986b,1990a,1999a,2005,2014b)的分类]与早期的理论不同,但这种通过工具性强化效应对情绪进行定义和分类的取向是在许多早期研究分析中发展而来的[例如,米伦森(Millenson 1967)和格雷(Gray 1975,1981);也见斯托曼(Strongman 2003)]。

需要明确的是图2.1不是一个维度图示[维度图示中,可以确定能够解释数据集当中主要且有独立变异来源的独立因素或维度。一些研究表明,这些维度从生物学上(如,在自主反应、激素或者唤醒水平方面存在不同)和心理学上(如,表现的是愤怒还是恐惧)都可以解释,如2.4.3节所述]。但是,图2.1所示内容的含义是为了阐明强化相倚发生变化的一系列逻辑可能性,并且显示它们是如

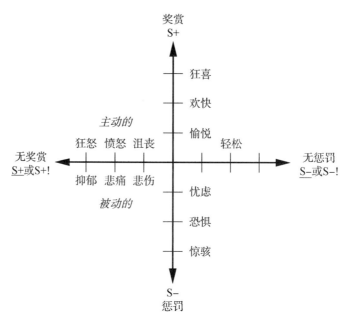

图 2.1 与不同强化相倚有关的一些情绪。图中从中心向外表示在连续尺度上情绪强度的增加。依据不同的强化相倚建立这个分类图示,这些强化相倚包括:(1)奖赏物的出现(S+),(2)惩罚物的出现(S-),(3)奖赏物的撤除(消失)(S+!)或终止(结束)(S+!),以及(4)惩罚物的撤除(避免)(S-)或终止(逃离)(S-!)。需要注意的是,纵轴描述了与奖赏物的出现(上)和惩罚物的出现(下)有关的情绪。横轴描述了与预期奖赏物没有出现(左)和预期惩罚物没有出现(右)有关的情绪。与无奖赏相倚(水平轴,左侧)的不同情绪的产生取决于对无奖赏的应对是否存在主动行为,如果不存在可能的主动行为,这种情况称为被动条件。在被动条件下,无奖赏可能会导致抑郁。该图示总结了同一强化物在不同强化相倚下可能诱发的情绪。每种独立的强化物都有可能通过这些强化相倚而发挥作用。该图展示的并不是一种情绪维度理论,而是展示了某一特定强化物可能诱发的情绪状态的类型。每一种不同的强化物会诱发不同的情绪状态,但是诱发的具体是哪种情绪状态取决于图示中强化相倚的作用。

何与一些不同类型的情绪相关联的。需要强调的是,存在很多种工具性强化物,将会在表 2.1 中列出,并且,每一种强化物都会通过图 2.1 中总结的多种类型的强化相倚发挥作用,从而诱发不同的特定情绪类型。

实际上,如图 2.1 所示的四个方向可能彼此独立或至少部分独立,这样一来图 2.1 中的内容就展示在一个四维的空间里。例如,对奖赏(S+)的敏感性(对刺激的反应能力)可能至少部分独立于对惩罚物(S-)的敏感性、对无奖赏(<u>S+</u>

和 S+!)的敏感性,以及对惩罚物未出现(S- 和 S-!)的敏感性。引起不同情绪的维度或独立方式可以形成如图 2.1 所示的四个维度,后续进一步的作用还会扩展这些方式,进而使得情绪之间彼此不同。

图 2.1 的一个重点是存在很多不同的初级强化物,例如,标为 S+ 的奖赏物表示的可能仅仅是一种奖赏物(如舒适的抚摸)诱发的状态。事实上每种奖赏物(比如舒适的抚摸、甜味等)都有一个不同的奖赏轴(S+)和无奖赏轴(S+ 和 S+!)。相对应地,每种惩罚物(比如疼痛、苦味等)也有一个不同的惩罚轴(S-)和无惩罚轴(S- 和 S-!)。

虽然根据不同的强化相倚可以区分多种情绪,但是我在牛津大学的一些学生有时候表达了这样的观点,认为仅仅用强化相倚可能无法解释人类所有的情绪类型。因此我向他们展示,结合其他引起不同情绪的方式,基于强化相倚可以发展出一个能够解释绝大多数情绪类型的体系。这些扩展的解释不同情绪的方式已于 1986 年发表(Rolls 1986a, Rolls 1986b),后来还做了一些改进(例如 Rolls 1995,1999a, 2005,2014b),接下来我们就来描述和进一步阐述这些方式。如果读者能够想到任何无法通过下述方式的组合来解释①的情绪,那么考虑可能需要做哪些进一步的扩展将会非常有趣。

1. 强化相倚

如上文所述以及图 2.1 所示,出现不同情绪类别的第一种方式源于不同的强化相倚。

2. 强度

第二,不同强度的强化物会诱发不同程度的情绪体验(如上所述,也见 Millenson 1967)。例如,随着出现的正强化物的强度逐渐增加,产生的情绪就从愉悦、欢快到狂喜。类似地,随着出现的负强化物的强度逐渐增加,产生的情绪就从忧虑、恐惧到惊骇(见图 2.1)。另外,这里需要指出的是,焦虑可以是一种与奖赏物的不出现或惩罚物的出现相关的刺激诱发的状态(Gray 1987)。

3. 多种强化联结

第三,任何环境刺激都可以有很多不同的强化联结。例如,一个刺激可能既与奖赏有关也与惩罚有关,这样就会引起诸如冲突和愧疚的情绪状态。可能的各种不同组合大大增加了可能的情绪种类。

4. 不同的初级强化物

第四,由于原始强化物的不同,与不同的初级强化物关联的刺激可以诱发不

---

① 解释在这里的意思是说明该情绪是如何被诱发的。——译者注

同的情绪,即使是在同一种强化范畴(即属于同一种强化相倚)。例如,同样是奖赏刺激,由食物的美味所诱发的情绪状态不同于盛装打扮所诱发的情绪状态。这一点其实是联想记忆机制的一个重要特征,即施加的刺激会成为"寻找"或者回忆与之相联结的原始初级强化物的关键(Rolls 2016c)。因此,情绪刺激彼此不同是因为与其联结的原始初级强化物有差异。

表2.1总结了许多不同的初级强化物,这有助于说明一些不同的情绪是如何由不同的初级强化物诱发的。例如,通过表2.1可以推测嫉妒这种情绪的一种可能的生物学起源,即嫉妒是一名男性看到另一名男性追求其伴侣时可能产生的情绪状态,因为这威胁到了他和伴侣抚养后代的亲本投资,如第7章所述。女性的嫉妒也以类似的方式产生,尤其是当她的资源受到威胁时。本节随后还提供与特定初级强化物相关联的情绪(包括愧疚、羞耻、愤怒、宽恕、羡慕和爱)如何产生的一些例子,这些例子还会贯穿在本章、第3章、第7章以及本书的其他部分。

5. 不同的次级强化物

情绪之间彼此不同的第五种方式源于诱发情绪的特定(条件化)刺激,以及该刺激出现的环境。因此,如果引起情绪的条件化刺激不同(也就是说,如果情绪的客体不同),即使强化相倚和非条件化的强化物可能相同,所诱发的情绪在认知上仍然有可能不同。例如,当看到某个人时所产生的情绪状态可能不同于看到另一个人时产生的情绪状态,因为人与人是不一样的,与刺激知觉相关的认知评价也会不同。又如,若一个人在赌博任务中没有获得金钱奖赏,他可能会沮丧,但如果是由于别人阻碍而没有获得金钱奖赏,那他就可能会对那个人产生愤怒的情绪。

由此看来,进化可能造就了不同的强化物,它们依据环境情况以不同的方式诱发特定的情绪。例如,一些情绪可能跟社会性强化物有关[例如,爱、愤怒、羡慕,以及违反社会规则后产生的羞耻等,更多内容见11.3节和罗尔斯(Rolls 2012d)],另一些情绪可能和非社会性强化物有关(如对疼痛刺激的恐惧),还有其他一些情绪与解决难题有关。根据初级强化物和次级强化物的性质以及这些强化物出现的环境情况,还有认知因素,我们可以解释许多不同的情绪。然而,情绪共有的潜在基础仍然是,它和目标(即工具性强化物)以及发挥作用的强化相倚有关。不同目标、强化相倚及其发生环境的共同作用丰富了情绪状态的多样性。

6. 可采取的行为反应

情绪发生变化的第六种方式出现于所能做出的行为反应类型受到环境的限

18

制时。例如,预期奖赏落空时,如果可以采取主动的行为反应,个体就会对阻碍其获得奖赏的人产生愤怒情绪,但如果只能采取被动行为,个体就会产生悲伤、抑郁或者悲痛等情绪(见图 2.1)。

如果考虑以上 6 种可能性的不同组合,我们就有可能解释非常广泛的各种情绪,这也是我们在此介绍的这种取向的一个优势。同样,刺激(包括认知编码事件和回忆事件)在特定情境中的强化程度(进而产生情绪)依赖于先前的强化历史[包括近期的(比如产生了感觉特异性饱足感)和长期的历史],也依赖于当前的心境状态(见 4.9 节)。

如果我们再考虑到导致不同情绪的独立因素的数量(相比于 2.4.3 节中的维度理论),我们就会发现,此处介绍的这一取向可以系统描述许多微妙的情绪。举例来说,根据图 2.1 所示的四种不同的强化相倚,我们可以得到至少四个潜在的独立"维度",它们可以和另外 100~500 种独立的、不同的(基因限定的)初级强化物(包括表 2.1 中列出的一些)相结合。它们还可以与个体被强化时限制行为反应的因素(如评价理论者们所说的"应对潜力")结合起来,这样可以解释的情绪数量可能至少会翻倍。如果我们再考虑到环境中一个既定的刺激可能会有多种强化联结(上述第三点),诱发冲突之类的状态,就会有更多可能的组合。鉴于每种初级强化物几乎都可以和任意一种中性刺激相联结而产生次级强化物,不同情绪的潜在数量还会进一步倍增。

因此,即使我们不认为以上每个因素都在严格独立地起作用,最终产生的可以描述和分类的情绪状态的数量也是非常巨大的。例如,如果基因已经将某个特定的奖赏物限定为对于某个个体具有特别强的奖赏,如触摸的愉悦感,那么撤除(S+)或终止(S+!)这种奖赏物预计也会产生很强的效果,因此,强化相倚和初级强化物类别的影响是通过相加而不是相乘的方式产生的。即使以上提到的 1~6 种不同方式及其变化之间只是部分独立的,也已经可以系统地分类和描述很多不同的情绪。当然,上述这些过程实际怎么组合在一起,以及几个因素实际可以在多大程度上解释不同情绪之间较大的变异,仍然是一个有趣的问题。例如,如果个体对无奖赏的敏感性总是高于对奖赏的敏感性,那么这将影响该个体的情绪发展,并且可以在很大程度上解释该个体情绪状态的特点。这种因素也可以在很大程度上解释情绪和人格的个体差异(见 2.5 节)。

下面我们列举一些如何通过上述标准对不同情绪进行分类的例子。**恐惧(fear)** 是一种可能由某种刺激诱发的状态,该刺激已经借由其所学习到的与某种初级负强化物(如疼痛)的联结而成为了次级强化物(见图 2.1)。**愤怒(anger)** 是个体在未获得

預期奖赏(即令人沮丧的无奖赏)情形下但可以做出主动行为反应时产生的一种状态
(见图2.1)。(尤其当个体的预期奖赏被他人阻止时就可能会产生愤怒。)当个体获
得的奖赏和社会规范或法律相冲突时,就会产生**愧疚(guilt)**。**嫉妒(jealousy)**可能是
在男性身上产生的一种情绪,如果一名男性的伴侣不忠,与另一名男性有私情(比如,
打情骂俏),这名男性就会产生嫉妒。在这种情境下,起作用的强化相倚是由惩罚物
引起的,而基因决定了男性会感受到这种惩罚,因为这意味着其父权和亲代投资受到
了潜在的威胁,如第7章和第3章所述。类似地,当一名女性的伴侣与另一名女性有
私情时,这名女性也会表现出嫉妒,因为这意味着她作为"妻子"所拥有的用于抚养子
女的资源受到了威胁。同样,这里的惩罚物也是基因限定的,如第3章所述。如果看
到竞争对手获得奖励,个体则可能会**羡慕(envy)**或者**失望(disappointment)**。在这种
情境下,令人沮丧的无奖赏通过认知理解产生影响,即当事人认为这是一场游戏,会
有一个赢家,并将自己设定为赢家。

　　表2.1列举了部分初级强化物,读者可以此为开端去理解用这种方法对不同类
型情绪进行分类的丰富方案。

　　我们可以从进化心理学的角度列举很多其他类似的例子(Ridley 1993a, Buss
2015, Buss 2016, Barrett, Dunbar & Lycett 2002)。例如,可能存在一些基因限定的
强化物,它们有助于促进社会合作和互惠利他主义。如果同伴背叛或者"欺骗",这些
基因限定了此时会产生情绪,同时会有行为变化(Cosmides & Tooby 1999)。此外,
这类基因可以用遗传特异性规则来构建大脑,而这些规则对社会合作是有用的启发
式,例如,采取"宽宏大量的以牙还牙"(generous tit-for-tat)策略,这种策略比严格的
"以牙还牙"①(tit-for-tat)策略更具有适应性,因为偶尔宽宏大量是有助于促进进一
步合作的好策略,而在严格的"以牙还牙"情境下如果双方都背叛,就不可能有进一步
的合作(Ridley 1996)。这种基因限定了促进社会合作的良好启发式,因此成为诸如
宽容之类的复杂情绪状态的基础。

　　有人认为,很多看似复杂的情绪状态的根源在于,其设计要使动物在这样的社会
生物和社会经济情境中表现良好(Ridley 1996, Glimcher 2004, Glimcher 2011a,
Glimcher & Fehr 2013, Rolls 2014b)。事实上,人类的许多伦理原则可能与促进社
会合作的有用启发式策略密切相关,而与伦理行为相关的情绪体验可能至少部分地
与此类基因限定的策略的适应性价值相关。这些观点将在11.3节中展开,也见罗尔
斯(Rolls, 2012d)。

---

① 以牙还牙(tit-for-tat)策略:在重复囚徒困境中,自己在第一回合中选择合作,而在之后的回合中始终采
　取与对方在上一回合中相同的行动方式的策略(Axelrod & Hamilton 1981)。一种"以牙还牙"的策略
　是,当对方在上一回合中选择背叛后,自己在当前回合中也选择背叛(Ridley 1998)。——译者注

22　脑、情绪与抑郁

以上所列举的这些例子表明,可以通过本节上述的六项原则系统地阐述和分类情绪状态。特定情绪之间的相似性将取决于它们在上述原则定义的空间中的距离。罗尔斯情绪理论的精髓在《情绪与决策的解析》(Rolls 2014b)一书中有所阐述。

表 2.1　一些初级强化物及其环境维度

口味(Taste)	
咸味	奖赏物,缺盐时
甜味	奖赏物,能量不足时
苦味	惩罚物,可能会中毒的标志
酸味	惩罚物
鲜味	奖赏物,蛋白质的标志; 由谷氨酸钠(味精的主要成分)和肌苷一磷酸产生
单宁酸	惩罚物;它阻止蛋白质的吸收,常见于枯叶中; 有可能是一种躯体感觉而非味觉(Critchley & Rolls 1996a)
气味(Odour)	
腐烂味	惩罚物,对健康有害
信息素	奖赏物(取决于荷尔蒙状态)
躯体感觉(Somatosensory)	
疼痛	惩罚物
抚摸	奖赏物
梳理毛发	奖赏物,梳理毛发可以是一种初级强化物
清洗	奖赏物
温度	奖赏物,如果能够帮助维持正常体温; 否则便是惩罚
食物的质地	奖赏物(口感愉悦时)或者惩罚
视觉(Visual)	
蛇类等	惩罚物,例如,对于灵长类动物而言
年轻	奖赏物,与择偶相关
美丽,如体型匀称	奖赏物
第二性征	奖赏物
面部表情	奖赏物(如微笑)或者惩罚(如恐吓)
蓝天,避难所, 开放的空间	奖赏物,意味着安全
花朵	奖赏物(意味着随后季节的硕果累累?)
听觉(Auditory)	
警报声	惩罚物
攻击性的声音	惩罚物
舒缓的声音	奖赏物(音乐进化史的一部分,至少最初用于情感交流的渠道)
生殖(Reproduction)	
求偶	奖赏物
性行为	奖赏物(不同的强化物,包括低的腰臀比例,体形匀称,以及其他异性认为有吸引力的特征,将在第 7 章中讨论)

保卫配偶	奖赏物,男性保护其亲本投资
	当伴侣被其他男性追求时,其亲本投资受到破坏,从而产生嫉妒
筑巢	奖赏物(养儿育女时)
父母依恋(爱)	奖赏物(亲代之间的依恋或亲子依恋有利于亲代基因)
亲子依恋(爱)	奖赏物(有利于子代基因)
婴儿啼哭	惩罚(对父母而言),为了促进成功发育而产生
权力,地位,	对女性具有吸引力,她们可能从用于抚育子女的资源中获益
财富,资源	对男性具有吸引力,这些可以使男性对女性有吸引力
	男性体型大对女性有吸引力,因为体型大可看作可以提供保护的信号
体型大小	也意味着下一代男性在择偶上有竞争力
	女性体型小对男性有吸引力,因为体型小是年轻,具有生育能力的信号
其他(Other)	
新异刺激	奖赏物(鼓励动物去探索其基因所处多维空间的所有可能性)
睡眠	奖赏物,最小化营养需求,同时避免危险
对亲属的利他	奖赏物(同族利他)
	奖赏物,如果利他有回报
对其他个体的利他主义	在"以牙还牙"中互惠(互惠利他主义)
	宽恕,诚实,利他惩罚
	是一些关联启发式
对其他个体的利他主义	惩罚,如果利他没有回报
群体认同,名誉	奖赏物(社交问候可能表明了这一点)
	这可以解释为什么要追求与文化相符的目标
对行为的控制	奖赏物
游戏	奖赏物
危险,刺激,兴奋	奖赏物,不太极端时(因为练习而适应?)
锻炼	奖赏物(使身体保持健康)
读心	奖赏物,练习读懂别人的想法可能是适应性的
解决智力问题	奖赏物(可能是适应性的练习)
储存,收集	奖赏物(如食物)
栖息地偏好,住所,领地	奖赏物
一些反应	奖赏物(例如,鸡和鸽子的啄食行为;具有适应性,可以简单地把食用谷物设定为一种类型相对固定的环境刺激)
呼吸	奖赏物

2.4　其他情绪理论

在下面的小节中,我会概述一些其他的情绪理论,并将它们和上述的(罗尔斯)情绪理论进行比较。斯托曼(Strongman 2003)与奥特利、凯尔特纳和詹金斯(Oatley, Keltner & Jenkins 2018)对以往采用的一些情绪取向做了研究。

2.4.1 詹姆斯-兰格（James-Lange）理论以及包含达马西奥（Damasio's）理论的其他情绪机体理论

詹姆斯（James 1884）认为情绪体验产生于感知到身体的变化,如心率或骨骼肌的变化。兰格（Lange 1885）也有类似的观点,不过他强调自主反馈(例如,来自心脏)在产生情绪体验中的作用。这个以詹姆斯-兰格理论而著称的理论认为,产生情绪体验有三个步骤(见图2.2)。第一步是由诱发情绪的刺激引起外周变化,如逃跑时骨骼肌的活动,以及自主变化,如心率的变化。但是,正如上面所指出的,该理论没有回答在所有情绪理论中都可能是最重要的问题:为什么有些事件会让我们逃跑(然后情绪化),而另一些事件却不会? 这是这类理论的一大弱点。第二步是感知外周反应(例如逃跑和心率变化)。第三步是产生情绪体验,以回应来自外周的感觉反馈。

过去有关情绪外周理论的研究从开始就有致命的缺陷,那就是在第一步中没有回答这个最重要的问题,即最初哪些刺激可以诱发情绪相关的反应。根据詹姆斯-兰格理论,情绪行为过程中的外周反应与情绪行为的产生或情绪体验的产生有关,但随着时间的推移,积累的实证证据越来越多地逐渐削弱了这一假设。罗尔斯（Rolls, 2014b）描述了这段历史中的一些里程碑事件。

2.4.2 评价理论

评价理论（Frijda 1986, Scherer 2009, Moors, Ellsworth, Scherer & Frijda 2013, Oatley et al. 2018）一般认为情绪涉及两种类型的评价。初级评价认为"情绪通常是当个体有意或无意地将一个事件评价为与一个重要的关注点(目标)有关时产生的;当这个关注点被推进时体验到的是正性情绪,而当这个关注点受到阻碍时体验到的是负性情绪"[见奥特利和詹金斯（Oatley & Jenkins 1996）,第96页]。评价这一概念可能涉及评估某个事物是奖赏物还是惩罚物,也就是说个体是努力获取还是避免。这里[以及罗尔斯（Rolls 2014b）]采用奖赏物和惩罚物的描述似乎更加准确和

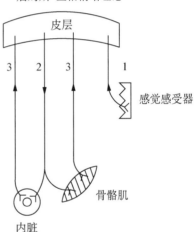

詹姆斯-兰格情绪理论

图2.2　詹姆斯-兰格情绪理论提出,情绪体验的产生有三个步骤。第一步是由诱发情绪的刺激(大脑皮层通过图示的通路1接受刺激)引起外周变化,如逃跑时的骨骼肌活动,以及自主变化,如心率的变化(通过图示的通路2实现)。第二步是感知外周反应(如心率的变化,逃跑产生的躯体感觉效应)(通过图示的通路3实现)。第三步是产生情绪体验,以回应来自外周的感觉反馈。

具有操作性。如果初级评价是针对目标来定义的,那么目标可能只是罗尔斯情绪理论中所定义的强化物(Rolls 1999a, Rolls 2005b, Rolls 2014b),如果是这样,这种强化物和惩罚物的取向就提供了目标的明确定义。

次级评价关心的是应对潜力,例如,是否可以制定计划,以及计划会有多成功。

舍雷尔(Scherer 2009)将其研究取向总结如下。他认为对于一个显著事件的适应性反应有四个主要的评价目的:

(a) 相关性:这一事件对我有多重要? 它是否会直接影响到我或我的社会参照群体?

(b) 启示:这一事件的影响或后果是什么? 它们如何影响我的幸福感和我的近期或长期目标?

(c) 应对潜力:我该如何很好地应对或适应这些后果?

(d) 规范意义:这一事件对我的自我概念以及对社会规范和价值观有什么意义?

为了达到这些目的,有机体根据许多标准或刺激评估检验来评价事件及其后果,其结果反映了有机体在个人需求、目标和价值观背景下对事件后果和影响的主观评估(可能不切实际或有所偏颇)。他认为该理论的一个重要特点在于它不包含明显的工具性动作。相反,他认为情绪是对重要事件的一种反应,它是动作准备就绪,不同动作选择以及(可能相互冲突的)动作倾向的前提,但并不必然导致动作的执行。这与我的理论有明显的不同,在我的理论中情绪是刺激(即工具性动作的目标)诱发的状态,这种状态在大脑设计中起关键作用(见第3章)。当然,作为工具性强化物和行为目标的刺激也可以诱发适应性的自主反应和骨骼运动反射(如僵化反应),但这些只是反应,可以进行经典的条件化操作,而无需与目标相关的干预性表征或状态,即情绪和动机状态。

24 　 我注意到评价理论在很多方面与我在本书以及其他论著(Rolls 1999a, Rolls 2005b, Rolls 2014b)中概述的情绪理论相当接近,我认为它们不是竞争关系。相反,我希望那些支持情绪评价理论的研究者会想到,初级评价所包含的大部分内容实际上与评价一个事件或者刺激是否是工具性强化物颇为接近;次级评价所包含的大部分内容与考虑在特定情况下可以采取的可能的行动颇为接近,如上文2.2节所述。

评价理论比较有特色的一个方面是认为情绪具有诱发特定行为的功能,这似乎与特定物种的行为倾向或反应,或者"固定动作模式"(fixed action patterns)(Tomkins 1995, Panksepp 1998),或更多的"开放动作程序"(open motor programs)(Ekman 2003)有关,不过对此并不赞同。在本书第3章中我会讨论到,很少有基因预设的行为反应(见表2.1),相反,如果基因限定了(灵活的)行为的目标,即限定了奖赏物和惩罚物,其实就在有效地影响着行为。这中间的差异是相当大的,因为就基因组中编码的信息量而言,基因限定目标要经济得多;而且,限定行为目标在实际行动中有更大的灵活性。当然,我承认需要一些准备才能习得特定类型的次级强化物和初级强化物之间的联结(Seligman 1970),这可以看作是脑内不同感觉信息融合而产生的收益,例如,能够学习到闪光(相比于刚吃过的食物的味道)之后会伴随恶心的这种联结并没有多大益处。

2.4.3 情绪的维度和范畴理论

情绪的维度和范畴理论认为存在一些根本的或基本的情绪。例如,查尔斯·达尔文(Charles Darwin)在其著作《人类和动物的表情》(*The Expression of the Emotions in Man and Animals*, 1872)中指出,动物和人类的一些基本情绪表达方式是相似的。他给出的一些例子如表2.1所示。他关注的是动物和人类之间情绪表达的连续性。

在这类取向的发展过程中,艾克曼(Ekman 1992,2003)建议将人类面部表情分为一些基本的类别,它们具有跨文化的相似性。这些面部表情类别包括高兴、恐惧、愤怒、惊讶、悲痛和悲伤。

与之相关的一种取向是通过对问卷的多维分析来确定一些变量或因素,并将这些因素确定为基本情绪。[诸如因素分析之类的多维度分析旨在确定与大量的数据(如问卷的答案)相关的几个潜在变异源。]

某些这类取向的一个潜在问题是,找到7±2个情绪范畴是有风险的,7±2是乔治·米勒(George Miller 1956)在其著名论文中所描述的人类通常能处理的最大范畴数。另一个问题是无法解释为什么因素分析中前几个因素(它们解释了大部分变异)就能够对情绪或者其功能做完整或原则性的分类。相比之下,我这里提出的理论的确根据强化相倚、初级强化物和次级强化物的性质对不同情绪进行了原则性的分类,如2.2和2.3节所述。此外,当前理论表明如何可以通过基因限定的,能诱发不同情绪(见第3章)的强化物来理解情绪的功能,这就将情绪的功能与分类联系在了一起。

与维度或范畴取向相对的一种取向是试图描述每种情绪的丰富性(如Ben-Ze'ev 2000)。虽然理解每种情绪的丰富性很重要,但我相信,用一套有基本原则的分类来做这项工作更好,而不是在没有任何明显原则的情况下研究情绪的微妙之处。

2.4.4 其他情绪研究取向

勒杜(LeDoux 1992,1995,1996,2012)描述了一种情绪的神经基础理论,在概念上可能与罗尔斯的情绪理论(Rolls 1975,1986a, 1986b, 1990a, 1995,1999a, 2000a, 2005b, 2014b, 2019e)相似,但是他主要关注杏仁核(而不是其他脑区,如眶额皮层,

25

大鼠的这个脑区不发达)在情绪中的作用;主要关注恐惧这一情绪(基于他对大鼠杏仁核和相关脑区在恐惧条件反射中作用的研究);此外,根据神经生理学的研究发现,他指出条件化的情绪刺激影响行为的一个重要途径是通过皮层下输入(尤其是来自丘脑内侧的膝状体内侧部分的听觉输入)到杏仁核。与之相反,我认为,在传送到杏仁核和眶额皮层等区域(通常涉及情绪加工)之前,大脑皮层进行的是物体表征水平的加工,因此情绪通常针对的是物体或面孔,而不是光斑和纯音等前皮层加工的表征。此外,勒杜(LeDoux 2012)特别强调像自主反应和僵化反应之类的反射和经典条件反射,我认为它们具有适应性价值,或者用勒杜的话来说是"生存价值",而罗尔斯理论认为,情绪和动机状态是与工具性动作相关的重要干预状态。勒杜和他的同事们描述了研究啮齿类动物及杏仁核的文献中采用的方法(LeDoux 2012, LeDoux & Pine 2016, LeDoux & Daw 2018),这些文献关注的是条件反射而非情绪体验。

潘克塞普(Panksepp)对情绪的研究取向源于对脑干系统的神经行为学研究,脑干系统的激活会导致类似固定动作模式的行为,包括逃离、逃跑和恐惧行为(Panksepp 1998, Panksepp 2011)。根据大脑刺激引发行为反应的证据,他推测存在一组基本情绪,包括寻求(seeking)、狂怒(rage)、恐惧(fear)、欲望(lust)、关心(care)、恐慌/悲痛(panic/grief)和嬉戏(play)。他认为这些是"自然范畴",是存在于自然界中的事物,而不是人类心智的发明(构造)。我的观点是不存在基本情绪,情绪不涉及固定的动作模式,因为固定动作模式不需要干预性的情绪状态来支持目标导向的工具性动作。此外,如本章前面罗尔斯情绪理论所述,情绪可以根据特定的强化物、强化相倚以及可采取的动作等进行分类。

其他情绪的研究取向见斯托曼(Strongman 2003)和奥特利等人(Oatley et al. 2018)的总结。

2.5　情绪、人格和情绪智力的个体差异

对奖赏物和惩罚物的敏感性、学习能力以及受奖赏物和惩罚物影响的程度,可能在人格中起重要作用,而且根据这里发展的情绪理论,它们与情绪密切相关。举一个极端例子,如果一个人在眶额叶皮层受损后对社会性惩罚不敏感,我们可以预期这个人会出现社会问题和冲动行为,事实上,特瑞纳、贝沙拉和登伯格(Tranel, Bechara & Denburg 2002)曾用"后天社会病"(acquired sociopathy)一词来描述这样的一些患者。

26　　我们可以预期,由于基因变异和学习的结果,不同个体对不同类型强化物(包括社会强化物)的敏感性会有所不同。在大量不同的社会强化物作用下,由

于对社会强化物的敏感性不同,个体产生了许多不同的人格差异。此外,特定脑区的功能可能与情绪的特定加工过程相关[例如,有证据表明,人类的眶额皮层参与面部表情解码,也与冲动性有关,但不涉及人格的其他方面(见 4.5.4 节)],这样将来就有可能理解奖惩系统与人格系统之间相互关系的不同的特定模式。

对不同种类奖赏物和惩罚物的不同敏感性可能会导致个体表现出多种条件化的进化稳定策略,而不同个体对不同奖赏物和惩罚物的敏感性差异可能会影响策略的条件化。第 7 章中将给出可能以这种方式产生行为的例子。

汉斯·艾森克(Hans J. Eysenck)提出了一种理论,认为人格可能与条件反射的不同方面有关。他(通过问卷调查)分析了可以解释不同个体的人格差异的因素,提出人格的前两个因素(它们可以解释大部分变异)是内向与外向(introversion vs extraversion)和神经质(neuroticism,和焦虑倾向相关)。他对几组被试进行了经典条件反射的研究,还获得了他称为"唤醒度"(arousal)的指标。基于这些指标与因素分析确定的维度的相关性,他认为内向型比外向型表现出(对微弱的刺激)更强的条件反射能力,更容易被外部刺激唤醒;神经质则会提高情绪反应的总体强度(Eysenck & Eysenck 1985)。

杰弗里·格雷(Jeffrey A. Gray 1970)重新解释了这一发现,认为内向型比外向型对惩罚和令人沮丧的无奖赏更加敏感;神经质可以反映对奖赏和惩罚的敏感程度(见 Matthews & Gilliland 1999)。一个相关的假设是,外向型在奖赏条件下可能会表现出更强的学习能力,同时表现出对正性刺激更强的信息加工能力(Rusting & Larsen 1998)。马修斯和吉利兰(Matthews & Gilliland 1999)在回顾证据时发现,关于内向型和外向型的两个假设都有一些支持证据,即内向型可能在一般情况下更易于被条件化,外向型可能对奖赏刺激的反应更大(相反,内向型对惩罚物的反应更大)。然而,马修斯和吉利兰(Matthews & Gilliland 1999)进一步表明,外向型在警觉任务(在该任务中,被试需要探测到出现概率低的刺激)中表现较差,可能更容易冲动;在唤醒度较高时(一天中的晚些时候)表现较好;当需要快速反应而非深思熟虑时表现更好(另见 Matthews, Zeidner & Roberts 2002)。至于神经质和特质焦虑,焦虑个体倾向于将注意集中在潜在的威胁信息(惩罚物)上,而忽略中性和正性信息;更容易做出负性判断,尤其是在评价自我价值和个人能力方面(Matthews, Zeidner & Roberts 2002)。

最近的证据来自功能性神经影像研究。例如,坎利、西韦尔斯、惠特菲尔德、戈特利布和加布里埃利(Canli, Sivers, Whitfield, Gotlib & Gabrieli, 2002)发现,相比于内向型个体,高兴面孔更容易激活外向型个体的杏仁核。此外,正性情绪图片容易激活外向型个体的杏仁核,负性情绪图片更容易激活神经质个体的杏仁核(Canli, Zhao, Desmond, Kang, Gross & Gabrieli 2001, Hamann & Canli 2004)。这支持了上述的一个重要观点,即人格的部分基础可能是对不同奖赏物和惩罚物及其撤除与终止具有不同的敏感性。

上述研究发现与另外一个假设一致,即外向型的部分基础是对正性情绪(相较于负性情绪面孔)面孔表情和其他正性情绪刺激(包括图片)具有更强的反应。将来遗传学的研究可能会揭示确切的机制,同时这也可能解决一个问题,即是基因控制了对正性情绪刺激的反应,还是一些更普遍的人格特质通过改变心境产生了不同的自上而下的面部表情解码系统的偏差,具体方式如4.9节所述。

这一取向还与行为经济学建立了联系,该取向的一个新进展发现,相比于正性评价敏感性,损失规避与更高的负性评价敏感性有关;表明趋避倾向的敏感性与评价系统的敏感性截然不同;这一趋避冲突是不同于基本的趋近和回避系统的加工过程;该取向还将这些结果与人格的强化物敏感性理论联系起来(Corr & McNaughton 2012)。

另一个例子则是冲动行为,它是边缘性人格障碍(Borderline Personality Disorder, BPD)的一种行为表现。BPD可能会表现出一些特点,例如,对惩罚物的较低敏感性(与等待理性处理以获得满意的解决方案相关),或内部计时过程的变化导致时间知觉加快(Berlin, Rolls & Kischka 2004, Berlin & Rolls 2004)(见4.5.4节)。比较有趣的是,BPD组(主要是自残患者)和眶额叶皮层受损的病人在"额叶行为问卷"(Frontal Behaviour Questionnaire)上得分较高,该问卷评估眶额叶皮层受损病人的典型不当行为,包括去抑制(disinhibition)、社会不当(social inappropriateness)、持续言语(perseveration)和不合作(uncooperativeness)。在人格指标方面,通过大五人格测量[该量表确定了五个主要的人格成分(Trull & Widiger 2013)],两组人均表现出低开放性(即思想开放程度较低)。在其他人格指标和特质方面,眶额叶皮层损伤病人和BPD病人表现不同:相比于眶额叶皮层损伤病人,BPD病人不那么外向和尽责以及更加神经质和情绪化(Berlin, Rolls & Kischka 2004, Berlin & Rolls 2004, Berlin, Rolls & Iversen 2005)。因此,在人格的不同方面,眶额叶皮层的功能与冲动性和低开放性相关,而与外向性、神经质以及尽责性无关。

丹尼尔·戈尔曼(Daniel Goleman, 1995)普及了"情绪智力"(emotional intelligence)这一概念,并给出了一个相当宽泛的定义:"情绪智力包括诸如激励自己在面临挫折时坚持不懈的能力;控制冲动和延迟满足的能力;调节自身心境,防止痛苦淹没思维的能力;同情和希望的能力。"(见Goleman 1995,第34页)

把情绪智力定义为一种能力的一个潜在的问题是,这个定义涉及的不同方面(比如冲动控制和希望)可能是不相关的,因此情绪智力似乎不太可能是用这种方式描述的单一能力。马修斯、蔡德纳和罗伯茨(Matthews, Zeidner & Roberts 2002)对这一概念做出了精彩的批判性评价。他们注意到(第 368 页),个体会以一个粗略的方式把情绪稳定性(低神经质)、外向性、宜人性和尽责性/自我控制等人格特质,视为有助于促进日常社交活动,促进更积极的情绪。[的确,情绪智力的一个指标,EQ-i (Bar-On 1997),与大五人格的一些特质有很高的相关,尤其是与神经质有负相关,而 EQ-i 可能反映了三个概念,即自尊、共情和冲动控制(Matthews et al. 2002)。]但是这些人格特质应该是相互独立的,因此,将它们和情绪智力这种单一能力联系起来是矛盾的。此外,这种人格特质的组合在很多情况下可能不太适合,所以,把这种人格特质组合当作"能力"来定义情绪智力这一概念是不恰当的。

28

2.6 认知与情绪

值得注意的是,虽然将情绪定义为(具有特定功能的)工具性强化物所诱发的状态是一种操作性定义,但不应被(Katz 2000)批评为行为主义。例如,该定义与刺激—反应(习惯)联结无关,而是与两阶段学习有关,其中第一阶段是学习哪些环境刺激或事件与代表价值的工具性强化物(目标)有关,这可能是一个快速而灵活的过程;第二阶段是产生适当的、任意的工具性动作,以实现目标(可能是为了获得奖赏物或避免惩罚物)。在工具性阶段,动物熟悉了动作的结果(Dickinson 1994, Pearce 2008, Cardinal, Parkinson, Hall & Everitt 2002, Mazur 2012, Rolls 2014b)。

要确定行为的目标是什么,可能会涉及各种类型的认知操作。我们认为无论涉及什么认知操作,只要结果是某个确定的事件、刺激或者想法(或者是对这三者之一的记忆)导致了对该事件是奖赏还是惩罚的评价,那么就会产生情绪。所以认知是一定包含在内的。

事实上,认知操作可以在三个水平上诱发情绪,第 3 章会对该层次结构作更完整的描述。第一个水平是内隐水平(见图 4.3),其中初级强化物,或是与初级强化物相联结的刺激或事件可能会诱发情绪。第二个水平是(一阶)句法符号加工系统执行"如果……则会"("what...if")的预期计算,以确定奖赏或惩罚的结果。第三个水平是第 10 章中描述的高阶语言思维(higher-order linguistic thought),在这一水平上,将会思考和评价一阶语言处理器的操作可能导致的强化结果,就像"我不应该花费更多的时间去思考这套计划,现在将我的(有限的和序列的)语言资源用于其他计划可能会更好"。

认知影响情绪的另一种方式是,认知状态甚至在语言水平上也能调节个体对情绪刺激奖赏价值的主观评价和大脑反应,如4.5.3.6节中的分析。有一个实验发现,在标准气味测试中,词语标签("奶酪"与"体味")影响了主观愉悦度评价,且嗅觉阶段的激活至少与眶额皮层内次级嗅觉皮层的激活一样早(De Araujo, Rolls, Velazco, Margot & Cayeux 2005)。这一发现意味着基于语言的认知状态甚至能够影响到奖赏物或者惩罚物的相对早期的皮层表征,从而潜在地调节个体对诱发情绪的刺激的主观情绪体验。

我认为,认知自上而下调节情绪表征的这种方式类似于自上而下的注意效应,通过自上而下的偏向竞争机制实现这种调节(Rolls & Deco 2002, Deco & Rolls 2003, Deco & Rolls 2005b, Rolls & Stringer 2001, Rolls 2016d, Rolls 2013a, Rolls 2021a)。在这种情况下,基于语言的语义表征是这种偏向竞争的根源,这种影响不仅可以使奖赏物或惩罚物的早期皮层表征在某个方向上产生偏差,而且通过在相对早期的加工阶段中调节情绪相关刺激(包括记忆中的刺激或者事件)加工,从而或多或少地、自上而下地调节个体情绪体验的强度(见第10章)。这可能是认知影响情绪体验强度的一种机制,这种影响可以在诸如移情和怜悯的情况下发生,如阅读小说、观看戏剧或听音乐等(见第11.4节)。对这种自上而下的偏向竞争作用机制的分析越来越详细(Desimone & Duncan 1995, Rolls & Deco 2002, Deco & Rolls 2003, Deco & Rolls 2004, Deco & Rolls 2005b, Rolls 2016d, Rolls 2013a, Rolls 2021a),已经有计算模型纳入了这个机制,模型中的规则模块对表征刺激—奖赏和刺激—惩罚联结的神经元产生自上而下的影响,从而对当下应该将哪类刺激解释为与奖赏相关产生影响(Deco & Rolls 2005a)。

另一种认知因素与情绪的关联方式是心境对认知加工的影响,这种影响的效果之一是促进行为的连续性(见第3章)。其中的一种机制(见4.9节)是利用从杏仁核和眶额叶皮层到高级皮层区域的反向投射,使认知和情绪之间的相互作用成为可能。

2.7 情绪、动机、奖赏与心境

明确动机、情绪、奖赏和心境之间的区别很有用(Rolls 2000a, Rolls 2005b Rolls 2016a)。**动机(motivation)** 使个体为了得到奖赏物或者为了逃离或避开惩罚物而努力。动机的一个例子是饥饿,另一个例子是口渴,在这些情况下,个体状态很大程度上是由内部的血糖浓度(plasma glucose concentration)和血浆渗透压(plasma osmolality)等稳态相关变量设定的(见 Rolls 2005b,第5章)。**奖赏物(reward)** 是个体想要努力获得的刺激或事件,比如食物,而**惩罚物(punisher)** 是个体想要努力逃离或避免(或者是可以抑制其相倚行为出现的)的东西,比如疼痛刺激或者看到与疼痛刺激相关的物体。获得奖赏物或者避免惩罚物是工具性动作的目标。**工具性动作**(instrumental action)是为了达到目标而执行的任意动作,例如,举起或者放下手臂。动机状态是一种期望目标的状态。**情绪**(emotion)是达到目标后产生的一种状态,也就是由工具性强化物(即奖赏物或者惩罚物,或者是奖赏物或惩罚物的撤除或终止)诱发的状态,例如,看到与疼痛相关的物体就会产生恐惧。这清楚地表明,情绪是由具有特定功能的奖赏物或惩罚物诱发的状态。情绪状态的另一个说法是**情感状态**(affective state)。

当然,情绪的功能之一是激励,例如,看到能够引起疼痛的刺激就会诱发恐惧,而恐惧促使个体避免接触疼痛刺激,这是行为的目标。在诱发情绪的刺激或事件使个体产生动机的情况下,个体的唤醒水平很可能会改变,尤其当刺激是诱发主动行为反应的强化物时。然而,仅靠唤醒还不足以定义动机或情绪,因为动机状态必须限定特定类型的目标作为动机状态的对象,例如,我们口渴时喝的水,饥饿时吃的食物,以及避免由诱发恐惧的条件刺激提示的非条件疼痛刺激。

心境(mood)通常是由强化物诱发的一种持续性的状态,因此是情绪的一部分。情绪的另一个部分是对刺激进行解码,即判断刺激是奖赏物还是惩罚物,也就是说,是什么引起了这种情绪,或者用哲学术语来讲,这种情绪是关于什么的情绪或者这种情绪的对象是什么。心境状态有助于实现情绪的持续性功能,在初始刺激被遗忘后,心境状态依然可以继续,并且可以自发产生,这种自发的心境波动不是因为刻意的选择,而是因为产生心境(或情感)状态的神经元放电的稳定性难以维持[见《脑与情绪》(Rolls 1999a),第 62,66 页;也见罗尔斯(Rolls 2016d)]。因此,心境状态未必与某个物体有关。 30

因此,动机可以看作是个体为目标而努力的状态,而情绪则是个体获得目标(强化物)后产生的一种状态,这种状态可能会持续下去。基因限定的强化物(gene-defined reinforcers)提供了动作的目标,这一观点有助于理解动机状态(或愿望)和情绪之间的关系,因为有机体与生俱来就会被激励去获得目标,而付出行动后是否获得目标会导致有机体处于不同的状态(情绪)。动机和情绪有紧密而清晰的关系,两者都是与目标相关的状态,例如,感到饥饿(想要达到获得食物奖赏的目的)时的动机状态,以及喜欢食物味道和由于获得社会性强化物而感到高兴的情绪或情感状态。然而,我们应该注意到,情绪状态可能会激发我们的动机,例如,令人沮丧的无奖赏可能会激励我们再次尝试获得奖赏(见 3.4.3 节)。在第 3 章中展开描述的情绪功能的达尔文主义理论展示了情绪是如何具有适应的,因为它反映了基因限定行为目标的过程,这同样也适用于动机(更多内容见 3.6 节),因为可以把情绪看作是目标(奖赏物或惩罚物)诱发的状态,而动机是在追求目标时诱发的状态。

通过限定目标,基因不仅需要限定我们必须被激励去获得这些目标,并且需要限定获得目标后产生的进一步状态,具有进一步功能的情绪状态。从这个意义上说,我这个关于基因限定工具性强化物功能的达尔文主义研究取向,为研究情绪和动机提供了一个基本且统一的方法。

2.8 本书所述的情绪研究取向(罗尔斯情绪理论)的优势

现在我从情绪的定义开始评价罗尔斯情绪理论的优势和合理性,尽管有人认为对情绪的全面定义需要根据 2.2 节中总结的原则,并结合情绪状态具有的功能(见第 3 章),但我对情绪的定义是:"情绪是由工具性强化物诱发的状态。"

这一定义的第一个好处是,它借助奖赏物和惩罚物为实际诱发情绪的环境刺激或事件提供了一个简明的操作性定义。如果我们认同,只有具备奖赏性或惩罚性的环境条件才会诱发情绪状态,而不具备奖赏性或惩罚性的环境条件就不会诱发情绪状态,那么我们对于理解情绪是什么这个概念就前进了一大步。实际上,《脑与情绪的概述》(*Precis of The Brain and Emotion*)(Rolls 2000a)一书的评论者无法给出违背这个定义的具体例子。如果我们接受这个操作性定义,它就为我们开始考察情绪提供了一个强有力的方法(因为我们接受情绪是由奖赏物或惩罚物诱发的状态,并且对于什么事件能诱发情绪有了一个有用的界定)。这进一步引导我们对产生情绪的脑机制进行分析,例如,将环境刺激解码为初级强化物的脑机制,实现刺激—强化物联结学习的脑机制,以及将产生的情绪状态与行为联系起来的脑机制。

31

这一定义的第二个好处是,它使我们能够在我提议的情绪的最重要功能的背景下看待情绪,所谓最重要的功能就是,情绪提供了一种让基因在大脑内对行为产生影响的机制,而基因选择使大脑进化。在第 3 章中我将提出,基因对大脑的影响是通过限定动物与生俱来就能发现具有奖赏性或者惩罚性(即具有强化意义)的刺激或事件来实现的,所以,基因限定了行为的目标,而不是行为本身。因此将情绪定义为强化物所诱发的状态,与我为了回答"我们为什么有情绪"提出的达尔文主义理论直接联系起来,该理论认为一些基因限定强化物作为动作目标,这将增强这些基因的适应性。正是这些限定强化物的特定基因,为我提出的情绪状态奠定了基础。因此,用强化物所诱发的状态来定义情绪不应被视为行为主义,而应当被视为一个更广泛理论的一部分,该理论采用自适应的、达尔文主义的取向来研究情绪的功能及其在大脑设计中的重要性(见3.5节)。

这一定义的第三个好处是,它提供了一种研究情绪的原则性方法。即不同的情绪可以按照不同的强化相倚和不同的强化物来分类和理解,也可以直接按照情绪的功能来分类和理解。这里推荐的这种方法相比于其他情绪分类方法更加具有优势。因为其他分类方法,不管是对问卷进行多维分析后得到的变量或因素聚类,或者是通过探索自主反应或面部表情等指标与情绪的相关,都不能帮助我们直接理解不同情绪的不同功能[还会让我们冒险地认为人类的情绪有7±2种,这是人们形成范畴的典型数量(Miller 1956)],如2.4.3节所述。情绪的这一定义也提供了一种可操作的、明确规定的研究情绪的取向,而像情绪评价理论这样的取向的缺点是,它们很快就变得不那么明确以及难以操作,如2.4.2节所述。此外,这种理解情绪的原则性方法提供了一个系统的、基本的方法来探讨与情绪相关的脑机制,因为参与解码初级强化物的脑区,以及参与事件与初级强化物的联结学习的脑区,也对情绪的信息加工有显而易见的作用。分析大脑中每个联结阶段的信息加工过程为理解神经计算提供了一种行之有效的方法(Rolls & Treves 1998,Rolls & Deco 2002,Rolls 2016d,Rolls 2021a)。

将情绪定义为工具性强化物所诱发的状态的第四个好处是,这提供了一个直接理解情绪与人格的关系的方法(见2.5节)。

与情绪定义相关的一个复杂问题是情绪状态的界限应该设在哪里。就像库普费尔曼(Kupferman,2000)所提议的那样,我们理解的情绪是一种状态的定义能够适用于像海兔这样的无脊椎动物吗? 我个人对此的答案是,应该将情绪和那些固定反应行为区分开,固定反应指不能选择任意类型的行为以达到行为目标(见第3章)。这类固定反应的行为包括趋性,例如,一个单细胞生物体沿着化学梯度向营养源游动。其他例子包括固定的动作模式、自主反应,甚至是像僵化反应(freezing)这样的骨骼运动反应,以及一些条件化的动作。将这类固定反应行为排除在情绪之外(尽管它们可能是情绪的先兆)的一个原因是,这种行为的发生没有诱发一种指向强化刺激的持续或连续的状态,而强化刺激为任意的工具性反应提供了获得目标的动机。[工具性(或操作性)反应可以通过双向标准来精确定义,指为了获得目标可以执行这个反应或相反的反应。]由强化刺激诱发的干预性持续状态,以及使刺激与任意工具性动作相联系的能力,正是此处描述的情绪的主要功能之一(见第3章),所以被纳入到情绪的定义中。因此,该定义为我们提供了一种区分情绪与非情绪状态的明确方法,因为该定义只包含那些具有工具性学习的状态,此时为了获得强化结果(如获得奖赏物或

32

避免惩罚物)可以采取任意的行为。虽然根据这一标准,不进行工具性学习的动物可能不符合具有情绪的条件,但是它们可能具有情绪的先兆状态。因此,这个讨论引出了一种区分有情绪和没有情绪的动物的可能方法,这种方法与情绪的基本功能相关,但是我们(应该)意识到,在这个意义上所做的区分应该被看作是具有明确原则基础的有用区分,而非胜过在此背景下的有用惯例的区分。

3 情绪的功能：奖赏、惩罚与情绪在大脑设计中的作用

3.1 引言

我们现在回答一个基本问题：为什么我们和其他动物天生就有情绪和动机状态？生物学家认为对这个问题的回答是对情绪和动机的"终极"解释。我认为之所以我们天生就有情绪和动机状态，是因为我们（和许多其他动物）的基因为

了增加其生存率(繁殖成功率),构建了一个设计良好的系统,把奖赏物和惩罚物限定为我们的行为目标,利用奖赏物和惩罚物来引导我们的行为。

情绪是这个系统的固有部分。情绪由作为工具性行为目标的奖赏物、惩罚物以及相关刺激诱发,通常是一种持续的状态。我将说明,无需指定行为反应(动作)的细节是进化塑造高级动物的一种自适应的方式,因为在不确定的环境中,高级动物需要学习非常灵活的反应和行为。

根据这个分析,我建立了一个彻底的达尔文主义情绪理论(不过达尔文没有料到这个个体基因水平的理论)。该理论将情绪置于大脑设计的核心,因为情绪反映了基因构建我们大脑的方式,即基因能够限定我们的行为目标,从而限定我们的行为。我们的基因限定的行为目标就是初级强化物(初级奖赏物和惩罚物),因此工具性学习和情绪在概念上有着密切的联系,我们在有生之年都将通过工具性学习来习得任何能达成基因所限定目标的行为。

在第 3.2 节中,我概述了几种不同复杂程度的大脑设计,并指出只有按照其中的某些设计,进化才能更好地进行。

3.2 大脑设计与情绪功能

3.2.1 趋性、奖赏物和惩罚物: 基因限定的行为目标和行为的灵活性

3.2.1.1 趋性

生物体设计的一个简单原则是纳入趋性机制。趋性包括生物体对环境刺激的最简单的定向,例如,植物弯向光照方向使其光合作用的表面能最大限度地收集光。(只是转动而无法运动的这种反应称为向性。)如果像动物那样可以运动,那就是趋性,包括向营养源的移动以及远离危险(如高温)的移动。这里的设计原则是,动物通过自然选择为环境中各种刺激的特定维度构建了受体,并以接近或避开刺激的方式将这些受体与反应机制联系起来。

3.2.1.2 奖赏物和惩罚物

一旦我们接近某个维度一端的刺激(例如营养源)而远离另一端的刺激(在这种情况下指缺乏营养),我们就可以开始思考,对于维度两端的刺激,什么时候应该引入"奖赏物"和"惩罚物"的说法。按照惯例,对于以获得刺激为目的的固

定反应(如沿着化学梯度由低浓度向高浓度方向运动),我们称之为趋性,而不是与奖赏有关的工具性行为。

尽管固定的行为反应或"动作模式"(如骨骼运动僵化以及由刺激引起的自主反应)可能是适应性的,但其本质上只是刺激—反应的条件反射,完全不需要诸如实现某个目标这样的中介状态。例如,婴儿被妈妈乳房的触碰所刺激从而转头寻找乳汁。这些类型的固定反应模式可能很有用,因为不需要学习适当的行为,它们就可以起作用,而且在生命初期就能发挥作用。

另一方面,对于动物为了获得刺激而做出的任意工具性(或操作性)行为,我们称之为奖赏行为,而动物努力想获得的刺激(即奖赏)就是行为目标。(这个任意的操作性行为可以是动物为了获得刺激而做出的任意行为,例如举起或放下手臂以获得奖赏。这就是工具性行为的定义。)

经常用双向测试来确定所谓的任意操作性行为。例如,如果可以训练一只老鼠抬起或降低尾巴来获得一块食物,那么我们就可以确定,刺激(例如食物)和反应之间没有固定关系,而在趋性中,刺激和反应之间有固定关系。我和其他一些研究者保留使用**"动机行为"**一词,用来指代为了获得奖赏物或逃离和规避惩罚物而做出的任意的操作性行为。如果不符合这个标准,并且只能做出固定反应,那么**"驱力"**一词可以用来描述动物努力获得或逃离刺激时的状态。

因此,我们可以区分两种复杂性级别不同的趋近—回避机制,一级复杂性指像趋性那样,刺激对应着固定的反应,二级复杂性则指可以做出任意反应(或动作)以趋近刺激(此时我们称之为奖赏物)或逃离或避开刺激(即惩罚物)。

在这一过程中,自然选择的作用是指引动物建立感觉系统,以便对自然环境中刺激的各个维度做出反应,使动物可以更好地生存,让基因能够传给下一代,这就是我们所说的适应性。(适应性指基因的适应性,但这必须根据基因对生物体的影响来衡量。)这种自然选择的必然结果是,动物活动的目的就是为了获得更多奖赏物,也就是努力获得那些可以提高自身适应性的刺激。相应地,引入学习机制后,动物天生就能够做出动作以逃离或回避那些会降低它们适应性的刺激。能改变动物适应性的环境刺激可能有很多维度。而每个维度都可能是一个独立的奖赏物—惩罚物维度。这些维度的一个例子是食物奖赏。食物奖赏提高适应性,使得动物能够感知营养需求,拥有对食物味道反应的感受器,并在需要或动机状态下为获得该奖赏刺激而做出行为反应。类似地,另一个维度是水奖赏,当体液耗尽时,水的味道就成了奖赏(Rolls & Rolls 1982a, Rolls 1999a, Rolls 2005b)。

这些例子说明了这些奖赏物—惩罚物系统的一个特点,即存在非常多的奖赏物—惩罚物维度,因此有必要建立一个选择机制,针对不同维度做出行为选择。从这个意义上说,奖赏物和惩罚物提供了一种共同货币,为行为选择机制提供了一组输入。进化必须为不同的奖赏系统的每个维度设定等级,以便以此来选择的每个维度都可以最大限度地提高整体适应性。如果营养缺失,就必须选择食物奖赏作为行为目标;但如果当前的水分缺失比当前食物缺失的程度对健康构成更大的威胁,就必须选择水作为行为的奖赏目标。这表明,对多个奖赏物的竞争选择过程而言,每个奖赏物都必须在进化中被仔细标定,以便在选择过程中的共同尺度上具有正确的价值[但并非换算为共同货币(Rolls 2014b)。其他类型的行为,如性行为,为了最大限度地提高适应性(通过基因传递到下一代来衡量),必须间或进行,但可能不那么频繁]。

很多机制有助于增加在一段时间内选择一系列不同环境奖赏物的机会:与需求相关的饱足感机制减少维度内的奖赏,而感觉特异性饱足感机制有助于转换到另一种奖赏刺激(有时是同一主维度,有时是另一个主维度),以及被新异刺激吸引。[如第3.4.6节和第4.6.6节所述,新异刺激会吸引生物体探索其基因生存的多维空间,从而发现新异刺激的奖赏价值。这提示动物天生就应该能找到新异刺激的些许奖赏性,因为这鼓励它们去探索环境中的新异部分,这样它们的基因在这些新环境中就可能比其他基因表现得更好。① 除非动物生来就能发现新异事物的些许奖赏性,否则在进化过程中,基因在其探索的多维遗传空间中可能找不到让自己可以表现最佳的合适环境。]

3.2.1.3 奖赏物和惩罚物强化的刺激—反应(习惯)学习

第二级复杂性水平涉及奖赏或惩罚,就有可能发生学习。生物体进行试错反应的时候,如果做出某个特定反应后,结果是更有可能获得某个奖赏物,那么学习过程就把该反应与该刺激(即获得的奖赏物)联系起来。奖赏物强化了生物体对该刺激的反应,这正是我们所说的刺激—反应学习或习惯学习。作为一种正强化物,奖赏物增加了与之相倚的反应的概率。惩罚物则降低了与之相倚的反应的概率。(应该注意的是,这是一个操作性的定义,并不意味着惩罚物会有什么感觉——对惩罚物的学习机制就是会降低与惩罚物关联反应的概率。)在过度训练后,刺激—反应学习或习惯学习就会很明显,一旦按习惯行动,行为就会

---

① 相比于不寻找新异奖赏刺激的动物。——译者注

变得或多或少独立于目标的奖赏价值,就像在奖赏贬值实验中表现的那样。这在第96页的第4.6.2节中有更详细的描述。

3.2.1.4　刺激—强化物联结学习与工具性行为的两阶段学习理论

两阶段学习将第三级的复杂性和能力引入到指导行为的方法中。某个维度内的奖赏物和惩罚物仍然是引导行为的基础,也是选择该维度作为行为目标的基础。

学习的第一个阶段是刺激—强化物联结学习,一个先前中性的刺激(例如视觉或听觉的刺激)与初级强化物(例如甜味或疼痛触觉)联结,在这个阶段学习该刺激的强化价值。这种学习是刺激(即条件或次级强化物)与初级强化物之间的联结,因此是刺激—刺激联结学习。这种刺激—强化物联结学习可以非常快,最快只需一个试次。例如,如果(动物)把一个新异刺激吃进嘴里,发现是甜的,那么下一个试次的时候,它就会做一个简单的趋近反应,比如伸手去够那个物体。此外,这种刺激—强化物联结学习可以迅速反转。例如,如果随后尝到物体是咸的,那么动物就不再趋近这个物体,甚至可能会主动推开这个物体。这个过程导致了眶额皮层中对于期望价值的表征(第4章)。

这类学习的第二个过程或阶段是对某种行为(或"操作性反应")的工具性学习,行为的目的是为了获得与奖赏物相关的刺激(或避免与惩罚物相关的刺激)。这就是动作—结果学习(涉及扣带回等脑区)。结果可能是初级强化物,但通常是通过刺激—强化物联结学习习得的次级强化物。动作—结果学习可能要慢得多,因为它可能涉及尝试错误学习,即学习哪些动作能够使动物成功获得当下与奖赏物相关的刺激,或者避免当下与惩罚物相关的刺激。然而,如果先前为了获得另一种奖赏物(或避免另一种惩罚物)而习得的操作反应或策略,可以用来获得(或避免)当下已知的与强化有关的新异刺激,那么这类学习的第二阶段就可以大大加快。正是由于这种反应的灵活性,两阶段学习比刺激—反应学习更有优势。其优势就是,一旦在刺激和初级强化物之间建立联系,就可以做出任意的行为。这种反应的灵活性比无学习(如趋性或刺激—反应学习)更具适应性(并可能决定了生存与否)。第4.6.2节更详细地描述了工具性学习涉及的不同过程。

这种两阶段学习的另一个关键优势是,在第一阶段之后,就可以利用选择机制,在共同尺度上比较和选择环境中可得的不同奖赏物和惩罚物。在这类系统中,多维的奖赏物和惩罚物再次成为行为选择的基础。

37

进化过程的一部分可以看作是对影响动物适应性的因素或维度的识别,并为动物提供指向奖赏物和惩罚物的感受器,而奖赏物或惩罚物受影响适应性的环境维度的调节。[①] 前面提到过的甜味受体就是通过进化形成的,当存在生理营养需求时,由甜味受体提供奖赏。

为了帮助说明刺激—强化物联结学习的机制,在第19页的表2.1列出了至少是某些物种的初级强化物。毫无疑问读者可以在这个列表上继续添加。列表中的一些强化物实际上可能是次级强化物。为了增加列表的系统性,表中的强化物尽可能按模态分类。表中也给出了影响强化物的环境维度。

3.2.2　外显系统、语言和强化

行为引导方式复杂性的第四级源于加工过程,包括基于语义符号的语法操作(见第10节)。这样就可以制定多步骤的一次性计划。这样的计划可能是:如果我这样做,那么B很可能会这样做,C可能会这样做,然后结果可能是X。如果动物只是采取工具性行动以获得基因限定的奖赏物或次级强化物,那么它就不可能完成这一过程。这个加工过程可能会为了获得一个特定多步骤策略指向的另一个奖赏物而推迟获得当前可获得的奖赏物。奖赏物和惩罚物在外显系统中有什么作用呢?

语言系统也可以说是为了获得奖赏物和避免惩罚物而运作的。这不仅仅是一个定义的问题,和上述的食物和水一样,在进化过程中许多奖赏物和惩罚物受可以提高适应性的环境维度的调节。语言加工过程可以看作是提供了一种为了获得基因限定的奖赏物或避免基因限定的惩罚物的新策略。假如这种情况并不普遍,那么语言系统的使用就不会是自适应的了,因为它将不会增加适应性。

然而,一旦语言系统进化,就可能形成某些新的奖赏类型。新的奖赏物可能与已有的初级强化物有关,但也可能发展到超出它们的程度。例如,音乐可能是从非语言交流系统进化而来的,这种系统使情绪状态得以传递给他人。比如,摇篮曲可能与父母传递给子女的抚慰情绪信息有关。更具军事特征的音乐可能与战斗(或合作战斗)情景下作为社会信号相互传递的声音有关。语音表达的韵律特征可能是同一情绪交流系统的一部分,女性的大脑系统会被韵律更强烈地激

38

---

① 这里的环境维度需要结合图2.1来理解。影响适应性的环境维度,应该指的是与生存相关的环境条件。比如缺水的时候水才是奖赏。——译者注

活,甚至在不需要韵律分析的任务中也是如此(Schirmer, Zysset, Kotz & von Cramon 2004)。除此之外,语言(句法)加工的智能化将进一步促进音乐的发展。另一个例子是,进化使得解决智力问题成为了初级强化物,因为这鼓励使用智力,而使用智力具有潜在的优势。① 另一组例子说明,由于某些心理能力的进化可能受到性别选择的影响,语言系统的存在如何使更多的强化物类型成为可能(见第 7.7.2 节)。

语言所赋予的另一个原则是,奖赏物和惩罚物的限定不必只考虑基因的利益,也可以改为考虑个体的利益,如第 10.1.4 节所示的表观型。

3.2.3 外部主体的专用设计与自然选择的进化

在进化背景下,通过发展受环境维度调节且可以提高适应性的奖赏物—惩罚物系统,上述机制使得动物可以调整行为以提高其适应性。这个机制可以与典型的工程设计相比较。对于后者,我们可能要设计一个在装配线上工作的机器人。这里有一个兼任工程师的外部设计师。设计师定义了机器人要执行的功能(例如,从盒子里取出一个螺母,并将其拧到装配物体的一个特定螺栓上)。然后,工程师为特殊用途做特殊设计,使机器人能够完成这项任务,例如给机器人装上传感器和手臂,让它能够选择螺母,并把螺母放在物体三维空间的正确位置,即把螺母放在螺栓上并拧紧。

动物生存在一个多维空间中,为了提高其适应性必须在这个空间中进行许多优化。解决这个问题的方法是在进化中奖赏物—惩罚物系统受到可以提高适应性的环境维度的影响,动物需要做出适当的行为才能提高适应性。自然选择引导进化确定这些环境维度。相比之下,机械臂需要执行的是一个外部定义的动作,即将螺母放在螺栓上,机器人不需要调整自身来找到要执行的目标。这里是进化设计与设计师设计之间的对比,进化对动物的目的"视而不见",而设计师指定了要执行的任务(参见 Dawkins 1986b)。

这种比较的含义是,动物对奖赏物—惩罚物系统的利用是生物体能够通过自然选择而进化的一个途径,而奖赏物—惩罚物系统受可以提高适应性的环境维度的调节。这显然是达尔文进化论的自然成果,奖赏物—惩罚物系统受与适应性相关的环

---

① 作者的意思应该是,如果其他条件等同,同一物种当中相对更聪明的个体把基因传给下一代的概率更大。——译者注

境维度的调节,而动物可以做出任意行为而不只是预设的动作(如向性和趋性)。这可能就是我们天生就会努力获得奖赏,避免惩罚,有情绪,有需要(动机状态)的原因。这些概念在**"自私的基因"**理论(Dawkins 1976, Dawkins 1982, Dawkins 1986b)中似乎没怎么发展,但在人工生命领域得到了发展(见 Boden 1996)。

3.3 行为选择:净值的成本效益分析

基于奖赏物和惩罚物设计的一个优点是,将刺激解码为奖赏物或惩罚物价值,行为选择机制就有了一个共同的价值尺度的输入。举例来说,轻微饥饿时的适度甜味比口渴时的水的味道的奖赏价值要小。因此,不同奖赏物之间的竞争规则包括这样一个奖赏物选择机制,即所有奖赏物在共同的价值尺度上表征,而其中最活跃的特定奖赏或价值表征提示最有可能被选中作为行为目标的刺激。如上所述,为了确保在适当的时候选择不同类型的奖赏物,自然选择需要明确不同类型的奖赏物要有相似的尺度(从最小值到最大值),这样,不管是哪一种奖赏物,只要在共同尺度上达到某个高值就会被选择(Rolls 2014b)。诸如感觉特定的饱足感等可以被视为有效利用这一机制的例子,该机制确保选择不同类型的奖赏物作为行为目标。

然而,行为选择机制不仅要考虑每种奖赏物的相对价值,还要考虑获得每种奖赏物的成本。如果获得特定奖赏物的成本非常高,那么在情况发生变化之前,最好选择一种奖赏价值较小但成本较低的行为,至少暂时如此。而动物似乎确实是根据这样的成本效益分析来操作的,如果某种行为的成本很高,那么它们就不太可能做出这种行为。以鹿的争斗为例。如果体型或者实力明显不如对手,某只雄鹿就不太可能与另一只雄鹿搏斗(Clutton-Brock & Albon 1979, Dawkins 1995)。因此,需要在一个表征净值的系统中产生刺激或行为方案的价值,即刺激的内在价值减去获得刺激所需的行为成本以及获得刺激所产生的任何后果。这样动物可以在这些净值表征之间做出决策,然后为获得胜出的刺激(即行为目标)选择要执行的行为,而行为选择是一个独立的过程。

行为转换也有成本。如果食物和水的来源相隔很远,那么每咽下一口食物或一口水就改变行为都将付出高昂的代价(可能要走一英里)。这可能是激励动机的适应性价值或者是"咸坚果"现象的一部分,即在工作初期就给予奖赏可能会增加奖赏的激励价值。这可以表现为刚开始进食时进食速度的逐渐增加。通过在开始工作的前一两分钟内增加刺激的奖赏价值,可以将迟滞现象嵌入到行为选择机制中,在开始获得奖励后使行为至少短时间内"执着"于这个奖赏物。

奖赏和惩罚信号为不同的感觉输入提供了一个共同的价值尺度,这在行为选择中是至关重要的。进化确保了在适当的时候选择不同的奖赏物和惩罚物信号。例如,饥饿时食物是奖赏,但随着饥饿程度下降,当前的口渴程度可能很快就足以使水的味道产生的奖赏性大于食物产生的奖赏性,从而使水被摄入。然而,如果在进食或饮水过程中任何时候出现或发出疼痛的输入信号,这可能是一个在共同价值尺度上更强的信号,因此行为就会转换以减少或避免这种疼痛信号。在疼痛刺激或威胁被消除后,在共同价值尺度上,如果下一个最有奖赏性的刺激是水的味道,那么就会选择饮用水。

这意味着,大脑需要做的决策是在表征净值的选项之间做出选择。每个选项代表可选择的行为,我们将在第8章中讨论这些决策过程。

动物的成本效益分析的总体目标是最大限度地提高适应性。我们所说的适应性是指动物的基因遗传给下一代的可能性。为了最大限度地实现这一目的,在进化过程中有各种方式可以选择不同的刺激作为奖赏物与惩罚物(可以把成本归于惩罚物)。所有这些奖赏物和惩罚物应该共同运作,以确保动物在有生之年能大概率将基因传递给下一代;这个过程中,还要在复杂多变的环境中最大限度地提高适应性,所有这些奖赏物和惩罚物可能会导致各种各样的行为。

一旦语言将奖赏物与惩罚物智能化,例如,解决语言、数学或音乐中的复杂问题变得有奖赏性,行为可能就不那么明显地被视为是繁殖适应性的。事实上,在第10章中我会提出,语言使人类能够基于推理做出决定,这使得人类行为不那么依赖于基因限定的强化物以及相关的情绪,相反基于推理的决策使人类的决定可以违背基因限定的强化物的偏好,例如我们选择一种营养丰富但可能并不特别美味的食物。正如第10章所示,这使得人类的决策特别有趣。

3.4 情绪的进一步功能

如第3.2节和第3.3节所述,情绪的基本功能是在进化过程中使基因能够限定行为目标并在大脑中实现。进化让大脑达成了简单的实现方式,即对(当前)刺激以及不同行动过程中可能获得的刺激进行奖赏物或惩罚物的评估,并据此选择和比较不同的目标。这一功能允许灵活的行为反应,以获得基因限定的目标。

接下来,我们将考虑情绪的一些进一步的功能和属性,并突出由上述情绪系统的基本操作所产生的情绪行为类型的一些特别有趣的例子。

3.4.1 自主反应和内分泌反应

情绪的另一个功能是激发自主反应(如心率的变化)和内分泌反应(如肾上腺素的释放)。例如通过提高心率,让身体做好准备,以便可以更有效地做出像跑步(强化刺激的结果)这样的动作,这具有明显的生存价值。从杏仁核和眶额皮层经内脑岛(其前腹侧)和下丘脑以及直接通向脑干自主运动核的神经连接可能特别参与这一功能(见第 4 章)。

3.4.2 行为的灵活性源于情绪与限定行动目标的奖赏物和惩罚物的相关

上述基于基因的理论指出情绪的一个功能是使行为反应具备灵活性,下面阐述这一个情绪功能。我认为,当环境中的奖赏或惩罚刺激诱发情绪状态时,我们可以做出许多任意的适当行为来获得奖赏物,或避开惩罚物。也就是说,奖赏物或惩罚物限定了行为目标,但没有限定行为本身。动物可以选择当前情况下最适合于获得奖赏物或避开惩罚物的行为。这比只是学习对刺激的固定行为反应要灵活得多,对刺激的固定行为反应是 20 世纪 30 年代的刺激—反应(S-R)学习或习惯学习理论的观点。

如果我们考虑经常出现可以诱发情绪的刺激的学习过程,这种行为反应的灵活性就非常清楚。让我们以回避学习为例。这样的一个例子可能是学习在听到一个声音时执行动作以避免电击。学习分两个阶段进行,每个阶段涉及不同的过程。在第一阶段,刺激—强化物联结学习会诱发某种情绪状态,比如对与电击相关的音调的恐惧。这个学习阶段可能非常迅速,可能只需一个试次。(我们将在第 4 章中看到,眶额皮层和杏仁核与这种类型的学习密切相关。)回避学习的第二阶段是对操作性反应(即行为)的工具性学习,其动机是为了终止诱发恐惧的刺激。可能需要反复试错、多个试次才能找到适当的行为来消除诱发恐惧的刺激。

这里的提示是,这种一般类型的两阶段学习过程与动物的多种行为设计密切相关,其中包括情绪行为。它简化了感觉系统与运动系统的接口。与通过缓慢的试错学习来学习对特定刺激的特定反应或习惯不同,两阶段学习可以非常快速地(通常是一个试次)习得情绪状态与奖赏或惩罚刺激的联结。这样,动作系统就能以一种相当普遍的方式进行操作,有时需要通过新的试错学习,但通常可以使用许多以前学过的策略,来趋近奖赏物或回避惩罚物,即目标。

需要强调的是,情绪是大脑设计的一个重要部分,它使得我们能够根据目标进行灵活的行为选择,而且极其重要的是,它使得动物可以通过一种非常简单又快速的一次性学习(即刺激—强化物联结学习)来对新异的有吸引力或危险的刺激做出反应,这种学习过程可能只需要一个试次就可以习得。

3.4.3 情绪状态是激励性的

情绪的另一个功能是激励。例如,通过刺激—强化物联结而习得的恐惧为避免有害刺激的行为提供了动机。同样,正强化物诱发激励动机,使我们更加努力工作以获得奖赏。情绪影响动机的另一个例子是当奖赏物不可得时,即令人沮丧的无奖赏(见图 2.1)。如果可能采取行动(以获得奖赏),那么就提高了该行动的动机,促使动物更加努力以再次获得该强化物或另一个强化物。如果无法采取任何行动来再次获得这种奖赏(例如家人去世之后),如第 2 章所述,那么可能会导致悲痛或忧伤。这可能是适应性的,因为这阻止了持续的、有动机的尝试以重新获得不可再得的正强化物,并帮助动物在适当的时候对其他可能的强化物敏感,进而做出适应的转换。正如第 2 章所描述的,如果出现这种令人沮丧的无奖赏,并且没有任何可选择的行为反应,人就会抑郁。

基于上述原因,持续时间很短的抑郁状态可以看作是一种适应。然而,抑郁可能会持续很长时间,也许是因为长时的外显(有意识的)知识会让人对损失正强化物的长远后果做出评估并反复回忆,如第 9 章和第 10 章所述,这可能会导致长期的(心理上的)抑郁适应不良。因此,由于外显系统的快速发展而导致的进化环境与当前环境的差异,可能会诱发一些不再是适应性的情绪状态。

内瑟(Nesse 2000)提出了一种有趣的研究抑郁症的进化论方法,认为人们可能会为自己设定难以实现的长期目标,并可能花费数年时间试图实现这些目标。这类目标的一个例子是在个人的职业生涯中获得某个特定的职位,或专业资格,这可能需要一个人一生中数年的时间。如果没有达到这个目标,那么缺乏强化物可能会导致长时间的抑郁。人们可能会发现很难重新制订他们的长期目标,以确定其他的、替代的、更可能实现的目标,如果没有这种重新制定长期目标的能力,抑郁可能就会持续。这里体现进化的方面是,根据我们的长期外显计划系统(见第 10 章),社会赋予长期目标的价值以及实现这些目标可能带来的地位,人们发现正置身于自己的长期外显系统未进化的情况中,因此不能适应性地确定现实目标。然后,外显系统向情绪系统提供了一个持久的无奖赏信号(此外,情绪系统也没有进化到能够处理这种持久的无奖赏输入),这就导致了持久的抑郁。一种治疗方案是帮助抑郁患者确定可能的诱因,如未实现的长期目标,并重新调整他们的生活目标,以再次获得正强化物,帮助患者摆脱抑郁。

　　除了这些激发情绪的刺激的激励作用之外,我还强调"我的"达尔文主义观点,即某些基因限定了行为目标,这不仅解释了情绪,也解释了动机。如第 2 章所述,动机并不需要与情绪有本质不同的机制(初级强化物),因为如果基因限定了某些刺激(初级强化物)的奖赏价值,那么必须建立行为系统以寻求获得这些刺激(即被激励将其视为目标),否则刺激就不能被操作性地定义为奖赏物。一种简单的思考方式是把动机视为一种状态,我们在这种状态下做出工具性的行为以获得基因限定的目标;而情绪是在达到或没有达到目标时诱发的一种状态。

　3.4.4　交际

　　由于交际的生存价值,把来自其他动物的信号解码为奖赏或惩罚的能力非常重要。在某些情况下奖赏物或惩罚物的价值可能是先天的,在其他情况下可能是后天习得的。发送这样的信号也可能是适应性的,而且在某些情况下,发送这样的信号可以是"诚实的",在其他情况下是"欺骗性"的。例如,这些传递的信号可以表明动物在多大程度上愿意竞争资源,进而影响其他动物的行为(Hauser 1996)。交流情绪状态可能有生存价值,比如可以减少争斗。

　　达尔文(1872)在他的著作《人类和动物的表情》中,强调了人类及其近亲的表情的相似性,以及因此而来的可能的亲缘关系,但他也注意到这些表情的交际价值。

　　表情可以引起接收者的反应,这一观察结果支持了这样一种观点,表情也是交际性的,而不仅仅是情绪的外在表现(Chevalier-Skolnikoff 1973)。表情可以看作是引发或诱导接收者做出某些反应的一种方式,就像微笑表示安抚,大笑表示邀请参与,恐惧表示寻求援助一样。在非人灵长类动物中,表情被当作是调节和维持社会关系的工具。例如,如果一只下级猕猴在与上级的挑衅冲突中做出鬼脸,这就表示它服输了。然而,表情的使用不一定就这么简单,如果是一只占支配地位的猕猴在靠近下级时做出同样的表情,所表达的意思就不是服输,而是有支配意义的正面想法。这样,表情的交际效果可以说是依赖于语境的,它取决于发送者和接收者的年龄、性别、支配地位和亲属关系(Chevalier-Skolnikoff 1973)。

要论证在社会交际中运用了情绪表达,就必须证明具备解码这些信号的能力。我们将在第 4 章中看到,灵长类动物的大脑系统已经进化到可以识别面部表情和面孔身份,因为这两种能力在决定对面部表情采取何种行动时都非常重要。

3.4.5 社会依恋

情绪的另一个重要领域是社会关系。例如父母对子女的依恋、子女对父母的依恋以及父母之间的依恋(见第 7.2 节)。有关基因影响行为方式的理论[“自私的基因”理论,见道金斯(Dawkins 1989),里德利(Ridley 2003)]认为,(例如,因为父母照顾的好处)所有这些形式的情绪依恋都有这样的效果,即这种依恋的基因更有可能存活到下一代。亲属利他主义也可以用这些术语来解释[见道金斯(Dawkins 1989)和第 7.7.2 节]。在这些例子中,社会关系与(基因限定的)初级强化物有关。在其他情况下,涉及社会互动的情绪可能来自涉及互惠利他主义(例如利用“以牙还牙”策略)的强化物。在这些情况下,重要的是记住哪些是与特定的个体交换的强化物,这样欺骗就不会给某些参与者带来不利影响。当合作双方都占有净优势时,这种社会关系就是稳定的(见第 11.3 节)。

一些研究者认为,情绪的主要功能体现在社会情境中(见 Strongman 2003)。诚然,有许多情绪与社会环境有关(如表 2.1 所示),但也有许多情绪并非如此,比如灵长类动物对蛇的恐惧,或者看到一个曾经造成疼痛的物体而产生的恐惧。

3.4.6 各种不同的初级强化物的功能差异

需要强调的是,每种(基因限定的)初级强化物(表 2.1 中列出了大量的强化物)不仅可以引起不同的情绪,而且有不同的功能。这里详细介绍了这些功能的几个示例。这将使读者能够更详细地理解表 2.1 中的其他初级强化物。

在讨论这些例子之前,让我们记住,每种功能都与特定基因通过增加该基因的繁殖成功率所提供的生存价值或性选择价值有关;在与体验相关的情绪状态下(见第 10 章),任何让有机体感到愉快或不愉快的具备工具性强化作用的东西,很可能都有生存价值并能实现情绪的其他功能。

从表 2.1 中选取的初级强化物的一个例子是新异事物,因为它可能有助于在环境中发现更好的生存机会(例如新食物),因此可能会让人感觉良好,并具有正强化作用。

表 2.1 的另一个例子是群体认同,这可能有助于识别新的社会伙伴,并可能

会获得好处。

可能与新异事物效应相关的是感觉特异性的饱足感,即快要吃饱的时候,饭菜令人愉悦的味道逐渐变得不那么愉悦的现象(见第 5 章)。这可能是一种更普遍的适应,以确保行为最终从一种强化物转换到另一种强化物。

当然,基因有时可能会被误导,导致产生没有生存价值的行为,例如,动物食用无营养的甜味糖精。这并没有反驳本书提出的理论,只是指出基因不能正确地限定环境中每一个可能的刺激或事件,而只能大致地导向可以提高繁殖适应性的行为,即适合基因生存的愉悦行为。

3.4.7　心境状态会影响对情绪或记忆的认知评价

情绪的另一个特性是当前的心境状态会影响对事件或记忆的认知评价(Blaney 1986,Robinson,Watkins & Harmon Jones 2013),这可能在解释环境中事件的强化价值时有助于保持连续性。在第 4.9 节"情绪对认知加工和记忆的影响"中将提出一个理论来说明这一点。

3.4.8　促进记忆储存

情绪的第八个功能是它可以促进记忆的储存。其中的一种作用方式是情绪状态可以促进情景记忆(即对特定事件的记忆)。这可能是有利的,因为当一个强烈的强化物出现时,尽可能多地储存当前情形的细节可能有助于在未来与之有些相似的情况下做出适当的行为。在大脑中这一功能的实现可能是通过大脑皮层和海马的相对非特异性的投射系统,包括基底前脑和内侧隔核的胆碱能通路,以及去甲肾上腺素能的上行通路(Rolls 2016c,Rolls 2014b,Rolls & Treves 1998,Rolls 1999a,Wilson & Rolls 1990a,Wilson & Rolls 1990b,Wilson & Rolls 1990c)。

情绪影响记忆储存的第二种方式是,当前情绪状态可以与情景记忆一起储存,从而为当前情绪状态影响哪些记忆被回想提供线索。在这个意义上,情绪作为情景提取线索而存在,就像其他情景效应一样影响情景记忆的提取(Rolls 2016d,Rolls & Treves 1998,Kesner & Rolls 2015,Rolls 2018a,Rolls 2021a)。

情绪影响记忆储存的第三种方式是,引导大脑皮层构建世界的表征。例如,在视觉系统中,如果感知表征或分析器与不同的强化物相关联,那么构建彼此不同的感知表征或分析器可能是有用的,但是如果感知表征或分析器与强化物没有关联,那么构建它们的可能性较小。关于从大脑中与情绪有关的重要部分(如杏仁核)到大脑皮层的反向投射如何执行这一功能,参见第 4.9 节"情绪对认知加工和记忆的影响"以及罗尔斯(Rolls 2016c)。

3.4.9 情绪和心境状态是持续的,有助于产生持续的动机

情绪的第九个功能是,在强化刺激出现后,情绪可以持续几分钟或更长时间,这可能有助于产生持续的动机和行为方向。例如,如果没有获得预期的奖赏,持续令人沮丧的无奖赏状态可能会有助于在一段时间内引导行为指向试图再次获得奖赏。

3.4.10 情绪可以触发回忆并影响认知过程

情绪的第十个功能是它可以触发对储存在新皮层表征中的记忆的回想。从杏仁核和眶额皮层向皮层区域的反向投射可以实现这一功能,其方式类似于海马体在新皮层中实现的对特定事件或情节的最近记忆的恢复(Treves & Rolls 1994,Rolls 2016d,Kesner & Rolls 2015,Rolls 2015d,Rolls 2018a,Rolls 2021a)。具体实现方式如下。当记忆存储在大脑皮层或海马时,眶额皮层或者杏仁核神经元放电所反映的当前任何情绪状态,都会由于从反向投射的神经元到新皮质或海马系统神经元的突触联系而与记忆联系在一起。随后,由杏仁核或眶额皮层神经元放电所反映的特定情绪状态,将通过联合变化的反向投射连接,增强或产生有这种情绪状态时储存的记忆。罗尔斯和斯特林格(Rolls & Stringer 2001)对这些效应进行了正式建模,在第 4.9 节有对这些效应的进一步描述。

这些效应的一个结果是,一旦处于特定的情绪状态,就倾向于回想与该情绪状态相关的记忆,也将根据当前的情绪状态来解释输入的刺激。其结果可能是情绪状态的连续性导致行为的连续性。这种连续性有时可能是有利的,因为它可以保持行为指向一个目标,并使行为可被他人所理解,但对精神病人而言,打破这种自我延续的倾向才是有利的。

3.5 情绪在达尔文主义的进化情景中的作用

这本书(见第 3.2 节)的一个基本的问题是,我们为什么会有情绪?我用达

尔文主义的功能方法来回答，得到了这样的答案：情绪是由工具性行为的目标（奖赏物和惩罚物）引发的状态，这是适应过程的一部分，基因通过这个过程限定行为目标而不是固定反应来影响动物的行为。与目标相关的情绪状态取决于强化相依，如图 2.1 所示。情绪状态本身可能是行为目标，例如减少恐惧，此外，情绪状态的持续可以保持行为的持续，并以第 3.4 节所述的其他方式产生影响。

我相信，这种情绪理论为理解基因如何影响行为提供了一种强有力的方法。在动物学的许多思考中，一种方法是理解基因如何决定特定的行为。例如，尼科·廷贝亨（Niko Tinbergen 1963，1951）认为先天形成的刺激可能会诱发固定的动作模式。例如，鲱鸥雏鸟的啄食反应是由其父母嘴上一个先天的红点引起的一种固定的动作模式。潘克塞普（Panksepp 1998）在情绪研究中继承了这一方法，他列举了固定的行为模式。

人们已经考虑到刺激的细节或者刺激发生的环境，都可以影响本能反应（Dawkins 1995），但没有考虑到刺激和行为之间的那种像在工具性学习中那样的任意关系。

47　　　相反，我认为情绪最重要的功能是让基因限定行为的目标刺激。这意味着基因的规则可以保持相对简单，因为基因限定了刺激，如某种味道或抚摸，这比限定反应的细节（如爬树、沿着树枝奔跑、摘苹果然后放进嘴里）往往要简单。这也意味着需要相对较少的遗传规则，因为基因不必编码特定刺激和特定行为反应之间的许多关系，也不需要跨越初级强化物刺激空间的维度。表 2.1 列出了一些基因编码的初级强化物的例子。

另一种将所需的基因规则保持在较低水平的方法是，通过刺激—强化物联结学习，将动物一生中出现的任意刺激与初级强化物相关联，从而引导行为。

但情绪所赋予的最重要的好处是，基因不必限定所需的行为，因为在动物的一生中，它可以通过工具性的动作—结果学习来习得任意的行为，以达到或避免基因限定的目标。这些行为是任意的操作，因为为了实现目标可以做出任何动作（Rolls 2014b）。因此，情绪所允许的行为的基因规则是这样的：基因不是针对刺激预先设定行为（如在本能行为中的固定行为模式），也不限定行为，基因限定的是行为指向的目标。当然，这并不否认某些行为是基因限定的反应，例如鸟类对特定刺激的啄食、哺乳动物对乳头的定位和吮吸，以及准备去学习的某些案例（Rolls 2014b）。

达尔文式的基因的自然选择编码的是行为目标（即编码强化物）而不是行为本身，因此允许产生的行为具有很大的灵活性，可以认为是解放了"自私的基因"（Dawkins 1976，Dawkins 1989）。理查德·道金斯（Richard Dawkins）在撰写《自私的基因》(Dawkins 1976)时,谨慎地阐明基因水平上的选择和竞争的概念(Hamilton 1964,Hamilton 1996),并没有必然导致行为的基因决定论。然而,这个概念还是因此受到了批评,道金斯后来用了整整一章"扩展表观型"来进一步阐述这个问题(Dawkins 1982)。在《情绪与决策的解析》一书中发展出来的概念有助于进一步解决这一问题,因为我认为基因影响行为(并由此产生情绪)的一个重要方式是指定强化物(行为目标),而不是特定行为(Rolls 1999a,Rolls 2014b)。这有助于避免自私基因"决定"行为的指控。相反,许多基因对行为的影响,是通过强化刺激或行为目标的相互竞争来进行的,因此所产生的行为具有很大的灵活性。我们不认为行为是遗传的或"由自私的基因决定的",而是认为基因通过自然选择限定强化物,而强化物可以成功引导行为,从而提高基因的适应性。在这个意义上,自私的基因(特别是那些参与指定强化物的基因)从直接地"决定"行为中解放出来,为(工具性的)行为提供目标,而用来实现目标的行为本身则是十分灵活的。在这些情况下,最好将行为的遗传性理解为强化物在刺激空间的遗传性,而不是在行为或反应空间的遗传性。

我提出的这种情绪的基本适应价值的一个有趣结果是,基因规则确实需要包括神经通路上几处突触的规则,这里的神经通路指从感觉输入到明确表征目标刺激的奖赏或惩罚价值的脑区。因此,这一预测认为,基因限定了大脑中不同加工阶段的连接性,且在大脑中限定了目标和奖赏,以便学习适当的行为以达到目标。在第4章和第5章中描述的证据表明,直到有眶额皮层和杏仁核参与的信息加工阶段,才能明确目标,这与神经元放电有关。这个规则的一个例子是,舌头上的甜味受体必须与特定食物奖赏的神经元相连,其反应由饥饿信号调节(见第5章)。

我把情绪定义为由工具性强化物(见第2章)诱发的(具有特定功能的)状态,这与我所认为的情绪的最重要的功能是一致的,即情绪是大脑设计的一部分,基因可以通过情绪限定我们行为的(某些)目标或强化物。这意味着,我提出的情绪理论不应被视为行为主义,而应被视为一个更广泛的理论的一部分,该理论采用一种适应性的、达尔文主义的方法来研究情绪的功能,以及情绪在大脑设计中的重要性。此外,该理论还展示了认知状态如何引发和调节情绪(见第2.6节和第4.5.3.6节),以及情绪状态又如何影响认知(见第4.9节)。

我相信,这种取向能让我们从根本上理解为什么我们会有情绪,而这种理解将能经得起时间的考验,就像达尔文的思想本身提供了一种理解生物学和许多关于生命的"为什么"的问题的基本方法一样。因此,这是一个彻底的达尔文主义理论,是一个关于生物体设计中情绪的适应性价值的理论。

3.6 动机在达尔文主义的进化情境中的作用

动机可以被看作是个体为目标而努力的状态,而情绪则是获得目标或强化物时的状态,并且这种状态可能会持续下去。基因限定的强化物的概念提供了行动目标,有助于理解动机状态和情绪之间的关系,因为生物体必须天生就会被激励去实现目标,当采取行动实现目标或没有实现目标的时候,生物体会处于不同的状态(情绪)。动机和情绪之间紧密而清晰的关系是,两者都涉及所谓的情绪状态(例如,感到饥饿,喜欢食物的味道,因社会强化物而感到快乐),而且两者都与目标有关。本章提出的达尔文主义的情绪功能理论,说明了情绪是如何适应的,因为它反映了基因限定行为目标的这个过程,这同样也适用于动机。通过限定目标,基因同样得指定我们必须被激励去实现这些目标,以及限定实现目标时所产生的进一步的状态,即具有进一步功能的情绪状态。

许多因素会影响动机行为的目标的奖赏或惩罚的程度。就与内部稳态需求相关
49　的动机状态而言,感觉刺激(如食物或水的味道)的奖赏或目标价值在遗传上被设定为受相关内部信号的影响,如饥饿和口渴时的血糖或血浆渗透压,参见本书第 5 章以及罗尔斯(Rolls 2005b)的"口渴"部分。如果没有获得基因限定的目标,如预期的食物的味道,那么我们就会处于一种令人沮丧的无奖赏状态,在这种状态下,如果初始目标仍然是为了奖赏,且还可以获得目标,这仍然将激励我们去实现它;另一种情形是,无奖赏状态会导致习得的奖赏价值发生变化,如果我们发现任何行为都无法实现目标,就不会再做努力(见第 3.4.3 节)。

3.7 所有的行为目标都是基因限定的吗?

在本章的末尾,我们可以问一问,是否所有的目标都是基因限定的。本章的一个重要概念是,情绪是基因限定强化物的过程的一部分,而强化物就是行为目标,这是情绪的适应性价值的一部分。因此,情绪可能是由初级强化物,或由习得的与初级强化物相关联的刺激(即次级强化物)诱发的。但是否存在与情绪和动机状态相关却又不是基因限定的目标呢?

我认为大多数强化物都可以追溯为基因限定的目标,即使在某些情况下这些目标相当普通。表 2.1 中列出了这些类型的强化物的一些例子(可能还有很多其他例子),例如社会合作和群体认同、读心术以及解决智力问题。然而,当一

个外显的、理性的、能够对符号进行句法操作的推理系统(如第 10 章所述)发展起来时,就有可能接受与基因规则不太直接相关的目标。这可以从文化的一些影响中看出来。事实上,有些目标是文化限定的,比如写小说。但有人认为,正是表 2.1 所示的一般类型的基因限定的初级强化物(如解决难题,等等)使得我们希望得到社会认可,因为这可以带来好处,并激励我们行动起来,如写小说[详见第 7 章和第 10 章,里德利(Ridley 2003)的第 8 章,里德利(Ridley 1993b)的第 310 页及之后页,拉兰德和布朗(Laland & Brown 2002)的第 271 页及之后页,道金斯(Dawkins 1982)以及罗尔斯的《神经文化》(Rolls 2012d)]。的确,文化受人类基因倾向的影响,因此,人类的认知、情绪和道德能力是一个动态系统的独特产物,这就是所谓的基因文化共同进化(Gintis 2007,Bowles & Gintis 2005,Gintis 2003,Boyd, Gintis, Bowles & Richerson 2003)。

然而,在某些情况下,外显的推理系统限定的目标会引发与任何基因适应性价值无关的情绪,无论是当前的价值还是在进化史上限定的价值。我认为在这些情况下,尽管情绪已经进化,并且与基因限定的强化物相适应,但是当外显的推理系统进化时,它可以设置替代的目标,利用现有的情绪系统促进行为,但替代的目标可能不是基因限定的,甚至不是适应性的。事实上,在第 10 章和第 11章中,我们提出,许多内隐情绪是为了基因的利益而起作用的,而外显系统的推理可以出于个体的长远利益而拒绝基因限定的奖赏,例如活很长时间(这可能不符合基因的利益)。因此,可能有些行为目标是不符合基因利益的。

4 情绪的脑机制

4.1 引言

本章从大脑的角度解析情绪的产生。当我们产生某种情绪时，大脑中究竟发生了什么？是怎样的大脑机制让我们拥有情绪，并导致我们的特定行为？在本章中，我们首先通过几张图片介绍下文将讨论到的一些脑区，然后简要总结情绪加工脑机制的一些基本原理。

由于情绪可以被看成是一种由强化物诱发的状态（第 2 章），所以研究大脑情绪加工的一个基本方法是通过神经元活动探索初级强化物在大脑中表征的位置（第 4.3 节），潜在次级（习得）强化物在大脑中表征的位置和方式（第 4.4 节），以及实现刺激—强化物学习（如情绪学习）的大脑区域——依次是眶额皮层（orbitofrontal cortex）（第 4.5 节）和杏仁核（amygdala）（第 4.6 节）。然后，我们介绍一个参与学习可以得到奖赏结果的行为的大脑系统——前扣带回皮层（anterior cingulate cortex）（第 4.7 节）。最后，我们介绍其他一些情绪输出系统。

第 2 章和第 3 章已经介绍了情绪的本质和功能，本章将介绍与情绪相关的几个主要脑区。如图 4.1 和 4.2 所示，包括眶额皮层、杏仁核、扣带回以及包括下丘脑（hypothalamus）在内的基底前脑区域（basal forebrain areas）。我们特别关注灵长类动物（通常是猴子和人类）大脑中这些区域的功能。正如本书 1.3.2 节以及其他地方（Rolls 2014b，Rolls 2019e，Rolls 2021a）更详尽的描述，啮齿类动物处理情绪的大脑组织方式和灵长类动物有很大不同。

4.2 情绪相关脑区概述

近期对包括人类在内的灵长类动物的研究表明，情绪的神经活动过程是这样的（见图 4.2）：

1. 在图 4.2 的第一层结构中，信息加工处于神经元表征刺激"是什么"的水平，与奖赏或惩罚无关，因此与刺激的情绪价值无关。

例如，初级味觉皮层中的神经元表征味觉的种类和强度，但不表征该味道的奖赏价值（包括味道有多好或有多糟糕）。

在颞下视皮层，对物体和面孔的表征不会随着它们在视网膜上的具体位置、大小和视角而变化。颞下视皮层形成恒定表征的过程，涉及从初级视觉皮层 V1 区到颞下视皮层这一视觉通路层级上大量的皮层计算（Rolls 2016d，Rolls

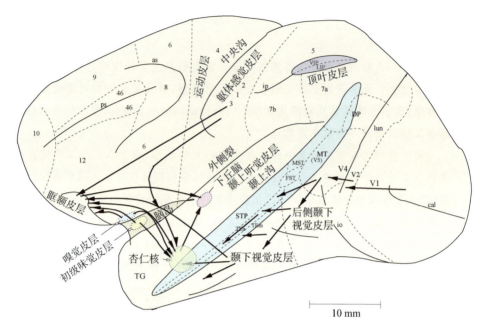

图 4.1 恒河猴大脑的侧面图,展示了本书中介绍的参与情绪加工的一些通路。图中标出了从初级味觉和嗅觉皮层(primary taste and olfactory cortices)到眶额皮层和杏仁核之间的连接,以及在腹侧视觉系统(ventral visual system)中,从 V1 区到 V2 区、V4 区和颞下视觉皮层(inferior temporal visual cortex)等区域之间的连接,其中一些连接通达杏仁核和眶额皮层。此外,图中还显示了从躯体感觉皮层(somatosensory cortical areas)1 区、2 区和 3 区直接到达眶额皮层和通过岛叶皮层(insular cortex)到达眶额皮层的连接,以及通过岛叶皮层到达杏仁核的连接。图中的缩写对应的脑区名称如下:弓形沟(as, arcuate sulcus),距骨沟(cal, calcarine sulcus),中央沟(cs, central sulcus),外侧裂或塞尔维氏裂[if, lateral (or Sylvian)fissure],月状沟(lun, lunate sulcus),主沟(ps, principal sulcus),枕下沟(io, inferior occipital sulcus),顶内沟(ip, intraparietal sulcus;表层被打开以展示其包含的一些区域),颞上沟(sts, superior temporal sulcus;表层被打开以展示其包含的一些区域),前颞下皮层(AIT, anterior inferior temporal cortex),视觉运动加工区(FST, visual motion processing area),顶内沟外侧区(LIP, lateral intraparietal area),视觉运动加工区(MT, visual motion processing area,也称为 V5 区),后颞下皮质(PIT, posterior inferior temporal cortex),颞上平面(STP, superior temporal plane),包括听觉联合皮层的脑区(auditory association cortex),高级视觉联合皮层的脑区(high order visual association cortex)及其亚区(TEa 和 Tem),位于颞极(temporal pole)板块区的视觉区域 V1—V4 区(V1—V4),腹侧顶内区(VIP, ventral intraparietal area),包括后视觉联合皮层(posterior visual association cortex)在内的板块区。图中的数字是指板块区,其功能大致等同于以下脑区:1、2、3 表示躯体感觉皮层(位于中央沟后侧),4 表示运动皮层(motor cortex),5 表示顶上小叶(superior parietal lobule),7a 表示顶下小叶(inferior parietal lobule)对应视觉部分,7b 表示顶下小叶对应躯体感觉部分,6 表示外侧前运动皮层,8 额眼区(frontal eye field),12 表示眶额皮层的一部分,46 表示背外侧前额叶皮层(dorsolateral prefrontal cortex)。

2012e，Rolls 2021a）。第一层对"是什么"的加工和第二层对奖赏价值的加工是分离的。这种分离的根本优势在于，由于第一层提供的表征是不变的，因此在第二层中，对于出现在视网膜上某个位置、大小和视角的一个物体或面孔的价值的学习，可以推广到其他视角等。

有证据表明，在啮齿类动物中，"是什么"和"价值"的表征没有如此明显的分离，比如在本书1.3.2节和5.3.1.4节中介绍的味觉系统中的表征。这一特性不仅使啮齿类动物的信息加工过程不同于包括人类在内的灵长类动物，也使其更难分析。

2. 第二层中的脑机制包含评估初级（非习得）强化物奖赏价值的过程。由于奖赏价值是在第二层中进行表征的，因此它也包含在情绪加工过程中。

初级强化物包括味觉刺激、触觉刺激（令人愉悦的触摸和疼痛），某些嗅觉刺激，也许还有特定的视觉刺激，比如面孔表情。有证据表明，在眶额皮层中有对许多初级强化物（包括味觉、令人愉悦的触摸和疼痛、面孔表情、外貌，以及和谐或不和谐的声音）的价值（奖赏/惩罚）的表征。

3. 位于第二层的大脑区域还负责习得先前出现的中性刺激（如物体或个体面孔的视觉图像）和初级强化物的联结。因此，其表征中包含了刺激的"期望价值"。例如，当我们看到正在准备的自己最喜欢的食物时所产生的期望价值，这种期望价值可能很快就会导致对食物味道的初级奖赏。

第二层中的期望价值信号被传递到第三层，为动作系统提供动作目标。

因为奖赏相关的信号是由这些负责期望价值的神经元进行表征的，所以第二层结构进一步参与到情绪加工中。

第二层脑区包括眶额皮层和杏仁核。

4. 第二层脑区的眶额皮层表征刺激的价值，而不表征动作。

许多不同类型的刺激、事件或目标的价值在神经元水平上的表征是分离的，这为在刺激间进行选择，以及在随后的阶段为了达到我们想要的结果而选择恰当行为提供了基础。

5. 如图4.14所示，内侧（指向中线方向）和中部眶额皮层、BA 13区和11区（见图1.1）中的神经活动往往反映奖赏和主观愉悦度。

如图4.14所示，外侧眶额皮层、BA 12/47区和临近额下回的区域（见图1.1）中的神经活动往往反映未获得奖赏物、惩罚物及主观不愉悦度。因此，外侧眶额皮层可能与抑郁直接相关，因为无法再获得期望或渴望的奖赏可能会导致抑郁情绪。

6. 第二层脑区中的眶额皮层负责在连续的尺度上表征刺激的价值（潜

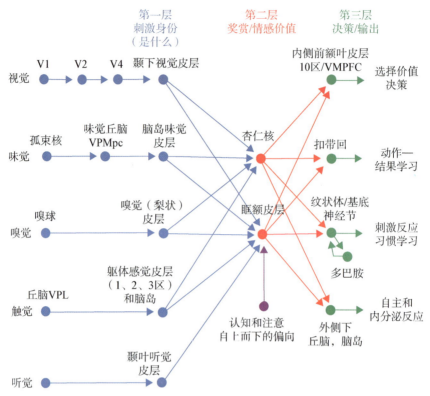

图 4.2 图中显示了脑中味觉、嗅觉、躯体感觉和视觉通路之间的一些连接。图中的缩写与其对应的脑区为：V1，初级视觉（纹状）皮层；V2 和 V4，高级的视觉皮层区域；前额叶皮层（PFC, prefrontal cortex）；内侧前额叶皮层 10 区是腹内侧前额叶皮层的一部分（VMPFC）；丘脑腹后外侧核（VPL, ventro-postero-lateral nucleus of the thalamus），负责将躯体感觉信息传递给初级躯体感觉皮层（1 区、2 区和 3 区）；丘脑腹后侧内核小细胞部分（VPMpc, ventro-postero-medial nucleus pars parvocellularis of the thalamus），负责将味觉信息传递给初级味觉皮层；扣带回前膝部（Pregen Cing, pregenual cingulate cortex）。为便于描述，我们将底层称为第一层，它们表征出现的客体是什么，而不对其进行奖赏价值表征；在第二层中，表征客体的奖赏价值；在第三层中，基于刺激间不同的价值进行决策，价值与行为输出系统发生交互。图中的紫线表示自上而下的注意和认知对情绪的调节通路。听觉输入也会到达杏仁核。

在的行为目标），这个区域前方的内侧前额叶皮层 10 区（有时也叫腹内侧前额叶皮层（ventromedial prefrontal cortex）（在第三层中）则负责在刺激间决策，在此处必须做出选择，这比为基于货品的价值做决策而在连续的尺度上表征价值又进了一步。

　　7. 表征强化刺激、情绪性刺激、刺激的价值的脑区连接了四个主要类型的输出系统（图 4.3）：

第一类输出系统是自主和内分泌系统,它可以使人心率加快,分泌肾上腺素,为机体的动作做准备。

第二类输出系统是执行与习惯相关反应的大脑系统——基底神经节(basal ganglia),包括纹状体(the striatum)[尾状核(caudate)、壳核(putamen)和腹侧纹状体(ventral striatum)]、苍白球(globus pallidus)和黑质(substantia nigra)。这些脑区负责"刺激—反应"行为。当某种行为被过度学习时,就会出现"刺激—反应"行为。并且当行为被高度学习且达到自动化后,"刺激—反应"行为就不再具有太多的情绪性了。

第三类输出系统是执行动作以获得奖赏物或避免惩罚物的大脑系统。这些大脑系统包括参与动作—结果(即目标导向)学习的前扣带回("结果"指的是执行动作时获得或未获得的奖赏物或惩罚物)。习得正确的行为通常是通过一次次试错实现的。

第四类输出系统是一个能够提前计划多个步骤的系统,例如为了实现一个多步骤的长远期计划而推迟短期的奖赏。这个系统可能使用句法加工来执行多步骤计划,因此是语言系统的一部分。这样一个系统可以进行外显的(有意识的)操作和推理,对此第10章有更充分的阐述。

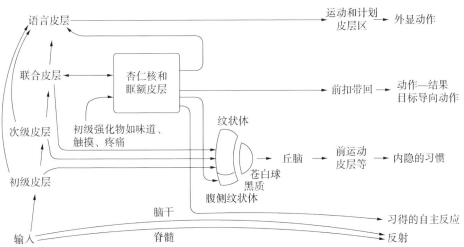

图 4.3 图中展示了对奖赏或惩罚刺激做出动作或反应的多条路径。来自不同感觉通道的输入信息传递到不同的脑结构(如眶额皮层和杏仁核),使得这些脑结构能够对即时传入的刺激或记忆中的刺激进行奖赏或惩罚的价值评估。一种传递路径是通过大脑的语言系统进行的,这种方式允许执行包含多步骤句法策划在内的外显(可用语言表达出来的)决策。另一种路径可能是内隐的,在前扣带回中进行"动作—结果"、目标导向的学习;而纹状体和基底神经节的其余部分则关注刺激—反应习惯。自主反应的输出也可以由眶额皮层、前扣带回(其中部分通路经由腹侧、内脏、前岛叶皮层的一部分)以及杏仁核的输出产生。

4.3 初级强化物的表征,即非习得性价值的表征

情绪可以由初级强化物诱发(初级强化物指非习得性强化物,即天生的强化物)。先前为中性的其他刺激,比如物体的视觉图像,可以通过与初级强化物的联结学习变成次级(习得性)强化物,次级强化物也可以引发情绪反应。因此,为了理解情绪的神经基础,我们有必要了解基于奖赏价值来表征感觉输入的神经元活动发生在大脑信息加工系统中的何处。接下来,我们将列举一些有关初级强化物作用的证据,在其他文献(Rolls 2014b)中有更充分的证据。

4.3.1 味觉

灵长类动物在初级味觉皮层及其之前的味觉表征与奖赏属性无关,其证据会在第5章进行阐述。次级味觉皮层是眶额皮层的一部分,表征食物味觉的奖赏价值。在贬值实验中,神经元对味觉的反应受到饥饿的调节,当动物吃饱后,神经元的反应降到零,此时味觉刺激的奖赏性为零(见4.5.3.1节和第5章)。在口渴时水也是一种奖赏,灵长类动物(包括人类)眶额皮层的神经活动反映了这种价值表征(De Araujo, Kringelbach, Rolls & McGlone 2003b, Rolls, Sienkiewicz & Yaxley 1989b, Rolls, Yaxley & Sienkiewicz 1990, Rolls 2019e, Rolls 2020b)。

4.3.2 嗅觉

众所周知,只有当猴子对某种食物产生食欲的时候,其眶额皮层的一些嗅觉神经元才会对该食物的气味产生反应(Critchley & Rolls 1996c)。在人类的功能性神经影像中也发现了一致的结果(O'Doherty, Rolls, Francis, Bowtell, McGloe, Kobal, Renner & Ahne 2000, Gottfried, O'Doherty & Dolan 2003)。因此,这些神经元的活动反映了与食物相关的嗅觉刺激的奖赏价值。

如上文所述,气味的奖赏价值由人类的内侧眶额皮层进行表征,这一区域的激活与六种气味的愉悦度相关,而与气味的强度等级无关(Rolls, Kringelbach & De Araujo 2003c)。并且,当注意力转向愉悦度而非气味强度时,激活程度增加(Rolls, Grabenhorst, Margot, da Silva & Velazco 2008a)。此外,有证据表明,人类的初级嗅觉皮层[包括梨状皮层(pyriform cortex)和杏仁核内侧皮质区

(cortico-medial amygdala region)〕负责表征嗅觉刺激的类型和强度,不表征奖赏价值。一项功能性磁共振成像研究表明,这些脑区的激活与六种气味的主观强度评分相关,而与主观愉悦度评分无关(Rolls, Kringelbach & De Araujo 2003c)。

有证据表明,类费洛蒙气味可以影响人类的行为,不过或许无需通过人类已经退化了的犁鼻嗅觉(vomero-nasal olfactory)系统(见 7.8 节)。啮齿类和许多哺乳动物(不包括人类和旧大陆猴)副嗅觉系统〔包括犁鼻器(vomeronasal organ)和副嗅球(accessory olfactory bulb)〕发出的信号,可以作为影响吸引力和侵略性的初级强化物,而且的确作为初级强化物在起作用〔见 7.8 节及怀亚特的研究(Wyatt 2014)〕。

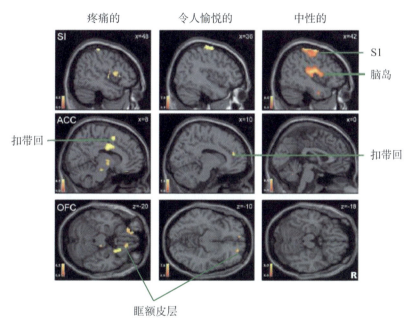

图 4.4 人脑对疼痛、愉悦和中性触觉刺激的脑区激活情况。最上面的一行显示,从平行于中线的矢状面上可以看到,中性触觉刺激在躯体感觉皮层 S1 区和脑岛诱发的激活最强。中间的一行显示,在矢状面上,愉悦的触觉刺激激活前扣带回最前部,疼痛的触觉刺激激活靠后的部分。最下面的一行显示,在轴向切面(水平面)上,愉悦和疼痛的触觉刺激激活眶额皮层。激活阈限值是 $p < 0.0001$。(这一结果最初发表于 *Cerebral Cortex* 13(3) Representations of Pleasant and Painful Touch in the Human Orbitofrontal and Cingulate Cortices, pp. 308-17 by E. T. Rolls, J. O'doherty, M. L. Kringelbach, S. Francis, R. Bowtell and F. McGlone,经牛津大学出版社许可转载。原文网址:http://cercor.oxfordjournals.org/content/13/3/308.full)

4.3.3　愉悦的和疼痛的触觉

大量研究试图探讨在人类的触觉加工系统(见图 4.1 和 4.2)中对触觉刺激的奖赏价值和愉悦度的加工和表征发生在何处。为了研究这一问题,罗尔斯、奥多赫茨、克林格巴赫、弗朗西斯、鲍特尔和麦可隆(Rolls, O'Doherty, Kringelbach, Francis, Bowtell & McGlone 2003d)记录了人在接受愉悦的、中性的或疼痛的触觉刺激时的功能性磁共振成像数据。他们发现,用手摸天鹅绒时微弱但令人愉悦的触觉,比用手摸一块木头时更高强度但中性情感的触觉,在眶额皮层产生明显更强的激活。相反,愉悦刺激诱发的初级躯体感觉皮层 S1 区的激活强度远小于中性刺激(见图 4.4)。因此可以得出结论:有一部分眶额皮层负责表征积极的躯体感觉刺激。

同样值得注意的是,愉悦的触觉刺激激活了前扣带回最前端(前膝部),这一区域会接收来自眶额皮层的信息输入(见图 4.4)。另一项研究则发现,对前臂令人愉悦的、轻柔的、缓慢的抚摸,会激活 C 类触觉传入纤维,从而激活人类的眶额皮层(McCabe, Rolls, Bilderbeck & McGlone 2008, Rolls 2010c, Rolls 2016a)。

温暖的触摸一般令人愉悦,而冰冷的触摸一般令人不适。在一项 fMRI 研究中,我们发现给被试的手施加暖刺激(41℃)、冷刺激(12℃)以及既暖又冷的混合刺激时,眶额皮层中部和前扣带回皮层的激活与对这些刺激的主观愉悦度评分相关(Rolls, Grabenhorst & Parris 2008b;见第 115 页的图 4.31)。眶额皮层的外侧和更前部的激活与刺激的不愉悦度相关。

有些口感也令人愉悦且具有奖赏性。比如,我们会觉得冰激凌和草莓奶油中的脂肪质地令人愉悦,其进化的基础在于脂肪是一种高能量的营养物质。灵长类动物眶额皮层中的神经元对脂肪的滑腻口感有选择性反应。随着摄入的奶油量越来越多,人逐渐达到饱足状态,此时神经元对脂肪的反应也逐渐趋近于零(Rolls, Critchley, Browning, Hernadi & Lenard 1999a, Verhagen, Rolls & Kadohisa 2003, Rolls 2011e, Rolls, Mills, Norton, Lazidis & Norton 2018b, Rolls 2020a)(见图 5.5)。fMRI 数据显示,人类对脂肪质地的表征位于味觉脑岛和眶额皮层(De Araujo & Rolls 2004),而进食脂肪带来的主观愉悦度与眶额皮层和前扣带回皮层的激活有关(Grabenhorst, Rolls, Parris & D'Souza 2010b)。

疼痛通路的激活具有的强化属性和情感属性在何处被解码这个问题十分复杂(Melzack & Wall 1996, Perl & Kruger 1996, Kobayashi 2012, Brodersen, Wiech, Lomakina, Lin, Buhmann, Bingel, Ploner, Stephan & Tracey 2012,

Wiech & Tracey 2013，Tracey 2017），正如接下来将提到的一些证据所示（Rolls 2021a）。

在罗尔斯、奥多赫茨、克林格巴赫、弗朗西斯、鲍特尔和麦可隆（Rolls，O'Doherty，Kringelbach，Francis，Bowtell & McGlone 2003d）的一项 fMRI 研究中，向被试的手施加疼痛输入（用笔尖刺）。研究发现，相比于中性触觉刺激，眶额皮层在接受疼痛触觉刺激时的激活更强，而躯体感觉皮层在接受物理上更强的中性触觉刺激时激活相对更大（见图 4.4）。这一结果说明，正性和负性的情感性触觉刺激都会在眶额皮层进行特异性表征。与很多研究（Vogt & Sikes 2000）相同，该研究发现，疼痛刺激也可以激活位于前扣带回运动区或附近的部分前扣带回（例子见图 4.4 和 4.7 节）。与此一致，眶额皮层自身受损或与其他脑区连接受损的病人可能会报告他们能够分辨输入刺激是疼痛的，但是不能产生和以前相同的情绪体验（Freeman & Watts 1950，Melzack & Wall 1996）。然而，对疼痛的知觉是复杂的，上面提到的文献也在试图解释其中的一些复杂性。更多地强调眶额皮层中对疼痛情感价值的表征是一个具有未来研究潜力的领域（Rolls 2019e，Rolls 2021a）

4.3.4　视觉刺激

尽管大多数视觉刺激都不是初级强化物，但是可以通过刺激—强化物联结学习成为次级强化物。但是，有些视觉刺激，比如漂亮的面孔、微笑的面孔或者愤怒的面孔，本身可能就是初级强化物。

事实上，我们在眶额皮层中发现了对面孔进行选择性反应的神经元群（Rolls，Critchley，Browning & Inoue 2006）（见 4.5.3.4 节），其中一些受到面孔调节的神经元能够表征面孔的初级强化价值。因此，眶额皮层和前扣带回的损伤会使人类识别面孔表情的能力受损（Hornak，Rolls & Wade 1996，Rolls 1999c，Hornak，Bramham，Rolls，Morris，O'Doherty，Bullock & Polkey 2003）（见 4.5.4 节）。当我们看到一张暗示行为应有所改变的愤怒情绪面孔时，会激活外侧眶额皮层（Kringelbach & Rolls 2003）。

另外，有研究发现人类眶额皮层的激活与所见面孔的吸引力相关（O'Doherty，Winston，Critchley，Perrett，Burt & Dolan 2003）。这可以作为眶额皮层能表征视觉初级强化物的一个例子。像这样的系统可能有助于审美（Rolls 2011d，Rolls 2012d，Ishizu & Zeki 2011，Ishizu & Zeki 2013，Rolls 2017a）。

有些听觉刺激可能属于初级强化物。虽然在眶额皮层（Rolls，Critchley，Browning & Inoue 2006）和扣带回（Jurgens 2002，West & Larson 1995）中都可以找到听觉神经元对声音的反应，并且二者受损会损伤人类从声音中识别情绪的能力（Hornak，Rolls & Wade 1996，Hornak，Bramham，Rolls，Morris，O'Doherty，Bullock & Polkey 2003），但目前还不清楚强化物的价值在何处进行编码（见4.5.4）。人类眶额皮层的激活与和谐的（令人愉悦的）和不和谐的音乐有关（Blood，Zatorre，Bermudez & Evans 1999，Blood & Zatorre 2001），也与指向愉悦稳定性的和谐度有关（Fujisawa & Cook 2011）。不和谐的声音成为初级强化物的进化机制是，声嘶力竭地怒吼或发出警告声导致的非线性失真产生出的不和谐声音，与母亲哼唱的温柔舒缓的摇篮曲形成了鲜明对比。

正如在第3章与第4.6.6节中提到的，新异刺激在一定程度上具有奖赏的特性，从这个意义上而言它们是初级强化物。此类强化物的价值在于鼓励动物探索新的环境，它们的基因可能在这一过程中形成适应性优势。在灵长类动物的杏仁核中，发现了对奖赏性视觉刺激和新异刺激进行反应的神经元（Wilson & Rolls 1993，Wilson & Rolls 2005），这一证据表明这些神经元参与加工新异刺激的初级强化特征。这些神经元可能向基底前脑的神经元（可能是胆碱能神经元）提供输入刺激，后者将信息投射到大脑皮层，因而当刺激呈现时可能通过提高唤醒度和突触修饰提升强化学习（Rolls 2014b）。我们也发现，在灵长类动物眶额皮层中有对新异视觉刺激反应的神经元群（Rolls，Browning，Inoue & Hernadi 2005a），它们具备相似的功能。同时，针对人类的研究也发现了一致的证据（Petrides 2007）。

更多视觉初级强化物的例证见3.2.1.4节和表2.1。

据上文可知，初级强化物在眶额皮层进行表征，而奖赏物和惩罚物为动作提供目标，因此可以预期，如甜味、苦味、令人愉悦的触感和疼痛的触感等初级强化物遵循以下基因规则：它们都具有通达眶额皮层的基因特异性连接。以甜味为例，这需要甜味受体有一个分子识别机制，确保甜味受体通过味觉系统的多个突触最终与眶额皮层中负责奖赏的神经元建立联系。这些神经元负责表征动作的目标，而这些目标是动作系统通过学习正确的动作以激活奖赏特异性的眶额皮层神经元而习得的。从上述特异性连接开始，就规定好了在嗅觉系统中（Mombaerts 2006）某一类的神经元应该和另外哪一类的神经元连接（Rolls & Stringer 2000）。

59

4.4 刺激与初级强化物的联结学习：情绪相关学习

许多刺激,比如物体的视觉图像,本身不具有内在的情绪效应。它们不是初级强化物,但是可以通过学习获得情绪意义。这一类型的学习被称为刺激—强化物联结学习,它将中性的视觉刺激(潜在的次级强化物)与初级奖赏或惩罚物(比如食物的味道或者疼痛的刺激)联结在一起。因为潜在的次级强化物与初级强化物都属于刺激,所以刺激—强化物联结学习也是刺激—刺激联结学习的一种。

我们发现这种学习通过眶额皮层进行。在第4.4.1节中会简要概述一些关键的证据,在其他文献中也会有更详细的说明(Rolls 2014b, Rolls 2019d, Rolls 2019e)。在第4.4.2节中,我们将阐述颞叶中视觉输入的来源。研究表明,颞叶的视觉区域不表征刺激的奖赏或者情绪价值,但是该脑区提供的视觉刺激表征能很好地适应在眶额皮层和杏仁核中发生的下一个加工阶段的情绪相关学习。

4.4.1 眶额皮层中对视觉刺激的情绪相关学习

我们之前说过,眶额皮层中的许多神经元都有大量的视觉输入。这些神经元在很多情况下表征的都是视觉刺激的强化物(奖赏物或惩罚物)联结。其中许多神经元活动反映了对不同视觉刺激的相对偏好或奖赏价值。这些神经元对某种食物的视觉刺激的反应会随着猴子逐渐吃饱而减少到零,但是对其他食物的视觉刺激的反应依然保持不变。从这一角度来看,与视觉强化相关的神经元活动可以预测味觉这一初级强化物所带来的奖赏价值。

在对眶额皮层神经元活动的研究中,也证实了这些神经元负责表征视觉刺激的强化物联结。当与视觉刺激联结的味觉初级强化物被实验者反转时,在很多情况下这些神经元对视觉刺激的反应也会反转(Thorpe, Rolls & Maddison 1983, Rolls, Critchley, Mason & Wakeman 1996a)。图4.5展示了在奖赏性的反转任务中,当反转视觉刺激呈现时眶额皮层神经元活动的一个例子。眶额视觉神经元能很快适应反转,只需要一个试次,即几秒钟的时间。

因此,这些神经元反映的是在视觉辨认反转任务中,当前是哪一种刺激和奖赏物联结。这些神经元是预测奖赏的神经元,它们表征期望价值。

在通过喂饱被试来降低食物奖赏价值的贬值实验中,也证明了眶额皮层视觉神经元反映视觉刺激的期望价值。使用这一感觉特异性饱足感(或称奖赏贬值)范式发现,用一种食物将恒河猴喂饱,其眶额皮层神经元对这种食物的视觉、

61

嗅觉和味觉的反应都逐渐降低到 0,但是对这一餐里没吃过的食物的反应依然保持在原来的水平(Critchley & Rolls 1996c)(见图 4.6 的例子)。实验中,猴子的神经元呈现出对已经吃够的食物和没有吃够的食物这两种刺激不断变化的偏好,它们反映的是对不同视觉刺激的相对偏好,即期望价值(Thorpe,Rolls & Maddison 1983,Rolls,Critchley,Mason & Wakeman 1996a,Tremblay & Schultz 1999 and Wallis & Miller 2003)。

这些眶额皮层神经元负责编码期望价值的进一步证据是,当"提供者"(视觉刺激)是不同质量或不同数量的"物品"(例如,不同选择的奖赏结果是不同的果汁,以及获得奖赏的概率不同)时,这些神经元能表征出不同的选择(Padoa-Schioppa & Assad 2006,Padoa-Schioppa 2011,Padoa-Schioppa & Conen 2017,Kuwabara,Kang,Holy & Padoa-Schioppa 2020)。

与这些神经生理学发现相一致的是,猴子的眶额皮层尾侧受损会造成情绪变化(Rolls 2019e)。这些情绪变化包括:对人类、蛇、玩偶的攻击性减少,对诸如肉类这样的食物的拒绝减少(Butter,Snyder & McDonald 1970,Butter & Snyder 1972,Butter,McDonald & Snyder 1969),以及无法对不同食物表现出正常的偏好等级分类(Baylis & Gaffan 1991)。眶额皮层受损的猴子也表现出视觉辨认反转学习的障碍(Jones & Mishkin 1972,Baylis & Gaffan 1991,Murray & Izquierdo 2007),部分原因可能是这些猴子没有抑制对无奖赏刺激的反应(Jones & Mishkin 1972),包括反转任务中之前与奖赏联结的刺激(Rudebeck & Murray 2011),以及通常不接受的食物(Butter et al. 1969,Baylis & Gaffan 1991)。同样地,眶额皮层受损(而非杏仁核受损)会破坏工具性消退(因为尽管不再获得奖赏,行为依然存在)(Murray & Izquierdo 2007)。进一步的研究发现 11/13 脑区(内侧眶额皮层)损伤会干扰猴子在选择性饱足实验中对客体价值的快速更新(Rudebeck & Murray 2011)[选择性饱足感是一种用于测量奖赏价值的方法,这种方法与以下证据有关:通过喂食某种食物达到饱足状态来降低该食物的价值,从而降低眶额皮层神经元对该食物的选择性反应(以及在人类大脑中的激活),这为眶额皮层表征价值提供了直接的证据(Rolls,Sienkiewicz & Yaxley 1989b,Critchley & Rolls 1996a,Kringelbach,O'Doherty,Rolls & Andrews 2003,Rolls & Grabenhorst 2008,Grabenhorst & Rolls 2011)]。在神经经济学中,对预期奖赏价值的估计会受到奖赏大小、奖赏延迟或二者共同的影响,当恒河猴的眶额皮层受损时,这项功能也会受损(Simmons,Minamimoto,Murray & Richmond 2010)。相应的,研究也发现眶额皮层和杏仁核损伤,也会造成恒河猴对"人造"假蛇的情绪性反应出现损伤(Murray & Izquierdo 2007)。

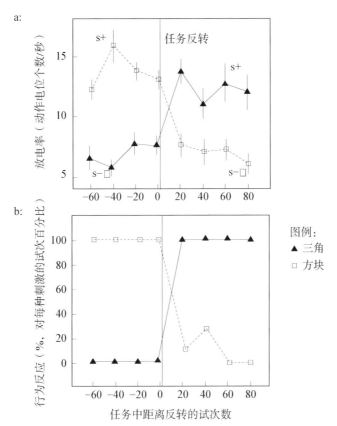

a:

b:

图 4.5 眶额皮层：视觉辨认反转。视觉辨认及反转任务中一个眶额皮层视觉神经元的活动。刺激为显示器上呈现的三角形和正方形。(a)每个点表示根据约 10 个不同视觉刺激的试次,计算出的神经元在 500 毫秒周期内的平均刺激后激活。这些反应的标准误也在图中标注。在 60 个任务试次后,与视觉刺激相联系的奖赏联结被反转。s＋表示对视觉刺激做出舔舐反应得到了果汁奖赏;s－表示做出舔舐反应得到了一小滴厌恶性生理盐水。神经元对视觉刺激的反应会随着任务反转而发生反转。(b)猴子对任务的行为反应。结果表明猴子的表现很好,它很快学会了只对与果汁奖赏相关联的视觉刺激做舔舐反应。(转载自 *Journal of Neurophysiology*, 75 (5), Orbitofrontal cortex neurons: role in olfactory and visual association learning, E. T. Rolls, H. D. Critchley, R. Mason, and E. A. Wakeman, pp. 1970 - 1981, © 1996, The American Physiological Society.)

60

对于人类而言,极度兴奋、无责任感、情感缺失以及冲动往往是前额叶受损的副产品(Kolb & Whishaw 2015,Damasio 1994,Eslinger & Damasio 1985),

尤其是眶额皮层受损（Rolls，Hornak，Wade & McGrath 1994a，Hornak，Bramham，Rolls，Morris，O'Doherty，Bullock & Polkey 2003，Berlin，Rolls & Kischka 2004，Berlin，Rolls & Iversen 2005）。人类眶额皮层受损的影响会在第4.5.4节中进行更深入的讨论。人类眶额皮层受损后，奖赏反转学习也会受损（Rolls et al. 1994a，Hornak et al. 2003，Berlin et al. 2004，Berlin et al. 2005）。

所有这些证据都为以下观点提供了强有力的支持：眶额皮层是情绪的关键脑区，其部分作用是快速学习视觉刺激与初级强化物之间的联结，并且当奖赏变化时，可以快速反转已经建立好的联结（Rolls 2014b，Rolls 2019e）。这在社交以及大多数情绪有关行为中都非常重要，在4.5节以及其他文献中将会介绍进一步的证据（Rolls 2014b，Rolls 2019e）。

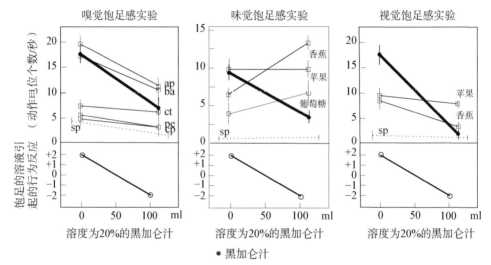

62　**图 4.6**　感觉特异性饱足感。图中显示了用黑加仑汁喂饱猴子前后，眶额皮层神经元对视觉、嗅觉和味觉刺激做出的反应。实心圆表示猴子对黑加仑汁的反应。嗅觉刺激包括苹果（ap）、香蕉（ba）、柠檬醛（ct）、苯乙醇（pe）和辛酸（cp）的味道。图中也展示了神经元的自发放电率（the spontaneous firing rate）。（转载自 *Journal of Neurophysiology*，75（4），Hunger and satiety modify the responses of olfactory and visual neurons in the primate orbitofrontal cortex，H. D. Critchley and E. T. Rolls pp. 1673‐1886，ⓒ 1996，The American Physiological Society.）

4.4.2　从颞叶到眶额和杏仁核的视觉输入，参与情绪相关学习

在眶额皮层神经元中发现的反转学习可能是在眶额皮层中实现的，因为在为眶额皮层提供视觉输入的视觉颞下皮层（inferior temporal cortex）并没有发生

反转学习（Rolls，Judge & Sanghera 1977，Rolls，Aggelopoulos & Zheng 2003a）。这是由于在视觉辨认反转任务中，当一个视觉刺激与奖赏物联结，而另一个刺激和惩罚物联结时，颞下皮层神经元不会产生反转反应。也就是说，对刺激价值的表征不会发生在灵长类动物的颞下皮层以及更早期的加工阶段（Rolls et al. 1977，Rolls et al. 2003a）[当然，如果一个刺激是和奖赏或惩罚物联结，相比于与中性刺激联结，前者可能会引发神经元的非特异性反应。但这不是对价值（即它的奖赏或惩罚价值）的编码，更不是对期望价值（包括预期奖赏或惩罚的类型及数量）的编码]。颞下皮层神经元也不反映奖赏价值，因为该脑区的神经元对食物视觉刺激的神经反应不会随着猴子的饱足而降低（Rolls et al. 1977）。

已有大量研究发现了从初级视觉皮层到颞下皮层的视觉通路的运行机制，这个通路为颞下视皮层提供面孔和物体的表征，进而以一种非常有效的形式为发生在眶额皮层中的情绪性视觉刺激—强化物联结学习系统提供输入信息。由于这一视觉加工为眶额皮层和杏仁核中很多与情绪相关的功能奠定了基础，接下来会更详细地总结一些研究发现，在其他地方可以找到关于这一皮层视觉系统的工作机制的完整的生物学理论假说（Rolls 2012e，Rolls 2016d，Rolls 2021a）。

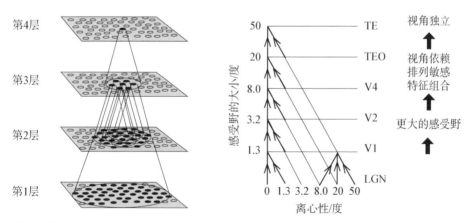

图 4.7　右图：示意图显示了通过视觉系统中的正向投射实现的聚合，以及由竞争性网络在系统的每个阶段（从初级视觉皮层到颞下视皮层）构建的表征类型（见文本）。LGN 表示外侧膝状核，TEO 区形成后侧颞下皮层。左图表示一个符合生物学原理的面孔和物体识别工作模型——VisNet (Rolls, 2012)。通过该网络的聚合向颞下视皮层 TE 区的第四层神经元提供来自整个视网膜的输入信息。

4.4.2.1　灵长类视觉系统中通往颞下皮层(IT)的通路

图 4.7 展示了参与面孔和物体识别的一些通路，它们从初级视觉皮层 V1 区经过 V2 和 V4 区，到颞下皮层后侧和颞下皮层前侧（Rolls 2016c，Blumberg & Kreiman

2010，Orban 2011，Rolls 2011c，Rolls 2012e，Tsao & Livingstone 2008）。它们在恒河猴脑中的大致位置如图 4.1 和图 9.7 所示。同样地，在人脑中有许多对面孔、其他身体部位和物体的分离的视觉表征（Spiridon，Fischl & Kanwisher 2006，Weiner & Grill-Spector 2013）。重要的是，在四层网络中，从一个阶段到另一个阶段都存在聚合（convergency）。正如罗尔斯所阐述的（Rolls 2016c），这样使得颞下视皮层中的神经元能够对出现在视野中任何位置的物体（即使这个物体很大）做出反应，同时让每个神经元接受的来自前一个加工阶段的信息输入数量被限制在大约 10 000 个突触。

4.4.2.2　对面孔或物体识别选择性反应的颞下视皮层神经元

我们在颞叶视觉皮层中发现了对面孔身份做出反应的神经元（Perrett，Rolls & Caan 1982，Rolls 2011c）。这些神经元对面孔刺激的反应比对非面孔刺激的反应更强烈，它们能对空间布局正确的特征组合做出反应。举个例子，在呈现面孔时单独遮掩或露出面孔的某些部位（例如眼睛、嘴巴或头发），或者将五官的空间布局打乱，只有当两个及以上的面孔特征出现，并且按照正确的空间布局呈现时，颞下皮层/颞上沟皮层区域中的神经元才会做出反应（Perrett，Rolls & Caan 1982，Rolls，Tovee，Purcell，Stewart & Azzopardi 1994b，Rolls 2011c）。

编码方法是**稀疏分布式编码（sparse distributed encoding）**，是指每个神经元对每一组面孔都具有一组分级的放电频率，其中一些面孔会使这些神经元快速放电（Rolls & Tovee 1995，Tovee，Rolls，Treves & Bellis 1993，Rolls，Treves，Tovee & Panzeri 1997c，Treves，Panzeri，Rolls，Booth & Wakeman 1999）（见图 4.8 中的例子）。这种稀疏性通过模块联结促进眶额皮层中刺激—强化物联结学习系统的**高效性（high capacity）**（Rolls 2016d，Rolls 2021a）。每个神经元对同一组刺激的反应形式各不相同，这意味着不同神经元的反应几乎是相互独立的，并且从神经元中获得的信息随神经元数量的增加而近似线性地增加（Rolls，Treves & Tovee 1997d）。此外，许多信息可以通过计算神经元放电率的加权总和来获得，例如对到达眶额神经元的放电率加权进行求和来获得大量可用信息（Rolls et al. 1997d）。这种方式称为点积解码，从神经学角度来看它似乎是合理的。这种绝妙的编码方式意味着神经元（例如接收颞下视皮层神经元神经冲动的眶额皮层神经元）可以快速（在 20 毫秒内）读取颞下视皮层中有关面孔身份的大量信息（Rolls & Treves 2011，Rolls 2016c）。此外，由于这种编码方式和点积解码方式，输入信息有微小变化的时候，接收神经元能够自动**泛化（generalize）**，这样即使特定面孔在不同的情况下产生的输入信息有所不同，也能保证会被正确识别（Rolls & Treves 2011，Rolls 2016c）。同样的编码特性提供了**适度退化（graceful degradation）**——即使某个神经元的输入信息受损，系统也可以维持相对较好的性能（Rolls 2016c）。有关大脑皮层神经元的编码方式，以及它如何在情绪

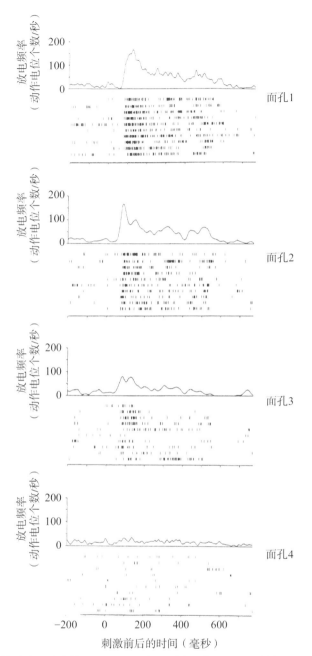

图 4.8 刺激期时间直方图和光栅图显示了颞下视皮层中一个面孔选择性神经元对四张不同面孔在不同试次(最初是随机顺序)的反应。(在光栅图中,每条垂直线代表神经元的一次动作电位,每一行是一个单独的试次。每一张图都表示一张不同的面孔。在每个试次中,刺激从第 0 毫秒开始,持续 500 毫秒。)(转载自 *Journal of Neurophysiology*,70:640 - 654,Information encoding and the responses of single neurons in the primate temporal visual cortex, M. J. Tovee, E. T. Rolls, A. Treves, and R. P. Bellis, doi. org/10. 1152/jn. 1993. 70. 2. 640 ©️ 1993, The American Physiological Society.)

等加工过程中发挥作用的更全面的证据和理论在其他文献中有详细描述(Rolls &
Treves 2011, Rolls 2014b, Rolls 2016d, Rolls 2021a)。

颞下视皮层中的这些面孔身份神经元可能是我们在眶额皮层中发现的面孔选择
性神经元信息输入的主要来源(Rolls et al. 2006)。我们也在杏仁核中发现了面孔选
择性神经元(Leonard, Rolls, Wilson & Baylis 1985, Sanghera, Rolls & Roper-Hall
1979)。

颞下皮层其他部分中类似的神经元使用稀疏分布式编码方式对物体身份进行编
码(Rolls & Treves 2011, Rolls et al. 2003a),这些神经元也是眶额皮层获得物体视
觉信息的重要来源,这些信息将用于视觉刺激—强化物联结学习。

4.4.2.3 颞下视皮层神经元表征恒常性

我们发现颞下皮层神经元的表征具有多种类型的恒常性,即外界面孔或物体发
生变化时,神经元的反应相对不变(变化不大)。这一特性在眶额皮层的情绪学习系
统中起到了至关重要的作用。比如说,我们在特定情境中将一张面孔与某种情绪建
立了联系,之后即使因为视角的不同而使我们看到的面孔与之前的有些许不同,我们
也会自动产生相同的情绪反应(Rolls 2014b, Rolls 2016c)。

我们发现的恒常性类型有位置恒常性(视网膜上的位置)(Tovee, Rolls &
Azzopardi 1994, Rolls et al. 2003a)、大小恒常性(Rolls & Baylis 1986)、对比度恒常性
(Rolls & Baylis 1986)、空间频率恒常性(识别模糊面孔和面孔线条画的能力基础)
(Rolls, Baylis & Leonard 1985, Rolls, Baylis & Hasselmo 1987)、视角恒常性
(Hasselmo, Rolls, Baylis & Nalwa 1989b)和物体运动恒常性(Hasselmo et al. 1989b)。

也有证据表明,颞下视皮层中的一些神经元对物体有独立于视角的反应,这些反
应是由人们在自然条件下自主学习引发的,而不是通过进行有奖赏的训练习得的
(Booth & Rolls 1998)。

包括人类在内的灵长类动物的大脑设计规则是:必须在任何与奖赏相关的学习
(这一过程发生在眶额中)发生之前形成物体恒常性的表征(这一过程发生在颞下皮
层中),以保证能够正确习得跨形态的普遍一致性。在习得恒常性表征之前通过任何
都非常脆弱,不同情境中刺激的微小变化都可能扰乱它的正常运转(Rolls 2014b,
Rolls 2016c)。

考虑到在接收视觉刺激一到两秒的时间里物体的视角可能会发生改变,可能从
某一个视角转变过来,也可能转变到另一个视角。基于这一突触学习规则,我们提出
了一个符合生物学原理的模型,以说明在通往颞下视觉皮层的视觉通路中这些恒常
性表征是如何形成的(Rolls 1992b, Wallis & Rolls 1997, Rolls 2012e, Rolls 2016d,
Rolls & Webb 2014, Rolls & Mills 2018, Rolls 2021a)。

66

4.4.2.4 视网膜中央凹投射的重要性

如果只有一个视觉对象,颞下神经元的感受野会很大(70 度),但在复杂的自然场景中会收缩到大约 9 度(Rolls et al. 2003a)。这与在一个场景中出现多个竞争对象时位于中央凹的对象会被更重点地关注有关。这对情绪和行为诱发的好处在于:在复杂的自然情境中,颞下皮层会优先传递更靠近中央凹的信息,这极大简化了与情绪和行为的关联。因为只有中央凹附近的一两个物体引发反应,所以我们也只用对这一两个物体做出反应,而不用对场景中每个可能引发情绪的物体进行反应。此外,由于动作的目标是中央凹指向的物体位置,这大大简化了与动作的关联。并且,由于我们可以记住看到的整个空间场景中不同位置的物体,这大大简化了与记忆的关联(Rolls & Wirth 2018)。特拉彭伯格、罗尔斯和斯金格(Trappenberg,Rolls & Stringer 2002),德科和罗尔斯(Deco & Rolls 2004),罗尔斯和德科(Rolls & Deco 2006)都探究了这一机制的计算实用性和基础,包括因中央凹的皮层放大特性带给位于中央凹物体的优势,以及根据视觉映像与中央凹之间的距离对其表征进行不同的处理。

4.4.2.5 面孔表情识别神经元

我们在颞上沟的颞叶视觉皮层中发现了对面孔表情做出反应的神经元(Hasselmo,Rolls & Baylis 1989a)。这些神经元有的只对移动的头部有反应,例如正在进行社交或者破坏社交的头部动作。有的具有视角特异性,这在某些时候非常重要,例如是否有人在看你。这些颞下皮层面孔表情识别神经元可能是眶额皮层面孔表情选择性神经元信息输入的主要来源(Rolls et al. 2006)。需要结合眶额皮层中表征的面孔身份识别和面孔表情信息才能对特定个体的表情做出恰当的情绪反应(Hasselmo et al. 1989a,Rolls 2014b,Rolls 2019e)。

4.5 眶额皮层与情绪

4.5.1 历史背景

长期以来,人们一直认为前额叶皮层与情绪有关,但是直到最近才有一些坚实的科学基础来理解它的工作机制。让我们先来看一些历史背景。

4.5.1.1 菲尼斯·盖奇

菲尼斯·盖奇(Phineas Gage)这一奇特的案例是表明前额叶皮层与情绪有关的最早证据之一。菲尼斯·盖奇当时在美国佛蒙特州一个铁路开发项目中做工头(Harlow 1848)。1848 年,他在用铁棒压实炸药时,意外引爆了炸药。那根铁棒是一根类似撬棍的长条,大约 3 英尺 7 英寸长,它被炸起飞向空中,贯穿了菲尼斯·盖奇大脑的前部(Damasio,Grabowski,Frank,Galaburda & Damasio,

1994)。虽然盖奇最终活了下来,但自此之后,他变成了另一个人。以前他是个负责任的工头,但在这次事件发生之后,他变得不那么靠谱了,似乎也不太关心行为的后果。此外,在生活中他被描述为像是变了一个人("他不再是盖奇了","他变得脾气暴躁,反复无常,言行粗鄙")。然而,菲尼斯·盖奇的智力并没有发生像人格和情绪这样的变化。汉娜(Hannah)、安东尼奥·达马西奥(Antonio Damasio)和他们的同事通过头骨的裂痕重建了盖奇脑损伤的位置,发现腹侧额叶(眶额所在的位置)受到了相当大的损伤(Damasio et al. 1994,Damasio 1994)。(因为这一脑区位于眼眶上方,所以将其命名为眶额皮层。)菲尼斯·盖奇的案例表明,前额叶皮层在某种程度上与情绪和人格有关,并且这些功能与脑中其他的很多功能是相互独立的。

4.5.1.2　前额叶切除手术

另一历史证据也表明额叶与情绪有关。在一项非人类的灵长类动物额叶损伤对短期空间记忆任务影响的研究中,雅各布森(Jacobsen 1936)发现,其中一只动物在手术后变得更安静,甚至在不给奖赏的情况下也表现出更少的沮丧情绪。葡萄牙神经外科医生莫尼兹在听说了这一术后情绪变化后,提出可以通过损伤额叶来治疗人类的焦虑、非理性恐惧和情绪性亢奋。他给 20 名病人做了这个手术,并发表了一篇激动人心的研究报告(Moniz 1936)[见富尔顿的研究(Fulton 1951)]。这一手术迅速得到了广泛应用,在之后的 15 年里,超过 20 000 名病人接受了前额叶的"脑叶切除术"(切除额叶中的一部分)或"脑白质切断术"(切断额叶中的一些白质连接)。尽管这一手术有时可以改善非理性焦虑或情绪的爆发,但依然不能确定这一手术是否真的能达到预期的治疗效果,而副作用往往很明显且结果不可逆转(Rylander 1948,Valenstein 1974),因此,该手术基本上被禁止了。从这件事中得到的教训是,在一种新的还处于发展阶段的神经外科手术(和任何医疗技术)被广泛应用之前,应该对病人进行非常仔细全面的评估和随访。在疼痛感方面,接受额叶切除术的病人有时会报告术后他们仍然有疼痛感,但这已不再影响他们的情绪(Freeman & Watts 1950,Melzack & Wall 1996)。

4.5.2　眶额皮层中的连接

如图 1.1 和图 4.9 所示,内侧眶额包括 13 区的尾部、11 区的前部和 14 区的中部,外侧眶额皮层包括 12 区(人脑中为 12/47 区)。图 4.9、图 4.1 和图 4.2 中给出了眶额皮层中的一些连接。眶额皮层接收来自前脑岛的味觉和内脏觉信息、来自初级嗅觉皮层(梨状皮层)的嗅觉信息、来自脑岛中部和其他躯体感觉区的躯体感觉信息、来自颞下视皮层(以及人类的颞中回,对应恒河猴颞上沟中的一些皮

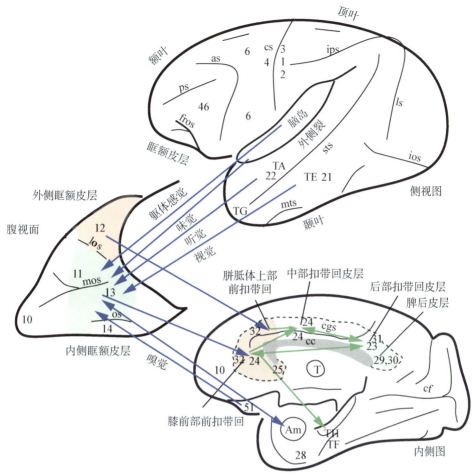

图 4.9 包括人类在内的灵长类动物大脑中,眶额皮层组成额叶的腹侧(更靠下)部分。示意图显示了 68 一些通往眶额皮层的味觉、嗅觉和视觉通路,以及眶额皮层的一些输出通路。次级味觉皮层和次级嗅觉皮层位于眶额皮层内。其中,V1 表示初级视觉皮层,V4 表示视觉皮层 V4 区,as 表示弓状沟,cc 表示胼胝体,cf 表示距状裂,cgs 表示扣带回,cs 表示中央沟,ls 表示月状沟,ios 表示枕下沟,mos 表示眶内沟,os 表示眶沟,ots 表示颞枕沟,ps 表示主沟,rhs 表示嗅脑沟,sts 表示颞上沟,lf 表示外侧裂(在图中已被打开,露出脑岛),A 表示杏仁核,ACC 表示前扣带回,INS 表示脑岛,MCC 表示中部扣带回皮层,PCC 表示后部扣带回/脾后皮层,T 表示丘脑,TE(21)表示颞下视皮层,TA(22)表示颞上听觉联合皮层,TF 和 TH 表示海马旁回,TG 表示颞极,12、13、11 表示眶额皮层,28 表示内嗅皮层,51 表示嗅觉(梨状皮层和杏仁体周区)皮层。

层,有识别面孔表情的神经元)的视觉信息,以及来自颞上皮层的听觉信息。因为眶额皮层接收来自每个感觉模态中关于刺激"是什么"的信息,并且是整个"是什么"信息传递过程的最后一个阶段,所以眶额皮层在解剖学上处于一个有趣的位置(见图 4.2)。此外,一些感官输入提供了关于在眶额皮层中表征初级强化物(味 69

觉、令人愉悦的触觉和疼痛)的信息和次级强化物(视觉、听觉和嗅觉)的信息。

眶额皮层的重要输出信息直接传递到前扣带回(用于动作—结果的学习)、纹状体(用于刺激—反应的习惯学习)、腹侧前脑岛(用于自动化输出信息,从而影响心率等)(如图4.3所示),也直接传递到内嗅皮层与扣带回后部的海马记忆系统的通路(如图9.9所示)。

罗尔斯、亚克斯利和显克微支(Rolls, Yaxley & Sienkiewicz 1990)发现灵长类动物的眶额皮层中有一个味觉区域,该脑区神经元对进入嘴里的味道做出反应,因为这一区域接受初级味觉皮层的主要投射,因此是次级味觉皮层(Rolls, Bayli & Baylis 1994)。更中间一点的是嗅觉区(Rolls & Baylis 1994)。从解剖学角度来看,初级嗅觉皮层(梨状皮层)与后侧眶额皮层的13a脑区有直接的连接,后者会反过来向眶额皮层中部(11区)传递信息(Price, Carmichael, Carnes, Clugnet & Kuroda 1991, Morecraft, Geula & Mesulam 1992, Barbas 1993, Carmichael, Clugnet & Price 1994)(如图4.9所示)。视觉信号输入从颞下视皮层、颞上沟皮层和颞极,特别是从颞下视觉皮层、腹侧颞上沟直接到达眶额皮层(Jones & Powell 1970, Barbas 1988, Barbas 1993, Barbas 1995, Petrides & Pandya 1988, Barbas & Pandya 1989, Seltzer & Pandya 1989, Morecraft et al. 1992, Carmichael & Price 1995b, Saleem, Kondo & Price 2008)。也有一些听觉输入(Barbas 1988, Barbas 1993)和躯体感觉输入(Barbas 1988, Preuss & Goldman-Rakic 1989, Carmichael & Price 1995b, Saleem et al. 2008)位于额叶岛盖和中枢周围岛盖的躯体感觉皮层1、2和SⅡ区,以及异颗粒岛叶区(dysgranular insula area)。眶额皮层尾侧与杏仁核之间也存在很强的连接(Price et al. 1991, Carmichael & Price 1995a, Barbas 2007)。

有关眶额皮层中的细胞结构和连接的细节,包括奖赏信息通过内嗅皮层和鼻周皮层到达海马记忆系统(hippocampal memory system)的传递路径,请具体参考相关研究(Ongur & Price 2000, Ongur, Ferry & Price 2003, Price 2006, Barbas 2007, Saleem et al. 2008, Mackey & Petrides 2010, Barbas, Zikopoulos & Timbie 2011, Petrides, Tomaiuolo, Yeterian & Pandya 2012, Yeterian, Pandya, Tomaiuolo & Petrides 2012, Rolls 2014b, Saleem, Miller & Price 2014, Rolls 2019d, Rolls & Wirth 2018, Rolls 2019e, Rolls, Cheng, Gong, Qiu, Zhou, Zhang, Lv, Ruan, Wei, Cheng, Meng, Xie & Feng 2019, Hsu, Rolls, Huang, Chong, Lo, Feng & Lin 2020, Du, Rolls, Cheng, Li, Gong, Qiu & Feng 2020)。有趣的是,有证据表明奖赏和惩罚价值的连接是特定的。内侧眶额皮层和腹内前额叶皮层与前扣带皮层的膝前和膝下部分有直接的连接,这些都是与奖赏相关的脑区。外侧眶额皮层及与其紧密相连的右侧额下回与前扣带皮层胼胝体上部有直接连接,这些都是与惩罚或无奖励

相关的区域(Hsu et al. 2020)。这证实了基于功能连接发现的内侧眶额皮层和扣带回前膝部之间的连接;以及外侧眶额皮层和相连的右侧额下回与前扣带回胼胝体上部之间的连接(Rolls et al. 2019，Du et al. 2020)。

4.5.3　眶额皮层的神经生理学和功能性神经成像

通过记录眶额皮层受损的恒河猴完成任务时单个眶额皮层神经元的反应，验证了眶额皮层参与奖赏价值的表征与快速更新信息过程的假设(Rolls 1999a，Rolls 2014b，Rolls 2019e)。已有研究表明,某些眶额皮层神经元对味觉、触觉等初级强化物做出反应,表征的是**结果价值(outcome value)**;另外一些神经元会对次级强化物(比如奖赏的视觉刺激)做出反应,因此编码的是**期望价值(expected value)**;通过快速学习中性视觉刺激与初级强化物之间的联系,来编码期望价值,这一过程也在灵长类动物的眶额皮层神经元中表现出来了。这些发现对于理解眶额皮层在情绪中的功能至关重要,因此接下来将重点介绍此类神经元,以及在人类中使用功能性神经成像对这些概念的延伸研究,而更充分的证据在其他文献中有所描述(Rolls 2014b，Rolls 2019d，Rolls 2019e)。

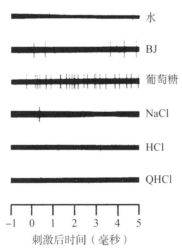

图 4.10　一个眶额叶味觉皮层神经元对以下六种味觉刺激的反应记录:水、浓度为 20% 的黑加仑果汁(blackcurrant juice，BJ)、1 摩尔/升葡萄糖、1 摩尔/升氯化钠(NaCl)、0.01 摩尔/升氯化氢(HCl)、0.001 摩尔/升奎宁氯化氢(QHCl)。在 0 时刻将刺激物放入嘴里。图中每行对应着一种味觉刺激的单个试次,记录单个神经元的动作电位的垂直峰值。(转载自 *Journal of Neurophysiology*，64：1055 - 1066，Gustatory responses of single neurons in the caudolateral orbitofrontal cortex of the macaque monkey, E. T. Rolls, S. Yaxley, Z. J. Sienkiewicz，© 1990，The American Physiological Society. doi.org/10.1152/jn.1990.64.4.1055)

4.5.3.1 味觉和口感：结果价值

  一项研究发现眶额皮层负责味觉刺激在皮层上的主要表征,这对我们理解眶额皮层在行为中的功能有很大帮助(见第5章)。已知味觉刺激可以充当初级强化物(不需要进行联结学习就可以将其当作奖赏物或惩罚物),我们现在对眶额皮层在刺激—强化物联结学习中的作用有了初步的了解。我们现在知道了某种初级强化物如何到达眶额皮层,并根据其价值在眶额皮层中进行表征。对初级强化物的表征在学习先前呈现的中性刺激与初级强化物之间的联结这一过程中是至关重要的,例如,将看到的某个物体与其味道联系起来。

  味觉刺激在灵长类动物的眶额皮层中进行表征,这一结论最直接也最准确的证据来源于对恒河猴眶额皮层中单个神经元活动的记录(Kadohisa, Rolls & Verhagen 2005b, Rolls 2015c, Rolls 2016f, Rolls 2014b, Rolls 2019e)。结果表明,不同的单个神经元对典型的味觉刺激有着不同的反应,这些刺激包括甜味、咸味、苦味和酸味(Rolls, Yaxley & Sienkiewicz 1990),或是水的"味道"(Rolls, Yaxley & Sienkiewicz 1990),以及蛋白质的味道或鲜味(Rolls 2001, Rolls 2009a)。以谷氨酸钠(Baylis & Rolls 1991)及次黄苷酸(Baylis & Rolls 1991)为例,图4.10给出了单个神经元对葡萄糖味觉刺激反应的示意图。一般每个神经元会对多个味觉刺激做出反应,但是通过味觉神经元群体的活动可以清楚地区分每种味觉刺激(Rolls, Critchley, Verhagen & Kadohisa 2010a)。罗尔斯和崔维斯(Rolls & Treves 2011)与罗尔斯(Rolls 2016c)将这叫做群体编码,并且它有着许多非常有用的特性。另外,一些神经元对苦涩味(茶的一种味道)反应最强,例如丹宁酸的味道(Critchley & Rolls 1996a)。在这一实验中,刺激信号不是通过味觉通路,而是通过躯体感觉通路传送的,所以苦涩感是一种触觉对味觉的贡献。脂肪的质地(它能使包括巧克力和冰激凌在内的很多食物带来令人愉悦的味道)会激活灵长类动物眶额皮层的其他神经元(见第5章)(Rolls et al. 1999a, Verhagen et al. 2003)。

  眶额皮层在解剖学上被证明是次级味觉皮层,因为它与初级味觉皮层之间存在连接,后者位于眶额皮层正后方的脑岛/前额岛盖皮层(见图4.1)(Baylis, Rolls & Baylis 1994)。

  也有功能性神经成像的结果表明,味觉刺激能激活人类的眶额皮层。例如,弗朗西斯、罗尔斯、鲍特尔、麦可隆、奥多赫茨、勃朗宁、克莱尔和史密斯(Francis, Rolls, Bowtell, McGlone, O'Doherty, Browning, Clare & Smith 1999)发现,葡萄糖的味道可以激活人类眶额皮层。奥多赫茨、罗尔斯、弗朗西斯、鲍特尔和麦可隆(O'Doherty, Rolls, Francis, Bowtell & McGlone 2001b)发现葡萄糖和盐的味道分别激活人类眶额皮层中相邻但彼此分离的两个部分。德·阿罗约、克林格巴赫、罗尔斯和霍布顿

(De Araujo, Kringelbach, Rolls & Hobden 2003a)用功能性磁共振成像技术(fMRI)发现用味精模拟的鲜味(蛋白质的味道)在人类的眶额皮层和初级味觉皮层中都得到了表征。谷氨酸钠(存在于如西红柿、绿色蔬菜、鱼、人奶中)的味觉效应,特别是在与核苷—磷酸肌苷(存在于肉类、金枪鱼这样的鱼类中)结合出现时,会加强其在眶额皮层前部的表征,这为眶额皮层活动与主观报告的味觉体验之间存在紧密联系提供了证据(Rolls 2009a, Rolls & Grabenhorst 2008)。斯莫尔和他的同事们也发现了味觉刺激在眶额皮层的激活(Small, Zald, Jones-Gotman, Zatorre, Petrides & Evans 1999, Small, Bender, Veldhuizen, Rudenga, Nachtigal & Felsted 2007)。

眶额皮层味觉表征的本质是该味觉刺激所代表的奖赏价值。对此的证据是,眶额皮层味觉神经元的活动与味道的奖赏价值或适口性一样,受到饥饿程度的调节。特别是,研究表明当猴子被喂饱后,眶额皮层味觉神经元就不再对食物的味道产生反应了,对食物的接受度也随之下降(图 4.6)(Rolls et al. 1989b)。相反,初级味觉皮层对味觉刺激的表征(Scott, Yaxley, Sienkiewicz & Rolls 1986, Yaxley, Rolls & Sienkiewicz 1990)不受饥饿程度的调节(Rolls, Scott, Sienkiewicz & Yaxley 1988, Yaxley, Rolls & Sienkiewicz 1988)。因此,在灵长类动物的初级味觉皮层(以及味觉信息加工的早期阶段)中,没有表征味觉刺激的奖赏价值,而是表征味觉刺激的身份信息(Scott, Yan & Rolls 1995, Rolls & Scott 2003, Rolls 2015b, Huntgeburth & Petrides 2012, Rolls 2019e)。

有证据表明人类眶额皮层也可以表征食物的奖赏价值和人类能直接报告出的对食物的主观愉悦度。这一结论来自一项 fMRI 研究:被试对巧克力牛奶和番茄汁的味觉愉悦度进行评分,并饮用其中的一种饮品直到饱足。结果发现,对于选择饮用的饮料,被试报告的愉悦度降低了,这一愉悦度的降低也体现在其眶额皮层的激活减少上(Kringelbach, O'Doherty, Rolls & Andrews 2003)(见图 4.11)。[研究中使用的功能性磁共振成像技术(fMRI)是通过测量血氧浓度(BOLD)信号活动来实现的,当神经元活动增加时,血流也会增加(Stephan, Weiskopf, Drysdale, Robinson & Friston 2007, Rolls, Grabenhorst & Franco 2009)。]进一步的证据表明,对于没有选择饮用至饱足的饮料,被试报告的愉悦度几乎没有降低,相应地,眶额皮层中由这种饮料引发的激活也没有明显下降。这一现象被称为感觉特异性饱足感,这是奖赏系统的一个重要属性,在第 5 章中会有更详细的介绍。

克林格巴赫、奥多赫茨、罗尔斯和安德鲁(Kringelbach, O'Doherty, Rolls & Andrews 2003)的实验材料是完整的食物。眶额皮层表征味觉刺激(至少是与味觉非常相关的刺激)愉悦度的进一步证据是,在被试渴的时候该皮层才会被水激活,而不渴时不会(De Araujo, Kringelbach, Rolls & McGlone 2003b)。因此,使用完整食物

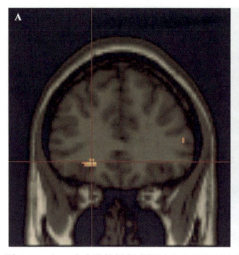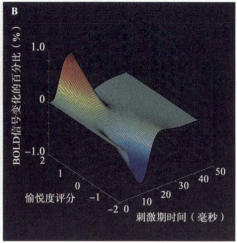

72 **图4.11** 与口中食物愉悦程度相关的人类眶额皮层的激活情况。(A)对眶额皮层的冠状截面进行随机区组效应分析,结果显示峰值位于左侧眶额皮层(塔莱拉赫坐标系 X, Y, Z = [- 22   34   - 8], Z 分数 = 4.06)。图中的黄色表示体素中的 BOLD 信号与被试在实验过程中对食物的主观愉悦程度显著相关。在实验中,让被试在饥饿时食用某种会感到愉悦的食物,直到吃饱,在这一过程中,被试对食物的主观愉悦程度逐渐下降,降到中性或轻微的不愉快。这一实验设计针对感觉特异性饱足感,实验中被试没有食用的那种食物的主观愉悦程度,以及其对应的眶额皮层 BOLD 信号都没有随着被试进食其他食物而改变。实验中用到的两种食物为番茄汁和巧克力牛奶。(B)根据主观愉悦度评分(从 - 2 到 + 2 的范围)和刺激期时间(以秒为单位)绘制的来自有代表性的单个被试的拟合血流动力学响应大小的曲线图。(这一成果最初发表于 *Cerebral Cortex*, 3(10) Activation of the Human Orbitofrontal Cortex to a Liquid Food Stimulus is Correlated with its Subjective Pleasantness, pp. 1064 - 1071 by M. L. Kringelbach, J. O'Doherty, E. T. Rolls, and C. Andrews,经牛津大学出版社许可转载。原文网址: http://cercor. oxfordjournals. org/content/13/10/1064. full。)

和口渴时的饮用水作为实验材料得到的神经成像结果表明,人类眶额皮层对味道本身的激活与味觉的主观愉悦感或情感价值相关,也就是与愉悦度有关。关于味觉奖赏价值进一步的 fMRI 研究结果表明,人类眶额皮层的激活程度与该味觉刺激的主观愉悦度呈线性相关(Grabenhorst & Rolls 2008)(见图 4.21)。

眶额皮层中也有表征口感的神经元,这些口感包含黏性、脂肪质地、沙砾感、辣椒素和温度。有一些神经元会将这些口感信息与味觉输入结合起来,提供对**味道**

73 **(flavour)** 的丰富表征,这一点将在第 5.3.1.2 节中进行介绍(Rolls, Critchley, Browning, Hernadi & Lenard 1999a, Verhagen, Rolls & Kadohisa2003, Rolls, Verhagen & Kadohisa 2003e, Kadohisa, Rolls & Verhagen 2004, Kadohisa, Rolls & Verhagen 2005b, Rolls 2011e)。这些神经元通过对不同刺激输入的组合做出反应(例如 5.4 节中提到的),并随着吃饱表现出奖赏价值下降的选择性反应,表明它们是

对特定的奖赏价值做出反应,而不是对可以转换为"共同货币"的一般性的奖赏价值进行反应。这一特性对于学习不同动作以实现特定目标(结果),以及感觉特异性机制都是十分重要的(见第 5 章)。

4.5.3.2 眶额皮层对期望价值的嗅觉和视觉表征

在 4.4.1 节我们了解到,对视觉刺激期望价值的表征发生在眶额皮层中。在本节中将会提供嗅觉刺激期望价值也在眶额皮层中进行表征的证据。眶额皮层在许多由气味引起的情感状态中都起到了非常重要的作用,包括由食物引发的愉悦气味(第 5 章)以及香水的愉悦气味,甚至是对过去美好记忆的回忆——玛德琳蛋糕的气味促使马塞尔·普鲁斯特写出了《追忆似水年华》。一些神经元会表征可能是初级(非习得)强化物的某些气味,例如花香,这些香味可能会被精心调制到香水中。

灵长类动物眶额皮层中的一些单个神经元可以对气味做出反应,其中 35% 的神经元对嗅觉刺激的反应会受到与该气味相联系的味觉刺激(葡萄糖或盐水)的影响(Critchley & Rolls 1996b)。这一会聚性是由嗅觉和味觉之间的联结造成的,当与嗅觉刺激联系在一起的味觉刺激发生变化时,神经元对嗅觉刺激的反应也会发生改变,某些情况下与图 4.5 中给出的视觉—味觉刺激反转方式相似,但会更慢一些(Rolls, Critchley, Mason & Wakeman 1996a)。另外,饱足之后,食物的奖赏价值减少到零,嗅觉神经元也会降低神经活动直至为零,表现出感觉特异性的饱足感(Critchley & Rolls 1996c)(如图 4.6 中所示)。许多研究也在人类眶额皮层中(O'Doherty et al. 2000, Gottfried et al. 2003)发现了嗅觉的感觉特异性饱足感现象(Rolls & Rolls 1997)。因此,这些嗅觉神经元很多都说明了通过对初级强化物(味觉刺激)的联结学习表征期望价值并将刺激的价值表征在眶额皮层中的原理。

眶额皮层似乎是人类嗅觉表征加工期望(奖赏)价值和主观愉悦度的起点,而初级嗅觉皮层如梨状皮层的激活与气味的强度有关,与气味的愉悦度无关(Rolls, Grabenhorst, Margot, da Silva & Velazco 2008a)。[在啮齿类动物中,这一编码过程也许会有所不同。研究发现,奖赏相关的学习会对梨状皮层(一个初级嗅觉皮层区域)嗅觉神经元的反应产生影响(Schoenbaum & Eichenbaum 1995)。]与啮齿类动物不同,人类在吃饱后依然可以精确报告出气味的强度,即使该气味的奖赏价值和愉悦度下降到零(Rolls & Rolls 1997)。这一结果说明,对奖赏价值加工的调节过程并不是包括人类在内的灵长类动物早期嗅觉加工的一般特性,正如第 5 章所表述(见5.3.3)。

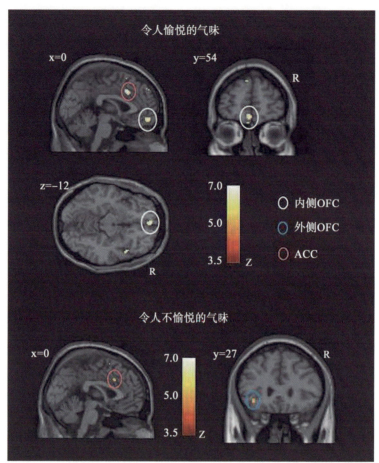

图 4.12 人脑中对令人愉悦和令人不愉悦气味的表征。上图：三种令人愉悦气味的组连接(group conjunction)结果，在指定水平上给出了矢状面、水平面和冠状面的视图，它们都包含了内侧眶额皮层(OFC)中相同的激活，[0　54　−12]z＝5.23。图中也显示了三种令人愉悦的气味对前扣带回(ACC)的激活，[2　20　32]z＝5.44。经过严格的多重比较校正，这些脑区的激活在 p＜0.05 的水平上显著。下图：三种令人不愉悦气味的组连接结果。矢状面(左侧)显示了前扣带回的激活区域[0　18　36]z＝4.42，p＜0.05，svc)。冠状面(右侧)显示了外侧眶额皮层的激活区域[−36　27　−8]z＝4.23，p＜0.05，svc)。所有激活都在 p＜0.00001 的水平上阈值化以展示激活的程度。(转载自 Edmund T. Rolls, Morten L. Kringelbach, and Ivan E. T. De Araujo, Different representations of pleasant and unpleasant odours in the human brain, *European Journal of Neuroscience*, 18(3) pp. 695 – 703, doi. org/ 10. 1046/j. 1460-9568. 2003. 02779. x Copyright © 2003, John Wiley and Sons。)

三种好闻的气味[乙酸芳樟脂(花香,甜味)、乙酸香叶酯(花香)和紫罗兰酮(木头香,与食物有一点相关)]引起人类眶额皮层的激活区域有重叠,因此,内侧眶额皮层负责表征好闻的气味。而三种难闻的气味(己酸、辛醇和异戊酸)则会激活外侧眶额皮层(Rolls, Kringelbach & De Araujo 2003c)(见图4.12)。另外,内侧眶额皮层的激活与气味愉悦度的主观评分相关,外侧眶额皮层与对气味不愉悦度的主观评分相关(Rolls, Kringelbach & De Araujo 2003c)。其他的研究也表明气味可以激活人类眶额皮层(Zatorre, Jones-Gotman, Evans & Meyer 1992, Zatorre, Jones-Gotman & Rouby 2000, Royet, Zald, Versace, Costes, Lavenne, Koenig, Gervais, Routtenberg, Gardner & Huang 2000, Anderson, Christoff, Stappen, Panitz, Ghahremani, Glover, Gabrieli & Sobel 2003, Grabenhorst, Rolls, Margot, da Silva & Velazco 2007, Rolls, Grabenhorst, Margot, da Silva & Velazco 2008a)。

4.5.3.3 眶额皮层表征多种奖赏物和惩罚物,包括金钱收益

我们早期的一项关于金钱收益与损失的研究,把对大脑奖赏系统的研究扩展到人类神经成像的研究领域。我们发现金钱收益的表征发生在内侧眶额皮层中,而金钱损失的表征发生在外侧眶额皮层中。此外,研究结果还表明许多不同的奖赏物在内侧眶额皮层进行表征,其激活与主观愉悦度线性相关;而许多不同的惩罚物和无奖赏在外侧眶额皮层进行表征,其激活与主观不愉悦度线性相关。第5章会更详细地介绍基于单细胞记录的研究:不同的神经元表征不同类型的奖赏,因此没有一种"共同货币"。但是有奖赏价值的通用标准,它可以促进决策过程。对金钱收益与损失以及会影响物品价值的因素的研究领域,已经发展成了一门学科,叫做神经经济学(neuroeconomics)(Glimcher & Fehr 2013;Rolls 2014b)。

76

人类眶额皮层中表征的强化物类型可以从视觉类条件强化物扩展到像金钱收益这样的抽象强化物上。在一项fMRI研究中,奥多尔蒂、克林格巴赫、罗尔斯、霍纳克和安德鲁斯(O'Doherty, Kringelbach, Rolls, Hornak & Andrews 2001a)采用视觉辨认任务,将一种实验刺激与金钱收益联系在一起,将另一种刺激与金钱损失(惩罚)联系在一起。被试获得金钱收益或损失的数量具有一定的概率性。在实验过程中,会有意料之外的视觉辨认反转发生,因此被试在有些试次中会损失金钱。如图4.13所示,内侧眶额皮层的激活程度(用BOLD信号作为测量指标)与每一个试次中金钱的收益量相关,外侧眶额皮层的激活程度与每一个试次中金钱的损失量相关。这些发现已经被扩展到一项超过1877名被试的调查中,结果如图9.5所示,并且被进一步

内侧眶额皮层：与赢钱的数量相关

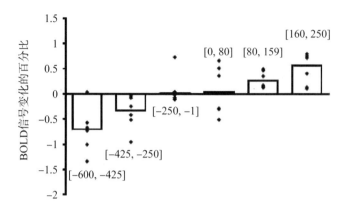

外侧眶额皮层：与输钱的数量相关

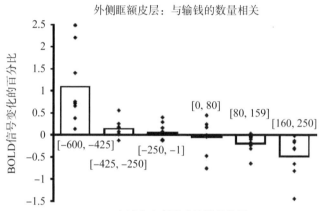

一个试次中赢钱或输钱的数量

75　　**图4.13**　内侧眶额皮层的脑区激活与赢钱的数量相关(上图),外侧眶额皮层的脑区激活与输钱的数量相关(下图)。这是在一项视觉辨认反转任务中测量到的脑区活动,在该任务中,被试有不同的概率获得金钱收益或遭受金钱损失。横坐标为六种不同的金钱损失范围(负值)或金钱收益范围(正值),纵坐标为血氧浓度相对于基线的平均变化百分比。首先对每个类别范畴的BOLD信号进行被试内平均,然后对每个类别的平均信号变化进行被试间平均。这两个图是依据内侧眶额皮层中与奖赏(金钱收益)显著相关的体素和外侧眶额皮层中与惩罚(金钱损失)显著相关的体素进行绘制(修改自 *Nature Neuroscience*, 4(1), J. O'Doherty, M. L. Kringelbach, E. T. Rolls, J. Hornak, and C. Andrews, Abstract reward and punishment representations in the human orbitofrontal cortex, pp. 95–102, 图4b, doi: 10.1038/82959 © 2001, Springer Nature。)

扩展,表明在那些有抑郁症状的人中内侧眶额皮层对奖赏的敏感性降低,外侧眶额皮层对无奖赏的敏感性升高(Xie, Jia, Rolls & al. 2021)。

研究发现,表征结果价值与期望价值的神经元位于灵长类动物眶额皮层的同一位置。与此一致的是,如果通过改变获得奖赏的概率来表现不同的期望价值,金钱结果价值和金钱期望价值会在人类内侧眶额皮层的相同区域中诱发相同程度的神经元活动(Rolls, McCabe & Redoute 2008e)。神经经济学领域已经研究了获得奖赏的概率、获得奖赏前的延迟、在不同价值的奖赏之间进行权衡等因素对期望价值与决策的影响(Glimcher & Fehr 2013, Rolls 2014b)。

内侧眶额皮层能够表征多种不同类型的奖赏刺激,外侧眶额皮层能够表征多种不同类型的惩罚刺激与无奖赏(Kringelbach & Rolls 2004, Rolls & Grabenhorst 2008, Grabenhorst & Rolls 2011, Rolls 2014b, Rolls 2019e)。这些刺激包括愉悦的、痛苦的以及中性的躯体感觉刺激(Rolls et al. 2003d, McCabe et al. 2008, Rolls et al. 2008b)、好闻与难闻的气味(Rolls et al. 2003c, Grabenhorst et al. 2007, Rolls et al. 2008a)、令人愉悦的味道(Kringelbach, O'Doherty, Rolls & Andrews 2003, McCabe & Rolls 2007, Rolls & McCabe 2007, Grabenhorst, Rolls & Bilderbeck 2008a, Grabenhorst & Rolls 2008)、具有吸引力的面孔(O'Doherty et al. 2003)、无奖赏(即没有获得期望的奖赏)、上文提到过的金钱收益与损失(O'Doherty, Kringelbach, Rolls, Hornak & Andrews 2001a, Rolls, McCabe & Redoute 2008e)、在视觉辨认反转任务中没有得到预期的社会性奖赏(Kringelbach & Rolls 2003)(见图 4.18)、与药物成瘾者所用药物相联结的条件刺激(Childress, Mozley, McElgin, Fitzgerald, Reivich & O'Brien 1999)以及对无用药经历者使用的安非他明药物(Voellm, DeAraujo, Cowen, Rolls, Kringelbach, Smith, Jezzard, Heal & Matthews 2004)等。

有趣的是,表征奖赏的正性价值的脑区,其活动基本与主观情绪水平(每一试次的主观愉悦度与不愉悦度评分)线性相关。图 4.14 中给出了在多项不同的研究中发现的眶额皮层、扣带回和腹侧前额叶的激活与主观愉悦度(黄色)和不愉悦度(白色)相关性的峰值(在第 4.7 节中也会进行介绍)(Grabenhorst & Rolls 2011)。在内侧眶额皮层和前扣带回中发现了与愉悦度相关的脑区活动;在外侧眶额皮层和前扣带回前膝部中发现了与不愉悦度和无奖赏相关的脑区活动。

对恒河猴神经元活动的记录清晰地表明了不同的神经元可以对不同刺激的细节性属性进行精细的表征,这些神经元的放电会随着刺激的单个属性和属性组合的变化而变化,以此来表征关于每个特定刺激所有单个属性的信息。例如,恒河猴眶额皮层中不同的神经元群会对味觉刺激的不同属性进行反应:一些神经元独立编码刺激的单个属性,包括味道、脂肪质地、黏稠感、涩感、沙砾感、辣味、气味、外观,另外一些神经元编码这些属性的组合(见前文及第5章)。

　　为什么大量不同类型的特定奖赏刺激在内侧眶额皮层的同一区域中进行表征呢?我认为这样做的部分原因是通过抑制性中间神经元的局部侧抑制来比较奖赏的大小,这些奖赏可能是完全不同的类型。这也可能有助于在同样的尺度上表征不同的奖赏价值(Rolls 2014b)。

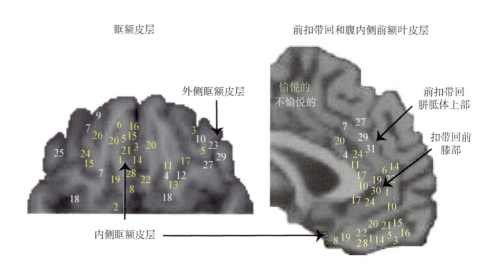

77　**图 4.14**　人类眶额皮层(腹侧面)、前扣带回和腹内侧前额叶皮层(矢状面)表征主观愉悦度的示意图。黄色:与主观愉悦度相关的区域;白色:与主观不愉悦度相关的区域。数字表示在针对性研究中发现的效应。味道:1、2;气味:3—10;风味:11—16;口感:17、18;巧克力:19;水:20;红酒:21;口腔温度:22、23;躯体感觉温度:24、25;看到触摸场景①:26、27;面孔吸引力:28、29;色情图片:30;激光疼痛:31。(转自 *Trends in Cognitive Sciences*, 15 (2), Fabian Grabenhorst and Edmund T. Rolls, Value, pleasure and choice in the ventral prefrontal cortex, pp. 56–67, doi. org/10. 1016/j. tics. 2010. 12. 004. Copyright © 2011 Elsevier Ltd. 版权所有。)

4.5.3.4　眶额皮层对面孔的表征

　　眶额皮层表征的另外一种信息类型是面孔信息。索普、罗尔斯和麦迪逊(Thorpe, Rolls & Maddison 1983)首次描述了眶额皮层中的面孔选择性神经元,有些神经元只对面孔的身份进行反应,对不同的面孔会有明显不同的反应(如图4.15所示),

----

① 例如,看到手指触摸手臂的场景。参见:Ciara MC, Rolls ET, Amy B & Francis MG (2008). Cognitive influences on the affective representation of touch and the sight of touch in the human brain. *Social Cognitive and Affective Neuroscience*, 3(2). ——译者注

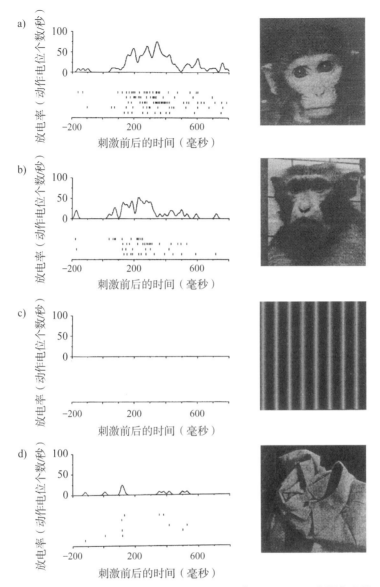

图 4. 15　恒河猴眶额皮层对面孔选择性反应的神经元。显示了刺激期光栅
图和时间直方图。光栅图中的一行表示一个试次。图中展示了每
种刺激的多个试次。纵坐标的单位为动作电位个数/秒。神经元对
面孔(a)的反应最强,对面孔(b)也有反应,但反应程度较低,对其他
面孔的反应也不同(未在图中呈现),对非面孔刺激[如(c)和(d)]没
有反应。刺激于零时刻出现在屏幕上。(摘自 *Experimental Brain
Research* , 170: 743 - 787. Edmund T. Rolls, Hugo D. Critchley,
Andrew S. Browning, and Kazuo Inoue. Face-selective and auditory
neurons in the primate orbitofrontal cortex. doi. org/10. 1007/
s00221-005-0191-y. Springer Verlag 2006。)

4　情绪的脑机制　　**89**

而另一些神经元则对面孔表情进行反应。罗尔斯等人（Rolls et al.，2006）随后也有类似的发现。一些神经元只对移动的头部做出反应，例如当面孔的移动破坏了社会交往时（Rolls et al. 2006）。面孔传达了对于情绪和社交行为来说非常重要的信息，比如有谁在场，大家的表情是什么样的，解码这些信息才能够做出恰当的情绪与社交回应，因此这种神经是非常重要的（Rolls et al. 2006，Rolls 2011c）。灵长类动物眶额皮层中的其他神经元对声音信息进行编码，这在社交中同样重要（Rolls et al. 2006）。

与上面介绍的对恒河猴的研究一样，在一项以人类为被试的视觉辨认反转任务中，当预期会有奖赏性质的微笑出现、但实际上却出现了愤怒的表情时，外侧眶额皮层会产生激活（Kringelbach & Rolls 2003）。这是对社会性强化物进行操纵的一个例子。与这些结果一致的是，法罗、郑、威尔金森、斯彭斯、迪肯、塔里耶、格里菲斯和伍德拉夫（Farrow, Zheng, Wilkinson, Spence, Deakin, Tarrier, Griffiths & Woodruff 2001）发现，当人们在做社会性判断时，眶额皮层会激活。另外，内侧眶额皮层的激活与面孔吸引力相关（O'Doherty et al. 2003）。在第4.5.4节中我们将会介绍，眶额皮层受损的病人对面孔与声音情绪信息的解码能力也会受损。

听觉刺激的情绪价值在眶额皮层中可能得到类似的表征。例如，布拉德等人（Blood et al. 1999）发现，被试对音乐和弦的和谐与不和谐程度的主观评分与其眶额皮层的激活相关（Blood & Zatorre 2001，Frey, Kostopoulos & Petrides 2000）。从和谐的音乐到令人愉悦的音乐之间的转变也会激活眶额皮层（Fujisawa & Cook 2011）。

4.5.3.5　无奖赏，错误，眶额皮层神经元

当得不到预期的奖赏时，眶额皮层中的一些神经元会对此做出反应。当由于犯错导致没有得到奖赏时，这些神经元会有几秒钟的激活。当食物等奖赏停止接近或被移开时，这些神经元中也有许多会做出反应。这些错误相关神经元（error neurons）与对刺激期望价值的校正有关，而与动作的校正无关，因为眶额皮层不表征动作。当预期的奖赏（如微笑的面孔）没有出现时，人类外侧眶额皮层会激活，这表明面孔不再具有奖赏性质，此时被试的选择会转向其他刺激或面孔。这些神经元对某些情绪很重要，包括无奖赏诱发的悲伤情绪和其他情绪，因为它们都会因眶额皮层损伤而受影响。在第9章中将详述这一理论，即无奖赏系统的过度敏感导致了抑郁。

眶额皮层中的一些神经元（占3.5%）能探测不同类型的无奖赏性，即奖赏的结

果价值低于期望价值时产生的负性的奖赏预期误差(Thorpe, Rolls & Maddison 1983)。例如,在看到之前与果汁奖赏相关的视觉刺激后,如果猴子做出舔舐动作却没有得到果汁奖赏,有些神经元会立即出现消退反应。当猴子在反转任务中对先前与奖赏配对的视觉刺激做出反应,却得到了咸味的惩罚刺激而不是果汁奖赏时,其他的一些神经元会立即产生激活(详见图 4.16 中给出的例子)。还有一些神经元会在与味觉相关的奖赏刺激移除时做出反应。如图 4.16 中所示,也有一些神经元会在发生无奖赏后的几秒钟内做出反应。

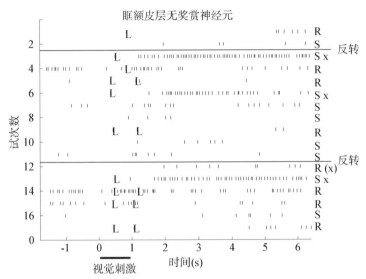

图 4.16　错误神经元:在反转的第 1 个试次(反转试次是第 3、第 6 和第 13 个试次,每个试次占一行)中,猴子在看到视觉刺激时做出舔舐动作并期望获得果汁奖赏,但是实际上却得到了令它厌恶的盐水味道。每条垂直线代表一个动作电位;每个 L 代表在反应/不反应(Go—NoGo)视觉辨认任务中的一次舔舐反应。视觉刺激在零时刻呈现,持续 1 秒。这个神经元在大多数奖赏(R)或盐水(S)试次中没有反应,但在标 Sx 的试次中产生了反应,Sx 代表在视觉辨认任务中发生反转后的第 1 个或第 2 个试次。反转试次中,猴子本以为自己会舔舐到奖赏性反馈,却舔舐到了生理盐水。奖赏相倚性的两次反转已在图中标出。在无奖赏试次做出反应却没有获得预期奖赏,神经元会持续数秒地进行放电,有时在下个试次开始时仍在放电。值得注意的是,由于相倚性发生了反转而无法获得预期奖赏,所以在下一个试次中,恒河猴就会选择先前的无奖赏刺激。这表明快速反转可以由非联结过程执行,并且是依赖于规则的。(数据来源于 *Experimental Brain Research*, 49:93 - 115, The orbitofrontal cortex: Neuronal activity in the behaving monkey, S. J. Thorpe, E. T. Rolls, and S. Maddison 1983。)

4　情绪的脑机制　　**91**

不同的无奖赏神经元对不同类型的无奖赏进行反应,这一发现潜在地使情境特异性的消退或反转得以发生。因此,错误神经元可以在特定的任务中激活。这一机制保证了在某个任务中能够产生反转行为,而在另一个任务中不会发生反转(Rolls & Grabenhorst 2008)。同样,这也证明,这些神经元的激活不只是作为唤醒的一种功能,也不只是简单地对一般性的、令人沮丧的无奖赏/错误信号进行反应。

杰奎因·菲斯特与他的同事们(Rosenkilde, Bauer & Fuster 1981)在延迟匹配样本与延迟反应任务中记录到有10个神经元(共记录140个,大约7%)对无奖赏做出了反应,证明了恒河猴眶额皮层中存在对无奖赏反应的神经元(Thorpe, Rolls & Maddison 1983)[最初由索普、麦迪逊和罗尔斯(Thorpe, Maddison & Rolls, 1979)以及罗尔斯(Rolls, 1981a)提出]。

当刺激与强化物的联结改变或反转时,眶额皮层可以通过重新学习刺激—强化物联结实现行为的快速反转。眶额皮层中存在对无奖赏或负性奖赏的预期误差进行反应的神经元,这些神经元的存在印证了它们是眶额皮层反转功能机制的一部分的假设(Rolls 1990a, Rolls 2014b, Rolls 2019d, Rolls 2019e, Rolls, Cheng & Feng 2020b)。这一机制似乎是非常必要的,因为它允许灵长类动物在强化相倚性发生变化时迅速改变行为,就像眶额皮层受损会造成的影响那样。

另外,既然某些多巴胺神经元的放电可能反映了错误相关信息(Waelti, Dickinson & Schultz 2001)(详见第6.2.5节),那么有人可能就会问,错误信息从何处来? 多巴胺神经元本身可能不会接收关于期望的奖赏(例如,看到与食物相关的视觉刺激)、奖赏性结果(例如味道)的信息,并且不能根据这些信息计算出错误相关的信息。另一方面,眶额皮层中确实有这三种神经元以及神经解剖学上定义的必要的信息输入,它是大脑中对错误奖赏相关信号进行加工的重要脑区。如第9.7.1节中所介绍的,眶额皮层先分析出奖赏相关信息和错误相关信息,然后其输出通过腹侧纹状体与松果体这样的脑区通路到达脑干,并影响脑干中的多巴胺与5-羟色胺受体神经元(Rolls 2017b)(见第9.14节中的图9.14)。

也有证据表明,人类眶额皮层将无奖赏表征为一种反转自身行为选择的信号。克林格巴赫和罗尔斯(Kringelbach & Rolls, 2003)用两张不同的人脸作为实验材料,让被试在二者之中进行选择。如果一张面孔被选择,它将会呈现微笑的表情,如果它没有被选择,那么它将会呈现愤怒的表情。在被试习得预设的行为模式后,视觉辨认任务会发生重复的反转(见图4.17)。克林格巴赫和罗尔斯(Kringelbach & Rolls 2003)在这项fMRI研究中发现,在出现错误的试次中(即被试选择了某张面孔但是却没有得到预期的奖赏),被试的外侧眶额皮层会被激活(见图4.18)。控制任务表明,仅呈现愤怒的表情并没有选择性地激活眶额皮层的这一部位,因此这种激活反应

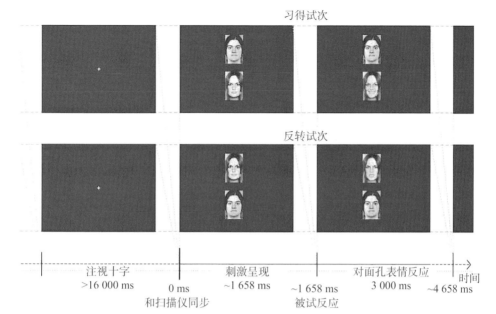

习得试次

反转试次

注视十字　　　刺激呈现　　　对面孔表情反应　　时间
>16 000 ms　　　~1 658 ms　　　3 000 ms
　　　　0 ms　　　　~1 658 ms　　　~4 658 ms
和扫描仪同步　　　　　　被试反应

图 4.17 社会反转任务：实验试次与扫描仪同步进行。实验中向被试呈现两个中性表情的面孔,被试通过按下相应的按钮来选择其中一个面孔,随后,根据人物当时的心境,人物会表现出微笑或愤怒的表情,持续 3 000 毫秒。被试的任务是追踪每个面孔对应的心境,并尽可能多地选择"快乐"面孔(图中第一行)。随着时间的流逝(4 到 8 次正确的尝试之后),面孔对应的情绪会发生改变,原本快乐的人会变得"生气",反之亦然。被试要学会相应地调整自己的选择(图中第二行)。实验中随机混合呈现两个男人或两个女人的面孔,用来控制可能存在的性别效应和身份效应。两个试次之间将呈现注视点,至少持续 16 000 ms。(转载自 *Neuroimage* , 20(2) , Morten L. Kringelbach and Edmund T. Rolls, Neural correlates of rapid reversal learning in a simple model of human social interaction, pp. 1371 – 1383. Copyright © 2003 Elsevier Inc. 版权所有。)

可能与错误以及预期结果和实际结果之间的不匹配有关。让这项研究与人类的社会行为产生联系的有趣之处在于,这项研究将特定人物的面孔作为条件刺激,而将面孔表情作为非条件刺激。另外,这项研究也揭示了,当人们必须根据反馈改变自己的行为时,眶额皮层对社会性反馈是非常敏感的(Kringelbach & Rolls 2003,Kringelbach & Rolls 2004)。

当奖赏改变时行为会迅速改变,这是人类的特征。人类可以在一个试次中反转自己的选择,就像其他灵长类动物一样,但啮齿动物不会这样(Rolls et al. 2020b, Rolls 2021a)。这在社交场合尤为重要。研究表明,在这种一个试次的奖赏反转中,人类外侧眶额皮层会被激活(Rolls, Vatansever, Li, Cheng 和 Feng 2020d)。

与上述人类神经成像研究和一项恒河猴神经生理学研究（Thorpe，Rolls &
Maddison 1983，Rolls 2014b）结论相一致的是，以恒河猴作为研究对象的 fMRI 研究
结果显示，在奖赏反转任务中，恒河猴外侧眶额皮层能被无奖赏激活（Chau，Sallet，
Papageorgiou，Noonan，Bell，Walton & Rushworth 2015）（见图 9.2c）。

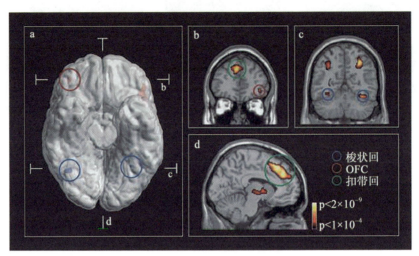

　　图 4.18　人类外侧眶额皮层被无奖赏激活的证据。在视觉辨认反转任务中，当被试选择
了某一面孔但没有获得预期的奖赏时，他的外侧眶额皮层会被激活，表明被试
之后应该选择另一个面孔来获得奖赏。a)两个冠状切片(b，c)和两个横向切
片(d)的大脑腹侧视图。红圈圈出了外侧眶额皮层(OFC，峰值位于[42　42
　−8]和[−46　30　−8])的活动，指出了反转试次对比于非反转试次激活的
脑区。蓝圈圈出的是仅被面孔表情激活而不被反转激活的梭状回面孔区，这一
点在冠状切片(c)中也可以看到。b)反转试次中右侧眶额皮层被激活的冠状切
片图。前扣带回胼胝体上部(用绿圈圈出)也表现出了激活，这部分脑区通常是
由惩罚或不愉快的刺激所激活的[见格拉本霍斯特和罗尔斯的研究
(Grabenhorst & Rolls，2011)]。(摘自 *Neuroimage*，20 (2)，Morten L.
Kringelbach and Edmund T. Rolls，Neural correlates of rapid reversal learning
in a simple model of human social interaction，pp. 1371 – 83，Copyright，2003，
已获爱思唯尔授权。)

4.5.3.6　认知对眶额皮层的影响

　　包括语言在内的认知过程如何与情绪相互作用？只有当情绪进入高层次语
言系统中时，相互作用才会发生吗？在这一部分，我们将展示像语言表征那样处
于高级加工水平的认知过程是如何调节眶额皮层对情绪性输入信息的反应的。
眶额皮层是大脑中明确表征情绪、情感、享乐或奖赏价值的最初位置。这些情绪

性输入信息包括味觉、嗅觉、风味、躯体感觉和视觉的刺激。研究结果表明,语言的表征会影响情绪状态的表征和体验。认知正是以这种非常直接的方式对情绪状态、情绪行为和情绪体验产生强烈影响的,因为表征情感价值的第一个皮层区域(眶额皮层)中的情绪表征被改变了。

这些发现强调了认知影响情绪的重要性,并表明在享受美食、听音乐以及度过浪漫夜晚的时候,自上而下的认知因素在影响大脑情绪表征中起着重要的作用。这些发现支持了以下假设:认知系统在情绪加工中扮演了一个有趣的角色——根据可用的强化物和背景环境,帮助建立强化物诱发情绪状态的最理想条件。在第 10 章中会对这种情绪反应的多重路径假设作进一步介绍。

德阿劳若、罗尔斯、维拉斯科、玛格特和卡耶(de Araujo, Rolls, Velazco, Margot & Cayeux 2005)的一项嗅觉研究给出了由刺激引起的奖赏或厌恶状态受到这种认知影响的例子。这项使用功能性神经成像技术的研究采用了甲基丁酸这种标准化的测试气体作为嗅觉刺激材料(De Araujo et al. 2005)(见图4.19)。这种气味让人感觉模棱两可,既可以被知觉为奶酪(很像布里干酪)的气味,也可以被知觉为一种相当刺鼻、令人不舒服的体味。在呈现嗅觉刺激的 8 秒内,同时给被试呈现一个带标签的单词。在部分试次中,测试气体伴随视觉呈现的"车达奶酪"这个词;而在其他试次中,会伴随呈现"体味"这个词。用文字而非图片作为视觉刺激,其目的在于使这种输入的调节作用能反映语言层次的高级认知的作用。结果表明,"车达奶酪"一词提高了甲基丁酸的主观愉悦度评分,而"体味"一词降低了甲基丁酸的主观愉悦度评分。

有意思的是,我们发现标签词调节了表征嗅觉愉悦程度的眶额皮层(次级嗅觉皮层)、前扣带回和杏仁核等脑区的激活。例如,"车达奶酪"一词比"体味"一词诱发了测试气味对内侧眶额皮层更强的激活。 85

言外之意是,在情感相关加工的第一阶段,词汇水平、语言水平的认知会向下影响眶额皮层,从而影响与主观愉悦度相关的情感/情绪状态。

这一研究结论已扩展到对味道和风味的研究中。研究表明,词语描述可以调节眶额皮层/前扣带回中产生的对味道和风味的主观愉悦感受(Grabenhorst, Rolls & Bilderbeck 2008a)。

在触觉方面也发现了类似的认知调节情绪的效应。当我们给被试的前臂轻柔地涂抹护手霜时,若护手霜标签为"精华保湿霜",前扣带回和眶额皮层对主观愉悦度进行表征的区域的激活程度会增强,而当标签为"基础护手霜"时,激活程度会下降(McCabe, Rolls, Bilderbeck & McGlone 2008)。

另一个类似现象的例子是，颜色对嗅觉判断有很大的影响。用无味的染料将白葡萄酒染成红色，被试（波尔多大学葡萄酒学院本科生）会将通常用于描述红酒的词语用来描述这瓶白葡萄酒（Morrot，Brochet & Dubourdieu 2001）。

　　认知状态会对情绪产生自上而下的影响，这一机制与第 4.5.3.7 节中将会介绍的选择性注意的偏向竞争机制（Desimone & Duncan 1995，Deco & Rolls 2005b，Rolls 2016d，Rolls 2021a）和偏向激活机制类似（Rolls 2013a，Grabenhorst & Rolls 2010，Rolls 2016d，Rolls 2021a）。

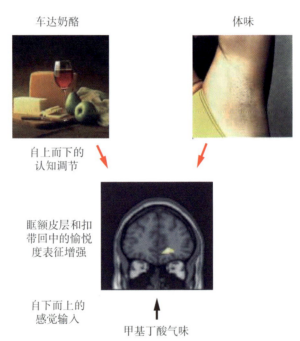

车达奶酪　　　　　　　　　　体味

自上而下的认知调节

眶额皮层和扣带回中的愉悦度表征增强

自下而上的感觉输入

甲基丁酸气味

图 4.19　即使在单词水平上的认知也可以自上而下地影响由自下而上的输入引发的眶额皮层和前扣带回对情感表征的增强和偏向。在这个实验中，气味材料（甲基丁酸）闻起来有点像布里干酪。这种气味既可能是令人愉悦的，也可能是令人不愉悦的，主要取决于环境）在不同的试次中分别与"车达奶酪"或"体味"标签配对。（实验中没有展示图片）（de Araujo，Rolls et al 2005.）

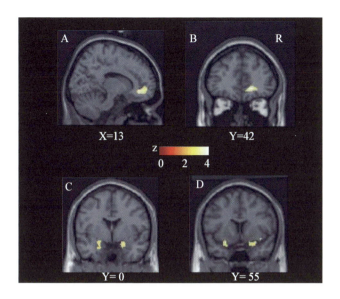

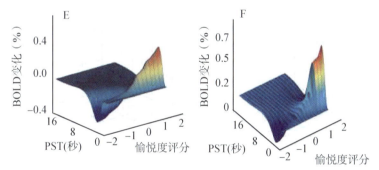

图 4.20 认知对情绪的影响。图中展示了与气味刺激愉悦评分相关的脑区
激活(通过 BOLD 信号进行测量),"车达奶酪"这个词增加了脑区的
激活程度,提高了愉悦度评分。(A)矢状面切片显示:与内侧眶额皮
层相邻的喙侧前扣带回被激活。(B)冠状面上也表现出了同样的激
活。(C)杏仁核两侧的激活情况。(D)脑区激活一直向前延伸至初级
嗅觉皮层。(E)图中显示,如果单词标签为"车达奶酪",那么被试对
甲基丁酸气味的愉悦度评分会上升,BOLD 信号会增强;如果标签为
"体味",那么被试的愉悦度评分会下降,BOLD 信号会减弱。这发生
在图 A 和图 B 呈现的脑区中。PST 表示气味刺激呈现的刺激后时间
(s)。(F)与图 E 中包含的信息基本相同,但内容是关于图 C 中杏仁
核的。(摘自 *Neuron*, 46(4), Ivan E. de Araujo, Edmund T. Rolls,
Maria Ines Velazco, Christian Margot, and Isabelle Cayeux,
Cognitive Modulation of Olfactory Processing, pp. 671 – 679.
Copyright © 2005 Elsevier Inc. 版权所有。)

84

4.5.3.7 注意对情绪加工和感觉加工的调节

从高级的、语言的水平上发出的注意指令，譬如"集中注意力，并对愉悦程度进行评分"，可以增强表征愉悦度脑区（例如眶额皮层）的反应。"集中注意力，并对强度进行评分"的指令会提高图 4.2 第一层中表征刺激知觉强度和刺激身份的脑区（例如初级味觉和嗅觉皮层）的激活程度。

这意味着，即使是有倾向性地加工刺激信息的大脑系统，也可能会在情感/情绪通路和感觉/知觉通路之间出现偏差。这在强调或弱化情绪状态、产品（例如新的食物、香水等）的开发和测试以及产品营销中都有很重要的应用价值。

已经发现，嗅觉刺激受到这种情绪加工的调节（Rolls, Grabenhorst, Margot, da Silva & Velazco 2008a）。fMRI 结果显示，当要求被试记住并评价茉莉花香味的主观愉悦度时，内侧眶额皮层和前扣带回的激活程度比要求被试记住并对气体强度进行评分时的激活程度更大。当要求被试记住并对气体强度进行评分时，其梨状初级嗅觉皮层与额下回的激活程度更大。

在味觉信息的加工过程中也发现了这种情绪加工的调节。当指示被试记住并对美味的味觉刺激（0.1 mol/L 味精）的愉悦度进行评分时，被试的内侧眶额皮层与前扣带回的激活比让被试记住并对味觉刺激的强度进行评分时更大（Grabenhorst & Rolls 2008）（见图 4.21）。要求被试记住并对知觉强度进行评分时，脑岛味觉皮层和中部岛叶皮层的激活更大（见图 4.22）。因此，根据味觉呈现的环境以及是否与情绪相关，大脑对味觉刺激的反应不同。

自上而下的注意调节可能源自参与注意控制的外侧前额叶皮层（Corbetta & Shulman 2002, Meehan, Bressler, Tang, Astafiev, Sylvester, Shulman & Corbetta 2017, Rolls 2016c）。与注意力集中在强度上相比，当注意力集中在愉悦度上时这一区域与眶额皮层和扣带回前膝部的相关性更高（Grabenhorst & Rolls 2010, Ge, Feng, Grabenhorst & Rolls 2012）。

这些交互作用反映出一种内在机制：根据选择性注意机制中的整合—放电神经元模型，当输入刺激的性质较弱或模棱两可时，即使自上而下的效应较弱，也可以对自下而上的输入产生很强的非线性影响（Deco & Rolls 2005b）。这一过程被称为自上而下的注意机制（Desimone & Duncan 1995, Rolls 2013a, Rolls 2016c）。

自上而下的注意起作用的一种方式是通过偏向竞争（见图 4.23b）。例如，在视觉选择性注意实验中（Desimone & Duncan 1995），一个区域（例如一个皮层区域）中的有些神经元接收到较弱的、自上而下的输入信息，这些信息会增加它们对自下而上

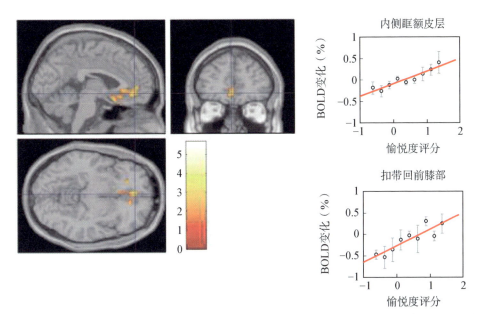

图 4.21 自上而下的注意与情绪。将注意力放在味道的愉悦度上时的结果。左图：内侧眶额皮层 86
[-6 14 -201]z=3.81 p<0.003(图示激活区域中的靠后部分)与扣带回前膝部[-4
46 -8]z=2.90 p<0.04(光标处)表现出了与味觉周期相关的显著差异。右图上半部
分：主观愉悦度评分与眶额皮层激活程度(BOLD 信号变化百分比)相关(r=0.94, df=
8, p≪0.001)。右图下半部分：主观愉悦度评分与扣带回前膝部激活程度(BOLD 信号变
化百分比)相关(r=0.89, df=8, p=0.001)。所有试次中的味觉刺激(味精)均相同。
(转自 Fabian Grabenhorst and Edmund T. Rolls, Selective attention to affective value
alters how the brain processes taste stimuli, *European Journal of Neuroscience*, 27(3) pp.
723-729. doi. org/10. 1111/j. 1460-9568. 2008. 06033. x. Copyright © 2008, John Wiley
and Sons。)

刺激的反应程度(Desimone & Duncan 1995)。如果自下而上的输入刺激较弱时,则
可能会超线性增强神经元的反应(Deco & Rolls 2005b, Rolls 2016d, Rolls 2021a)。
有偏向的神经元放电会增加,然后通过抑制性神经元来抑制该脑区中其他神经元对
自下而上的刺激的反应。这是一种局部性的机制,因为初级皮层中的抑制主要是局
部的、由皮层中的抑制性神经元执行的,这些神经元的输入和输出通常不超过几毫米
(Douglas, Markram & Martin 2004, Rolls 2016c)。

这种局部的"偏向竞争"情况可能不适用于自上而下的注意对情绪与知觉竞争性
加工的调节。因为在后者中,我们将皮层的整个区域(例如眶额皮层或扣带回前膝
部)甚至皮层加工通路(例如眶额皮层与扣带回前膝部之间的连接通路)进行了简化。
因此,在这种情况下把注意效应描述为偏向性激活可能更准确,并且该效应中不存在

局部竞争。因此,我提出了注意的偏向激活理论和模型,如图 4.23a 所示(Rolls 2013a, Grabenhorst & Rolls 2010, Rolls 2016d, Rolls 2021a)。在这种情况下,短时记忆系统通过大脑中(如前额叶皮层)的吸引子网络运行,将应该注意的属性保持在短时记忆中来提供自上而下的输入,从而影响整个加工通路的激活。偏向性激活作为一种自上而下的选择性注意机制,可能在大脑的各个区域中广泛存在,并且可能参与对刺激不同属性的分离性加工。这一机制不仅适用于情感的、基于价值的加工或是感觉的加工,可能也适用于背侧和腹侧的视觉系统,以及视觉加工中的"是什么(what)"系统与"在哪里(where)"系统(Rolls & Deco 2002, Rolls 2016d, Rolls 2013a, Rolls 2021a)。前面引用的文献以及德科和罗尔斯的研究(Deco & Rolls, 2005b)提供了符合生物学原理的计算模型,解释了这种偏向竞争是如何起作用的。理解大脑在这一层面的运行机制,不仅可以帮助我们理解大脑是如何工作的,也会为治疗脑功能损伤提供一定的帮助(Rolls 2016d, Rolls 2021a, Rolls 2021d)。

这些研究发现表明,当注意力集中在情绪价值上时,参与刺激表征的大脑系统与将注意力集中在刺激的物理属性(例如刺激强度)上的大脑系统有所不同。这一结果对我们理解刺激和回忆的作用也有重要意义,同时也能对感觉测试带来很多启示。

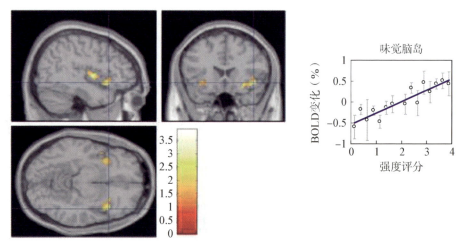

图 4.22 自上而下的注意与情绪。左图:当注意力放在味觉刺激强度上时的结果。上半部分:在岛叶[42 18 −14]z=2.42 p<0.05(光标处)与脑岛中部[40 −2 4]z=3.03 p<0.025 发现了与味觉周期相关的显著差异。右图:味觉强度评分与味觉脑岛激活程度(BOLD 信号变化百分比)之间的相关关系(r=0.91, d=14, p≪0.001)。所有试次中的味觉刺激(味精)均相同。(转自 Fabian Grabenhorst and Edmund T. Rolls, Selective attention to affective value alters how the brain processes taste stimuli, *European Journal of Neuroscience*, 27(3) pp. 723 – 729. doi. org/10.1111/j. 1460-9568. 2008. 06033. x. Copyright ⓒ 2008, John Wiley and Sons。)

这些见解对神经经济学以及决策相关的很多领域都有启示意义,包括使用不同的注意指导语来影响大脑活动的研究设计,以及需要有效调控情绪加工过程的情境[例如控制食物奖赏价值的效果,以及这种控制在肥胖(见第 5 章)与成瘾(见第 6 章)中的作用](Rolls 2014b,Rolls 2012c)。

另一个启示是,我们可以通过对愉悦度的注意以及自上而下的认知调节来提升愉悦的情绪感受和审美体验。

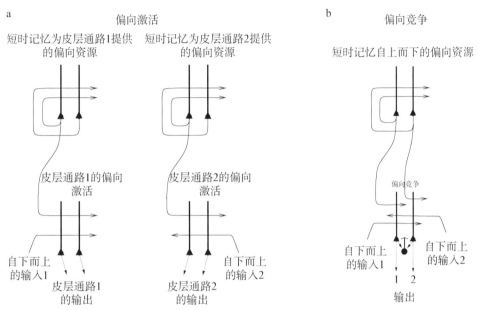

图 4.23　自上而下的注意机制。(a)偏向激活。短时记忆系统作为自上而下激活的来源,可能是分离的(如图所示),也可能是一个根据不同的选择性注意条件形成不同的吸引子状态的单一网络。自上而下的短时记忆系统通过在吸引子状态中持续放电来保持注意,并且要么偏向系统 1 的皮层活动,要么偏向系统 2 的皮层活动。微弱的自上而下的偏向选择与皮层活动中自下而上的输入信息相互作用,增加相应脑区的激活程度,并且这种激活程度的增加可能是超线性的(Deco & Rolls 2005c)。因此,各个分离的皮层加工通路的选择性激活就会发生。在这个例子中,线路 1 可能用于处理刺激的情感价值,线路 2 可能用于处理刺激的强度和物理属性。然后,这两条独立通路的输出结果汇集进入到一个竞争系统中,该系统可能是皮层吸引子决策网络,它在两个线路之间做出选择,并且这种选择会受到单独线路中的激活程度的影响(如图所示)。(b)偏向竞争。通常只有一个单一的吸引子网络可以进入不同的吸引子状态,来提供自上而下的偏向信息(如图所示)。如果是一个通过局部 GABA 抑制性神经元实现的单一网络,在短时记忆的吸引子状态中就可能存在竞争。然后,某个吸引子状态自上而下的连续神经放电就会改变自上而下加工中的某些皮层神经元,导致它们对某一个自下而上的输入做出比对其他输入更大的反应,这一过程通过 GABA 抑制性神经元(在图中用实心圆表示)向皮层锥体细胞(在图中用三角形表示)传递抑制性反馈信号来完成竞争。锥体细胞上方的粗线表示树突,细线表示轴突,箭头表示兴奋的传递方向。(Rolls 2013a.)

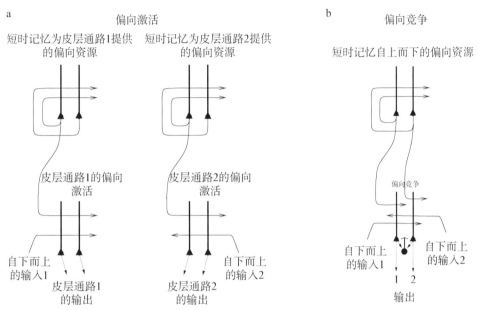
图中标注:
a　偏向激活
短时记忆为皮层通路1提供的偏向资源　短时记忆为皮层通路2提供的偏向资源
皮层通路1的偏向激活　皮层通路2的偏向激活
自下而上的输入1　自下而上的输入2
皮层通路1的输出　皮层通路2的输出

b　偏向竞争
短时记忆自上而下的偏向资源
偏向竞争
自下而上的输入1　自下而上的输入2
1　2
输出

4.5.4 人类的眶额皮层

4.5.4.1 概述

在第 4.5.3 节中,我们收集了来自神经生理学与功能性神经成像的证据,介绍了眶额皮层在情绪与动机中的作用。在本节中,我们将补充人类眶额皮层损伤效应的证据,这些证据突出了眶额皮层在人类情绪中的重要作用,也会帮助揭示一些内在的加工过程。

眶额皮层受损的病人会在行为的多个方面表现出问题,例如对他人情绪(例如悲伤、愤怒或厌恶心境)的识别、人际关系(例如不关心其他人的想法,疏远家庭成员)、共情能力(例如当别人高兴的时候,不为他们而高兴)、公众行为(拒绝合作)、反社会行为(对他人感到不满、没有耐心)、冲动性(做事不假思索)、社会技能(社交能力差,很难建立和维持人际关系)。当出现这些问题时,护理人员会将其描述为在病人的眶额皮层受损后他们的人格发生了变化。病人自己也会报告对悲伤、愤怒、恐惧以及高兴这些情绪的主观体验发生了变化。但是病人对自己的状况并不是特别在意,并且他们对自己行为的结果也不那么在意。病人可能会抱怨食物的味道。所有的这些改变都反映出病人对各类惩罚与奖赏的行为敏感性降低。

为了分析这些病人发生变化的原因,研究者在他们身上进行了一些测试。结果显示,病人无法完成视觉辨认反转任务——尽管先前会得到奖赏的刺激现在已经不会再得到奖赏,病人也会一直选择这些刺激。这种对无奖赏的不敏感也许是导致病人出现社交与行为问题的原因。因为在正常情况下,无奖赏或惩罚刺激会使人们中止或者改变行为,但是眶额皮层受损的病人却无法对这些刺激做出正确的反应。事实上,在视觉辨认反转任务中表现较差的病人身上确实出现了上述多种症状。博弈任务同样要求对没有得到奖赏具有高度敏感性,而病人的这种敏感性也受损了。

这些病人都在正确识别面孔的表情或声音的情绪方面出现了障碍。无法识别社交相关的刺激可能是导致眶额皮层受损或功能失调的病人出现社交及相关问题的原因。

以上提到的所有证据均支持这一理论:眶额皮层参与了表征奖赏与惩罚价值,并且在根据预期与所得之间的误差来更新期望价值中具有重要作用。

4.5.4.2 人类眶额皮层损伤损害奖赏反转学习

额叶受损的病人在很多任务中的表现都会变差。在这些任务中,病人需要改变自己的行为反应策略,以应对环境刺激强化相倚性(reinforcement contingencies)的变化(Goodglass & Kaplan 1979, Jouandet & Gazzaniga 1979, Kolb & Whishaw 2015, Zald & Rauch 2006)。额叶受损的病人也许可以口头报告出正确的规则,但是不能根据得到的奖赏来调整行为模式或策略。

额叶受损后发生的一些人格变化可能与类似的功能紊乱有关。例如,额叶受损后,病人可能会出现狂喜、不负责任、缺乏情感和缺乏对当下及未来的考虑等症状[见扎尔德和劳奇的研究(Zald & Rauch 2006)以及67页的第4.5.1节],它们都可能与一种改变行为以正确应对强化相倚性变化的功能发生了紊乱有关。当刺激—强化物联结不再适用时,病人无法对之进行校正,可能表现出冲动行为或者无法在接收到来自环境中的校正信号时做出正确的反应。

为了验证这些假设,我们测量了眶额皮层受损的病人在一项视觉辨认反转任务中的行为表现。在该任务中,病人需要学会通过触摸屏幕中出现的特定刺激获得积分,但当其他的刺激出现时,必须抑制触摸反应,否则将被扣掉一分。在被试习得视觉辨认规则之后,强化相倚性会出现反转。相较于其他脑区或额叶其他区域受损的病人来说,前额叶或眶额皮层受损的病人在反转任务(或相似的无奖赏的消退任务)中出现了更多的错误,完成的反转试次更少(Rolls, Hornak, Wade & McGrath 1994a)。费洛斯和法拉的研究也报告了腹内侧前额叶皮层受损的病人在类似的任务中出现了反转障碍(Fellows & Farah 2003)。

罗尔斯等人(Rolls et al. 1994a)的发现的一个重要方面在于,反转学习能力受损与病人的社会不当行为或去抑制行为高度相关,也与病人在脑损伤后对情绪状态变化的主观评分高度相关。与反转学习能力受损有关的行为包括去抑制行为或社会不当行为、误解他人的情绪、易冲动、不关心或低估自己所处状况的糟糕程度以及缺乏主动性。有意思的是,病人经常能说出什么是正确的反应,但是却会做出错误的动作。这也证明了,眶额皮层通常会参与执行那些通过对环境刺激的强化联结进行评估来实现的行为。

为了寻求更进一步的证据证明刺激—强化物联结的学习和反转是与眶额皮层有关、而不是由于其他病理学因素造成的,我们设计了一项新的反转学习任务,被试是一群由于肿瘤切除手术等原因而造成眶额皮层有离散的,手术产生的病变的病人。在这项新的视觉辨认任务中,屏幕上总是出现两个刺激,病人在触碰正确的刺激后会获得"金钱"回报,在触碰到错误的刺激后会损失"金钱"。这种设计控制了脑区受损在单纯增加任何反应被做出的概率中的作用。任务中的每一个试次都设有随机数目的奖赏或惩罚金额,使被试更加难以使用一个具有明确规则的言语策略。这项任务的另一个优点在于,它与一项功能性神经成像研究使用的任务是一样的,该研究发现了金钱的得失会激活人类的眶额皮层(O'Doherty et al. 2001a)。我们的研究发现,两侧眶额皮层受损的一组病人在反转任务中表现很差,因为他们最终累积的钱数很少(Hornak, O'Doherty, Bramham, Rolls, Morris, Bullock & Polkey 2004)。在遭遇很大的金钱损失后,这些病人往往无法改变对刺激的选择,但是在得到奖赏后却经常改变自己的选择。在较近的研究中已经对此予以量化(Berlin, Rolls & Kischka 2004, Berlin, Rolls & Iversen 2005)。

已经有研究证实,眶额皮层损伤的病人的一个关键困难在于不能从负反馈中快速学习刺激价值的重要性(Fellows 2007, Wheeler & Fellows 2008, Fellows 2011)。对比来看,前扣带回受损则会导致通过反馈学习某种行为的能力受损(Fellows 2011, Camille, Tsuchida & Fellows 2011)(见 4.7 节)。另外,贝沙拉和他的同事也发现了一致的结论——额叶受损的病人在进行一项博弈任务时也出现了上述问题(Bechara, Damasio, Damasio & Anderson 1994, Bechara, Tranel, Damasio & Damasio 1996, Bechara, Damasio, Tranel & Damasio 1997, Damasio 1994, Bechara, Damasio, Tranel & Damasio 2005, Glascher, Adolphs, Damasio, Bechara, Rudrauf, Calamia, Paul & Tranel 2012)。在博弈任务中,任务表现变差通常与学不会规避那些会造成损失的选择有关。

重要的是,双侧眶额皮层受损的病人在视觉辨认反转任务中表现欠佳(Hornak et al. 2004),但在社会行为问卷(Social Behaviour Questionnaire)的部分题目中却得了高分。这些题目依据行为对病人进行评估,其中包括识别他人的情绪(例如悲伤、愤怒、厌恶心境)、人际关系(例如不关心他人的想法或与家庭成员关系较为疏远)、共情能力(例如在别人开心的时候,无法感受到他们的喜悦)、公众行为(不合作)、反社会行为(对他人过于挑剔、没耐心)、冲动(做事不假思索)、社交性(不善交际,很难建立或保持密切的关系)等(Hornak, Bramham, Rolls, Morris, O'Doherty, Bullock & Polkey 2003)。所有这些行为都可以反映出病人对不同类型的惩罚和奖赏都表现出较低的行为敏感性。在主观情绪变化问卷(Subjective Emotional Change Questionnaire)中,病人需要报告自己情感体验变化的强度和(或)频率。在视觉辨认反转任务中表现不好的双侧眶额皮层受损的病人在完成这一问卷时报告自己在很多种情绪体验上都出现了改变,包括悲伤、愤怒、恐惧和高兴等情绪(Hornak et al. 2003)。

在第 4.5.3 节中的神经成像结果补充表明了由大脑眶额皮层损伤带来的影响,证实了眶额皮层在情绪、社会行为和决策中的功能至少有一部分涉及表征强化物、监测接收到的强化物的变化、根据这些变化迅速重构刺激—强化物联结以及因此快速地改变行为。

这些病人的一种更普遍的行为变化在于,他们的无责任感已经开始影响其日常生活。举例来说,如果这些病人得到了造成脑损伤的车祸的补偿金,他们通常不会为将来做打算,而会选择把这笔钱花掉。例如,有时他们会买一辆很贵的车。这样的病人通常也很难经营人际关系,并且有时他们的家人会说他们性情大变,因为这些病人在脑部受损后比之前更少关心一系列的社会和情感因素。由此可以推测,眶额皮层可能参与了很多社会行为,而快速且准确地对社会强化物做出恰当反应的能力是灵长类动物社会行为的一个重要方面。

4.5.4.3　眶额皮层受损导致无法识别面孔与声音中的情绪

为了研究与面孔相关的输入刺激对上述眶额皮层视觉神经元的作用,我们也测试了这些被试对面孔刺激的反应。我们在实验中加入了面孔(和声音)刺激,测量被试解码情绪的能力。通过这一方法,我们可以知道被试是如何表征强化物的价值的。一些腹侧额叶受损的病人无法识别面孔和声音所代表的情绪,并且他们在生活中也表现出了不恰当的社会行为(Hornak, Rolls & Wade 1996, Rolls 1999c)。无法正确识别情绪的这一症状可以独立于人脸识别、声音识别以及环境声音识别等方面的知觉障碍而出现。同一个病人不一定同时出现面孔情绪识别和声音情绪识别两方面的问题,这表明它们是两个独立的处理过程。一些病人在这两种情绪的识别测试中均表现不佳,这与他们报告的情绪体验改变程度相关。这些病人情绪改变的程度与行为问题(例如去抑制)的严重程度之间也表现出高度正相关。之后的发现也证明,当腹内侧前额叶皮层(而不是背侧或外侧前额叶皮层)受损时,识别面孔情绪的能力也会受到损伤(Heberlein, Padon, Gillihan, Farah & Fellows 2008)。

这些研究被进一步拓展,结果都证明有面孔表情识别问题的病人不一定有视觉辨认反转问题,反之亦然(Hornak, Bramham, Rolls, Morris, O'Doherty, Bullock & Polkey 2003, Hornak, O'Doherty, Bramham, Rolls, Morris, Bullock & Polkey 2004)。这一点与眶额皮层的解剖结构一致[见第 4.5.1.2 节和罗尔斯与贝利斯的研究(Rolls & Baylis, 1994)]。

为了收集更准确的证据以证明对面孔表情和声音情绪的识别、情绪性行为、主观情绪状态这三者的改变都与眶额皮层受损而不是与周围其他脑区的损伤(存在于很多闭合性脑损伤病人中)有关,我们找到了因手术治疗而导致某一特定脑区受损的病人作为被试(Hornak, Bramham, Rolls, Morris, O'Doherty, Bullock & Polkey 2003)。结果发现,两侧眶额皮层受损的病人无法识别声音情绪与面孔表情,并且这些病人在社会行为方面出现了问题,在主观情绪状态上也发生了明显的改变

（Hornak et al. 2003）。在有一定概率能获得金钱奖赏的任务中他们的表现也不是很好（Hornak et al. 2004）。单侧眶额皮层受损的病人同样也无法识别声音情绪。在这些案例中,声音情绪识别障碍的病人在识别陌生声音和环境声音这样的控制实验中都没有问题。

因此,这些结果（Hornak et al. 2003）证明,仅仅是眶额皮层受损就能够导致人们无法识别作为初级强化物出现的面孔和声音情绪。

精神病学症状中的额颞叶痴呆(血管性痴呆)可能与眶额皮层功能受损有关。这是一种渐进性神经退行疾病,这种疾病会侵袭额叶并使人们的人格和社会行为发生重要而普遍的改变。这些症状与由眶额皮层受损导致的症状相似（Rahman, Sahakian, Hodges, Rogers & Robbins 1999, Rascovsky, Hodges & Knopman et al. 2011）。要么表现出滑稽的、戏弄人的行为,要么表现出冷漠的、沉默的社会退缩行为。许多病人会变得思维僵化,无法理解讽刺或者其他较为微妙的语言表达。他们倾向于做出固化或刻板的行为,规划能力也受到了损伤。额颞叶痴呆病人会逐渐回避一切互动。病人的记忆一般是完整的,但是他们的工作记忆能力和专注力都会出现很大的问题。有趣的是,根据眶额皮层的解剖学研究和生理学研究,额颞叶痴呆会导致病人的饮食习惯发生明显的改变:他们变得更喜欢吃甜食,更不容易吃饱。最后,病人的体重往往大幅度增加（Piguet 2011）。

4.5.5　眶额皮层中刺激—强化物联结学习与反转的神经生理学和计算基础

我们现在考虑一下刺激—强化物联结学习与反转是如何在眶额皮层中发生的。图 4.24 给出了在刺激之间建立联结的初始过程。如果视觉刺激(如食物的视像)在初级强化物激活突触后神经元的同时(或稍微提前)出现,此时由条件性刺激激活的突触会通过长时程突触增强(long-term synaptic potentiation)的联结加工而被强化。因为只有在突触后神经元充分去极化之后,由突触前神经元释放的神经递质(谷氨酸)激活 NMDA 受体,才会打开蛋白通道准许 Ca^{2+} 进入细胞（Rolls 2016d, Rolls 2021a）,因此,只有当突触后神经元被强烈激活时,长时程增强效应才会发生。这种模式联结网络可以学习多种条件刺激与初级强化物之间的联结,实际上,每个神经元的突触数量大约有 5 000—10 000 个（Rolls 2016c, Rolls & Treves 1990）。这种类型的学习还有很多其他的优点,包括对相似条件刺激的泛化,在系统受到损伤时适度退化(容错性)（Rolls 2016d, Rolls 2021a）。

接下来,我们需要一个能够解释反转学习模式的机制:在重复的反转学习中,行为表现逐渐改善,直到一个试次就能够发生反转,甚至这一机制还需要解释这种情况:在明白了反转学习的实验设置后,当相倚性发生反转时,被试(人或非人灵长类动物)会对当前的 S+ 刺激做出反应并期待得到奖赏,但是实际上被试却受到了惩罚。在反转发生后最开始的试次中呈现反转前 S−,被试会对该刺激进行反应并期望当下能获得奖赏,尽管自反转发生后反转后 S+ 还没有与奖赏建立联结并对反转后 S+ 产生长时程增强效应。(这一过程在第 79 页的图 4.16 中进行了说明。)为了实现刺激—强化物联结的快速反转这一种基于规则的加工,就需要在短时记忆中保持当前的规则。这一功能以及能在数秒内持续放电的无奖赏神经元(如图 4.16 所示)可能是由灵长类动物眶额皮层颗粒状区域的进化发展而来的(见 1.3 节)。

这种基于规则的、一个试次就能发生的视觉反转学习,属于一种情绪学习类型,包括人类在内的灵长类动物的眶额皮层在其中发挥了重要作用。那些认为眶额皮层与反转学习无关的说法(Stalnaker, Cooch & Schoenbaum 2015)没有正确解释这一点,目前也不清楚啮齿类动物是否也可以进行这种类型的学习。另外,当评估灵长类动物眶额皮层受损对此类学习的影响时发现,外侧眶额皮层似乎在其中起着重要的作用[虽然并不总是这样(Murray & Izquierdo 2007, Rudebeck & Murray 2014)]。在对人与灵长类动物的研究中发现,在概率性的反转任务中,外侧眶额皮层似乎负责处理无奖赏信息(Kringelbach & Rolls 2003, O'Doherty et al. 2001a, Chau et al. 2015, Rolls et al. 2020b)。事实上,早期的研究发现,包括外侧眶额皮层受损在内的脑损伤确实会导致反转学习能力的下降(Iversen & Mishkin 1970, Butter 1969)。另外,最近的多数研究都表明,外侧眶额皮层受损(有时叫做腹外侧前额叶皮层,VLPFC 或前额叶下凸皮层)会影响被试基于奖赏概率的选择(Rudebeck, Saunders, Lundgren & Murray 2017, Rolls et al. 2020b)。这一过程依赖于被试对无奖赏的高度敏感性和记住某项选择是否会获得奖赏的记忆能力。这与在吸引子网络中需要在短时记忆中保持记忆内容的皮层的重要性相一致(Rolls 2016d, Rolls 2021a),后者就是我提出的外侧眶额皮层基于规则的、无奖赏相关的功能基础,并且这些短时记忆在概率性奖赏相关的学习中也有很重要的作用。

已经有模型可以用来解释快速的、一个试次就能发生的反转学习(Deco & Rolls 2005a)。这一模型使用了一个短时记忆自动联结的吸引子网络(具有可通过联结学习改变的突触连接)来使神经元保持表征当前规则的神经元活动。当无奖赏神经元放电时,通过抑制性神经元的竞争来抑制该吸引子的反应,而原本表征相反规则的非适应性的神经元群会作为获胜的新吸引子出现。规则吸引子会使眶额皮层中同类的其他神经元产生偏差,从而实现反转(Deco & Rolls 2005a)。

这一模型从计算的角度解释了为什么在快速反转学习中眶额皮层发挥的作用比杏仁核更大。这种解释基于这样一个事实,即皮层中的锥体细胞之间具有一系列并行往复且可因联结学习改变的兴奋性局部(1—2 毫米内)连接(Rolls 2016d, Rolls

2021a),这些连接非常发达,是皮层结构的特征之一。这一结构特征为短时记忆吸引子网络提供了基础,并因此成为规则吸引子模型的基础。这就是我针对快速反转学习过程提出的假设中的核心观点(Deco & Rolls 2005a)。相比之下,杏仁核拥有的并行往复的兴奋性连接没有这么发达,因此,杏仁核也许无法通过基于一定规则的竞争机制来执行快速反转学习。相反,杏仁核需要依赖突触的再学习过程,这个过程可能更为缓慢,因此就必然没办法帮助人们在反转相倚性发生变化(出现惩罚)后对新的奖赏性刺激进行正确的选择,尽管这些新刺激在相倚性变化后第一次出现时还并不是奖赏性刺激。

该模型也对无奖赏神经元的放电模式进行了模拟。在该模型中,一个吸引子的某些神经元会对高期望值做出反应,另一些神经元则会在实际收到的反馈低于预期值时被激活。如果实际反馈与预期一样高,那么对高期望值进行反应的神经元就会持续放电;如果实际反馈低于预期值,就不再能支持对高期望价值反应的神经元的活动了,这些神经元会由于适应的原因降低自身的放电频率。同时,这种情况也会导致对无奖赏进行反应的神经元从抑制状态转为激活状态。这一模型既能解释反应的消退,也能解释反应的反转(Rolls & Deco 2016)。

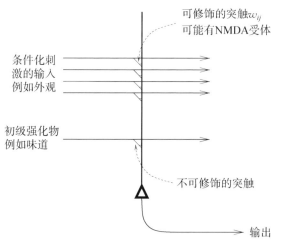

93　**图4.24**　初级强化物(如食物的味道)与潜在次级强化物(如食物的外观)之间的模式联结。初级强化物通过不可修饰的突触激活神经元,潜在次级强化物通过可修饰的突触激活相同的神经元。当传递条件化刺激输入的突触前神经元与由初级强化物激活的突触后神经元被同时激活并发放信号时,可修饰的突触被增强。这种模式联结机制(pattern association mechanism)使得人脑学会在输入刺激和输出刺激之间建立联系,也使得神经元对期望价值做出反应。这一机制发生在眶额皮层和杏仁核中。

4.6 杏仁核与情绪

4.6.1 杏仁核在情绪中的功能概述

杏仁核是一个高度进化的旧皮层下结构,两栖类动物和爬虫类动物中都有部分杏仁核。在这一点上,眶额皮层与杏仁核不同,眶额皮层在包括人类在内的灵长类动物中才高度发育,如图 1.1 所示。

如图 4.1 和图 4.2 所示,杏仁核中的连接与眶额皮层中的连接很像,且杏仁核与眶额皮层之间也存在许多连接。

杏仁核中有些神经元能够对初级强化物(例如食物的味道、风味和气味、触觉以及令人厌恶的刺激等)进行反应。另一些神经元则能学习在视觉刺激、听觉刺激与初级强化物之间的联结。但是这种学习并不能帮助人们完成基于规则的、单试次的反转学习,因此在与情绪有关的快速学习中,杏仁核的作用不如眶额皮层那么重要。灵长类动物的杏仁核中也包含大量特异性识别面孔的神经元。杏仁核损伤会导致人们无法区分不同的面孔表情,尽管这可能与注视面孔的方式有关。

经典条件反射,例如对听觉刺激的自动反应、寒战和惊跳反射等,都依赖于杏仁核向下丘脑、腹侧纹状体等脑结构输出的信息。双侧杏仁核损伤会导致人们无法学会在视觉刺激或其他刺激与初级(之前未学习过的)奖赏物或惩罚物之间建立联结。例如,无论看到的是食物还是非食物,杏仁核受损的猴子都会把它们拿起来放进嘴里。对这种视觉辨认学习或听觉辨认学习进行的更加正式的研究还发现,包括人类在内的灵长类动物的杏仁核受损会导致无法将视觉刺激、听觉刺激与能否获得奖赏、是否有毒、是否应该避开等信息联系在一起。杏仁核受损还会导致感觉特异性饱足感(吃饱后选择该食物的可能性降低)的消退,这和眶额皮层受损的情况一样。

人类以及其他灵长类动物的杏仁核并没有像眶额皮层一样在情绪或社会行为中发挥很重要的作用。相比于眶额皮层受损,病人在杏仁核受损后表现出的情绪状态的改变要小得多。而且,杏仁核受损后出现的症状还包括:恐惧条件化(以经典条件反射为例,特别研究了自主反应和对惊吓的影响)以及面孔表情识别能力的细微变化。这种平衡可能在进化的过程中逐渐被转移至眶额皮层,并且近年来取得了很大的进步。这种平衡可能允许进行更强大的计算,例如快速反转学习和快速校正行为中的计算加工,正如在第 4.5 节中所介绍的那样。

实际上,从事杏仁核研究的勒杜克斯和他的同事们提出,杏仁核在主观情绪感受中可能并没有发挥多少作用(LeDoux, Brown, Pine & Hofmann 2018)。相比之下,眶额皮层更有可能在情绪体验中起作用,因为眶额皮层的激活情况与主观愉悦度呈线性相关,且在眶额皮层受损后,主观情绪体验也会发生改变,如第4.5节所述。第10章将表明,眶额皮层是大脑加工意识水平的情绪通路。

罗尔斯提供了一个更全面的分析,以说明杏仁核在包括人类在内的灵长类动物的情绪中所起的作用(Rolls 2014b)。惠伦和费尔普斯则对人类进行了进一步的研究(Whalen & Phelps, 2009)。在其他地方可以找到对啮齿类动物的研究以及这些研究如何关注条件反射而不是情绪体验的详细介绍(LeDoux 2012, LeDoux & Pine 2016)。

4.6.2 参与情绪相关学习的杏仁核和联结加工过程

杏仁核主要参与一些涉及经典条件作用的情绪学习加工过程,不参与其他的情绪学习过程。为了说明这一点,我简单总结了其中的一些学习加工过程,更全面的分析见其他文献(Cardinal et al. 2002, Rolls 2014b)。

当一种条件刺激(conditioned stimulus, CS)(例如一个声音)与一种初级强化物或非条件刺激(unconditioned stimulus, US)(例如疼痛刺激)成对出现时,可能会产生多种类型的联结。

其中一些联结涉及"经典条件化"或"巴甫洛夫条件化",在这种条件化中,不会采取任何行动来影响条件刺激和非条件刺激之间的相倚性。通常,非条件反应(unconditioned response, UR)(例如心率的改变)是由非条件刺激引起的,它们会转化为由条件刺激引起的条件反应。这些反应一般是和自主反应(例如心跳加快)或是与内分泌有关的(例如肾上腺分泌肾上腺素)。

另外,为了改变获得初级强化物的概率,生物体可以学习使用骨骼肌进行工具性反应。在我们的实验中,实验者可能会改变相倚性,使得生物体需要在听到一个声音后做某种特定的行为(例如按压杠杆)来避免疼痛刺激。如果习得的反应是任意的,就说明发生了工具性学习。例如,当生物体尝试一些相反行为(比如抬高杠杆)来避免疼痛刺激时,我们就可以说发生了工具性学习。

在工具性学习情境中,仍然有可能发生包括情绪状态(比如恐惧)在内的经典条件反射。例如,在巴甫洛夫—工具性转换中,如果在完成工具性任务(如努力得到蔗糖)期间提供经巴甫洛夫条件化后可以预测蔗糖出现的刺激,那么其反应(例如,按压杠杆)就会增强。另外,寻求食物属于巴甫洛夫条件反射而非操作性条件反射。最后,我们必须要明白一个事实,即在过度训练中,当刺激与反应紧密地联系在一起时,也会形成条件反射,并且目标刺激的价值不再直接影响行为反应,因为当目标刺激的价值逐渐降低时(比如逐渐吃饱),条件反射依然会保持至少一个试次。这曾导致在一些文献(Berridge & Robinson 1998, Berridge, Robinson & Aldridge 2009)中出现了混淆,因为当目标控制行为时,欲望是由喜好驱动的。在养成习惯的过程中发生的事情也不例外,因为习惯是刺激—反应联结,与渴求或喜欢某个目标几乎没有关系。

4.6.3　杏仁核的连接

如图 4.25 所示,灵长类动物的杏仁核位于颞叶前侧的皮层下结构,它接收大量来自颞叶皮层的投射信息(Van Hoesen 1981, Amaral, Price, Pitkanen & Carmichael 1992, Ghashghaei & Barbas 2002, Freese & Amaral 2009)。通过这些输入的投射信息,杏仁核接收到关于物体和面孔的信息,这些信息可以在杏仁核中通过与初级强化物的模式联结成为次级强化物。杏仁核也接收潜在的初级强化物的信息,例如味觉信息(来自脑岛与眶额皮层中的次级味觉皮层)以及躯体感觉信息,这些躯体感觉信息可能关乎触觉的奖赏或惩罚性质(来自躯体感觉皮层,通过脑岛进行信息传递)。杏仁核接收来自眶额皮层后部(此处表征价值,见图 4.25 中的 12 区、13 区)和扣带皮层前部的投射信息(Carmichael & Price 1995a, Ghashghaei & Barbas 2002, Freese & Amaral 2009)。

尽管一些输入信息是从感觉通路的早期位置传递过来的,例如来自内侧膝状体的听觉输入(LeDoux 1992, Pessoa & Adolphs 2010),但是大多数情绪加工都不涉及这个通路,因为大多数情绪加工都需要对刺激进行皮层分析。情绪通常由物体(包括其他有机体)水平的环境刺激诱发,而不是由视网膜阵列中的点或耳蜗中的声音频率(音调)诱发。

图 4.26 展示了啮齿类动物杏仁核由于不同类型的反应产生的不同输出,此外,图 4.26 展示了向杏仁核的投射又被反向投射回新皮层区域。

4.6.4　杏仁核损伤带来的影响

4.6.4.1　灵长类动物的杏仁核损伤

在移除猴子的双侧杏仁核后,猴子会表现出明显的行为改变,包括变得温顺、缺乏情绪反应、(常常使用嘴)对物体过度检查以及吃以前绝对不吃的东西(比如肉)(Weiskrantz 1956)。这些行为的改变组成了双侧颞叶切除综合征的多种症状。双侧颞叶切除综合征是由于切除猴子的双侧颞前叶造成的(Kluver & Bucy 1939)。通过分析这些行为改变的共同之处,研究者发现其中存在某些类型的学习障碍。例如,拉

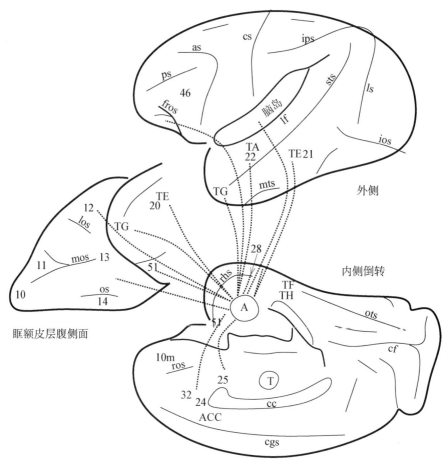

图 4.25 猴子杏仁核的外侧、腹侧、内侧视图。图中各缩写代表的含义为：as,弓状沟；cc,胼胝体；cf,距状裂；cgs,扣带回；cs,中央沟；ls,月状沟；ios,枕下沟；mos,眶内沟；os,眶沟；ots,枕颞沟；ps,主沟；rhs,嗅脑沟；sts,颞上沟；if,外侧裂(为了展示脑岛,已经将其打开)；A,杏仁核；ACC,前扣带回；T,丘脑；TE(21),颞下视皮层；TA(22),颞上听觉联合皮层；TF 和 TH,海马旁皮层；TG,颞极皮层；12、13、11,眶额皮层；24、32,前扣带回的一部分；25,扣带回前膝部；28,内嗅皮层；51,嗅觉皮层(前梨状皮层和杏仁核周区)。图中只给出了传入杏仁核的连接,但这种连接实际上是双向的。(摘自 G. W. Van Hoesen, The differential distribution, diversity and sprouting of cortical projections to the amygdala in the rhesus monkey, in Y. Ben-Ari (ed.), *The Amygdaloid Complex*, pp. 77 - 90 © 1981 Elsevier,已获授权。)

里·卫斯克兰茨发现,切除了双侧杏仁核的猴子无法学会主动躲避的任务(Larry Weiskrantz 1956)。信号灯亮起的时候,必须做出反应才能避免接下来的电击,这些猴子无法学会做出这样的反应。他可能是第一个提出猴子很难在刺激和强化物之间形成联结的人。他说:"切除杏仁核使猴子很难建立或识别积极或消极的强化刺激。"

(Weiskrantz 1956)在这一躲避任务中,刺激与惩罚物之间的联结被破坏了。

对因神经中毒导致杏仁核受损的被试进行的实验已经证实,无论得到的刺激物是否为食物,杏仁核受损的病人都会拿起来吃,这类病人对蛇和人类入侵者的情绪反应也降低了(Murray & Izquierdo 2007),但他们的社交行为改变相对较小(Amaral 2003, Bliss-Moreau, Moadab, Bauman & Amaral 2013)。这与之前的结论是一致的,即眶额皮层在包括人类在内的灵长类动物的情绪和社交行为中更加重要。损伤研究表明,杏仁核受损后,被试学习视觉刺激与奖赏之间联结的能力会下降,随着吃饱而降低对食物刺激价值评判的能力也受到了损害(Murray & Izquierdo 2007)。

选择性地损伤猴子的杏仁核和眶额皮层,它们所受影响的不同之处在于选择性地损伤杏仁核对反转学习能力没有影响,而眶额皮层受损则对该学习能力产生影响(Murray & Izquierdo 2007)(详情请见第 4.4.1 节)。而且,与以往研究结果一致的是,眶额皮层受损会影响操作性条件反射的消退(即当做出某些选择后不再给予奖赏时,被试还是会做出很多之前的选择),而选择性地损伤杏仁核并不会产生这种影响(Murray & Izquierdo 2007)。这与第 4.5 节中描述的情况一致:在使用联结和基于规则的机制进行视觉刺激与初级强化物之间的快速、单试次的学习与反转中,眶额皮层具有重要作用,并且它负责对结果价值、期望价值和对消极的错误预期反馈进行表征(Thorpe, Rolls & Maddison 1983, Rolls 2014b, Rolls & Grabenhorst 2008)。眶额皮层的这些作用得益于其新皮层结构,该结构可以利用吸引子来起作用。吸引子在许多功能中都具有重要作用,包括短时记忆、注意、基于规则的行为反转、长时记忆和决策,这些功能可以帮助吸引子在眶额皮层中计算和利用无奖赏来重置价值表征(Rolls 2014b)。

4.6.4.2 大鼠杏仁核的损伤

99

也有证据表明,大鼠的杏仁核也参与了学习将刺激与奖赏或惩罚物进行联结的行为。下面将为大家简要介绍以大鼠为被试的相关研究。杏仁核的中央核位置可以编码或表达巴甫洛夫刺激—反应(CS-UR)联结(包括条件性抑制、条件性朝向、条件性自主行为和内分泌反应以及巴甫洛夫经典条件反射向操作性条件反射的转化);也可以通过唤醒在脑中其他位置储存相关的表征信息来对这些条件反射进行调节(Gallagher & Holland 1994, Gallagher & Holland 1992, Holland & Gallagher 1999)。相比之下,基底侧杏仁核(basolateral amygdala, BLA)会对非条件刺激的情感价值进行编码和检索,这一过程将信息发送至伏隔核、前额叶皮层及眶额皮层等脑区中,从而影响动作—结果学习(Cardinal et al. 2002)。下文中将说明伏隔核并不参与动作—结果学习。通过例如巴甫洛夫经典条件反射向操作性条件反射的转化过程,伏隔核帮助基底杏仁核搜索脑中储存的对条件性刺激的情感态度,进而影响操作性条件反射,促进大鼠向食物靠近(一种巴甫洛夫条件反射加工)(Cardinal et al. 2002, Cardinal & Everitt 2004, Everitt & Robbins 2013, Rolls 2014b)。这一过程也使得前额叶和扣带回中的部分皮层成为动作—结果学习的强有力的参与者。

在另一个让大鼠产生恐惧条件反射的模型中,戴维斯和他的同事们(Davis 2006)使用了恐惧增强惊跳测试。在测试中,当先前与电击配对的刺激出现时,大鼠的声音惊跳反射的幅度增加。杏仁核的中央核、外侧核与基底外侧核中的任何一处受损时,大鼠的恐惧增强惊吓反射的表达都会受损。杏仁核中的这些区域可能是调节恐惧条件化的可塑性的位点,因为局部注射NMDA(N-甲基-α-天冬氨酸)受体拮抗剂AP5(可以阻断作为突触可塑性指标的长时程增强效应)可以妨碍恐惧增强惊吓反射的习得,但是无法消除已经习得的恐惧增强惊吓反射(Davis 2006)。这些研究现已扩展到灵长类动物,并且发现了相似的现象:在给被试注射鹅膏蕈氨酸导致其杏仁核损伤后,被试无法习得恐惧增强惊吓反射;而在杏仁核受损前就已习得的恐惧增强惊吓反射并不会消失(Davis, Antoniadis, Amaral & Winslow 2008)。

再巩固(reconsolidation)是指记忆被存储后的一种加工过程。如果在提取的过程中给被试注射蛋白质合成抑制剂,这一过程就会被削弱或者消失(Debiec, LeDoux & Nader 2002, Debiec, Doyere, Nader & LeDoux 2006)。这表明,无论什么时候提取记忆,记忆的再巩固过程都需要合成蛋白质。罗尔斯(2016c)思考了再巩固的计算用途。此处我们感兴趣的是,这一计算过程既被应用到了杏仁核中与恐惧相关的机制中(Doyere, Debiec, Monfils, Schafe & LeDoux 2007),也被应用在杏仁核中与药物相关的记忆过程中(Milton, Lee, Butler, Gardner & Everitt 2008)。这些发现对改善与恐惧相关的记忆具有启示意义。例如,人们可以在再巩固过程中用新的不带恐惧色彩的信息替换更新旧的恐惧记忆,这使得人们不再表现出恐惧反应。这种治疗效果可以维持至少一年,并且只选择性针对再次激活的记忆而不会影响其他记忆(Schiller, Monfils, Raio, Johnson, LeDoux & Phelps 2010),不过目前成功的案例还很少(Kroes, Schiller, LeDoux & Phelps 2016)。令恐惧记忆消失的程序也可能会被用于治疗惊恐状态(Davis 2011)。

4.6.5 灵长类动物杏仁核对强化刺激的神经活动

有明确的证据表明,灵长类动物杏仁核中的一些神经元会对潜在的初级强化物刺激做出反应。例如,桑赫拉、罗尔斯和罗珀—霍尔(Sanghera, Rolls & Roper-Hall 1979)发现一些杏仁核神经元可以对味觉刺激做出反应。在以1416只恒河猴作为被试的一项大规模研究中,卡多希萨、罗尔斯和韦尔哈根(Kadohisa, Rolls & Verhagen 2005a)发现恒河猴杏仁核神经元对放入口腔中的刺激(例如食物)产生了非常丰富且

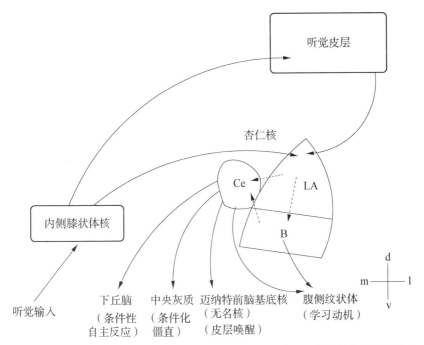

听觉皮层

杏仁核

Ce   LA

B

内侧膝状体核

d
m ──┼── l
v

听觉输入   下丘脑   中央灰质   迈纳特前脑基底核   腹侧纹状体
         (条件性   (条件化   (无名核)   (学习动机)
         自主反应) 僵直)   (皮层唤醒)

图 4.26　通过纯音听觉刺激与足部电击的联结来使大鼠产生恐惧条件化的路径示意
图。外侧杏仁核(LA)直接从内侧膝状体(听觉丘脑核)内侧和听觉皮层接收
听觉信息。杏仁核内的投射(直接通过基底核和基底副核,B)到达杏仁核的中
央核(Ce)。不同的中央核和基底核输出通路传递不同的条件性恐惧作用。图
中的缩写分别表示：d,背侧；v,腹侧；m,内侧；l,外侧。(摘自 G. J. Quirk, J.
L. Armony, J. C. Repa, X. F. Li, and J. E. LeDoux, Emotional memory: a
search for sites of plasticity, *Cold Spring Harbor Symposia on Quantitative
Biology*, 61, pp. 247–257, figure 1b ⓒ 1996, Cold Spring Harbor Laboratory
Press。)

100

细致的表征。恒河猴单个杏仁核神经元对口腔刺激的反应如图 4.27 所示。这个神
经元对不同的味道、口腔中的不同温度以及不同的黏度会产生不同的反应,但是对脂
肪油脂的口感不会做出反应。另一些杏仁核神经元只对一种刺激类型做出特异性的
反应,例如只对口腔中的脂肪质地作反应(Kadohisa, Rolls & Verhagen 2005a)。记
录的杏仁核神经元中有 3.1% 会对放入口腔中的刺激做出反应。用 1—10 000 厘泊
的羧甲基纤维素作为实验材料可以发现,对口腔刺激作反应的神经元中有 39% 对刺
激的黏度信息作反应。其他的神经元(5%)通过编码刺激的质地来对口腔中的脂肪
质地做出反应[以含脂肪或脱脂的油(例如硅油(Si(CH3)2O)$_n$)和矿油(纯碳氢化合
物)作为实验材料],但是它们不会对不同黏度的纤维素以及脂肪酸、亚油酸和月桂酸
进行反应,或者反应幅度非常小。一些神经元(7%)对颗粒感(由悬浮在羧甲基纤维

素中的微粒提供)反应。一些神经元(41％)对口腔中液体的温度反应。一些杏仁核神经元对辣椒素反应,另一些对脂肪酸反应(但是不会对放入口中的脂肪反应)。一些杏仁核神经元会对味觉、质感和温度中的某一种单独反应,但另一些神经元会对这些输入刺激组合反应。有趣的是,不同的神经元有针对不同味觉刺激的最佳反应,57％的眶额皮层味觉神经元和 21％的杏仁核神经元会对葡萄糖产生最佳反应(Kadohisa, Rolls & Verhagen 2005b)。更多的杏仁核神经元会对酸(HCl)(18％)和味精(14％)产生最佳反应(Kadohisa, Rolls & Verhagen 2005b)。

这些结果表明,灵长类动物的杏仁核对口腔中的物质(这些物质可能是初级强化物)有着非常细致的表征(Kadohisa, Rolls & Verhagen 2005a),尽管还不能确切地知道表征的是否是刺激的强化价值。实验表明,随着逐渐吃饱,杏仁核神经元对味觉刺激的反应有了适度的减少(平均减少了 58％)(Yan & Scott 1996, Rolls & Scott 2003),与之相比,眶额皮层味觉神经元的反应最终会完全消失(Rolls, Sienkiewicz & Yaxley 1989b)。另外,杏仁核中对口腔内刺激的表征没有表现出任何享乐性的倾向,因为如卡多希萨、罗尔斯和韦尔哈根(Kadohisa, Rolls & Verhagen 2005a)的研究中的图 4.27 所示,多维味觉空间中没有哪一个方向反映可测量到的猴子对刺激的偏向,并且恒河猴神经元对一系列刺激的反应模式也并没有与恒河猴对刺激的偏向密切关联(Kadohisa, Rolls & Verhagen 2005a)。其他的研究同样没有发现饱足感对杏仁核味觉神经元活动的强烈影响(Yan & Scott 1996, Rolls & Scott 2003)。这一结论与桑赫拉、罗尔斯和罗珀—霍尔(Sanghera, Rolls & Roper-Hall 1979)早期的发现相一致,即饱足感与杏仁核视觉神经元对食物视觉刺激的反应无明显相关。

对猴子杏仁核的单细胞记录表明,一些神经元确实会对视觉刺激反应,这些刺激与颞叶视觉皮层的信息输入相一致(Sanghera, Rolls & Roper-Hall 1979)。其他神经元会对听觉、味觉、嗅觉、躯体感觉或与运动相关的刺激反应。在针对猴的神经元是否是以刺激—强化物为基础做出反应这一问题的实验中,结果发现对视觉刺激做出反应的神经元中大约 20％是对与强化物相联结的刺激做出反应的。例如,这些神经元会对食物以及一系列曾在视觉辨认任务中习得的意指食物的刺激做出反应(Sanghera, Rolls & Roper-Hall 1979, Rolls 1981c, Wilson & Rolls 1993, Wilson & Rolls 2005, Rolls 2000c)。在 Go/NoGo 视觉辨认任务中,杏仁核中有很多神经元对积极辨认刺激(S+)的反应要多于对消极视觉辨认刺激(S−)的反应(Rolls 2000c, Wilson & Rolls 2005)。然而,杏仁核中的这些神经元并不会专门对奖赏刺激做出反应(与眶额皮层中某些神经元的反应正好相反),因为它们至少会对一种或多种中性的、新奇的以及令人厌恶的刺激做出反应。

杏仁核神经元对强化物相联系的视觉刺激的反应程度,可以在学习任务中测量。

在视觉刺激与操作性强化物之间的联结反转后(先前与果汁相联结的视觉刺激,现在变为与盐水相联结,反之亦然),发现有10/11的神经元没有反转自己的反应模式(在其他的神经元中没有找到清晰的证据)(Sanghera, Rolls & Roper-Hall 1979, Rolls 1992a, Rolls 2000c)。

尽管还需要更多的研究作为支撑,但是现有的证据已经表明,在视觉辨认反转任务中,灵长类动物杏仁核神经元不会灵活且快速地转变反应模式(在一个甚至几个试次中都不会转变)(Rolls 1992a, Rolls 2000c, Rolls 2014b)。相反,实验结果表明在大脑皮层中,眶额皮层的神经元表现出了非常快速的反转反应,且通常在一个试次就能完成。这一结论似乎可以说明,当需要反复进行刺激—强化物联结的再学习与再评估时,眶额皮层起到了特别重要的作用,而初始的学习过程可能是由杏仁核参与的。需要指出的是,一些其他的研究并没有对这一快速反转现象做出有说服力的分析,因为它们不是研究工具性学习的单试次反转,而是在研究较为缓慢的经典条件学习(Paton, Belova, Morrison & Salzman 2006, Morrison, Saez, Lau & Salzman 2011)。然而,最近的很多研究结果都与我们之前发现的结果一致:在刺激预期的反馈价值发生变化后,眶额皮层比杏仁核能更快速且灵活地更新奖赏价值的表征,因为对于预测奖赏的线索,眶额皮层中的神经反应比杏仁核中的神经反应更快且更灵活,并且眶额皮层中的活动会受到近期奖赏情况的调节,杏仁核却不会(Saez, Saez, Paton, Lau & Salzman 2017)。

灵长类动物的杏仁核神经元编码奖赏价值的证据是,当猴子在存储流动奖赏(有利息)和花掉累积奖赏之间进行选择时,一些神经元可以反映出所累积的价值(Grabenhorst, Hernadi & Schultz 2012),也可以反映出恒河猴是否会做出经济储蓄行为(Zangemeister, Grabenhorst & Schultz 2016)。综上所述,有证据表明,杏仁核中的一些神经元能反映奖赏价值,但是无法快速转变它们对奖赏相关刺激的反应(而眶额皮层神经元在一个试次中就能完成反应的反转)。杏仁核选择性受损的研究发现(Murray & Izquierdo 2007)也与以上结论一致。

4.6.6 灵长类动物杏仁核神经元对正在强化的新异刺激的反应

威尔逊和罗尔斯(Wilson & Rolls 2005)[见罗尔斯的研究(Rolls 2000c)]发现,一些对奖赏相关刺激做出反应的杏仁核神经元也对新奇的视觉刺激做出反应。当给猴子呈现与实验任务无关的相对新异的刺激后,它们会伸手将物体接过来并进行研究,就这一点来说,新异刺激就进入了强化过程。如果这一刺激与初级强化物无关,随着刺激重复出现,神经元会形成习惯性的反应,猴子也会习惯性地接近这一刺激。这一结果表明杏仁核神经元的作用像一个过滤器,如果某个刺激与正性强化物有关,

103

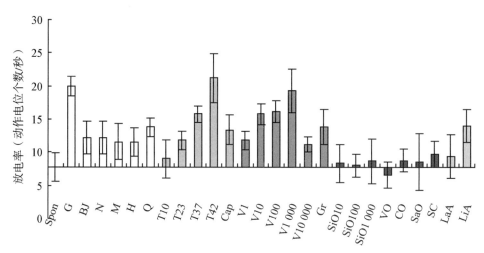

101　**图 4.27**　单个杏仁核神经元(bo217)对味觉、温度和黏度的不同反应。该神经元对脂肪的质地没有反应。在 4—6 个试次中，计算出神经元对每个刺激在 1 秒内的平均放电率(±平均数的标准误，the standard error of the mean)。图中也显示了自发(spontaneous)放电率。G、N、M、H、Q 为味觉刺激。T10—T42 为温度刺激。V1—V10 000 为以厘泊为黏度单位的羧甲基纤维素黏度序列。SiO10、SiO100、SiO1 000(有黏度标识的硅油)、植物油(VO)、椰子油(CO)、红花油(SaO)为脂肪质地刺激。BJ 为果汁，Cap 为 10 μM 辣椒素，LaA 为 0.1 mM 月桂酸，LiA 为 0.1 mM 亚油酸，Gr 为有沙砾感的刺激。(转载自 *Neuroscience*, 132(1), M. Kadohisa, J. V. Verhagen, and E. T. Rolls, The primate amygdala: Neuronal representations of the viscosity, fat texture, temperature, grittiness and taste of foods, pp. 33‒48. doi. org/10. 1016/j. neuroscience. 2004. 12. 005 Copyright © 2005 IBRO. 由 Elsevier Ltd 出版。已获授权。)

或一开始相对陌生的刺激正在进行正性强化,过滤器就会提供输出;如果被试对刺激一开始就很熟悉,且刺激没有与正性初级强化物建立联系,或该刺激与惩罚建立了联系,此时过滤器就不会提供输出。这一机制的功能可能影响被试对刺激物的兴趣:是要靠近它还是远离它,是否要对它做出情绪反应,以及是否建立或保留对这一刺激的表征[见罗尔斯(Rolls 2014b)的研究]。

　　探索新异的事物或情境对适应环境有着重要意义,因为基因遗传的优势可以通过这种方式被表达或被选择。这一功能似乎是在杏仁核中得以实现的。而杏仁核受损影响了这一机制的运行,导致有机体对物体进行无差别的接近和探索,既不会将该物体与强化物(包括惩罚)建立联系,也不会判断该物体是新异的还是熟悉的。

4.6.7　杏仁核神经元对面孔的反应

　　杏仁核另一组神经元对面孔信息做初步表征(Rolls 1981c, Leonard, Rolls,

Wilson & Baylis 1985)。其中每个神经元都只对一个系列的面孔特征做出反应,而不是对所有面孔刺激都做出反应。因此这些神经元可以跳过整体,传达特定的面孔身份信息(见图4.28)。这些神经元大多位于杏仁核的基底副核中(Leonard, Rolls, Wilson & Baylis 1985),这是杏仁核在灵长类动物中发展尤为明显的一部分(Amaral et al. 1992)。学者们对类似的神经元进行了更深入的研究(Gothard, Battaglia, Erickson, Spitler & Amaral 2007, Gothard, Mosher, Zimmerman, Putnam, Morrow & Fuglevand 2018)。结果表明,与眶额皮层中特异性识别面孔的神经元一样(Rolls, Critchley, Browning & Inoue 2006),杏仁核中的某些神经元对面孔代表的身份信息做出反应,另一些神经元对面孔表情做出反应,还有一些神经元对两种信息的组合做出反应。另外,灵长类动物杏仁核中的一些神经元会在进行社交活动时做出反应,还有一些会对眼睛优先做出反应[这一点与颞叶视皮层中的一些神经元一致(Perrett, Rolls & Caan 1982)],并且这些神经元的输出信息可能会影响面孔表情(Brothers & Ring 1993, Gothard et al. 2018)。现在,在人脑的杏仁核中已经发现了特异性识别面孔的神经元的存在(Rutishauser, Tudusciuc, Neumann, Mamelak, Heller, Ross, Philpott, Sutherling & Adolphs 2011, Rutishauser, Mamelak & Adolphs 2015)。

4.6.8 来自人类的证据

恒河猴杏仁核中的一些神经元会选择性地对面孔和社会互动进行反应(Leonard, Rolls, Wilson & Baylis 1985, Gothard, Mosher, Zimmerman, Putnam, Morrow & Fuglevand 2018)。一位病人(DR)被描述为双侧杏仁核受到了损伤,或断开他的面孔表情匹配能力和识别能力也受到了损伤,但是他的面孔匹配能力和识别能力并没有受损(Young, Aggleton, Hellawell, Johnson, Broks & Hanley 1995, Young, Hellawell, Van de Wal & Johnson 1996)。这位病人无法判断别人是不是在注视着他,而注视正是另一个重要的社会信号(Perrett, Smith, Potter, Mistlin, Head, Milner & Jeeves 1985)。他也无法识别来自声音的恐惧和愤怒情绪(Scott, Young, Calder, Hellawell, Aggleton & Johnson 1997)。

阿道夫斯、特瑞纳、达马西奥和达马西奥(Adolphs, Tranel, Damasio & Damasio 1994)也发现,有位双侧杏仁核受损的病人(SM)无法识别面孔表情,但是可以辨认面孔身份信息。在其他病人身上也发现了相同的结论(Adolphs, Tranel & Baron-Cohen 2002)。双侧杏仁核受损的病人SM识别恐惧表情的能力损伤尤其严重,并且恐惧、愤怒和惊讶表情的强度的评分都低于对照组。实验表明,SM的损伤来源于她无法正常利用眼睛这一区域的信息来判断情绪,这也与她在自由观察面孔时,无法对眼睛进行自主定位有关(Adolphs, Gosselin, Buchanan, Tranel, Schyns & Damasio

2005),尽管这种情况只明显发生在首次注视时(Kennedy & Adolphs 2011)。虽然 SM 在识别所有面孔表情时都无法正常地注视面孔的眼部,但她只有在识别恐惧时表现出了这种选择性损伤,这是因为眼部信息是识别这种情绪中的最重要的特征。的确,当 SM 接收到注视眼部信息的明确指示时,她识别恐惧情绪的能力就完全恢复正常了。这一发现为解释杏仁核在恐惧识别中的作用提供了支持,也为帮助病人恢复情绪识别能力提供了新的方法。

杏仁核受损的病人在情绪上的变化显著少于眶额皮层受损的病人。为了揭示这一缺陷的原因,有必要进行特殊的测试(这些测试某些情况下类似于啮齿类动物的研究使用的测试)(Phelps & LeDoux 2005)。例如,当蓝色方块的出现伴随电击时,杏仁核受损的病人无法形成条件性皮肤电传导反应,也无法通过口头指示性学习或观察学习来形成对恐惧的自主反应(Phelps 2004, Phelps, O'Connor, Gatenby, Gore, Grillon & Davis 2001, Phelps 2006, Whalen & Phelps 2009)。人类杏仁核主要在对某些刺激产生特定恐惧反应中起到重要作用,例如个体在社交碰面中是否退缩(Adolphs 2003, Adolphs et al. 2005, Phelps 2004, Schiller et al. 2010, Feinstein, Adolphs, Damasio & Tranel 2011)。有趣的是,杏仁核参与对初级强化物(电击)形成厌恶性条件反射的过程,更少参与对次级强化物(金钱)形成厌恶性条件反射的过程。这一结论在 fMRI 研究和对杏仁核受损病人的追踪研究中都得到了支持(Delgado, Jou & Phelps 2011)。

有研究得到了一个有趣的结论:人格与特定刺激在是否激活人类杏仁核之间有交互作用。例如,外向的人在看到高兴情绪面孔时,杏仁核的激活程度高于内向的人(Canli et al. 2002)。另外,积极的情感图片与外倾性在激活杏仁核时也存在交互作用(Canli et al. 2001)。这一结论在概念上支持了 2.5 中提到的重要观点:人格的一部分基础可能是对不同的奖赏或惩罚类型以及奖赏物和惩罚物的撤销和终止具有不同的敏感度。这一研究还发现,消极图片与情绪稳定性在使人类杏仁核产生不同程度的激活上也存在交互作用(Canli et al. 2001)。另外,与焦虑相关的"行为抑制系统"以及与恐惧相关的"战斗、逃跑、僵住系统"都和两者关联的人格特质有关联,这些人格特质与杏仁核对消极刺激的反应有正相关关系(Kennis, Rademaker & Geuze 2013)。

4.7 扣带回与情绪

4.7.1 对前扣带回的概述

眶额皮层参与表征刺激的价值。在某种意义上,这一脑区接收所有感觉系

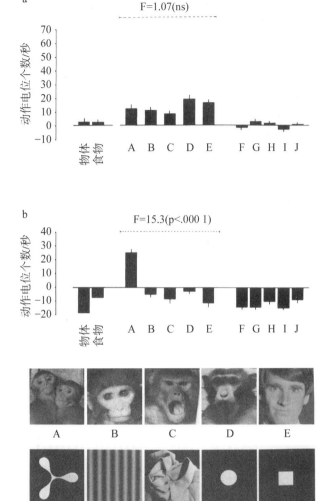

图 4.28 杏仁核中两个神经元(a, b)对多个猴子和人类的面孔刺激(A—E)、非面孔刺激 104
(F—J,有物品及食物)的反应。柱状图的纵轴表示高于基线的平均反应,并标出了
第4—10次呈现刺激时的标准误。对识别面孔组用方差分析计算出的 F 值表明,
神经元的表现在从能够特异性识别面孔(神经元 b, Y0809)到相对无法进行特异
性识别(神经元 a, Z0264)的范围之间变化。一些刺激产生了低于自主放电率的抑
制。(转载自 *Behavioural Brain Research*, 15(2), C. M. Leonard, E. T. Rolls,
F. A. W. Wilson, and G. C. Baylis, Neurons in the amygdala of the monkey with
responses selective for faces, pp. 159 – 76. doi. org/10. 1016/0166-4328(85)90062-
2. Copyright © 1985 Published by Elsevier B. V. 。)

统的输出，包括味觉、嗅觉、视觉、听觉和躯体感觉信息，表示该刺激"是什么"。眶额皮层用这些信息在价值空间而不是在"是什么"或刺激的身份空间来对该刺激进行多模态表征。眶额皮层神经元主要对刺激的价值进行表征，但对它们是否表征行为我们还知之甚少。

前扣带回接收来自眶额皮层有关刺激价值的输入信息，这里的价值指的是包括结果价值（即得到的奖赏）和期望价值在内的目标。前扣带回与中扣带回运动区通过动作—结果学习，对行为以及收到反馈（奖赏或惩罚）后的社交行为进行表征，也会计算为实现目标所要付出的行为代价，从而进行决策。前扣带回和中扣带回包含对动作的表征，通过动作—结果学习使动作和结果（得到的奖赏或惩罚）进行交互，并且当选择动作时，考虑实现目标所需要的动作代价。因此，前扣带回和中扣带回与情绪相关，因为它们参与执行操作性的目标导向行为，这些行为被包含在工具性强化物中，参与情绪的产生。基于其对价值的表征，前扣带回的损伤会影响情绪。

前扣带回对目标的贬值非常敏感，如果目标被贬值，机体就不会再产生相应的行为，因此，前扣带回是一个致力于实现目标的系统，并且会分析行为之后产生的结果。这与基底神经节不同，后者执行的刺激—行为反应映射是通过大量的学习而自动化为一种习惯的。因此，基底神经节对目标的贬值并不敏感。这一点在第6章和4.6.2中进行阐述。

后扣带回的功能与前扣带回不同。它不会像前扣带回一样被奖赏物或惩罚物激活，后扣带回与楔前叶这样的顶叶结构以及海马相连，参与空间地形及其相关的记忆功能（Vogt 2009，Cavanna & Trimble 2006，Rolls 2015d，Rolls 2018，Rolls & Wirth 2018）。然而，后扣带回也与外侧眶额皮层相连接。在抑郁症病人中，这种连接会增强，这可能在一定程度上导致了抑郁症病人的消极想法增加（Cheng, Rolls, Qiu, Xie, Wei, Huang, Yang, Tsai, Li, Meng, Lin, Xie & Feng 2018b）（详见 9.4.4 节）。

理解扣带回皮层的一个总体观念是，它通过从顶叶皮层到后扣带回的输入接收关于刚刚执行的动作的信息；它通过从眶额皮层到前扣带回的投射接收关于随后是否会收到一个奖赏或无奖赏/惩罚的信息；这被用于更新动作和奖励结果的联结；输出可以从中扣带回运动区直接投射到运动前区，以执行正确的目标导向动作（Rolls 2019b）。

更详细地说，我们可以将前扣带回和相邻的背侧前扣带回区域看作是一个中继站，通过扣带纤维束中的纵向连接，将结果、奖赏信息与中扣带回中的行为信息联系

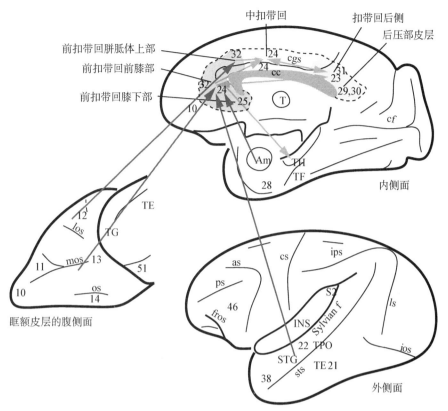

图 4.29 在灵长类动物大脑的视图上显示了前扣带回的连接(见正文)。前扣带回(包括扣带回膝下部 25 区)为红色阴影部分,后扣带回(23 区和 31 区)和脾后皮层(29 区和 30 区)为绿色,胼胝体(cc)为灰色。箭头表示连接的主要方向,但两个方向都有连接。连接到达扣带回前膝部,特别是从内侧/中侧眶额皮层;并且到达前扣带回胼胝体上部,特别是外侧眶额皮层和额下回。从颞叶到前扣带回的连接来自(听觉)颞上回(STG),来自颞上沟的视觉和听觉皮层;并且来自杏仁核。图中的缩写对应的是:as,弓状沟;cc,胼胝体;cf,距状裂;cgs,扣带沟;cs,中央沟;ls,半月沟;ios,枕下沟;mos,眶内沟;os,眶沟;ps,主沟;sts,颞上沟;lf,外侧裂(已打开露出了脑岛);A,杏仁核;INS,脑岛;NTS,包括孤束核和迷走神经背侧运动核在内的髓质自主区;TE(21),颞下视皮层;TA(22),颞上听觉联合皮层;TF 和TH,海马旁皮层;TPO,颞上沟中的多模态皮层区;28,内嗅皮层;38、TG,颞极皮层;12、13、11,眶额皮层;51,嗅觉(梨状区前侧和杏仁体周区)皮层。

起来。将特定的奖赏信息与行为信息联系起来,并将动作代价的信息与动作本身联系起来都是非常重要的,因为这一过程可以帮助有机体表征行为结果的价值,进行正确的行为决策,从而得到想要的奖赏(Walton, Bannerman, Alterescu & Rushworth 2003, Rushworth, Buckley, Behrens, Walton & Bannerman 2007, Rolls 2009b, Rushworth, Noonan, Boorman, Walton & Behrens 2011, Grabenhorst & Rolls

2011, Rolls 2014b, Kolling, Wittmann, Behrens, Boorman, Mars & Rushworth 2016, Rolls 2019b)。事实上,前扣带回与运动区域之间有很强的连接(Morecraft & Tanji 2009)。前扣带回受损会导致无法进行奖赏导向的行为决策(Kennerley, Walton, Behrens, Buckley & Rushworth 2006, Rudebeck, Behrens, Kennerley, Baxter, Buckley, Walton & Rushworth 2008)。神经成像研究也显示,当结果信息影响行为选择时,前扣带回产生激活(Walton, Devlin & Rushworth 2004)。并且前扣带回中的单个神经元能解码动作和动作结果(包括动作的奖赏预期误差)的信息(Matsumoto, Matsumoto, Abe & Tanaka 2007, Luk & Wallis 2009, Kolling et al. 2016)。例如,在卢克和沃利斯(Luk & Wallis 2009)的研究中,需要根据逐次尝试,将三种潜在的结果(三种类型的果汁)与两种不同的反应(杠杆的两种运动方式)联系在一起,结果发现前扣带回中的许多神经元会同时编码特定的结果和特定的行为。

4.7.2 前扣带回的解剖结构和连接

如图 4.29 所示,前扣带回大约占整个扣带回的前三分之一区域,它参与情绪加工。前扣带回与扣带回中部区域(位于前扣带回后侧,大约占据扣带回的中间三分之一区域)不同。扣带回中部区域称为扣带皮层运动区(Vogt, Derbyshire & Jones 1996, Vogt 2009),可能在行为决策过程中发挥作用(Rushworth, Walton, Kennerley & Bannerman 2004, Rushworth et al. 2011)。如图 4.29 和 4.9 所示,前扣带回包括 32 区扣带回前膝部(位于胼胝体的膝状部位周围)、25 区扣带回膝下部,以及 24 区的一部分(Price 2006, Ongur, Ferry & Price 2003, Ongur & Price 2000)。

如图 4.29 所示,前扣带回可以接受眶额皮层中的大量输入信息(Carmichael & Price 1995a, Morecraft & Tanji 2009, Vogt 2009)。一个有趣的发现是,内侧眶额皮层与扣带回膝下部之间有较强的功能性连接,这两个脑区都表征奖赏信息;外侧眶额皮层与胼胝体沟、前扣带回背侧区域有较强的功能性连接,这些脑区都能够被令人不快和令人厌恶的刺激激活(Rolls, Cheng, Gong, Qiu, Zhou, Zhang, Lv, Ruan, Wei, Cheng, Meng, Xie & Feng 2018b)。

前扣带回的输出信息沿着扣带回向后传递到扣带回中部区域,这一区域包含扣带皮层运动区(Vogt et al. 1996, Morecraft & Tanji 2009, Vogt 2009)。前扣带回中的信息也向前传递到内侧前额叶中的 10 区(Price 2006, Ongur & Price 2000)。输出信息的另一路线是通过投射到达纹状体/基底神经中枢系统。和眶额皮层一样,前扣带回包括扣带回膝下部 25 区的输出信息可以通过下丘脑、中脑水管周灰质和脑岛来影响自主神经功能/内脏功能(Rempel-Clower & Barbas 1998, Price 2006, Ongur & Price 2000, Critchley & Harrison 2013)。

108

4.7.3　前扣带回的功能性神经成像与神经元活动

在早期功能性神经成像研究中，沃格特等人（Vogt et al. 1996）发现疼痛感增加了扣带回前膝部的局部脑血流［rCBF，用正电子发射断层扫描（PET）进行测量］，其中包括 25、32、24a、24b 和/或 24c 区。沃格特等人认为扣带回前端部分的激活与疼痛的情绪体验有关。莱恩、芬克、周和多兰（Lane, Fink, Chau & Dolan 1997a）在一项 PET 研究中发现，当人类关注令人愉悦的图片（例如鲜花图片）与令人不快的图片（例如一张支离破碎的脸或一条蛇的图片）带来的情感体验时，与前额叶皮层相连的扣带回前膝部的局部脑血流会增加。

功能性磁共振神经成像研究发现了一种相对分离的表征：扣带回前膝部表征情感上正性的、令人愉悦的刺激（图 4.14 中黄色的部分），再靠后一些、位于胼胝体上方的前扣带回表征负性的、令人不快的刺激（图 4.14 中白色的部分）（Rolls 2009b，Grabenhorst & Rolls 2011）。被疼痛激活的区域通常位于前扣带回最前部（即前扣带回前膝部）的后方和上方 10—30 毫米处［见罗尔斯、奥多尔蒂、克林格巴赫、弗朗西斯、鲍特尔和麦可隆（Rolls、O'Doherty、Kringelbach、Francis、Bowtell & McGlone，2003d）的研究、图 4.4 和沃格特和塞克斯（Vogt & Sikes，2000）的研究］。研究发现，令人愉悦的触觉可以激活前扣带回的最前部，这一区域位于胼胝体的膝部（即扣带回前膝部）的前面（Rolls, O'Doherty, Kringelbach, Francis, Bowtell & McGlone 2003d, McCabe, Rolls, Bilderbeck & McGlone 2008）（见图 4.4）。给予手部适宜的温度也可以在扣带回前膝部产生与温度主观愉悦度呈线性相关的激活程度（Grabenhorst, Rolls & Parris 2008b）。口腔中的躯体感觉刺激，例如黏度以及脂肪质地带来的愉悦度也可以激活前扣带回前膝部（De Araujo & Rolls 2004, Grabenhorst, Rolls, Parris & D'Souza 2010b）。然而，不仅躯体感觉刺激能在前扣带回前膝部进行表征。因为就像令人愉悦的气味那样（Rolls, Kringelbach & De Araujo 2003c），（令人愉悦的）甜的味道也可以激活前扣带回前膝部（De Araujo & Rolls 2004, De Araujo, Kringelbach, Rolls & Hobden 2003a）。而对愉悦度（Grabenhorst & Rolls 2008）和认知（Grabenhorst, Rolls & Bilderbeck 2008a）的注意会提高前扣带回前膝部的激活［见图 4.12，以及认知信号会影响对气味刺激的愉悦度体验De Araujo et al. 2005）（见 4.20 节，以及自上而下的输入产生对气味刺激愉悦程度的选择性注意(Rolls, Grabenhorst, Margot, da Silva & Velazco 2008a)]。令人不快的气味激活了前扣带回较为靠后的区域（Rolls, Kringelbach & De Araujo 2003c）（如图 4.12 所示）。口渴的时候喝水，此时水的味道也可以作为奖赏刺激激活扣带回前膝部（De Araujo, Kringelbach, Rolls & McGlone 2003b）。食物的香味

109

(Kringelbach, O'Doherty, Rolls & Andrews 2003)以及金钱奖赏(O'Doherty, Kringelbach, Rolls, Hornak & Andrews 2001a)同样可以激活这一区域(见图4.13)。另外,金钱奖赏的实际价值与期望价值也可以激活扣带回前膝部(Rolls, McCabe & Redoute 2008e)。图4.14中显示了部分激活脑区的位置。

在这些研究中,前扣带回的活动与刺激的主观愉悦度或主观不愉悦度呈线性关系,这表明前扣带回对价值的表征是连续的。另外,有研究发现,前扣带回前膝部中存在一个共同的标准,味觉刺激以及手掌温度刺激的愉悦程度可以引发同等程度的血氧浓度激活变化(Grabenhorst, D'Souza, Parris, Rolls & Passingham 2010a)。这意味着,前扣带回中包含决策过程中的价值表征,但是决策本身可能发生在其他的脑区。与行为决策相关的结果在前扣带回中得到表征,相关信息也可能向后传输到达扣带回中部。有关刺激价值的决策可能发生在前额叶中部的10号脑区(也叫腹内侧前额叶,ventromedial prefrontal cortex),这一区域接受来自眶额皮层和前扣带回的输入信息。

一项对猴子的研究表明扣带回前膝部表征奖赏价值信息(Rolls 2008b, Rolls 2009b, Kolling et al. 2016)。例如,加勃特、韦尔哈根、卡多希萨和罗尔斯(Gabbott, Verhagen, Kadohisa & Rolls)发现扣带回前膝部中的神经元能对味觉刺激做出反应,这被认为是对奖赏价值的表征,因为当动物饱足后,对该食物选择性的神经元反应出现了降低(Rolls 2008b)。

一些单细胞记录研究显示,对行为和结果进行编码的脑区位于前扣带回背侧比较靠后、扣带回前膝部上方的位置(扣带沟背侧)(Matsumoto et al. 2007, Luk & Wallis 2009, Kolling et al. 2016)。动作—结果联结在一个相似的区域中被表征,因为在动作和奖赏物具有不同关系的任务中,在做出反应之前(当猴子还在观看视觉线索时),就发现前扣带回神经元的活动会根据对奖赏和无奖赏的预期(25%)、是否有移动的意图(25%)或者移动意图与奖赏预期的组合(11%)而发生变化(Matsumoto, Suzuki & Tanaka 2003)。卢克和沃利斯(Luk & Wallis 2013)的研究也发现,当猴子选择对左边或右边的杠杆进行反应来获得奖赏结果时,上述的前扣带回背侧区表征结果价值。他们的研究还表明,当猴子必须根据看到的视觉刺激来选择奖赏结果时,猴子眶额皮层中对刺激—结果反应的神经元出现了细微的分离。相比于眶额皮层,前扣带回背侧的神经元更有可能计算获得奖赏所需的行动成本以及获得奖赏的可能性(Kennerley & Wallis 2009, Kennerley, Behrens & Wallis 2011, Kolling et al. 2016)。前扣带回背侧的神经元可能会对最近的几个奖赏线索进行表征,并利用这些信息来指导选择(Kolling et al. 2016)。前扣带回更腹侧的神经元更可能对实际奖赏进行表征,而不是对最初的动作进行表征(Cai & Padoa-Schioppa 2012)。

觅食的研究也表明,前扣带回可以用于表征价值,并计算需付出的代价。海登、皮尔森和普拉特(Hayden, Pearson & Platt 2011)教会猴子一个简单的用电子计算机控制的觅食任务。在这个任务中,猴子可以选择在同一个区域中觅食,但获得的食物越来越少,也可以选择付出不能立即获得食物这样的移动代价进而移动到另一个替代性的觅食区。在这项研究中,随着猴子离开当前的区域移动到另一个区域寻找食物,其前扣带回中的单个神经元面对食物奖赏时的放电次数会逐渐增加。当前扣带回的活动达到一个阈值时,转移觅食区的行为就会开始。需要达到的阈值放电率与猴子离开当前觅食区去往另一觅食区所需要花费的代价成正比。

一项神经成像研究表明,当结果信息影响了个体的选择时,前扣带回激活(Walton et al. 2004)。激活的位置位于前扣带回相对靠后(y = 22)、偏向扣带回中部的位置。这与以下假设是一致的:扣带回前膝部中的奖赏价值信息与位于这一区域后部和背部的脑区对消极价值的表征,都被传递到扣带回中部来与动作进行交互。

4.7.4　前扣带回受损的影响

对猴子(Rudebeck et al. 2008)与人类(Camille, Tsuchida & Fellows 2011)的病理学研究发现,动作—结果联结中,前扣带回在影响行为选择时出现了功能分离,眶额皮层在影响期望价值的更新中也出现了功能分离(Rushworth, Kolling, Sallet & Mars 2012)。大鼠前扣带回受损会导致无法计算行为代价,而对人类的神经成像研究也支持了这一结论(Croxson, Walton, O'Reilly, Behrens & Rushworth 2009)。

一项与情绪理解关联性更高的研究显示,在一些病例中,选择性地切除病人前扣带回的前腹侧区域(anterior cingulate cortex)和/或 BA9 中部脑区,不仅会导致病人无法识别声音和面孔代表的情绪信息,也会使其在社会行为上发生变化,例如社会不当行为。同时病人在主观情绪状态上也发生了巨大改变(Hornak, Bramham, Rolls, Morris, O'Doherty, Bullock & Polkey 2003)。

还有神经成像证据补充说明了脑区受损带来的影响(Hornak et al. 2003),某些前扣带回的中部区域受损会影响个体的主观情绪体验。针对正常人类被试的神经成像研究表明,给被试看包含情绪色彩的刺激时,健康个体 BA9 中部区域呈现双侧激活;当被试关注自己产生的情绪体验时(即没有刺激出现)以及被试回想起悲伤或愉悦的情绪体验时,其 BA9 中部区域与 ACC 腹侧区域都产生激活(Lane, Reiman,

Ahern, Schwartz & Davidson 1997b, Lane, Reiman, Bradley, Lang, Ahern, Davidson & Schwartz 1997c, Lane, Reiman, Axelrod, Yun, Holmes & Schwartz 1998, Phillips, Drevets, Rauch & Lane 2003)。布谢尔、卢乌和波斯纳(Bush, Luu & Posner 2000)在一篇成像研究的综述中,一直强调前扣带回前侧和腹侧在情绪中的重要性,并在此基础上提出,前扣带回可以被分为腹侧"情感"部分(包括胼胝体下区和胼胝体前部的部分区域)和背侧"认知"区域。两区域之间往复的抑制性交互作用也为这一观点提供了有力的证明。

前扣带回的膝下部分(25 区)是通过向下丘脑和脑干自主区域传递输出信息来参与到情绪自动化加工过程中的(Koski & Paus 2000, Barbas & Pandya 1989, Ongur & Price 2000, Gabbott, Warner, Jays & Bacon 2003, Vogt 2009)。自动化加工活动也能引起前扣带回的激活。纳加伊、克里奇利、费瑟斯通、特林布和多兰(Nagai, Critchley, Featherstone, Trimble & Dolan 2004)的研究表明,前扣带回激活和相关区域中的皮肤电反应(测量交感神经自主活动的指标)之间存在相关。背侧前扣带回和中扣带回与血压、瞳孔大小、心率以及皮肤电活动有密切关系。而前扣带回的膝下部分和腹正中前额叶表现出了抗交感神经性(以及副交感神经性)(Critchley & Harrison 2013)。

目前一个可行的假设是,前扣带回的情感区域接收来自眶额皮层和杏仁核中关于预期奖赏物和惩罚物的输入信号,以及实际接收到的奖赏物和惩罚物的信号。接收这些信号的区域之间存在分离。前扣带回会对比这些信号,计算行动的成本,并将价值表征纳入到动作—结果学习过程中。

4.7.5 中扣带回、扣带回运动区与动作—结果学习

中扣带回区别于前扣带回或膝周扣带区[①],它位于膝周扣带区的更后侧,大约占据整个扣带回的中间 1/3,被命名为扣带回运动区(Vogt et al. 1996, Vogt, Berger & Derbyshire 2003, Vogt 2009)(解剖学中有时会使用这两个名字来指代前扣带回(Vogt 2009)。这一区域可以被疼痛感激活。但是,由于这一区域在反应选择任务中也会被激活,例如注意分散任务和 Stroop 任务(实验中包含会造成认知冲突的线索,例如给被试呈现用绿色字体写成的"红"字,而任务是对字的颜色做出反应),这意味着被疼痛激活的扣带回中部区域与疼痛刺激启动的反应选择过程有关(Vogt et al. 1996, Derbyshire, Vogt & Jones 1998)。功能性神经成像研究表明,膝周扣带区和中扣带回不仅会被生理性疼痛激活,也会被社会性疼痛(例如被某一社会群体排

---

① 膝周扣带皮层是指胼胝体膝部周围的前扣带皮层。

斥)激活(Eisenberger & Lieberman 2004)。

中扣带回还可以继续被分成前侧或喙侧扣带回运动区(24c')和后侧或尾侧扣带回运动区(24d)。前者与回避任务和恐惧任务中的骨骼运动控制有关,后者与骨骼运动方向的关系更紧密(Vogt et al. 2003)。

人类脑成像研究发现,当反应模式发生改变,或当可能的反应之间存在冲突时,前扣带回/中扣带回区域会产生激活。但是,当只是备选刺激之间存在冲突时,这一区域不会被激活(van Veen, Cohen, Botvinick, Stenger & Carter 2001, Rushworth, Hadland, Paus & Sipila 2002)。

前扣带回/中扣带回中的一些神经元会在发生错误时(Niki & Watanabe 1979, Kolling et al. 2016)或者奖赏减少时(Shima & Tanji 1998)做出反应[在相关的成像研究中也发现了相同的结果(Bush, Vogt, Holmes, Dales, Greve, Jenike & Rosen 2002]。在人脑中发现了起源于24c'区域的一种事件相关电位(ERP)成分,错误相关负波(ERN)(Ullsperger & von Cramon 2001)。很多研究表明,在很多任务中所犯的错误会激活前扣带回/中扣带回;然而那些有反应冲突的任务会激活额上回(Rushworth et al. 2004, Kolling et al. 2016)。

相应地,啮齿类动物的内侧前额叶/前扣带回(称为前边缘皮层)参与到学习行为反应和强化物之间联结的过程中,即参与到动作—结果学习中(Balleine & Dickinson 1998, Cardinal et al. 2002, Killcross & Coutureau 2003)。巴林和迪金森(Balleine & Dickinson 1998)的研究表明,当前边缘皮层受损时,对特定行为后是否出现奖赏这一工具性行为的敏感性也会受损。在进行行为决策时,同时计算行为的成本和收益是十分重要的。有研究证据表明,啮齿类动物的前扣带回(前边缘皮层)会参与到这一行为决策过程中。这是因为在一项任务中,大鼠需要做出行为决策,一种方案是需要爬过一个很高的障碍获得大量奖赏,另一种方案是不需要越过障碍就可以获得少量的奖赏,前边缘皮层受损会影响大鼠在这一任务中的表现(Walton, Bannerman & Rushworth 2002, Walton et al. 2003)。

112

4.8 脑岛

有研究证据表明,识别面孔的厌恶表情需要通过脑岛的特殊加工。不仅有证据表明脑岛可以被厌恶这一面孔表情选择性激活(Phillips 2004, Phillips, Williams, Heining, Herba, Russell, Andrew, Bullmore, Brammer, Williams, Morgan, Young & Gray 2004),而且也还有其他佐证——一位脑岛受损的病人 N. K. 无法识别厌恶表情和声音,也无法表达自己的厌恶情绪(Calder, Keane, Manes, Antoun &

Young 2000)。为了全方位地研究厌恶情绪与脑岛之间的关系,我们引入了一位右侧杏仁核受损病人的案例,他识别厌恶表情的能力也受到了损伤(Gallo, Gamiz, Perez-Garcia, Del Moral & Rolls 2014)。

在使用金钱奖赏作为实验材料的神经经济学研究中发现,期望价值与前脑岛[-38 24 16]中一个参与厌恶情绪加工的脑区的激活呈负相关。有趣的是,这部分脑区的激活也与可能获得的奖赏大小的不确定性有相关(Rolls, McCabe & Redoute 2008e)。实际上,在厌恶情境中,脑岛会出现更大程度的激活。最后通牒任务游戏是一个寻求公平的博弈游戏(Montague, King-Casas & Cohen 2006),当出现不公平的方案时,脑岛会激活(Sanfey, Rilling, Aronson, Nystrom & Cohen 2003)。[在单轮的最后通牒游戏中,给予两名参与者共100美元的初始奖金。第一位参与者将其中的一部分分给另一名参与者,另一名参与者可以选择接受第一位参与者的分配方案(把钱拿走),也可以拒绝第一位参与者的分配方案(放弃获得金钱)。如果分配方案被拒绝了,那么两位参与者都不会得到金钱奖赏。理性人模型预测,第一位参与者会尽可能地少给第二位参与者分配金钱,而第二位参与者总是会接受分配方案,因为有钱总比没钱好。然而实际情况是,若是自己得到的钱少于20%,第二位参与者就总是会拒绝分配的方案;相应地,第一位参与者通常会分配给另一位参与者一笔数量可观的钱。因此,人们在最后通牒任务游戏中通常会更重视"公平感"。尽管这不符合短期利益,但这是一种促进互动和双方长期互惠收益的启发式或策略。]

克雷格认为,人类脑岛不仅参与加工身体感觉(例如疼痛、愉悦度和温度觉)、情绪体验(Craig, Chen, Bandy & Reiman 2000, Damasio, Grabowski, Bechara, Damasio, Ponto, Parvizi & Hichwa 2000),而且脑岛也是加工人类感觉状态的一个充分且必要的平台,实际上,它也是经验的唯一来源(Craig 2009, Craig 2011)。

达马西奥在他关于情绪的躯体标记假说(Damasio 1996)中提出,脑岛以及相关的躯体感觉皮层在情绪和决策中起到了至关重要的作用。通过接收来自外周皮层脑区的反馈信息,它们就能做出与情绪相关的决策。然而,当脑岛两侧受损后,感觉和知觉功能依然存在(Damasio, Damasio & Tranel 2013)。

梅农和乌丁(Menon & Uddin 2010)认为,脑岛是"凸显"网络的一部分。他们假113 定脑岛对凸显的事件敏感,且其核心功能是标记这样的事件以进行进一步加工,从而产生合适的控制信号。

这些观察和想法(Berntson, Norman, Bechara, Bruss, Tranel & Cacioppo 2011)可能会让人产生以下疑问:脑岛真的是情绪、决策甚至凸显事件的一个关键计算中心吗?对此,我们可以粗略地提出以下观点。

首先,前脑岛包含初级味觉皮层(如图4.2所示)。无论是否处于饥饿状态,前脑岛中的神经元都会对味觉信号做出反应。此处的激活程度与味觉刺激的强度线性相关,而与味觉刺激带来的愉悦度无关。这些神经元会对口腔的黏度、温度、口中的脂肪质地进行表征,但是不会对以味道或风味作为奖赏物的辨认任务中的视觉刺激和嗅觉刺激产生反应(详见5.3.1.1、4.5.3.1和第5章)。因此,初级味觉皮层会表征味觉刺激的类型,但不会表征其结果价值、期望价值或情绪/情感色彩(Rolls 2016b)。脑岛更靠前侧的一块区域(无颗粒层)既可以对味觉刺激做出反应,也可以对气味刺激做出反应(De Araujo, Rolls, Kringelbach, McGlone & Phillips 2003c, McCabe & Rolls 2007)。

第二,前脑岛中存在一个内脏/自主性区域,它可能位于味觉脑岛的腹侧。这一区域接收来自丘脑[腹后内侧核(Carmichael & Price 1995b)]的内脏感觉信息,并将信息投射到眶额皮层中。[Baylis、Rolls和Baylis(1994)发现脑岛腹侧的细胞群可能就是内脏脑岛皮层神经元。]图4.30中展示了脑岛皮层区域中的一些连接,包括与前扣带回的连接。这表明前腹侧脑岛可以被看做是初级内脏皮层,并在通过迷走神经和交感神经来调节自主神经系统的信息输出过程中发挥重要的功能。这部分脑岛在执行内脏/自主性功能的时候会产生激活,例如在经历伴随厌恶感的晕船时的心跳和胃部反应(Harrison, Gray, Gianaros & Critchley 2010, Critchley & Harrison 2013, Nagai et al. 2004, Hassanpour, Simmons, Feinstein, Luo, Lapidus, Bodurka, Paulus & Khalsa 2018)。另外,克罗拉克·萨蒙、亨纳夫、伊斯纳尔、塔隆·鲍德里、盖诺、维涅特、伯特兰和莫吉埃(Krolak-Salmon, Henaff, Isnard, Tallon-Baudry, Guenot, Vighetto, Bertrand & Mauguiere 2003)发现,对前腹侧脑岛施加电刺激可以产生类似恶心的感觉,包括内脏—自动化的体验。此外,与我们预测的一样,自主神经系统的输出信号和相应内脏脑岛的活动在不同的情绪状态下是不同的。例如,当对奎宁这种令人厌恶的苦味、疼痛刺激、令人厌恶的画面或令人不悦的刺激做出反应时,信号和相应的内脏脑岛活动就与进食时不同(Harrison et al. 2010, Critchley & Harrison 2013)。

基于这一类型的证据,我做了一个简单的假设。前脑岛在情绪、厌恶感(包括面孔厌恶的表情)和凸显事件中的作用是:它接收来自皮层区域(例如前扣带回、眶额皮层这些参与情绪的基本计算过程的脑区)的信息输入,并且作为自主神经系统的"头部神经节",前腹侧脑岛也通过图4.30所示类型的通路参与到产生自主反应的过程中。

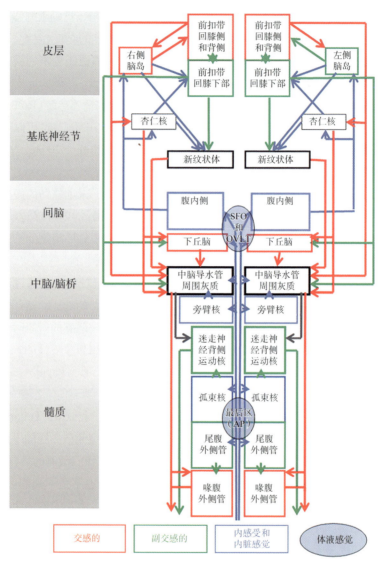

皮层	前扣带 回膝侧 和背侧 前扣带 回膝侧 和背侧
	右侧 脑岛 前扣带 回膝下部 前扣带 回膝下部 左侧 脑岛
基底神经节	杏仁核 杏仁核
	新纹状体 新纹状体
间脑	腹内侧 SFO 和 OVLT 腹内侧
	下丘脑 下丘脑
中脑/脑桥	中脑导水管 周围灰质 中脑导水管 周围灰质
	旁臂核 旁臂核
	迷走神 经背侧 运动核 迷走神 经背侧 运动核
髓质	孤束核 孤束核
	最后区 （AP）
	尾腹 外侧管 尾腹 外侧管
	喙腹 外侧管 喙腹 外侧管

交感的   副交感的   内感受和
内脏感觉   体液感觉

图 4.30 调节自主神经系统的传入和传出神经通路。脑区之间是通过它们与内脏传入神经、交感神经和副交感神经功能之间的联系连接在一起的。SFO, Subfornical organ：皮层下器官。OVLT, organum vasculosum of the lamina terminalis：终板血管器。[转载自 *Neuron*, 77(4), Hugo D. Critchley and Neil A. Harrison, Visceral In fluences on Brain and Behavior, pp. 624 - 638. Figure 3, doi. org/10. 1016/j. neuron. 2013. 02. 008. Copyright © 2013 Elsevier Inc. 已获授权。]

114

第三,中部和后侧脑岛表征身体的躯体感觉(Mufson & Mesulam 1982)。这些躯体感觉的皮层表征的一个特殊属性就在于:和其他体感皮层区域相反,这一脑区的激活不是由于看到了触摸的画面,而是由躯体的实际触摸所诱发(McCabe, Rolls, Bilderbeck & McGlone 2008)。因此,这表明脑岛躯体感觉皮层的激活可以帮助人们知道这种触摸是对本人身体的触摸,而不是因为其他人的身体将会被触摸(Rolls 2010c)。因而当我们的身体发生变化时,脑岛的躯体感觉皮层会提供证据。脑岛的初级味觉皮层可能也有类似的功能。这一脑区只有在自己吃到东西的时候才会被激活,而在看到别人进食的时候则不会。所以,在某种意义上,与激活脑岛有关的感觉确实能让人了解自己的身体状态(味觉的主观强度与初级味觉皮层的激活程度成线性相关)。这与克雷格(Craig 2009,2011)关于内感受性的观点一致。然而,这并不是说脑岛在躯体感觉中是不可或缺的,一项研究结果也证实了这一点。该研究发现,一名双侧脑岛广泛受损的病人报告了正常的身体/情感体验(Damasio et al. 2013)。

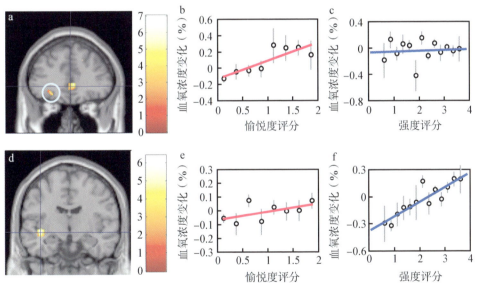

图 4.31 眶额皮层(顶图)表征热刺激的愉悦度而非热刺激的强度。中腹侧(躯体感觉)脑岛(底图)表 115
征热刺激的强度而非愉悦度。(a)SPM 分析显示眶额皮层中部(蓝圈)[-26 38 -10]的
BOLD 信号与四种热刺激的愉悦度评分之间存在相关。相关性也表现在扣带回前膝部。
(b)显示主观愉悦度评分与 BLOD 信号正相关($r=0.84$, $df=7$, $p<0.01$)。(c)显示主观强
度评分与 BOLD 信号不相关($r=0.07$, $df=12$, $p=0.8$)。(d)SPM 分析显示,在 BOLD 信
号和四种热刺激的强度评分之间,腹后侧脑岛[-40 -10 -8]的峰值与强度相关。对于
腹侧岛叶皮层区域,(e)主观愉悦度评分与 BOLD 信号无相关($r=0.56$, $df=7$, $p=0.15$),
(f)主观强度评分与 BOLD 信号呈正相关($r=0.89$, $df=12$, $p<0.001$)。(转载自
Neuroimage, 41, Edmund T. Rolls, Fabian Grabenhorst and Benjamin A. Parris, Warm
pleasant feelings in the brain, pp. 1504-1513, doi. org/10.1016/j. neuroimage. 2008. 03. 005.
Copyright © 2008 Elsevier Inc. 已获授权。)

最后,脑岛对躯体感觉的表征是不带感情色彩的,即它们不对躯体感觉刺激带来的愉悦程度进行编码。在一项以人类为被试的 fMRI 研究中,分别给予手部热刺激(41℃,一种令人感到温暖的温度)、寒冷刺激(12℃)和二者的组合[如图 4.31(d)—(f)所示]。结果表明,躯体感觉皮层和腹后侧脑岛的激活与热刺激的物理强度相关,而与其带来的愉悦程度无关(Rolls, Grabenhorst & Parris 2008b)。相反,如图 4.31(a)—(c)所示,眶额皮层中部、扣带回前膝部以及它们的信息投射区(腹侧纹状体)的激活与热刺激带来的主观愉悦程度相关(Rolls et al. 2008b)。

4.9 情绪对认知加工和记忆的影响

前文对于情绪的神经机制的分析主要集中在两个问题上:刺激如何被解码从而产生相应的情绪状态,以及这些情绪状态如何影响行为。除此之外,当前的心境状态还会影响对事件或记忆的认知评估(Blaney 1986, Robinson, Watkins & Harmon-Jones 2013)。例如,人们在高兴的时候更容易回忆起快乐的记忆。再例如,人们处于低落的心境状态时更容易回想起低落的状态下形成的记忆。那些在低落状态下回想起的抑郁记忆,会让自己当前的抑郁状态延长,这可能是与抑郁症的病因和治疗相关的一个因素。实际上人的认知与心境系统之间可能存在一个吸引子状态,它们可以互相激活(Rolls & Stringer 2001),并保持当前的抑郁状态。

心境状态对回忆的一种常规影响可能就是促进对环境中事件的强化价值进行解读时的连续性,或是他人对个体行为解读的连续性,又或是仅仅保持行为对特定目标的动机性。另外一种可能是,心境对记忆的影响没有适应价值,而是一个具有反向投射功能的一般皮层结构活动的结果(Rolls 2016c)。根据后一种假设,保持一般性皮层结构的运行(而非操纵基因,尝试寻找一个阻止心境系统向知觉系统进行反向投射)需要承担的选择压力是巨大的。

心境如何影响记忆?

研究表明,无论记忆何时被存储,部分情境信息都会被一同存储到记忆中。这一过程很有可能发生在联结神经网络中,例如海马的联结神经网络(Rolls 1989, Rolls 2000d, Rolls 1990b, Rolls 1996, Treves & Rolls 1994, Rolls & Treves 1998, Rolls, Stringer & Trappenberg 2002, Rolls 2004a, Rolls & Kesner 2006, Rolls & Xiang 2006, Rolls 2016d, Rolls 2010b, Rolls 2013c, Rolls 2015d, Kesner & Rolls 2015, Rolls 2018a, Rolls 2021a)。海马中的 CA3 部分可能负责单一的自联结记忆,它可以将几乎所有同时发生的输入刺激(包括从杏仁核到达内嗅皮层的有关情感状态的输入信息)联结在一起。当记忆的关键性输入与最初储存时的输入模式最接近时,这些网络中的记忆提取效果最好(Rolls & Treves 1990, Treves & Rolls 1991, Treves & Rolls 1992, Treves & Rolls 1994, Rolls, Treves, Foster & Perez-Vicente 1997b, Rolls & Treves 1998, Rolls 2016d, Rolls 2021a)。因此,处于快乐的心境状态下,回忆快乐记忆片段的效果最好。这是关于情境信息与记忆一同存储,以及它如何影响回忆的一般理论中的一个特殊例子(Treves & Rolls 1994, Rolls 1996, Rolls 2016d, Rolls 2018a, Rolls 2021a)。海马中发生的回忆似乎使用了从海马向新皮层中高度发展的反向投射(Treves & Rolls 1994, Rolls 1996, Rolls 2016d, Rolls 2018a, Rolls 2021a)。因此,情绪状态在认知加工和记忆中的作用被认为是一个更为普遍的方式中的一种特殊情况。在这种普遍的方式中,情绪状态影响记忆的储存和提取,也可以影响认知加工。

一些直接的证据表明,灵长类动物的海马[负责过往记忆的脑区(Rolls & Treves 1998, Rolls 1999b, Rolls et al. 2002, Rolls 2016d, Rolls 2010b, Rolls 2018a, Rolls 2021a)]中,有对空间信息与奖赏信息的联结做出反应的神经元(Rolls & Xiang 2005),这在后文会进行介绍。将事件发生的地点以及事件本身联结在一起,是情景记忆的一个基本属性(Treves & Rolls 1994, Rolls 1996, Rolls & Kesner 2006, Rolls 2016d, Rolls 2010b, Rolls 2018a, Kesner & Rolls 2015, Rolls 2021a)。这一神经生理学证据表明,在灵长类动物的海马中,奖赏信息(即与情绪和心境相关的信息)与事件的表征是相互联系的(Rolls 2015d)。灵长类动物的海马前侧(与啮齿类动物的海马腹侧相对应)通过内嗅皮层和鼻周皮层接收来自参与奖赏加工脑区(例如杏仁核和眶额皮层)的信息输入(Amaral et al. 1992, Suzuki & Amaral 1994, Pitkanen, Kelly & Amaral 2002, Stefanacci, Suzuki & Amaral 1996, Ongur & Price 2000, Price 2006)。

为研究灵长类动物的海马如何在情感输入中发挥作用,罗尔斯和翔(Rolls & Xiang 2005)记录了恒河猴在执行奖赏—地点联结任务时的神经元电位活动情况,在此任务中,屏幕上会逐一展示空间场景,当恒河猴触摸场景中的某个特定位置时会得到它喜爱的果汁奖赏;而触碰屏幕上的另一特定位置后,会得到它不太喜欢的果汁奖赏。在每个场景中的不同位置对应着不同的奖赏。图4.32中给出了这项研究中记录的一个海马神经元的活动情况。在每个场景中,神经元都会对可以得到奖赏的对应位置做出更多的反应。

在对409个神经元进行分析后,结果显示,在不同的场景中,16%的神经元更多地对更喜欢的奖赏所对应的位置进行反应;4%的神经元更多地对不那么喜欢的奖赏对应的位置进行反应(Rolls & Xiang 2005)。当反转场景中恒河猴喜欢的奖赏所对应的位置时,50个被测试的神经元中有70%都可以反转它们对位置的反应,表明奖

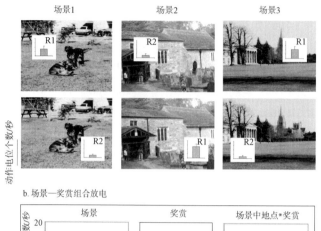

a. 对3个场景中不同位置的奖赏的神经元反应

场景1　　　　场景2　　　　场景3

c. 空间排列

b. 场景—奖赏组合放电

d. 记录位置

117　　**图4.32**　对在不同场景中的不同位置可以获得的特定奖赏的信息进行编码的海马神经元。在每个试次中,猴子可以触摸场景中圆圈范围内的位置。根据触摸位置的不同,猴子可以获得一个喜欢的果汁奖赏或者一个不那么喜欢的果汁奖赏。(a) 3 个不同场景(S1—S3)中,奖赏 1(R1,喜欢)和奖赏 2(R2,不太喜欢)与位置的对应关系及相应的放电率。平均反应±标准误如图所示。SA 指自发放电率。(b)以场景、奖赏(1、2)和场景—奖赏组合(如场景 1 奖赏 1 = S1R1)为划分标准的放电率。(c)屏幕上 4 个空间位置的空间排列(P1—P4)。(d)神经元所在脑区。ent 表示内嗅皮层,Hipp 表示海马锥体细胞 CA3/CA1区和齿状回,Prh 表示鼻周皮层,rhs 表示嗅脑沟,sts 表示颞上沟,TE 表示颞下视觉皮层。(转载自 E. T. Rolls, and J. Z. Xiang, Reward-spatial view representations and learning in the primate hippocampus, *The Journal of Neuroscience* 25, pp. 6167 - 6174. doi. org/10. 1523/JNEUROSCI. 148—05. 2005. Copyright © 2005, The Society for Neuroscience。)

赏—位置联结通过几个试次的学习就可以发生改变。这 50 个对奖赏—位置联结反应的神经元中,大多数(80%)都不会对视觉辨认任务的物体—奖赏联结刺激做出反应。因此,灵长类动物的海马可以表征与奖赏刺激有关的位置(处于当前看到的位置之外的位置)。通过这种方式,情感信息可以作为情景记忆的一部分被储存起来,同时当前的心境状态也是通过这种方式来影响情景记忆的提取的。也有一致性的证据

118　　表明,啮齿类动物的位置神经元[这些神经元表征动物所处的位置,而不是它们看到的位置(Rolls 1999b, De Araujo, Rolls & Stringer 2001)]对环境中空间信息的反应会受到奖赏的影响(Holscher, Jacob & Mallot 2003, Tabuchi, Mulder & Wiener

2003）。

研究发现,灵长类动物(猴子)的一些海马神经元会对它们正看到的位置信息做出反应,并由此发现了奖赏—空间视角神经元。猴子大脑中的这些空间视角神经元(Rolls, Robertson & Georges-François 1997a, Rolls, Treves, Robertson, Georges-François & Panzeri 1998b, Robertson, Rolls & Georges-François 1998, Rolls 1999b, Rolls & Xiang 2006, Rolls 2010b, Rolls & Wirth 2018, Rolls 2021a, Rolls 2021b)编码它们正在注视的非自我中心(即是以客观世界为中心,而不是以自己为中心)的位置信息,但不编码它们自身所处的位置信息(Georges-François, Rolls & Robertson 1999, Rolls, Treves, Robertson, Georges-François & Panzeri 1998b, Rolls & Wirth 2018, Rolls 2021a)。有趣的是,空间视角细胞提供的空间信息可以帮助灵长类动物完成物体—位置记忆,例如记住它们在哪看见了某人或某物(这是一个有关情景记忆的例子)。与这一说法一致的是,在物体—空间位置记忆任务中,一些海马神经元会对物体及其出现的空间位置的组合做出反应(Rolls, Miyashita, Cahusac, Kesner, Niki, Feigenbaum & Bach 1989a, Rolls, Xiang & Franco 2005b, Rolls & Wirth 2018, Hsu, Rolls, Huang, Chong, Lo, Feng & Lin 2020)。

因此,灵长类动物的海马可以表征"当前位置之外"的位置,并且海马通过联结学习,不仅可以将这些信息与在该场景中看到的客体绑定在一起(Rolls, Xiang & Franco 2005b, Rolls & Xiang 2006),还能将它们与该场景中的奖赏物绑定在一起(Rolls & Xiang 2005)。

此处的一般原则是:海马可以储存情绪相关事件(例如奖赏信息)的位置信息;再一次看到特定地点时,海马会参与到唤醒情绪反应的过程中;在情绪加工过程中,海马是与其关联的边缘系统(它在很大程度上独立于参与情绪加工的边缘结构)的一部分(Rolls 2015d);并且海马提供一个使得当前的心境状态能够影响记忆提取的系统(Rolls & Xiang 2006, Rolls 2016d, Rolls 2010b, Rolls & Wirth 2018, Rolls 2021a)。

4.10 小结:与情绪相关的大脑系统

在包括人类在内的灵长类动物大脑中,与情绪相关的感觉、奖赏、惩罚信息加工的基础结构和设计原则有:

1. 初级强化物的奖赏价值的编码往往发生在一些加工阶段之后,例如,灵长类动物味觉系统对奖赏信息的解码发生在初级味觉皮层之后。此处的结构原理为:在灵长类动物的脑中有一个主要对味觉信息进行加工的通路,它通过丘脑到达初级味觉皮层。在这条通路之前,关于味觉刺激身份的信息还没有受到刺激价值的影响。因此,初级味觉皮层中对味觉的表征可以用于不依赖于奖赏的目的。例如,在人并不饥饿的时候,了解一种特定的味道也可能是很重要的。功能性神经成像研究以及对眶额皮层受损影响的研究表明,对于令人愉悦的触觉和疼痛的初级强化物,虽然触觉和疼痛有不同的外周神经纤维,但在灵长类动物中其情绪成分似乎会激活较高级的皮层区域,如眶额皮层。

2. 对于潜在的次级强化物,对其恒常性的物体身份的分析发生在颞下视皮层(图 4.2 的第一层)这样的脑结构当中,此时还没有建立奖赏物或惩罚物的联结。这一功能的作用是为了保证当奖赏物或惩罚物只与物体的一个样例(例如从某一视角看到某物体)建立联结时,依然可以对相同或相似物体做出正确的泛化表征。

3. 在"是什么"加工通路(例如颞下视皮层)的末端提供对物体的表征,它在理想状态下可以作为一个联结物模式的输入刺激,促使其与初级强化物的联结在下一个加工阶段中可以被习得。这种信息表征的编码方式非常合适,因为它们能够通过点积解码的方式进行解码,这种解码方式符合神经元的特性。这些表征信息是分布式的,因而可以很好地泛化和退化,且来自集合中不同神经元的信息相对独立,因此具有很大的容量,能保证在短时间内(20—50 毫秒以内)快速处理大量的信息。

4. 特别是在灵长类动物中,情绪性行为和社会性行为中的视觉加工是一个很复杂的表征过程,个体需要用到面孔身份,而这一面孔识别功能的实现需要很多神经元的支持。另外,还有一个单独的系统编码面孔表情、姿势、动作和视角,因为这些信息在社会行为中都是非常重要的——能够帮助利用一个特定个体的强化联结来解读用他/她自身是否会带来威胁或是安抚。

5. 在物体层面上进行了主要的单模态加工之后,感觉系统就会投射到一个汇聚空间。眶额皮层和杏仁核(位于第 2 层)表征初级强化物的价值,这对于奖赏物和惩罚物的价值以及情绪和动机都是至关重要的。这部分脑区之所以在情绪和动机中非常重要,不仅是因为它们是灵长类动物表征刺激初级(非习得的)奖赏物和惩罚物价值的脑区,也是因为它们是执行潜在次级强化物和初级强化物之间的模式—联结学习以计算期望价值的脑区。因此,这两个脑区参与到学习刺激的情绪和动机价值的过程中。

6. 在眶额皮层中,价值和期望价值表征考虑到了"风险",即得到奖赏的可能性、奖赏的大小、奖赏的时间成本、刺激的"内在成本"(刺激中是否含有积极或消极的成分),从而表征刺激的经济价值(Rolls 2014b, Grabenhorst & Rolls

2011）。价值表征有一个共同的尺度,但是没有被转换成单一的共同货币。这是因为不同的单个神经元会对不同的奖赏和惩罚刺激做出反应。另一些可以支持眶额皮层表征价值的证据是,在贬值实验中(例如逐渐吃饱),眶额皮层中的神经反应和脑区活动会随着饱足而降低直至为零。眶额皮层表征的是刺激物的价值,行为和反应的信息并没有在眶额皮层中得到明显的表征。

7. 眶额皮层的脑区活动强度与主观价值、主观报告的对刺激的愉悦度和不愉悦度成线性相关。这些表征使得外显系统中产生了愉悦的主观体验,这将会在第 10 章进行更详细的介绍。

8. 眶额皮层对刺激价值的表征是连续的。有证据表明,在不同价值的刺激之间进行决策,内侧前额叶 10 区(处在眶额皮层靠前的位置)参与选择决策过程,决策的自信度是在 10 区中部得到表征的,在第 8 章中会进行详细介绍。

9. 当操作性强化物相倚性发生变化时,眶额皮层参与对刺激价值和情绪性行为的快速的、单个试次的、遵循规则的反转过程。这种非常快速的反转可能是通过转换规则实现的,并且是伴随包括眶额皮层颗粒状区在内的前额叶皮层颗粒状区域(在啮齿类动物脑中没有对应的脑区)的高度发展而发展出来的。快速反转功能更有可能是通过眶额皮层实现的,而不是通过杏仁核实现的。眶额皮层神经元往复的并行连接可以提供对当前规则的短时记忆,而这种并行连接可能促进快速反转。因此,眶额皮层中可以实现情绪性行为的灵活转变,并保持对强化物变化的敏感性。这一功能在灵长类动物(包括人类)中是十分重要的,因为在社会情景中,在接收到一个非常微妙的提示后(例如一个表情的变化),都有可能需要做出快速的行为转变。

10. 被解码为强化物并因此导致情绪的认知输入和状态在眶额皮层进行表征,例如金钱奖赏或损失。对强化或刺激主观情感价值的认知调节也是在眶额皮层中进行表征的。一个例子就是,一个单词就可以影响被试对气味、味道、风味、触感的愉悦/不愉悦评分,这一过程是在眶额皮层中得到表征的。

11. 人类眶额皮层受损会影响主观情绪状态,损害情绪性行为(表现为一些无克制性的行为或者不合作行为),也会表现出一些人格上的转变,例如变得冲动,也会失去正确识别面孔和声音情绪的能力。

12. 杏仁核的输出参与了很多巴甫洛夫经典条件反射过程(刺激对行为产生影响),包括自主反应的产生,以及通过腹侧纹状体使经典条件效应对操作性行为产生影响,例如巴甫洛夫条件反射—操作性条件反射的转换(Pavlovian-instrumental transfer)。

13. 眶额皮层的输出信息可能会被传递到前扣带回这样的脑结构中,用于动作—结果学习。前扣带回前膝部接收来自眶额皮层的积极价值信息,并对其进行表征;前扣带回的前背侧区域会对消极价值进行表征。这些前扣带回区域受损会改变情绪性行为,比如对面孔表情的行为反应,同时,也会改变主观的情绪体验。在进行动作—结果学习时,会参考目标的价值,扣带回会把为了得到奖赏[这里指的是外部成本(Grabenhorst & Rolls 2011, Rolls 2014b, Rolls 2019b)]而需要付出的行动代价也考虑进去。

14. 眶额皮层、杏仁核以及前扣带回的输出信息传递到基底神经节中,用于刺激—反应(习惯)学习,这一点将在6.3节中进行详细介绍。

15. 眶额皮层、杏仁核以及前扣带回的输出信息部分经由脑岛、下丘脑和脑干,用于对会诱发情绪的刺激的自主反应,让身体提前做好准备。前脑岛对情绪诱发刺激的激活可以反映眶额皮层、杏仁核以及前扣带回输出信息在诱发内脏活动、心率等自主反应中的使用情况。

16. 一个外显的、基于语言的系统提供了一个单独的动作路径,这使得在眶额皮层受损后,当强化相倚性发生了变化时,人们虽然无法在行动上做出恰当的行为选择,但有时可以口头陈述他们应该对强化物采取什么行动。

17. 胼胝体下部的前扣带回区域与抑郁有关,因为这一区域会由悲伤诱导物激活,且此处的神经元会对负性刺激进行反应,还因为对抑郁症的治疗也可能改变这一脑区的活动,这一点会在第9章进行详细介绍。对抑郁症病人的附近脑区进行深部脑刺激,可能会激活奖赏价值系统,该系统从眶额皮层经由扣带回前膝部延伸到内侧前额叶10区。

18. 在包括啮齿类动物在内的非灵长类动物中,脑结构中就不会包含过多复杂的功能了,部分原因是它们需要处理的刺激比较简单。例如,视觉恒常性在非灵长类动物中不那么发达,它们对物体的再认可能更多的是基于纹理、颜色、简单特征等物理属性相似性。这可能是因为,对视觉刺激加工的脑区并不复杂,而其他感觉系统的加工也更简单。例如,饥饿对某些(大约30%)味觉处理过程的调节发生在啮齿类动物感觉处理过程的早期(Rolls & Scott 2003),味觉系统的连通性甚至允许脑干味觉加工直接获得由杏仁核发送过来的未经处理的信息。另外,虽然在通常情况下,对某种已经得到很好加工的物体或个体(例如看到一个特定的人)产生某种情绪反应是很正常的过程,但也会发生这样的情况:例如将巨大的噪声或者纯音与一个惩罚刺激联结在一起时,在感觉信息加工(可引发情绪反应)的早期,感觉表征可能就开始了。在啮齿类动物的身上,这有可能会发生皮层下听觉系统向杏仁核发送传入信息时。啮齿类动物的另一个重要

122

的不同之处在于,它们使用的规则能通过转换吸引子网络的状态进行快速反转,这一功能在灵长类动物和人类中的机制是由包括眶额皮层区域在内的前额叶皮层颗粒状区域来实现的(Rolls 2016d, Rolls 2019e, Rolls 2021a)。

5 食物的奖赏价值、愉悦度、食欲、饥饿和过度进食

5.1 概述

饥饿时食物吃起来会很美味,因为此时食物是一种奖赏。情感价值在相关大脑系统中的表征至关重要,因为它控制着我们的进食量,进而影响我们是否会过度进食。此外,我们还可以分析控制食物摄入的神经系统是如何确定食物的奖赏价值及其相应的主观情感/情绪价值或愉悦度的,又是如何表征不同奖赏的。

只有在多阶段的分析加工之后,包括人类在内的灵长类动物才能完成对食物(根据我们为得到食物所付出的努力以及我们是否选择此种食物进行衡量)及其主观附加物(食物情感愉悦度的评级)奖赏价值的解码。

首先,食物的味觉信息(种类和强度)通过初级味觉皮层中神经元的放电进行表征。与此类似,视觉信息在颞下视觉皮层中进行表征。但是在这些区域中都只对客体进行表征,而不会表征奖赏价值或者情感价值。

在此之后,奖赏价值才得以在眶额皮层被明确,也正是在此处,饱足感调节食物神经元的味觉、嗅觉、风味以及外观反应。

因此,就食物摄取的控制而言,奖赏价值或愉悦度是设计如何控制食物摄入的关键,而奖赏价值只在一些特定的皮层区域中进行表征。

眶额皮层还对食物进行多模态的表征,包括味觉、质地、嗅觉和视觉成分。此外,不同的神经元会对各种属性的不同组合做出反应,这就为接下来将提到的感觉特异性饱足感提供了相应的机制。

实际的饱足感信号很复杂,包括胃胀、肠道饱足感信号、血糖和激素(如瘦素)。

感觉特异性饱足感是控制食物奖赏性的一个重要机制。它指的是,当某种食物吃得很饱时,该食物的愉悦度和奖赏价值会下降,但这餐中还没有吃到的其他食物的愉悦度和奖赏价值可能仍保持较高的水平。这种机制具有生物学效用,即鼓励人们选择多种具有不同营养成分的食物。我在记录丘脑神经元活动时发现了这一点,并且发现食物的味道、气味、质地、风味和外观,都在眶额皮层中进行计算。感觉特异性饱足感是影响一餐饭中进食量最重要的因素,因为它的存在促进了摄取食物种类的多样性,从而增加了进食量。

我认为,感觉特异性饱足感适用于所有的奖赏系统,因为它具有适应价值,可以激励动物(包括人类)过段时间就更改其行为以得到另一种奖赏,这有助于确保多种不同的奖赏都能够被选择,也有利于繁殖成功。与之相反,感觉特异性

124

饱足感不适用于惩罚系统,因为避免或逃避惩罚本身就具有适应性。

相比于杏仁核,灵长类眶额皮层与食物情感价值变化的关系更为密切。首先,随着饱足感增强,奖赏价值和主观愉悦度逐渐减少到零,眶额皮层的反应也逐渐减少到零。其次,受刺激—强化物联结学习和反转的影响,眶额皮层会追踪(并可能计算)食物奖赏价值的变化。

眶额皮层的输出信息会传递到诸如扣带回和纹状体这样的脑区。这些区域可能会启动对食物的行为反应,从而使得眶额皮层中的奖赏神经元放电,因为眶额皮层神经元的放电表征行为目标。与此同时,眶额皮层、扣带回和杏仁核的输出信息(部分经过脑岛和下丘脑)可用于产生对食物的正确自主反应和内分泌反应,包括胰岛素等激素的释放。

在现代,食物变得好吃了,也更容易获得了,但进化了几十万年的饱足感机制还是老样子。结果是,食物奖赏系统活动的增强可能会超越饱足感信号,导致过度进食和肥胖症的流行。下文将介绍消除这些不良影响的方法。

5.2 饥饿和饱足感的控制信号

5.2.1 奖赏与饱足感信号

假装喂食实验得出结论,食物的奖赏价值是由它的味道、气味、风味、质地和外观产生的。在这种实验中,食物会从胃部流出,不会被吸收,但此时食物仍具有奖赏性。相反,直接把食物放入胃或肠中,奖赏性很低,尽管食物进入肠道后会对食物的味道产生影响。

有饱足感但没多少奖赏性的原因有:胃胀、食物进入肠道、吸收的食物随后进入血液循环系统、荷尔蒙的释放。这些基本观点的证据,以及下丘脑神经元如何受到饱足感信号影响的证据,请参阅其他文献(Rolls 2014b, Kim, Seeley & Sandoval 2018, Rolls 2021c)。

本节的重点在于介绍产生食物奖赏价值和主观愉悦度的大脑系统(Rolls 2016e, Rolls 2014b)。

5.2.2 感觉特异性饱足感

研究奖赏和饱足感脑机制的实验中,艾德蒙·罗尔斯和他的同事在1974年发现,用某种食物将猴子喂饱后,猴子下丘脑外侧神经元则不再对这种食物进行反应[在《脑与奖赏》(*The Brain and Reward*)(Rolls 1975)中进行了介绍],但仍可能对其他食物做出反应(见图 5.1 中的示例)。这发生在对食物的味道(Rolls 1981b, Rolls

1981a, Rolls, Murzi, Yaxley, Thorpe & Simpson 1986）或外观（Rolls 1981b,
Rolls & Rolls 1982b, Rolls, Murzi, Yaxley, Thorpe & Simpson 1986)做出反应的神
经元上。与饱足感这种神经元特异性相对应的,猴子吃饱后会拒绝它之前一直吃的
食物,但会接受它之前没吃过的食物。我清楚地记得在1974年发现感觉特异性饱足
感时的情景,当时我们用注射器给猴子喂葡萄糖,记录猴子看到葡萄糖和其他食物
时,下丘脑外侧部中一个神经元的活动。我们用葡萄糖喂饱猴子,观察到神经元对葡
萄糖的反应降至零,如图5.1所示。然后我给猴子看一颗花生,观察到了神经元的强

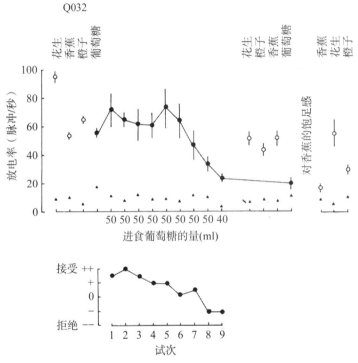

图5.1 上图为用20%浓度的葡萄糖溶液喂饱猴子,猴子的外侧下丘脑神经元 125
对葡萄糖(实心圆)和其他食物(空心圆)的反应。当猴子喝饱葡萄糖
后,神经元对葡萄糖的反应大幅度减弱,但对其他食物仍有反应。图中
显示了实验不同阶段神经元对刺激的平均反应(±标准误)。下图展示
了猴子的饱足感是通过它接受或拒绝葡萄糖来衡量的。喝葡萄糖产生
饱足感之后,进行了第二次饱足感实验,在这个实验中,喂猴子吃香蕉
使之饱足。神经元对香蕉的反应降低,但仍在看到花生和橙子后产生
反应,说明它还有食欲。[转载自 *Brain Research*. 368. E. T. Rolls,
E. Murzi, S. Yaxley, S. J. Thorpe and S. Simpson, Sensory-specific
satiety: food-specific reduction in responsiveness of ventral forebrain
neurons after feeding in the monkey, pp. 79 - 86. doi. org/10.1016/
0006-8993(86)91044-9.版权© 1986 归爱思唯尔(Elsevier)所有。]

烈反应，PDP11计算机打印出来的高频脉冲信号也证实了这一点。一开始我感到很不安，因为猴子应该吃饱了——它想喝多少葡萄糖就喝多少。然而当我镇定下来，把花生递给猴子的时候，却发现猴子伸手拿走花生，狼吞虎咽地吃了起来。我意识到在猴子脑中正发生着一些关于饱足感的有趣事情。经过多次反复观察，证实当猴子看到葡萄糖时，外侧下丘脑神经元不会对其做出反应，同时猴子也不再接受葡萄糖。但在看到花生时神经元会做出积极的反应，猴子也会贪婪地抓来吃。打印报告中的放电率数值使我深刻地意识到这是一个很强的效应，我们把它命名为感觉特异性饱足感。相关神经生理学发现发表在罗尔斯（Rolls 1981b）和罗尔斯等人（Rolls et al. 1986）的文章中。现在认为感觉特异性饱足感是一种价值降低的过程，为这些神经元以及向外侧下丘脑提供输入信息的眶额皮层神经元进行价值编码提供了证据。

我在牛津大学的本科生班上报告了这一结果，并提议进行一项人类实验来验证这一效应。这个实验是以本科生实践活动的方式进行的（芭芭拉·罗尔斯是合作组织者）。实验中，人们对六种食物的愉悦度和强度进行评分，然后只吃其中一种食物直到吃饱。如图5.2所示，无论吃哪种食物吃到饱，对这种食物的愉悦度评分都会大幅下降，但对其他食物愉悦度评分的下降幅度会小很多。甚至一些被试的愉悦度评分还会略微上升（比如吃开胃菜吃到饱后再吃甜食）。罗尔斯、罗尔斯、罗维和斯维尼（Rolls, Rolls, Rowe & Sweeney 1981a）将这一结果发表出来，并引起了一系列关于感觉特异性饱足感的研究，在下文会进行介绍。

为探究人类的饱足感是否是感觉特异性的，我们做了进一步实验。神经生理学研究和行为观察结果显示猴子具有特异性的饱足感（Rolls 1981b, Rolls 1981a, Rolls, Murzi, Yaxley, Thorpe & Simpson 1986），如图5.2所示；进一步实验发现，相比于没吃过的食物，吃饱的食物的味道（Rolls et al. 1981a）和气味（Rolls & Rolls 1997）带来的愉悦度下降得更多。图5.3展示了这类实验的结果。

这一发现表明，如果吃某种食物吃到饱，此时对其他食物的食欲不会完全减少，这意味着人类还会去吃一些其他的食物。一项以香肠或奶酪饼干作为午餐的实验证实了这一观点。对吃过的食物喜爱程度的下降大于没有吃过的食物，当提供意外的二次用餐机会时，更多的人会选择第一次用餐时没有吃过的食物[98％的人吃了没吃过的食物，40％的人吃了第一次吃过的食物（Rolls, Rolls, Rowe & Sweeney 1981a）]。

这些发现的另一个含义是，当提供各种各样的食物时，食物的消耗总量会比重复提供一种食物时多。这一假设在一项研究中得到了证实：相比只提供一种三明治馅料，提供多种馅料或多种味道、质地、颜色不同的酸奶时，人们会吃得更多（Rolls, Rowe, Rolls, Kingston, Megson & Gunary 1981b）。另一项研究也证实了这一点：

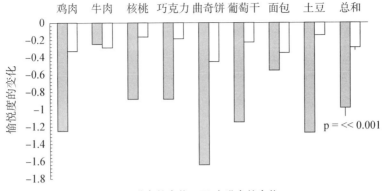

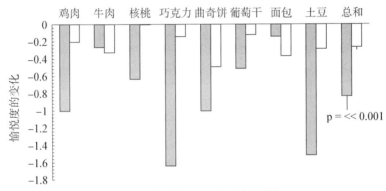

图 5.2 食物风味的感觉特异性饱足感。吃饱后对食物风味的愉悦程度变化。图中显示了进食每种食物直至饱足后其愉悦度的变化,并与未吃过的其他食物的愉悦度变化平均值进行了比较。从 +2(非常愉快)到 -2(非常不愉快)进行评分,并显示了吃一种食物之前到吃饱之后的愉快感变化程度。这些评分是由一组被试在以某种食物作为午餐吃饱后 2 分钟和 20 分钟后测量的。(转载自 *Physiology and Behavior*, 27(1), Barbara J. Rolls, Edmund T. Rolls, Edward A. Rowe, and Kevin Sweeney, Sensory specific satiety in man, pp. 137–142. doi. org/10. 1016/0031-9384(81) 90310-3. 版权© 1981 归爱思唯尔(Elsevier)所有。)

研究人员为人类被试提供了相对正常的、有四道菜的一餐,结果发现,每道菜中的食物变化都显著提高了人们的摄入量(Rolls, Van Duijenvoorde & Rolls 1984a)。因为与能量、蛋白质、碳水化合物、脂肪这样的代谢因素相比,通常颜色、形状、风味和质地的相似性这样的感觉因素在饱足感中发挥的作用更大,这种现象被称为"感觉特异性

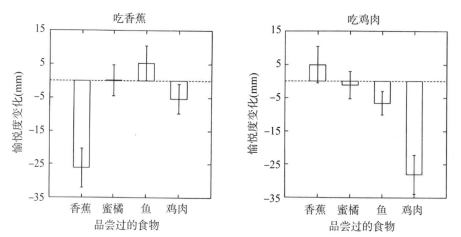

127　图5.3　对食物风味的感觉特异性饱足感：在吃香蕉(左)或鸡肉(右)至产生饱足感后，四种不同食物风味的愉悦度变化。在一个100毫米的视觉相似度评分量表上，变化显示为毫米级差异(±均值的标准误)，一端标记为"非常愉快"，另一端标记为"非常不愉快"。吃到饱的食物带来的愉悦度降低更大。(转载自 Physiology and Behavior, 61(3), Edmund T. Rolls and Juliet H. Rolls, Olfactory Sensory-Specific Satiety in Humans, pp. 461 – 473. doi. org/10. 1016/S0031-9384(96)00464-7. 版权ⓒ 1997 归爱思唯尔(Elsevier)所有。)

饱足感"(Rolls & Rolls 1977, Rolls & Rolls 1982b, Rolls, Rolls, Rowe & Sweeney 1981a, Rolls, Rowe, Rolls, Kingston, Megson & Gunary 1981b, Rolls, Rowe & Rolls 1982a, Rolls, Rowe & Rolls 1982b, Rolls & Rolls 1997, Rolls 1999a, Rolls 2005b)。

128　　　应该注意的是，感觉特异性饱足感与感觉改变(alliesthesia)是不同的，感觉改变是由内部信号(如肠道中的葡萄糖)产生的感觉输入愉悦度的变化(Cabanac & Duclaux 1970, Cabanac 1971, Cabanac & Fantino 1977)，而感觉特异性饱足感(至少部分地)是由接收到的外部感觉刺激(如特定食物的风味)引起的愉悦度变化，因此它至少部分是对外部感觉刺激产生的特异性反应。感觉特异性饱足感可以在品尝甚至闻到食物(无需咽下食物)的几分钟内产生，这一证据表明，感觉特异性饱足感是由感觉驱动的(Rolls & Rolls, 1997)。

　　　通过对人类的观察，这些关于人类进食和对猴子下丘脑神经元的神经生理学研究之间的相似性得到了扩展。感觉特异性饱足感由食物的外观(Rolls, Rowe & Rolls 1982a)、气味(Rolls & Rolls 1997)、味道甚至质地(Rolls, Rowe & Rolls 1982a)引起。

　　　感觉特异性饱足感研究的一个一般性结论是，它引起的愉悦度降低比其他饱足感引起的愉悦度降低都要大得多。事实上,罗尔斯、罗尔斯和罗维(Rolls, Rolls & Rowe 1983b)使用不同浓度的葡萄糖和盐水[氯化钠(NaCl)]作为实验材料的研究表明,尽管主观强度也和浓度相关,但是二者的相关性比味觉愉悦度和浓度的相关性低得多。相反地,饱足感在愉悦度上引起的下降远远大于在主观强度上引起的下降。这一现象的神经生理学基础是,初级味觉皮层(Rolls, Scott, Sienkiewicz & Yaxley 1988, Yaxley, Rolls & Sienkiewicz 1988, Grabenhorst & Rolls 2008)、初级嗅觉皮层(Rolls, Kringelbach & De Araujo 2003c)和颞下视觉皮层的加工与刺激的特性和强度有关 (Rolls, Judge & Sanghera 1977);而眶额皮层表征的是味觉 (Rolls, Sienkiewicz & Yaxley 1989b, Grabenhorst & Rolls 2008)(见图 4.21)、嗅觉和视觉带来的愉悦度(Critchley & Rolls 1996c, Rolls, Kringelbach & De Araujo 2003c, De Araujo, Rolls, Kringelbach, McGlone & Phillips 2003c, Kringelbach, O'Doherty, Rolls & Andrews 2003, De Araujo, Rolls, Velazco, Margot & Cayeux 2005)。其适应价值在于,当我们吃饱后也不会对食物的味道或外观熟视无睹,这一点是非常重要的,因为即使不饿,能够了解食物也是非常重要的(如我们在哪里看到了食物)。

需要注意的是,这种由食物产生的感觉刺激的愉悦度只有在持续接受重复刺激长达几分钟的情况下才会下降。这是具有适应性价值的,即让我们能够在足够多次地重复某种行为后改变行为模式。相比之下,感觉刺激的奖赏价值可能会在短时间内(大约一分钟)增加,这被称为激励动机[赫布(Hebb 1949)提出的"咸坚果现象"]。它的适应性价值体现在,某种行为一旦开始,那么将倾向于持续至少一小段时间。这比连续地改变行为更具适应性,因为在效率方面连续改变行为至少损耗一定成本,而且如果不同的奖赏相隔很远,这一成本可能就会很高。

当有各种各样的食物可供选择时,由于感觉特异性饱足感的作用,进食量会增加,这可以确保摄入具有不同营养的不同食物,在进化中是有利的。但今天,食物种类繁多可能导致过度进食和肥胖症。在以老鼠为被试的实验中,发现食物多样性会导致肥胖症(Rolls, Van Duijenvoorde & Rowe 1983a, Rolls & Hetherington 1989)。

下面将介绍在味觉和嗅觉系统的信息加工过程中,对感觉特异性饱足感的神经生理机制研究取得的进展。

上述感觉特异性饱足感主要在用餐过程中(见上文)和饭后起作用(Rolls, Van Duijenvoorde & Rolls 1984a),也有证据表明,感觉特异性饱足感也可能长期发挥作用(Rolls & de Waal 1985)。一项在埃塞俄比亚难民营进行的研究发现,在难民营中待了 6 个月的难民会觉得三种常规食物的味道带来的愉悦度没有另外三种他们没有吃过的食物带来的愉悦度高。这种现象是感觉特异性饱足感的一种长期影响,因为只在难民营中待了 2 天并且每天吃相同食物的难民身上没有发现这一效应(Rolls &

de Waal 1985)。认识到感觉特异性饱足感在这种条件下的长期作用是非常重要的,当人们不愿意接受、甚至拒绝常规食物,宁可吃其他营养更差,或者是烹饪不当的食物或食材,感觉特异性饱足感会加剧营养不良的现象。在这些情况下,可以通过提供一些其他种类的食物,甚至只是加点香料,就可以将感觉特异性饱足感的长期作用降到最低(Rolls & de Waal 1985)。

5.2.3　条件化的食欲和饱足感

如果我们连续几天吃富含能量的食物(例如富含脂肪的食物),我们会逐渐吃得更少。如果我们吃的食物能量低,几天后,就会逐渐摄入更多。这种规律包含了学习过程,学习将食物的外观、味道、气味、质地等因素与吃掉食物后几个小时内释放的能量联系起来(Sclafani 2013, Rolls 2021c)。布斯(Booth 1985)的实验证明了这种学习方式,他给被试提供了不同热量和风味的三明治,几天之后,在测试日给被试提供中等能量的三明治(这样被试就不能根据食物中的热量高低来选择食物摄入量的多少了)。如果他们之前吃的是高热量三明治,他们就会吃得少一些,如果他们之前吃的是低热量三明治,他们就会吃很多。

5.3　进食和奖赏的大脑控制机制

5.3.1　味觉奖赏价值的脑机制

5.3.1.1　灵长类动物初级味觉皮层及之前的味觉加工只识别味觉信息,不加工奖赏价值

下丘脑中有只对食物的味道(和/或外观)反应而不对非食物刺激反应的神经元,如果记录这些下丘脑神经元,就可以看到动机对这些感觉输入信息的调节作用(Rolls 2014b, Rolls 2016e)。因为下丘脑神经元参与了动机性反应的控制,人们可能会问,这是它们的特殊属性吗?还是说这种特异性程度和调节类型是整个感觉系统的普遍属性呢?

目前获得的研究证据支持灵长类动物味觉通路中神经元的调节作用以及不同阶段的反应能力会受到动机的影响,这将在下文中进行介绍。这些对味觉通路的研究也将说明,风味——即味觉和嗅觉输入的组合信息,是在灵长类动物大脑中的什么区域计算出来的。图 4.2 展示了味觉和嗅觉的通路以及它们的一些前向的连接。

味觉系统中的第一个中央突触位于孤束核的吻侧(Beckstead & Norgren 1979, Beckstead, Morse & Norgren 1980, Rolls 2015b)。当灵长类动物正常进食到产生饱足感时,孤束核神经元对味觉刺激的反应没有减少(Yaxley, Rolls, Sienkiewicz &

Scott 1985)。

灵长类动物额盖和脑岛初级味觉皮层的神经元对味觉刺激的反应比孤束核神经元的反应更加精准。例如,这些脑区的某些神经元主要对甜味进行反应,很少对咸、苦或酸味刺激作反应(Scott, Yaxley, Sienkiewicz & Rolls 1986, Yaxley, Rolls & Sienkiewicz 1990)。饥饿也不会影响此处的神经元对味觉刺激反应的大小(Rolls, Scott, Sienkiewicz & Yaxley 1988, Yaxley, Rolls & Sienkiewicz 1988)。与此一致的是,人类脑岛初级味觉皮层的激活与味觉的主观强度线性相关,而与愉悦度评分无关[如图4.2所示(Grabenhorst & Rolls 2008)]。此外,人类脑岛初级味觉皮层的激活与调料(例如谷氨酸纳)的浓度有关(Grabenhorst, Rolls & Bilderbeck 2008a)。

5.3.1.2 眶额皮层(次级味觉皮层)对味觉和味觉相关的加工:包含鲜味、涩味、脂肪质地感、黏稠感、温度和辣味

在灵长类动物的外侧眶额尾味觉皮层中发现了次级味觉皮层区,其中的味觉神经元可以对特定的味觉刺激进行更精准的反应(Rolls, Yaxley & Sienkiewicz 1990, Rolls & Treves 1990, Rolls, Sienkiewicz & Yaxley 1989b, Verhagen, Rolls & Kadohisa 2003, Rolls, Verhagen & Kadohisa 2003e, Kadohisa, Rolls & Verhagen 2004, Kadohisa, Rolls & Verhagen 2005b, Rolls, Critchley, Verhagen & Kadohisa 2010a)(如图4.10所示)。除了表征甜、咸、苦、酸这些典型的味觉刺激外,这个区域中不同的神经元还会对其他味觉以及与味觉相关的刺激做出反应,提供关于潜在食物的奖赏价值信息(Rolls 2006b, Kadohisa, Rolls & Verhagen 2005b, Rolls 2016e)。例如,有一组神经元会对另一种味觉(鲜味)做出反应,如下文所述。

*鲜味。*一种与甜、咸、苦、酸不同的重要的食物味觉是蛋白质的味觉。日语中表示鲜味的单词"umami",在一定程度上抓住了这种味觉给人的感觉。包括鱼、肉、蘑菇、奶酪、西红柿等蔬菜和人类母乳在内的多种食物中都会有鲜味。这些食物中鲜味的来源主要是谷氨酸盐和5-核苷酸(有时它们会结合起来发挥作用)(Ikeda 1909, Yamaguchi 1967, Yamaguchi & Kimizuka 1979, Kawamura & Kare 1992)。左旋谷氨酸钠(Monosodium L-glutamate, MSG)、5-核苷酸鸟苷5-单磷酸(5'-nucleotides guanosine 5'-monophosphate, GMP)和肌苷5-单磷酸(inosine 5'-monophosphate, IMP)也属于鲜味刺激。

为研究灵长类动物对谷氨酸盐的神经编码,研究者记录了恒河猴初级味觉皮层和邻近的眶额味觉皮层中的味觉神经元反应。结果发现,某些单个神经元对谷氨酸钠(鲜味)的反应最强烈,就像其他神经元对葡萄糖(甜)、氯化钠(咸)、盐酸(酸)和奎宁盐酸(苦)的反应最强一样(Baylis & Rolls 1991, Rolls et al. 1996b)。

已经有明确的证据表明,舌头上有专门识别鲜味的味觉感受器(Chaudhari,

Landin & Roper 2000, Zhao, Zhang, Hoon, Chandrashekar, Erlenbach, Ryba & Zucker 2003, Lin, Ogura & Kinnamon 2003, Chandrashekar, Hoon, Ryba & Zuker 2006, Chaudhari & Roper 2010, Haid, Widmayer, Voigt, Chaudhari, Boehm & Breer 2013)。

此外，鲜味调料谷氨酸钠和一磷酸肌苷可以激活人类脑岛/岛盖中的初级味觉皮层以及眶额皮层中的次级味觉皮层和扣带回（De Araujo, Kringelbach, Rolls & Hobden 2003a）。

有证据显示，标志着蛋白质存在的鲜味可以由初级和次级味觉皮层中的神经元进行加工。鲜味是许多食物的组成部分，它有助于人们获得愉悦的味觉体验，特别是当鲜味与一种令人愉悦的气味搭配出现时（Rolls, Critchley, Browning & Hernadi 1998a, McCabe & Rolls 2007, Rolls 2009a）。

132 　　*食物质地：黏稠度*。眶额皮层中参与探测潜在食物奖赏价值的区域，其另一种重要的输入信息类型是食物质地的信息。例如，我们通过添加甲基纤维素或白明胶，或将半固态食品提纯来操纵食物质地，发现单个神经元在某些情况下会受到食物质地的影响（Rolls 2011e）。我们已经证明，这些神经元中某些会对口腔中食物的黏稠度做出反应，并且这些反应会随着使用的羧甲基纤维素这种标准食品增稠剂黏稠度的变化（在 1—10 000 厘泊范围内）而变化（Rolls, Verhagen & Kadohisa 2003e）。（10 000 厘泊约等于牙膏的黏稠度。）有些神经元是单模态的，只对食物质地信息做出反应，而对味觉信息没有反应（见图 5.4 中的上图）。另一些则会对不同的质地和味觉组合信息做出反应，如图 5.4 所示（下图）。这些发现为口腔与大脑之间存在质地信息通路提供了证据，因为它们表明该系统对质地做出的反应与对食物的其他感觉属性以及对食物味觉、质地和其他感觉属性的特定组合做出的反应是分开的。

躯体感觉信息输入可能通过脑岛吻侧的初级味觉皮层和相邻的额盖到达眶额皮层，我们也已经证明了这些信息确实会投射到这个脑区中（Baylis, Rolls & Baylis 1994）。这些信息中包含了对口腔中食物黏稠度的表征（Verhagen, Kadohisa & Rolls 2004）。已有研究发现，脑岛中的许多区域接收来自躯体感觉的输入（Mesulam & Mufson 1982a, Mesulam & Mufson 1982b, Mufson & Mesulam 1982）。食物的质地是判断食物质量的重要线索，比如水果的成熟度。

这些发现在人类中也得到了证实。fMRI 研究发现初级味觉皮层的激活程度和对黏稠程度的主观评价都与口腔中刺激的黏稠度的对数成正比（De Araujo & Rolls 2004, Kadohisa, Rolls & Verhagen 2005b）。

　　食物质地：脂肪。口腔中感受到的质地也是判断食物中是否含有脂肪的一个重要指标。脂肪不仅是高质量的能量来源，还是人体必需脂肪酸的潜在来源。罗尔斯

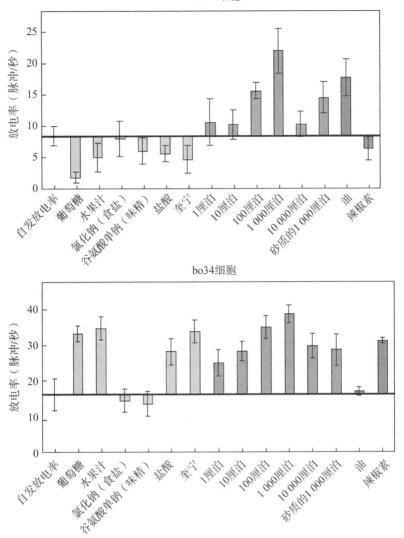

图 5.4 上图：眶额皮层中不对味觉刺激反应的 bk244 神经元的放电率(平均值±标准误差)。图中展示了对一系列黏稠度的刺激(在 1—10 000 厘泊范围内的羧甲基纤维素)、砂质刺激(羧甲基纤维素与铝硅酸镁盐微颗粒)、1 mol/L 的葡萄糖、0.1 mol/L 的氯化钠、0.1 mol/L 的谷氨酸钠、0.01 mol/L 的氯化钠、0.001 mol/L 的奎宁盐酸和果汁(BJ)的放电率。Spont 指自发放电率。下图：对黏稠度敏感的 bo34 神经元对油(矿物油、植物油、红花油、椰子油，黏稠度都接近 50 厘泊)的放电率(平均值±标准误差)。砂质刺激的黏稠度并没有让神经元以一种出人意料的方式做出反应，这些神经元会根据味觉进行反应，并且它们对辣椒素做出了反应。(转自 *Journal of Neurophysiology*, 90(6), Representations of the texture of food in the primate orbitofrontal cortex: neurons responding to viscosity, grittiness, and capsaicin, E. T. Rolls, J. V. Verhagen, and M. Kadohisa, pp. 3711 - 3724, © 2003 The American Physiological Society (APS). 版权所有。)

131

等人(Rolls, Critchley, Browning, Hernadi & Lenard, 1999a)在眶额皮层中发现某些神经元会在口腔中有脂肪时做出反应。图 5.5 展示了这种神经元的一个例子。这个神经元对味觉刺激没有反应,但其他的一些神经元对脂肪质地和味觉输入都有反应。这些神经元对脂肪相关的反应至少有一部分是由食物的脂肪质地而不是某些化学物质对受体的刺激引起的。因为这种神经元通常不仅对诸如奶油和牛奶这种含有脂肪的食物进行反应,也会对石蜡油(一种纯烃化合物)和硅油[含(Si(CH$_3$)$_2$O)$_n$]做出反应。

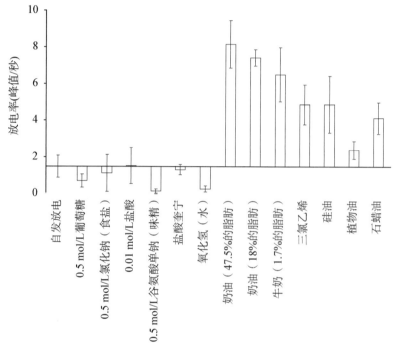

图 5.5　灵长类动物眶额皮层中一个对口腔中的脂肪质地做出反应的神经元。奶油(高脂奶油和淡奶油,含有的脂肪比例如图所示)提高了神经元的放电率。该神经元会对脂肪质地而不是脂肪的化学结构做出反应——因为它对 0.5 ml 的硅油(Si(CH$_3$)$_2$O)$_n$)和石蜡油(碳水化合物)也有反应。该神经元不对味觉输入进行反应。Gluc,葡萄糖;NaCl,咸;HCl,酸;Q-HCl,奎宁,苦。图中还展示了细胞的自发放电率。(摘自 *Journal of Neuroscience*, 19(4), Responses to the sensory properties of fat of neurons in the primate orbitofrontal cortex, E. T. Rolls, H. D. Critchley, A. S. Browning, A. Hernadi, and L. Lenard, pp. 1532 - 1540, © 1999, The Society for Neuroscience。)

　　一些与脂肪相关的神经元确实会接收来自化学感觉的多模态整合输入,因为除了味觉输入外,其中的一些神经元会对与脂肪有关的气味(比如奶油的气味)做出反应(Rolls, Critchley, Browning, Hernadi & Lenard 1999a)。这些对口腔中的脂肪敏感的神经元对质地相关的反应和口腔中食物及脂肪酸的黏稠度无关(Verhagen,

Rolls & Kadohisa 2003),所以食物中的脂肪可以被专门的脂肪/油脂质地通道检测出来(Rolls 2011e),这一通道负责编码滑动摩擦系数(Rolls et al. 2018b, Rolls 2020a)。这一发现十分有趣,因为这表明可以生产出有着脂肪的愉悦口感,但所含营养成分可以被设计的食物。在扣带回前膝部中也找到了类似的神经元(Rolls 2008b)。

只有在单个神经元水平上才会得到的这种发现,也为进一步研究转换机制铺平了道路。理解这一机制对于设计出有愉悦口感、却不含高卡路里的食物(高卡路里食物可能会导致肥胖症)具有重要意义(Rolls 2011e, Rolls et al. 2018c)。

在人类身上也有同样的发现。fMRI 研究发现进入口腔中的脂肪会激活眶额皮层和扣带回的膝周部位(De Araujo & Rolls 2004)。此外,眶额皮层及扣带回前膝部的激活与口腔内脂肪质地的愉悦度相关(Grabenhorst, Rolls, Parris & D'Souza 2010b)。

5.3.1.3 味觉的奖赏价值在眶额皮层进行表征

研究发现,猴子吃饱后,其眶额皮层中的味觉神经元对食用的那种食物的反应会下降到零(Rolls, Sienkiewicz & Yaxley 1989b)。图 4.6 给出了一个示例。在给猴子喝葡萄糖的过程中(猴子想喝多少都可以),这个神经元会逐渐减少对葡萄糖味道的反应。当猴子喝够了葡萄糖并不再想喝时,该神经元就不再对葡萄糖的味道有反应了。因此,当食物的奖赏价值降低到零时,这些神经元的反应也会减少到零。有趣的是,这个神经元仍然会对其他食物做出反应,猴子也还会进食这些食物。因此,这些眶额皮层味觉神经元的反应是以一种感觉特异性的方式进行调节的,并且它们表征的是奖赏的结果价值。

另一个例子是,当喂食奶油到饱足时,某些眶额皮层神经元会降低对奶油脂肪质地的反应,但仍会对葡萄糖的味道做出反应(Rolls, Critchley, Browning, Hernadi & Lenard 1999a)。这表明了存在对口腔中奶油质地奖赏价值的感觉特异性饱足感,同时也提供了证据支持眶额皮层中表征的是绝对价值而不是相对价值(Grabenhorst & Rolls 2009, Rolls 2014b)。

眶额皮层神经元对食物味觉的反应受到饥饿的调节,这种调节在孤束核、岛盖部、脑岛初级味觉皮层中都没有找到,因此眶额皮层是灵长类动物味觉系统的第一个脑区(Yaxley, Rolls, Sienkiewicz & Scott 1985, Rolls, Scott, Sienkiewicz & Yaxley 1988, Yaxley, Rolls & Sienkiewicz 1988)。当然,只有在饥饿的时候,食物的味觉才具有奖赏价值。这表明,眶额皮层味觉神经元放电反映食物的奖赏价值。这些眶额皮层神经元的激活实际上可能完成了对食物奖赏价值的加工。有假说认为,灵长类动物在饥饿时进食会引发这些表征奖赏价值的神经元放电。

134

在人类身上也得到了相同的结论。fMRI 研究表明,对食物的感觉特异性饱足感在眶额皮层进行表征(Kringelbach O'doherty, Rolls & Andrews 2003)(见 72 页的图 4.11);眶额皮层和扣带回前膝部的激活程度与味觉的主观愉悦度呈线性相关(Grabenhorst & Rolls 2008, Rolls 2012c);岛叶初级味觉皮层的激活与味觉的主观强度呈线性相关(Grabenhorst & Rolls 2008)(见图 4.22)。

这些发现引出了以下关于感觉特异性饱足感神经机制的假设[另见罗尔斯和特里维斯(Rolls & Treves, 1990)的研究]。眶额皮层神经元对与食物有关的输入信息或它们的不同组合做出反应,如图 5.4 所示。如果将输入信息传递给这些神经元的突触,这些神经元就会随着进食时间的推移而发生适应(降低它们的效能),即停止对该食物做出反应,但它们仍然会对其他食物产生反应。为了使这一机制能有效地运作,提供输入信息的神经元必须具有一定的选择性,事实上它们也确实是具有选择性的。更多关于这一调节奖赏导向性行为的重要机制的研究发现请参考罗尔斯的研究(Rolls, 2014)。

5.3.1.4 啮齿类动物的味觉加工

啮齿类动物和灵长类动物在味觉的神经加工方面有很大的不同(Rolls & Scott 2003, Small & Scott 2009, Scott & Small 2009, Rolls 2014b, Rolls 2015b, Rolls 2016b)。在啮齿类动物中(灵长类动物也一样),味觉信息由第 7、第 9 和第 10 脑神经传递到孤束核吻侧(the nucleus of the solitary tract, NTS)(Norgren 1990, Norgren & Leonard 1971, Norgren & Leonard 1973)。在灵长类动物的大脑中,孤束核将信息传递到味觉丘脑中,再投射到皮层区域(如图 4.2 所示)。然而在啮齿类动物的大脑中,对作用于舌头前侧味觉感受器的刺激进行反应的孤束核味觉神经元大部分都投射到同侧的脑桥臂旁核(pontine parabrachial nucleus, PbN)内侧区域,这一区域是啮齿类动物的"脑桥味觉区"(Small & Scott 2009, Cho, Li & Smith 2002)。其余部分则投射到延髓的邻近区域。啮齿类动物的味觉通路从脑桥臂旁核处分为两条通路:(1)腹侧"情感"通路,信息依次传递到下丘脑、中央灰质、腹侧纹状体、终纹床核和杏仁核;(2)背侧"感觉"通路,依次在丘脑、颗粒状岛叶味觉皮层和非颗粒状岛叶味觉皮层建立突触(Norgren 1990, Norgren & Leonard 1971, Norgren 1974, Norgren 1976, Kosar, Grill & Norgren 1986)。这些脑区反过来又将信息投射回脑桥臂旁核,从而对味觉进行编码并指导复杂的摄食行为(Norgren 1990, Norgren 1976, Li & Cho 2006, Li, Cho & Smith 2002, Lundy & Norgren 2004, Di Lorenzo 1990, Scott & Small 2009, Small & Scott 2009)。

值得注意的是,一些可靠证据表明,脑桥臂旁核的味觉传递过程在人类和非人类的灵长类动物中是不存在的(Small & Scott 2009, Scott & Small 2009)。第一,来自孤束核吻侧的二级味觉投射似乎并没有与脑桥臂旁核建立突触联系,而是加入了中央被盖束,直接投射到味觉丘脑(Beckstead, Morse & Norgren 1980, Pritchard, Hamilton & Norgren 1989)。第二,尽管进行了多次尝试,仍没有人成功地分离出猴子脑桥臂旁核中的味觉反应[诺冠(Norgren 1990);斯莫尔和斯科特(Small & Scott, 2009)引用的与拉夫·诺冠(Ralph Norgren)和汤姆·普里查德(Tom Pritchard)私下交流的信息]。第三,在猴子的大脑中,由脑桥臂旁核产生的投射并不终止于包含味觉神经元的基底丘脑腹侧区域(Pritchard et al. 1989)。

啮齿类动物的味觉加工与灵长类动物的另一个不同之处在于,饱足感的物理和化学信号已被证明会降低大鼠孤束核和脑桥味觉区神经元对味觉信号的反应,下降幅度约为30%,这会在下文进行介绍(Rolls & Scott 2003, Scott & Small 2009)。研究发现,用空气、0.3 mol/L的氯化钠(NaCl)使胃扩张以抑制孤束核的反应,这种方式对葡萄糖的影响最大(Gleer & Erickson, 1976)。静脉注射0.5 g/kg的葡萄糖(Giza & Scott 1983)、0.5 U/kg的胰岛素(Giza & Scott 1987a)、40 μg/kg的胰高血糖素(Giza, thinks, Vanderweele & Scott 1993)都会导致孤束核对葡萄糖的味觉反应降低。向十二指肠内注射油脂,会导致脑桥臂旁核对味觉的反应降低,并且大部分抑制作用都是由葡萄糖细胞承担的(Hajnal, Takenouchi & Norgren 1999)。原本被编码为愉悦、积极的味觉信号发生丢失,意味着维持进食的快感减少,从而更有可能终止进食(Giza, Scott & Vanderweele, 1992)。此外,如果孤束核的味觉激活受到大鼠营养状态的影响,那么大鼠对味觉强度的判断应该也会随着饱足感的变化而变化。有证据支持这一观点。当葡萄糖浓度接近1.0 mol/L时,对1.0 mol/L葡萄糖溶液有厌恶条件反射的大鼠对该葡萄糖溶液的接受度降低。这种接受度可以在正常血糖大鼠和通过静脉注射导致高血糖的大鼠之间进行比较(Scott & Giza 1987)。高血糖大鼠对0.6—2.0 mol/L范围内所有浓度的葡萄糖都表现出了更大的接受度,这表明它们对这些刺激的感受强度低于无葡萄糖负荷的、有条件反射的大鼠(Giza & Scott 1987b)。

这就意味着,与灵长类动物相比,啮齿类动物更难理解味觉刺激,以及与食物奖赏价值和预期价值密切相关的嗅觉和视觉刺激。一部分原因是由于在啮齿类动物中,"是什么"(种类和强度)与特征加工之间的分离更少,而灵长类动物有更多的串行分层加工(如图4.2所示);另一部分原因则是在灵长类动物中,颗粒状眶额皮层已经高度发达,这可能有助于支持基于规则的行为转换,而这种行为转换对快速反转刺激—奖励联结以及反转行为都是非常重要的(见1.3)。啮齿类动物与(包括人类在内的)灵长类动物的大脑似乎遵循着不同的原则来对味觉信息和风味信息进行加工以及对奖赏价值进行解码(Rolls 2016c, Rolls 2017c, Rolls 2019e, Rolls 2021a)。

5.3.2 表征风味的味觉加工与嗅觉加工过程的聚合

我们已经发现,在灵长类动物的眶额皮层中有将来自味觉、视觉和嗅觉的感觉模态信息聚合在一起的区域;而且在许多情况下,由于联结学习,神经元的反应具有跨模态的敏感性(Rolls & Baylis 1994, Critchley & Rolls 1996b, Rolls, Critchley, Mason & Wakeman 1996a)。

似乎正是在眶额皮层的这些区域中对风味进行了表征。此处的风味是指一种唤醒效果最好的味觉输入和嗅觉输入的组合。眶额皮层似乎是一个重要的融合区,因为在初级味觉皮层中对味觉和嗅觉共同反应的双模态神经元只占极少的比例(Rolls & Baylis 1994)。一般来说,即使嗅觉或视觉刺激与食物的味觉有关,初级味觉皮层神经元也对它们没有反应(Verhagen, Kadohisa & Rolls 2004)。

为了研究在人类大脑中通过嗅觉和味觉的聚合而形成风味是发生在哪个部位,德阿劳霍等人(De Araujo, Rolls, Kringelbach, McGlone & Phillips, 2003c)采用单一味觉刺激(蔗糖)、单一嗅觉刺激(草莓味)以及两者的混合刺激进行了一项 fMRI 研究。结果发现,人类脑岛味觉皮层的部分区域会单独对味觉刺激进行反应,但是味觉刺激和嗅觉刺激都可以激活眶额皮层和它向后部延伸到颗粒状脑岛的部分。此外,在眶额皮层的某些部位中发现了嗅觉和味觉成分的超线性叫加性。进一步来说,嗅觉和味觉混合物(包括一些非调和混合物,如蔗糖和香料的气味)的协调度和愉悦度的主观评分与内侧眶额皮层的激活有关。

为了分析鲜味是否是食物美味的原因,我们在一项研究中使用了功能性磁共振成像(fMRI)技术。结果发现,相比于单独呈现味觉和嗅觉的成分,当谷氨酸盐的味觉和可口的气味(蔬菜)组合呈现时,会诱发内侧眶额皮层以及扣带回前膝部产生更大的激活(McCabe & Rolls 2007)。对氯化钠和蔬菜气味的超线性效应就不那么明显了(大大减少)。此外,这些脑区的激活与风味的愉悦程度、饱满度以及味觉和嗅觉成分的协调度相关。在脑岛初级味觉皮层中没有发现对谷氨酸盐味觉和可口气味的超线性效应。因此,我们提出假设:当谷氨酸盐在味觉—嗅觉多模态聚合的皮层区域中与一种和谐的气味相聚合时,它会通过自身的非线性效应产生鲜美的风味(McCabe & Rolls 2007, Rolls 2009a)。

因此,在灵长类动物的神经元水平上对该过程进行的详细分析,似乎为味觉和气味如何在人脑中产生令人愉悦的风味体验提供了一个很好的模型(Rolls 2011f, Rolls 2012c, Rolls 2014b, Rolls 2016e)。此外,前脑岛味觉皮层通常不会对气味做出反应(但当味觉记忆被一种气味唤起时,这种反应是可能会发生的),然而前脑岛味觉皮层再往前一点的脑区(包括可能是脑岛无颗粒区域的部分脑区)确实会将气味和味觉结合起来。

5.3.3 食物气味产生奖赏价值的脑机制

灵长类动物嗅觉通路的示意图如图4.2所示。嗅球和作为初级嗅皮层的梨状皮层之间有直接的连接通路,该通路还连接了嗅球和中部(就内侧和外侧而言)眶额皮层的尾部区域(13a区),这一区域向前投射到外侧眶额皮层(次级味觉皮层)和眶额皮层更偏吻侧的部分(11区)(Price et al. 1991, Carmichael & Price 1994, Carmichael et al. 1994, Ongur & Price 2000, Price 2006)(见图4.2)。

有证据表明,嗅球的一个编码原则是,每个小球(每个嗅球中大约有1 000个小球)只对与其自身特征性烃链长度对应的气味做出反应(Mori, Mataga & Imamura 1992, Imamura, Mataga & Mori 1992, Mori, Nagao & Yoshihara 1999, Mori & Sakano 2011)。

那么,在灵长类的嗅觉系统中是否也沿用了这一基于简单的物理化学性质的编码原则?还是说有其他的原则在起作用呢?我们已经证明眶额皮层中有35%的嗅觉神经元是基于气味剂的味觉奖赏性联结进行反应的(Critchley & Rolls 1996b)。另外,罗尔斯等人(Rolls, Critchley, Mason & Wakeman, 1996a)发现在气味—味觉辨别反转任务中,对气味作反应的眶额皮层神经元有68%会随着气味与味觉奖赏联结的变化而改变它们的反应。

这些发现直接说明了灵长类动物嗅觉编码的一个原则——即某些眶额皮层嗅觉神经元的反应是依赖于与气味相连的味觉信息的,并且它们会随着味觉信息的变化而变化。这一调节过程很有可能对设定喂食和其他奖赏行为中嗅觉刺激的动机性或奖赏价值具有重要意义。然而,有趣的是,这一调节过程比眶额皮层视觉神经元在视觉—味觉反转任务中的调节更不彻底,并且更慢(Rolls, Critchley, Mason & Wakeman 1996a)。这种嗅觉反应的相对不灵活性与"风味的形成和对风味的感知需要气味—味觉联结具有一定的稳定性"是一致的(Rolls 2011f)。

我们还可以研究眶额皮层的嗅觉表征是否也会受到饥饿的影响,并且这种表征是否也以这种方式反映奖赏价值。克里奇利和罗尔斯(Critchley & Rolls, 1996c)在一项饱足感贬值实验中证明,当猴子吃某种食物(例如果汁)吃到饱以后,某些嗅觉神经元对该食物气味的反应就会减弱。研究还特别发现在九个对食物气味(如黑加仑汁)有反应的嗅觉神经元中,有七个减少了对吃到饱的食物气味的反应。这一反应的减少通常至少有一部分局限于那种已经吃饱的食物的气味,这可能是感觉特异性饱足感的部分基础(如图4.6所示)。

在人类身上已经发现,饱足感对气味的愉悦度的调节是在眶额皮层中进行表征的,因为当吃某种食物到饱足时,这一脑区对该食物气味的感觉特异性fMRI血氧信号减少了,但是对于没吃过的食物,感觉特异性信号没有减少(O'Doherty, Rolls,

Francis, Bowtell, McGlone, Kobal, Renner & Ahne 2000)。此外,有证据表明,人类的初级嗅觉皮层区(包括梨状皮层和杏仁核内侧区域)表征嗅觉刺激的种类和强度,因为在一项功能性磁共振成像(fMRI)研究中,这些区域的激活与六种气味的主观强度评分相关,与主观愉悦度评分无关(Rolls, Kringelbach & De Araujo 2003c)。相比之下,气味的奖赏价值在人的内侧眶额皮层进行表征,这里的激活与六种气味的主观愉悦程度相关,而与强度无关(Rolls, Kringelbach & De Araujo 2003c)[参见安德森等人的研究(Anderson et al., 2003)],并且其激活程度会在关注愉悦程度时增强,而不会在关注刺激强度时增强(Rolls, Grabenhorst, Margot, da Silva & Velazco 2008a)。

5.3.4　眶额皮层味觉和嗅觉神经元对食物视觉刺激的反应:期望价值神经元

这一脑区中有许多对视觉信号进行反应的神经元也会对嗅觉或味觉信号做出反应(Rolls & Baylis 1994)。这些神经元的反应会在视觉反转任务中发生快速反转(Rolls, Critchley, Mason & Wakeman 1996a),并且只有在饥饿条件下这些神经元才对食物的外观做出反应(Critchley & Rolls 1996c),从而对期望价值进行编码。因此,这部分眶额皮层似乎实现了这样一种机制,即可以根据与视觉刺激相关的奖赏(如味觉)灵活地改变神经元对视觉刺激的反应(Thorpe, Rolls & Maddison 1983, Rolls 2000b, Rolls 2004b, Rolls 2014b)。这也使我们能够预测和感受与所见食物有关的味觉,而这种对期望价值的表征对食物的选择非常重要。

在这一脑区中神经元对视觉信息的聚合,不仅使人们能够学习到食物的外在视觉信息与它的味觉和气味之间的联系,而且也为"食物的外观会影响其味觉"这样一个众所周知的效应提供了神经基础(见4.5.3.6节)。

5.3.5　杏仁核在进食中的功能

我们在4.6.4节中已经了解到,杏仁核受损会导致我们更多地选择非食用品。4.6.5节中给出的对灵长类动物杏仁核神经元的记录显示,不同的杏仁核神经元群可以对食物的味觉、气味、口感质地、温度和外观信息做出反应(Sanghera, Rolls & Roper-Hall 1979, Ono, Nishino, Sasaki, Fukuda & Muramoto 1980, Ono, Tamura, Nishijo, Nakamura & Tabuchi 1989, Nishijo, Ono & Nishino 1988, Ono & Nishijo 1992, Scott, Karadi, Oomura, Nishino, Plata-Salaman, Lenard, Giza & Aou 1993, Kadohisa, Rolls & Verhagen 2005a)(见图4.27中的示例)。脑区之间的对比表明,杏仁核主要表征食物的口感质地(Kadohisa, Rolls & Verhagen 2005b, Kadohisa, Rolls & Verhagen 2005a)。

对食物进行视觉表征的杏仁核神经元并非完全特定于表征食物。因为某些食物相关的神经元会对非食物刺激或新异的刺激做出反应,当奖赏的相倚性反转时,杏仁核神经元反应的反转既不像眶额皮层神经元那样明确快速,也不像进食到饱足时的食物贬值效应那样清晰迅速(见4.6.5节)。

因此,这些发现表明,杏仁核可能参与了一个不太灵活的回路,借此视觉刺激与强化物联系在一起。此处的神经元反应并非只对视觉刺激是否与强化物建立起联系进行编码,部分原因是神经元的反应不能迅速地发生反转,还有部分原因是神经元可以对相对新异的刺激做出反应。例如,猴子经常会拿起这些新异的刺激放到嘴里,做进一步探索。因此,在灵长类动物中,与高度发达的眶额皮层相比,杏仁核在了解哪种视觉刺激具有食物的味觉和气味时可能有些迟钝和不灵活(Rolls 2014b)。

5.3.6 眶额皮层在进食中的功能

在5.3节前面的部分和第4章总结的所有证据表明,眶额皮层表征与食物情感价值或愉悦度相关的信息。

对此还有进一步的佐证,即眶额皮层受损会改变对食物的偏好,因为眶额皮层受损的猴子会选择并食用以往排斥的食物(Butter et al. 1969, Baylis & Gaffan 1991)。它们的食物选择行为与杏仁核受损猴子的行为非常相似(Baylis & Gaffan 1991)。眶额皮层受损也会导致无法修正不恰当的进食反应。出现异常进食反应的情形包括:(1)消退,即对先前强化的刺激继续做出进食反应;(2)视觉辨认的反转,猴子对之前强化过的刺激或物体做出反应;(3)Go/Nogo任务,猴子对与食物奖赏无关的刺激做出反应;(4)被动回避,即使受到惩罚,它们也会做出进食反应(Butter 1969, Iversen & Mishkin 1970, Jones & Mishkin 1972, Tanaka 1973, Rosenkilde 1979, Murray & Izquierdo 2007, Fuster 2008)(见4.4.1节)。此外,眶额皮层11/13区的病变会破坏选择性饱足感任务中对食物价值的快速更新(Rudebeck & Murray, 2011)。眶额皮层的变化可能与额颞叶痴呆患者饮食习惯的某些变化有关,此类患者对甜食的渴望不断增强,同时饱足感降低,这通常会导致体重增加(Piguet 2011)。

与杏仁核相比,在眶额皮层及其投射到的基底前脑区域,神经元反应的反转速度更快(Thorpe, Rolls & Maddison 1983, Wilson & Rolls 1990b, Wilson & Rolls 1990c)。这表明当强化物的价值重复发生变化时,眶额皮层比杏仁核更多地参与到对刺激的行为反应的快速调整中,正如在辨认反转任务中那样(Thorpe, Rolls & Maddison 1983, Rolls 1999a, Deco & Rolls 2005a)。当强化联结发生改变时,对刺激反应灵活反转的能力在动机性行为(例如进食)和情绪行为中都有非常重要的意义。这种灵活性让眶额皮层增加了一个更基本的能力——杏仁核负责实现刺激—强化物的学习。

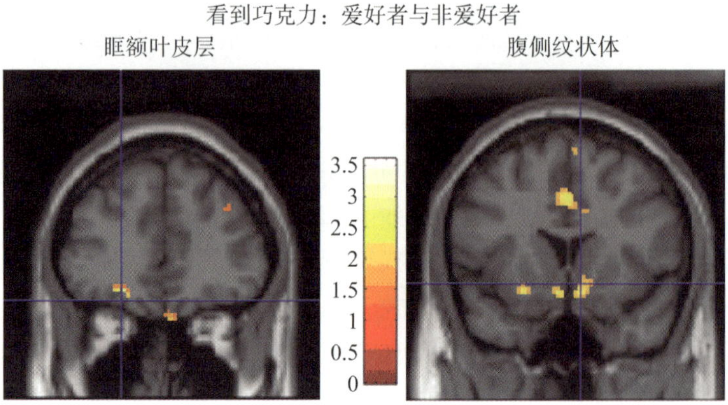

看到巧克力：爱好者与非爱好者

眶额叶皮层 腹侧纹状体

图 5.6 在看到巧克力时,巧克力爱好者比非爱好者眶额皮层中部和内侧部分的激活更强(在十字交叉镜下,e.q.［-28　42　-10］),腹侧纹状体的激活也更强(［-4　16　-12］)。(摘自 Edmund T. Rolls and Ciara McCabe, Enhanced affective brain representations of chocolate in cravers vs. non-cravers, *European Journal of Neuroscience*, 26(4) pp. 1067-1076, Copyright © 2007, John Wiley and Sons。)

灵长类动物眶额皮层高度发达,其连接与杏仁核中的连接相似(见图 4.25),以及它与杏仁核之间的连接,都表明在进化中,眶额皮层——作为功能持续皮层化的一部分,比杏仁核所处层级更高,它在需要快速调整刺激—强化物联结时尤为重要(Rolls 1990a, Rolls 2014b, Rolls 2017c, Rolls 2019e, Rolls 2021a)。这一假设在啮齿类动物中也得到了一致的验证。首先,它们的皮层下结构(如杏仁核和下丘脑)从前皮层味觉系统中获得味觉信息,在灵长类动物中则没有这种情况;其次,啮齿类动物中也存在与控制进食有关的、对味觉的一些前皮层加工[见上文以及斯科特和吉萨(Scott & Giza 1992)与罗尔斯和斯科特(Rolls & Scott 2003)]。相比之下,灵长类动物的味觉皮层加工过程得到了高度发展,并变得非常重要;并且上文所描述的眶额皮层区域恰好位于次级味觉皮层的内侧,后者恰好位于灵长类动物的尾外侧眶额皮层中,这是非常合理的。前面描述的靠近眶额味觉皮层的眶额皮层区域会发育,接收来自视觉联合皮层(颞下皮层)、嗅觉皮层(梨状皮层),可能还有躯体感觉皮层的输入信息,所以能迅速确定这些不同模式之间的奖励联结。

第 5.2 节和罗尔斯(Rolls 2014b)总结的饱足感信号是否能进入眶额皮层,以及它们如何调节味觉、嗅觉和视觉神经元对食物进行反应的细节,是未来值得研究的问题。

5.3.7　进食的信息输出通路

眶额皮层会投射到前扣带回,这提供了进食的输出信息,在前扣带回中,正在发生或已经发生了动作—结果学习过程并且动作是目标依赖的(见4.7节)(见图4.2)。眶额皮层和杏仁核将信息投射到纹状体中,这条基底神经节通路提供了进食(特别是刺激—反应习惯控制的进食)的输出信息(见6.3节)。在第4章中也介绍过,自主功能和内分泌功能与进食控制有关,受到下丘脑、眶额皮层、杏仁核和前扣带回相关输出信息的影响。

肥胖:使食物变得越来越可口的感觉和认知因素可能会覆盖现有的饱足感信号

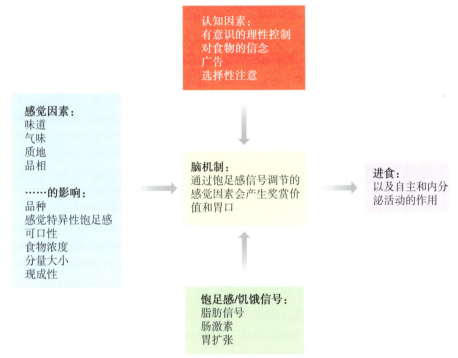

图 5.7 图中显示了眶额皮层中的感觉因素是如何与饱足信号相互作用,从而产生食物的享乐、奖赏价值,进而产生食欲开始进食的。认知和注意因素会直接调节脑中的奖赏系统。(After Edmund T. Rolls, Reward Systems in the Brain and Nutrition, *Annual Review of Nutrition*, 36, pp. 435 – 470.) 140

5.4　肥胖症和食物的奖赏价值

我将以参与对食物的情感反应和食欲控制的大脑机制作为这一章的结尾,因为这些系统紊乱可能导致肥胖和其他饮食失调症状。

随着肥胖率的增加,了解控制食欲的机制正成为一个越发重要的议题。在美国,肥胖影响着约三分之一的成年人(另有三分之一属于超重范畴)。在英国,自 1980 年以来,体重指数大于 30 的人数增长了三倍,达到 20%,而且人们意识到肥胖与主要的健康风险相关(在英国每周有 1 000 人死于肥胖)。了解进而尽可能减少和治疗肥胖是很重要的,因为许多疾病都与体重远高于正常值有关,包括高血压、心血管疾病、高胆固醇血症和胆囊疾病等;此外,肥胖与某些生殖功能缺陷(例如,排卵失败)有关,还会增加某些癌症的死亡率(Schwartz & Porte 2005,O'Rahilly 2009,Guyenet & Schwartz 2012)。

导致人类肥胖症的因素有很多(Schwartz & Porte 2005,O'Rahilly 2009,Guyenet & Schwartz 2012,Rolls 2007b,Rolls 2011b,Rolls 2012c)。为了找到减少和治疗肥胖症更好的方法,人们开展研究试图了解这些因素,目前研究大都取得了很大进展。这些因素分述如下(Rolls 2012c,Rolls 2014b,Rolls 2016e)。

5.4.1　遗传因素

遗传因素具有一定的重要性,人群中体重和静息代谢率的一些差异可以归因于遗传(Barsh & Schwartz 2002,O'Rahilly 2009,Farooqi & O'Rahilly 2017)。一小部分肥胖症病例可能与下丘脑的多肽系统功能障碍有关。例如,4% 的肥胖者缺乏促黑素细胞激素的受体(MC4)(Barsh,Farooqi & O'Rahilly 2000,Cummings & Schwartz 2003,Horvath 2005,O'Rahilly 2009)。与瘦素系统变化有关的肥胖症病例很少(O'Rahilly 2009,Farooqi & O'Rahilly 2017)。此外,肥胖者通常瘦素水平很高,因此瘦素的产生并不是问题所在。相反,瘦素抵抗(即不敏感)可能在某种程度上与肥胖症有关,抵抗可能部分与瘦素对弓状核 NPY/AGRP 神经元的反应较小有关(Munzberg & Myers 2005)。然而,尽管家庭内部的肥胖有相似之处,但配偶之间肥胖的相似性就像父母和孩子之间一样高,那么这些相似性就不能归因于遗传的影响了,而是反映了家庭对食物和体重态度的影响。

此外,自 1990 年以来发生的"流行性肥胖症"不能归因于基因的变化,因为时间跨度太短。取而代之,可能归因于例如食物的可口性、多样性和易得性提高等因素,这些因素是影响我们在不断改变的现代环境中获取和摄入食物数量的关键驱动因素(Rolls 2014b,Rolls 2007b,Rolls 2011b,Rolls 2012c,Heitmann,Westerterp,Loos,Sorensen,O'Dea,Mc Lean,Jensen,Eisenmann,

Speakman，Simpson，Reed & Westerterp-Plantenga 2012），在后文中还会进行介绍。与这一观点一致的是，自 1980 年以来，美国的食物摄入量增加了 20%（Guyenet & Schwartz 2012）。这一观点（Rolls 2014b，Rolls 2016e，Rolls 2007b，Rolls 2010d，Rolls 2011b，Rolls 2012c）被越来越多的人所接受（O'Rahilly 2009）。

5.4.2　大脑对食物感觉特性和愉悦度的加工

由食物的味道、气味、质地和外观带来的感觉因素在大脑中与饱足感信号（如胃胀气、与饱足感相关的激素等）相互作用，从而确定食物带来的愉悦度和可口程度，并通过这种方式来决定是否吃掉食物以及吃掉多少食物。如本章前面介绍的那样，食物的味道、气味、质地和外观汇聚到眶额皮层中，形成对食物风味的表征。有研究发现，眶额皮层表征食物的愉悦程度和可口程度，而只有在有食欲且已经选好食物的情况下才会激活对食物的价值表征，并且与食物风味的主观愉悦程度相关。眶额皮层对食物是否具有愉悦性质（会将所有饱足感信号都计算进去）的表征会激活诸如纹状体、扣带回这样的脑区，进而出现进食行为。

因此导致肥胖症的主要原因中有一部分是，在过去的 30 年里，食物的味道、气味、质地和视觉感觉刺激以及它们的易得性都大幅增加了，而在 5.2 节中提到的因胃扩张、饱足激素等产生的饱足感信号基本上保持不变。进而对大脑食欲控制系统产生的影响是，食物的奖赏价值和可口程度的平均净增长，超过了饱足感信号增加的幅度，导致过度进食和暴饮暴食的倾向（Rolls 2014b，Rolls 2007b，Rolls 2011b，Rolls 2012c，Rolls 2016e）。

在这种情况下，重要的是要更好地理解大脑产生食物愉悦度的规则以及这个系统是如何通过进食和饱足感来进行调节的。这一认识以及如何设计和控制感觉因素以避免忽略饱足感信号，是了解、预防和治疗肥胖症的重要研究领域。对编码食物味觉、嗅觉、脂肪质地和其他属性受体（Rolls 2011e）的理解，以及这些属性如何在大脑中进行加工（Rolls 2014b，Rolls 2007b，Rolls 2011b，Rolls 2012c，Rolls 2016e）的前沿进展，也为生产美味可口同时营养健康的食品提供了重要的可能性。

这一假设的一个重要方面是，不同的人可能有不同的奖赏系统，这些奖赏系统受到感觉和认知因素的强烈驱动，从而使食物变得非常美味。在一项相关实验中，我们发现在巧克力的外观和其风味的刺激下，巧克力爱好者比非巧克力爱好者的眶额皮层和前扣带回的激活程度要高得多（Rolls & McCabe 2007）。更详细地说,看到巧克力时,巧克力爱好者比非巧克力爱好者的内侧眶额皮层和腹侧纹状体的激活程度更高(见图 5.6)。相比非巧克力爱好者,对于巧克力爱好者来说,吃巧克力的同时看到巧克力图片对内侧眶额皮层和扣带回前膝部的激活比各个成分的总和(即超线性)更大。并且巧克力爱好者对巧克力及其相关刺激的愉悦度评分与扣带回前膝部和内侧眶额皮层的 fMRI 信号呈更高的正相关。因此,某种食物的爱好者和非爱好者的眶额皮层和扣带回前膝部及腹侧纹状体与上瘾相关的脑区(见第 6 章)对这一食物奖赏成分的反应是存在差异的。其中一些脑区中的差异与对食物的主观愉悦度评分有关(Rolls & McCabe 2007)。有趣的是,巧克力对脑岛味觉区的激活在巧克力爱好者和非巧克力爱好者之间没有区别,因此,实验发现的差异在于奖赏系统的调节,而不只是感觉系统(Rolls & McCabe 2007)。比弗、劳伦斯、迪朱、戴维斯、伍兹和考尔德(Beaver, Lawrence, Ditzhuijzen, Davis, Woods & Calder 2006)也描述过大脑对食物图片反应的个体差异。

143 对食物奖赏反应的个体差异体现在与控制食物摄取相关脑区的激活程度上(Rolls 2014b, Rolls 2007b, Rolls 2011b, Rolls 2012c),这一发现可能为理解和帮助控制食物摄取提供了一种思路。如在第 2 章和第 3 章中提到的,奖赏系统的个体差异是可以预期的,因为这些系统的变异是进化中自然选择过程的一个重要部分。这一领域的研究正在迅速发展,旨在了解食物对大脑不同系统的激活与肥胖之间的关系(Volkow, Wang, Tomasi & Baler 2013)。

5.4.3　食物的可口程度

导致肥胖症的一个因素是食物的可口程度。现代食品生产方法带来的可口程度的提升要比我们进食控制系统的进化快得多。这些大脑系统的进化能利用诸如胃扩张和葡萄糖使用率这样的内部信号来减少进食的愉悦度,从而停止进食。然而,现代食品更高的可口程度可能意味着这种平衡被打破了。因此出现这样一种趋势,食物越可口,就越难控制摄入食物的标准食用量,因此在一餐中摄入了额外的食物(Rolls 2014b, Rolls 2012c, Rolls 2016e)(见图 5.7)。

5.4.4　感觉特异性饱足感

正如第 4 章和第 5 章介绍的,感觉特异性饱足感是指在吃饭时对某种食物的食欲下降,而对其他食物的食欲没有下降的现象。它是影响一餐中每种食物进食量的一个重要因素,其进化意义可能是鼓励我们吃各种不同的食物,从而获得多种营养物质。由于感觉特异性饱足感的存在,如果一餐中食物的种类很丰富,则可能会导致过度进食。现在我们很容易就能获得各种口味、质地和外观的食物,这种多样性可能是导致食物摄入量过多的一个原因。

5.4.5　固定的用餐时间以及食物易得性

另一个导致肥胖的可能因素是固定的用餐时间,因为人类要通过改变用餐的时间间隔来正常控制食物的摄入量并不容易。即使没有饥饿感,人们在进餐时间还是会吃东西(Rolls 2014b)。甚至不止如此,由于食物的高度易得性(在家里和工作场所)以及广告的刺激作用,用餐后饱足感信号仅下降了一点点就产生再次进食的倾向,结果就是进食系统又一次过载。

5.4.6　食物的特色和分量

凸显食物,例如将食物陈列出来,会增加人们特别是肥胖人群对食物的选择。食物的分量大小也会影响进食量,例如提供大份的食物会增加对食物的摄取(Rolls 2012a)。但如果不是在实验测试时,而是在实际生活中改变一餐中食物分量的大小,那么食物分量是否仍然是导致肥胖症的一大因素还不得而知。视觉和其他刺激对由食物奖赏激活的大脑系统的驱动作用(包括广告的影响)可能因人而异,这也可能是导致肥胖症的原因之一。

144

5.4.7　食物的能量密度

虽然高能量密度食物的胃排空速度较慢,但是胃排空速度的降低不足以完全抵消较高的食物能量密度(Hunt & Stubbs 1975,Hunt 1980)。这意味着吃能量密度高的食物(例如高脂肪含量食物)可能不会让胃产生足够的饱足感。因此,食物的能量密度是影响一顿饭消耗多少能量的因素之一(Rolls 2012a)。事实上,值得注意的是,肥胖者倾向于吃高能量密度的食物,并倾向于光顾提供高能量密度食物(如高脂肪)的餐馆。根据临床经验,肥胖者的胃排空速度比瘦的人更快,因此,胃部饱胀在肥胖者产生饱足感方面的作用可能更小。同样重要的是,食物的风味会随食物能量密度的变化而变化,导致在几天内进食的低能量密度食物比高能量密度食物更多,这种现象被称为条件食欲或条件饱足感(Booth

1985)。

5.4.8 进食速度

另一个影响肥胖的因素是进食速度。肥胖者的进食速度通常都比较快,因而当食物已经到达肠道进行消化时,还没有足够的时间让饱足感信号发挥作用。

5.4.9 压力

另一个潜在的因素是压力。压力可以诱导人进食,并导致肥胖倾向。(在一个大鼠的压力模型中,呈现食物的同时给予轻微的压力会导致过度进食和肥胖症,而抗焦虑药物可以减少这种暴饮暴食行为。)

5.4.10 饮食冲动

暴饮暴食与上瘾有一些相似之处。在一个暴饮暴食的啮齿类动物模型中,每天几个小时摄入蔗糖会导致一段时间内出现对蔗糖的暴食行为(Berner,Bocarsly, Hoebel & Avena 2011)。暴饮暴食与多巴胺的释放有关。上述模型会让暴饮暴食更像是成瘾(至少在这个模型中是这样),因为当暴饮暴食行为成为一种习惯后,撤掉蔗糖会减少腹侧纹状体[参与药物(如安非他命)成瘾过程的脑区]中多巴胺的释放,改变多巴胺与腹侧纹状体中多巴胺受体的结合,会出现上瘾的戒断反应,包括牙齿打颤等。在戒断中,动物会对安非他命高度敏感。另一个大鼠模型正被用于研究过量摄取脂肪的现象,以及探究与之相关联的强化线索是否可以被 GABA-B 受体激动剂巴氯芬减少(Berner et al. 2011)。对于人类而言,被食物和成瘾相关线索激活的大脑系统有一定的重叠(Volkow et al. 2013)。

5.4.11 能量输出

如果摄入的能量大于输出的能量,体重就会增加。因此,能量输出是二者平衡的一个重要因素。对人类的研究表明,尽管锻炼有益于健康,但其对肥胖者或正在变肥胖的人的体重增加和肥胖没有显著影响(Wilks, Besson, Lindroos & Ekelund 2011, Thomas, Bouchard, Church, Slentz, Kraus, Redman, Martin,

Silva，Vossen，Westerterp & Heymsfield 2012)。这些发现帮助我们强调理解导致过度进食行为原因的重要性,包括某些因素(如某些个体的奖赏系统对食物的反应增强)和某些效应(如现代社会中产生的奖赏信号大于饱足感信号,后者在目前的进化进程中还没有发生改变)(Heitmann et al. 2012)。

5.4.12 认知因素与注意

如上文提到的,认知因素(如关于某一特定食物或气味本质的先入之见)可以到达眶额皮层的嗅觉和味觉奖赏价值系统,这些系统控制食物的可口程度,从而影响嗅觉、味觉或者风味刺激带来的愉悦度(De Araujo，Rolls，Velazco，Margot & Cayeux 2005，Grabenhorst，Rolls & Bilderbeck 2008a)。这对认知因素控制食物摄取有进一步的启示意义,并且需要开展进一步研究。例如,有些研究中以对食物的奖赏价值的描述作为认知因素,如"丰富美味"。但也有研究是描述吃了某种食物的后果作为认知因素,比如"吃这种食物容易变重""吃这种食物会使你的体型发胖""吃这种食物会使你变得不那么具有吸引力""吃这种食物会降低罹患某种疾病的风险"等,这些认知描述也会调节眶额皮层对食物奖赏效价的表征。如果真是这样,这些进一步的认知调节方式也许可以用在预防和治疗肥胖症中。

此外,对食物情感属性的注意也会调节眶额皮层对食物奖赏效价的加工(Rolls，Grabenhorst，Margot，da Silva & Velazco 2008a，Grabenhorst & Rolls 2008，Ge，Feng，Grabenhorst & Rolls 2012，Luo，Ge，Grabenhorst，Feng & Rolls 2013)。这再次表明,注意力的指向可能对食物过度刺激食物摄入的程度起到重要作用。不去关注食物的奖赏性质,或者关注食物的营养价值和能量含量等其他特性,可能会减少食物对大脑中食物奖赏系统的激活,这可能是又一种有助于预防和治疗肥胖症的有效方法。

5.4.13 中年妇女体重增加

女性体重的增加可能发生在中年阶段(Kapoor，Collazo-Clavell & Faubion 2017)。可能的相关因素包括体力活动减少、与肌肉组织减少相关的新陈代谢变慢等。更年期本身可能与体重增加无关,因为身体脂肪的增加可以由肌肉组织的减少来抵消。但更年期雌激素的减少确实与内脏脂肪分布的增加有关(Kapoor et al. 2017)。地中海式饮食有助于减肥,并降低患心血管疾病的风险。

这种饮食强调摄入植物性食物,包括水果、蔬菜、全谷物、坚果和豆类等,并适量摄入脂肪(Kapoor et al. 2017)。

5.4.14　符合肥胖危险因素的信息

在保持健康饮食的同时降低食物摄入,并通过诸如增加运动锻炼的方式来促进能量的消耗,找到这些过程中长期有效的信息是非常重要的。在这方面,大脑表征食物奖赏价值上存在个体差异[如我们针对巧克力爱好者和非爱好者的研究中所发现的(Rolls & McCabe 2007)],这种差异是影响个体能否遵从的可能因素之一。但是其他可能影响遵从性的因素也存在个体差异,比如冲动,眶额皮层也参与其中(Berlin, Rolls & Kischka 2004, Berlin, Rolls & Iversen 2005, Robbins, Gillan, Smith, de Wit & Ersche 2012)。与由基因限定的即时回报相比,个体停止进食的能力会受到推理系统及其长期利益的影响,理解在这方面存在个体差异非常重要(见第10章)。酒精等物质也有可能会改变二者的平衡,使个体暂时或长期变得更冲动,更不受推理执行系统的控制(Crews & Boettiger 2009),因此更容易选择进食,并且是不健康地进食。荷尔蒙可能会增强酒精对冲动的影响(Barson, Karatayev, Chang, Johnson, Bocarsly, Hoebel & Leibowitz 2009)。理解这些过程,并使个体从中受益,可能也能够预防和治疗肥胖症。

总的来说,我认为理解上述所有内容,并将它们结合起来使用(而不是单独利用其中一个),可能有助于控制过度进食和体重(Rolls 2012c, Rolls 2014b, Rolls 2016e)。我已经列举了一些在现代社会中可能会导致过度进食和肥胖症的因素,例如增加奖励信号对大脑食欲控制系统的影响,或是使个体难以抵抗食物增加的享乐价值等。其中的任何一种,或者是几种原因的组合,都有可能导致过度进食和肥胖症。在这种情况下,要预防和治疗肥胖症,仅仅减少、关注或检测其中的一个或几个因素是不够的。由于有许多因素都可以导致暴饮暴食和肥胖,所以总有可能是其他的因素在起作用。因此,我得出的结论是,鉴于任何一个因素或几个因素都有可能导致暴饮暴食和肥胖,所以为了预防和治疗肥胖症,综合考虑上述所有的因素都可能是非常重要的。

6　情绪、奖赏与成瘾的药理学；基底神经节

6.1　情绪的药理学概述

苯丙胺、可卡因等精神性运动成瘾类药物通过影响腹侧纹状体的多巴胺系统发挥作用，腹侧纹状体是基底神经节的一部分，基底神经节的功能将在本章6.3节中进行介绍。

释放多巴胺的神经元，数量相对较少，这些神经元的胞体位于脑干，但它们与基底神经节以及额叶、颞叶皮层具有广泛的联系。当接受到的奖赏高于预期时，一些多巴胺神经元就会放电。这些神经元可能参与习惯的缓慢形成、刺激—反应和基底神经节系统的活动。它们仅在奖赏高于预期时才做出反应，而非对奖赏价值做出反应，因此在情绪中所起的直接作用似乎不及眶额皮层。眶额皮层神经元负责对奖赏价值进行编码，其激活与主观快感相关。

其他多巴胺神经元对厌恶性刺激做出反应。这就引出了一个问题，即多巴

胺系统是否更像是一个"Go"系统,而不仅仅是一个用于获得比预期更好的奖赏的系统。与此相一致的是,在主动动作受损的帕金森氏病中,正是多巴胺系统发生了退化。

虽然对多巴胺神经元接受的信息来自何处这个问题的研究少得出人意料,但已有假设提出,可能的通路源于眶额皮层和杏仁核,并通过腹侧纹状体和缰核等通路影响脑干的多巴胺(和 5-羟色胺)神经元。

吗啡等药物作用于大脑中的阿片受体可以减轻疼痛,进而起到强化作用。某些类型的感官刺激可能会使大脑释放出诸如脑啡肽等内源性阿片类物质以控制疼痛。

包括苯二氮卓类药物在内的许多抗焦虑药物可以增强抑制性神经递质GABA(γ-氨基丁酸)对某些脑区的抑制作用。大麻衍生物(大麻、大麻制剂等)中含有诸如 Δ^9-四氢大麻酚(Δ^9-THC)等物质,它们可激活大脑中的大麻素受体(CB1),从而影响疼痛、记忆和认知功能。

影响抑郁的药物(包括影响 5-羟色胺神经元的药物)的药理学作用将在第9章介绍。

6.2 大脑中的多巴胺系统

多巴胺参与大脑中的奖赏系统(多巴胺输入主要到达眶额皮层);参与成瘾;参与本章 6.3 节中所讨论的基底神经节的机能(基底神经节提供了源自眶额皮层、扣带回和杏仁核的一系列输出)。因此,我们首先来介绍大脑中多巴胺系统的药理学。

6.2.1 多巴胺的药理学作用

通常情况下,当动作电位发生时,包裹在囊泡里的多巴胺从突触前膜内释放出来。被释放的多巴胺穿过突触间隙,激活突触后膜上的多巴胺受体(有数种类型)。药物学制剂氟哌啶醇、螺哌啶醇和匹莫齐特能够阻断突触后膜的多巴胺受体。药物苯丙胺可增强突触前膜多巴胺的释放(图 6.1)(Iversen, Iversen, Bloom & Roth 2009)。

多巴胺被释放到突触中后,其中有些会激活突触后受体,剩余的多巴胺将通过多种途径被迅速地从突触中清除。一种途径是由突触前末梢再摄入。该过程涉及多巴胺转运体(DAT),且可被苯丙胺和可卡因阻断,因此二者均会增加突触中多巴胺的浓度。从突触中清除多巴胺的另一种途径是通过单胺氧化酶(MAO),它会破坏多巴胺。单胺氧化酶存在于突触中,也存在于突触前通路中。因此,单胺氧化酶抑制剂(MAOI)也会增加突触中多巴胺的浓度[以及去甲肾上腺素能突触中去甲肾上腺素的浓度,5-羟色胺能突触中 5-羟色胺(5-HT)的浓度]。还有一种清除多巴胺的途径

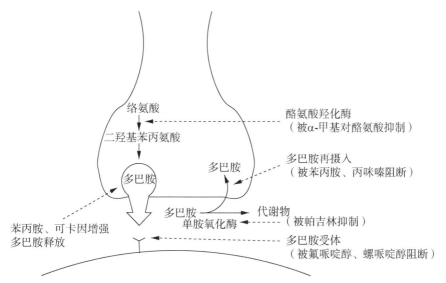

图 6.1 药物学制剂如何影响多巴胺能突触的示意图。上方的突触前末梢与下方的突触后细胞被突触间隙分开。

是将多巴胺从突触间隙扩散出去。

6.2.2 多巴胺的通路

研究者使用组织荧光和其他技术对多巴胺神经元的通路进行了追溯 (Dahlstrom & Fuxe 1965，Ungerstedt 1971，Bjorklund & Lindvall 1986，Cooper, Bloom & Roth 2003，Haber 2016)。中脑—纹状体多巴胺投射(见图 6.2)主要源于(但不限于)黑质致密部的 A9 多巴胺细胞群,并投射至(背侧或新)纹状体,尤其是尾状核和壳核。中脑—边缘多巴胺系统主要源于 A10 细胞群,并投射至伏隔核和嗅结节,它们共同构成腹侧纹状体(见图 6.2)。此外,还有一个中脑—皮层多巴胺系统,主要由 A10 神经元投射至额叶皮层,但灵长类动物比较特别,其 A10 神经元也投射至包括部分颞叶皮层在内的其他皮层区域。

6.2.3 多巴胺物质的自身给药①与成瘾

本节总结了以下研究发现:主要的精神性运动兴奋剂药物,例如苯丙胺和可卡

---

① 自身给药(self-administration)是行为药理学研究的常用方法,例如研究药物成瘾、戒断、复吸等。利用药物的正强化作用,通过一定条件控制,使动物建立起行为与奖赏之间的联系,从而模拟人类药物滥用的行为。通常使用大鼠和恒河猴等动物进行动物实验,首先在动物的静脉进行插管手术,训练动物产生自身给药行为(如按压杠杆)。——译者注

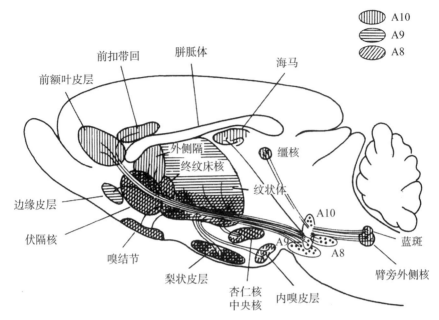

前额叶皮层 前扣带回 胼胝体 海马

A10 A9 A8

外侧隔
终纹床核 缰核

边缘皮层 纹状体

伏隔核 A10

嗅结节 蓝斑

梨状皮层 A9 A8

杏仁核中央核 内嗅皮层 臂旁外侧核

149　**图 6.2**　含有多巴胺的主要中枢神经元通路分布的示意图。斑点区域表示主要的神经末梢区域及其源头细胞群。此图中的细胞群根据达尔斯特伦和福克斯(Dahlstrom & Fuxe 1965)的系统命名法命名。黑质致密部的 A9 细胞群是主要包含多巴胺的细胞群之一,主要构成终止于纹状体的黑质—纹状体多巴胺通路。腹侧被盖区的 A10 细胞群是另一个主要包含多巴胺的细胞群,主要构成终止于伏隔核与嗅结节的中脑—边缘多巴胺通路(统称为腹侧纹状体),以及终止于前额叶、前扣带回和一些其他皮层区域的中脑—皮层多巴胺通路。转载自 *The Biochemical Basis of Neuropharmacology*, 8th edition, by Jack R. Cooper, Floyd E. Bloom, and Robert H. Roth, p. 227, Figure 9. 1a © Oxford University Press, 2004. 经许可使用。

因,都能促进多巴胺的释放,它们可以通过引起伏隔核(腹侧纹状体的一部分)中多巴胺机制的活动来产生奖赏(Everitt & Robbins 2013, Koob & Volkow 2016),而伏隔核接受腹侧被盖区 A10 细胞群的多巴胺输入。这些药物具有成瘾性,了解它们在大脑中的作用模式有助于阐明这些药物如何产生疗效。一些研究发现如下所示:

1. 苯丙胺(可增加多巴胺与去甲肾上腺素的释放)可由人类、猴子、大鼠等通过静脉注射进行自身给药。

2. 自身静脉注射苯丙胺可由多巴胺受体阻断剂阻断,这些阻断剂包括匹莫齐特和螺哌啶醇等。这意味着精神性运动兴奋剂引起多巴胺的释放,多巴胺作用于多巴胺受体,进而产生奖赏。受体阻断剂首先会加快动物进行静脉注射的速率。其原因
150　在于,当多巴胺受体被阻断时,每按压一次杠杆所获得的苯丙胺会比没有受体阻断时产生的奖赏更少,所以动物为了获得相同的净奖赏量要按压更多次杠杆。当奖赏量

降低时,就会出现这种典型的低比率操作性反应行为。这一速率的加快是一个很好的对照标准,表明所用剂量的多巴胺受体阻断剂不会通过干扰运动反应来产生减少奖赏的作用。

3. 阿扑吗啡(激活 D2 多巴胺受体)可通过静脉注射进行自身给药。

4. 伏隔核的 6-OHDA 损伤会大大减少间接多巴胺受体激动剂[1](如 D-苯异丙胺和可卡因)引发的静脉自身给药。

5. 大鼠可以学会自身给药极少量的苯丙胺至伏隔核。中脑—边缘多巴胺通路的 6-OHDA 损伤会消除这一效应。

啮齿类动物的可卡因自身给药行为在早期受伏隔核和背内侧纹状体的动作—结果系统控制,而自身给药行为在重复数周后则受依赖背外侧纹状体的刺激—反应、习惯过程控制(Everitt, Belin, Economidou, Pelloux, Dalley & Robbins 2008, Everitt & Robbins 2013)。

当人体摄入苯丙胺时,激活的脑区主要是内侧眶额皮层、前扣带回的吻侧部和腹侧纹状体(Voellm, De Araujo, Cowen, Rolls, Kringelbach, Smith, Jezzard, Heal & Matthews 2004)。这表明精神性运动性兴奋剂产生的奖赏和快乐,至少可能部分源于内侧眶额皮层和前扣带回的激活。这两个皮层都接受多巴胺输入,并且都存在由自然奖赏所产生的神经元激活。与此一致的是,当向可卡因(另一种精神性运动兴奋剂)成瘾者呈现与可卡因有关的毒品相关联的条件刺激时,他们的眶额皮层及其投射区域如腹侧纹状体会激活(Volkow et al. 2013)。此外,与眶额皮层在精神性运动兴奋剂的奖赏价值中的作用相一致,猴子会自身给药苯丙胺至眶额皮层(Phillips, Mora & Rolls 1981)。

引发成瘾的(巴甫洛夫)条件性线索,可能会通过巴甫洛夫—工具性迁移,导致成瘾复发(Cardinal et al. 2002)。这些条件性线索可能部分地通过眶额皮层发挥作用,因为柴尔德里斯等人(Childress et al. 1999)已表明,给成瘾者看与可卡因有关线索的视频,激活了他们的眶额皮层以及部分前扣带回和内侧前额叶。

然而,多巴胺似乎无法实现诸如阿片类药物、尼古丁和大麻等其他药物的奖赏作用,因为这些药物并不能增加多巴胺的释放[2],故需要重新评估多巴胺使人类对兴奋剂药物成瘾的证据(Nutt, Lingford-Hughes, Erritzoe & Stokes 2015)。

---

[1] 激动剂是与受体结合并使之激活,产生生理反应的化合物。——译者注

[2] 此处,为了便于理解,我们结合原文中所引用的研究内容,对原文中的句子进行了补充与意译。——译者注

6.2.4　与多巴胺释放有关的行为

通过确定哪些因素影响多巴胺的释放可以研究多巴胺的功能。研究发现,与自我进食这一完成性行为相比,进食的准备行为(包括觅食、囤积食物、为获取食物和其他强化物而进行的工具性反应)与多巴胺的释放更相关(Phillips, Vacca & Ahn 2008, Phillips, Pfaus & Blaha 1991)。多巴胺的释放还可能与运动和激励动机有关(Phillips et al. 2008)。

尽管大多数研究都聚焦于奖赏行为,但也有大量证据表明厌恶性或应激性刺激会引起多巴胺的释放(Bromberg-Martin, Matsumoto & Hikosaka 2010)。例如,拉达、马克和霍贝尔(Rada, Mark & Hoebel 1998)研究表明,当大鼠努力逃避下丘脑的厌恶性刺激时,伏隔核会释放多巴胺。

6.2.5　多巴胺神经元和奖赏预测误差

大量证据表明,多巴胺神经元可以表达正性奖赏预测误差。也就是说,当意外获得奖赏,或获得的奖赏大于预期,或得到能够预测奖赏的刺激时,多巴胺神经元会做出反应(Schultz 2013, Glimcher 2011b, Schultz 2016b, Schultz 2016a)。多巴胺神经元的相位反应以一个非选择性成分开始,随后是一个可能长达 200 毫秒的潜伏期。如果奖赏较大且符合预期,那么随后第二个成分会增加放电;如果奖赏小于预期,那么其很低的自发放电率会进一步降低。然而,支持该解释的证据并不完全一致,因为有些多巴胺神经元对厌恶性刺激反应,有些多巴胺神经元对奖赏性和厌恶性刺激都会反应,而另一些则对在其他方面可能凸显的刺激(如新异刺激)反应(Matsumoto & Hikosaka 2009a, Bromberg-Martin et al. 2010)。此外,一些正性奖赏预测误差神经元也会对低浓度下的苦味增加放电(Schultz 2016b),即使苦味并非正性奖赏的预测误差。更为复杂的是,多巴胺神经元的强直性、持续性放电与奖赏的不确定性有关(Fiorillo, Tobler & Schultz 2003)。更复杂的问题是,一些多巴胺神经元与习惯性奖赏有关,并不表达典型的正性奖赏预测误差(Kim, Ghazizadeh & Hikosaka 2015)。

因此,这些多巴胺神经元与眶额皮层中编码奖赏的神经元非常不同,后者对结果的价值做出反应。眶额皮层中编码奖赏的神经元的激活与口味、气味等的主观情感价值存在线性相关,因此与情感价值关系密切,正如第 4 章和第 5 章(包括第 4 章 4.3 节)所述。不同之处在于,多巴胺神经元只对比预期更好的结果反应,而不对结果的价值反应。此外,一旦任务被习得,多巴胺神经元会很快停止对初级(未经学习的)强化物或结果的反应,而仅仅对任务的一个试次即将开始的最早标示反应(Schultz, Romo, Ljunberg, Mirenowicz, Hollerman & Dickinson 1995)。**因此,如果试次是成功的,多巴胺神经元就不再传递有关获得初级奖赏的信息,而只会传递主观情感价**

值。所以它们与第 4 章所述的眶额皮层中编码结果价值的神经元不同,也无法实现后者的功能。

这些多巴胺神经元也非常不同于眶额皮层中负性奖赏预测误差神经元,后者在奖赏结果低于预期时会有强烈的放电增加[如图 4.16 所示,Thorpe, Rolls & Maddison(1983)]。

另一个难以回答的问题是多巴胺神经元从何处接受其输入,因为计算正性奖赏预测误差所需要的信号,即期望价值和结果价值,并非中脑神经元的特征。这是个意料之外地几乎无人关注的问题(Schultz 2013, Schultz 2016b, Schultz 2016a)。但是,如本书 9.7.1 节和图 9.14 所示,我认为可能存在源自眶额皮层和杏仁核的通路,通过腹侧纹状体和缰核等通路影响脑干的多巴胺(和 5 -羟色胺)神经元(Rolls 2017b)。

尽管存在上述难题,但多巴胺正性奖赏预测误差的假说已被多个学习模型所采纳,其中误差信号被用于训练多巴胺通路接受区域(例如纹状体)中的突触连接(Waelti et al. 2001, Dayan & Abbott 2001, Schultz 2013, Glimcher 2011b)。该误差可用于强化学习系统,以实现时间差分学习[Dayan & Abbott(2001), Rolls(2014b)对二者都有所介绍]。多巴胺实现时间差分学习的一个可能效应或许是,多巴胺的释放会通过作用于纹状体中的 D1 受体,促进纹状体神经元的皮层谷氨酸能兴奋性输入的突触长时程增强(Long-term potentiation, LTP)[参见 Schultz(2013)]。这种慢速学习方式可能有助于纹状体对刺激—反应习惯的学习(参见 6.3 节)。与此相一致的是,我们(Rolls et al. 2008e)和许多其他研究者(Garrison, Erdeniz & Done 2013)发现,在许多任务中腹侧纹状体的激活与时间差异奖赏/惩罚预测误差相关。

总而言之,尽管有很多证据表明,有些多巴胺神经元编码奖赏预测误差信号,但该假说仍然面临一些困难。另一种假说认为,总体上多巴胺神经元共同反映了许多凸显刺激的效应,即多巴胺的释放促进了基底神经节和其他大脑区域的信息传递,进而在这些凸显刺激引起的行为中具有重要功能。上述可能性在其他地方有进一步的讨论(Rolls 2014b, Rolls 2019e, Rolls 2021a)。

6.3　基底神经节如同情绪和动机行为的输出系统

6.3.1　基底神经节概述

基底神经节属于进化过程中古老的皮层下结构,它为大脑中与情绪相关的部分脑区(包括眶额皮层、杏仁核和前扣带回皮层)构筑了一条路径,以生成与习惯相关的刺激—反应行为(图 4.3)。

一般来说,纹状体由尾状核、壳核和腹侧纹状体/伏隔核组成,接受大脑皮层相邻区域的输入,然后进一步汇聚至苍白球和黑质的第二加工阶段(图6.3和6.4)。

　　纹状体和苍白球/黑质的工作原理是,其神经元利用抑制性神经递质GABA(γ-氨基丁酸)直接相互抑制。这是对输出进行选择的一种简单而安全的方式,即通过两阶段融合(皮层到纹状体,纹状体到苍白球/黑质),将任一加工阶段中输入到神经元的数量限制为约10 000,从而实现对输出的选择。

　　输入到纹状体的多巴胺,可以促进该系统中从输入到输出的适当映射。

　　有趣的是,基底神经节的输出并不直接向下去往脑干运动区,而是通过丘脑投射向上返回到皮层,包括皮层运动区以及其他皮层区域(图6.3)。因此,基底神经节可能是一个允许在不同皮层区域的输出间竞争的更为通用的系统,进而选择性地映射到几个输出,以确保动作执行的一致性。

　　在帕金森氏病中,多巴胺神经元逐渐退化,皮层输入与运动之间的联系开始失灵。

　　有关基底神经节功能的进一步证据,请见其他文献(Rolls 2014b,Rolls 2016d,Rolls 2021a)。

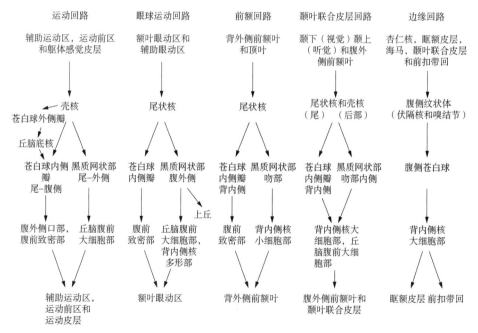

153　**图6.3**　对基底神经节连接的一些解剖学研究(见正文)的总结。基底神经节的前四个回路中(图中从左向右)都存在从纹状体经由苍白球外侧瓣和丘脑底核(STN)至苍白球内侧瓣的间接通路。

6.3.2　基底神经节的系统级体系结构

　　顺行和逆行神经解剖路径追踪实验技术表明了灵长类动物基底神经节点到点的连接,如图 6.3 和 6.4 所示。总的连接是由皮层或边缘系统的输入到达纹状体,然后投射至苍白球和黑质网状部,再转而通过丘脑投射回大脑皮层(DeLong & Wichmann 2010, Gerfen & Surmeier 2011, Buot & Yelnik 2012, Haber 2016)。在这个整体中,存在一系列至少部分分开的平行加工通路,如图 6.3 和 6.4 所示(Rolls & Johnstone 1992, Rolls 2014b, Rolls 2016c, Haber 2016, Bostan, Dum & Strick 2018)。特别值得关注的是,在大脑的奖赏机制中,杏仁核、眶额皮层和海马等边缘系统和相关结构投射至腹侧纹状体(包括伏隔核),腹侧纹状体通过腹侧苍白球与丘脑背内侧核相连,从而与前额叶和扣带回相连(Buot & Yelnik 2012, Julian, Keinath, Frazzetta & Epstein 2018)。值得注意的是,来自杏仁核和眶额皮层的投射不局限于伏隔核,还会投射到尾状核头部的邻近腹侧部分(Amaral & Price 1984, Seleman & Goldman-Rakic 1985)。

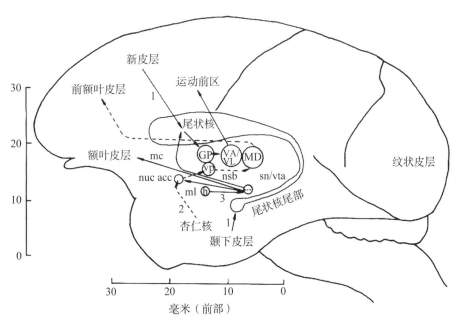

图 6.4　猕猴大脑的侧视图显示了纹状体及其相连区域中单个神经元的活动。GP,苍白球;h,下丘脑;sn,黑质致密部(A9 细胞群),形成黑质—纹状体多巴胺能通路或黑质纹状体束(nsb);sn/vta,黑质致密部/腹侧被盖区;vta,腹侧被盖区,包含 A10 细胞群,形成投射至额叶和扣带回的中脑—皮层多巴胺通路(mc),以及投射至伏隔核(nuc acc)的中脑—边缘多巴胺通路(ml)。从伏隔核到腹侧苍白球存在一条通路投射至丘脑背内侧核(MD),再转而投射至前额叶。相应地,苍白球经由丘脑腹前核和腹侧核(VA/VL)投射至运动前区等皮层区域。

在直接通路(由纹状体直接到苍白球内侧瓣)的纹状体神经元中,多巴胺通过 D1 受体引发或延长谷氨酸兴奋性输入,而具有兴奋性作用。在间接通路(纹状体经由苍白球外侧瓣再经由丘脑底核到达苍白球内侧瓣,见图 6.3)的纹状体神经元中,D2 受体的激活通过减少谷氨酸释放和延长膜的失活状态(超极化),而具有抑制作用。多巴胺的两种作用都倾向于促进行为的输出(Gerfen & Surmeier 2011)。

6.3.3 纹状体不同部位的神经元活动

我们将首先讨论腹侧纹状体的神经元活动,因为它与基底神经节的奖赏加工特别相关。我们再讨论猴子的神经元研究,因为猴子眶额皮层的输入与啮齿类动物如此不同。在视觉辨别任务中,猕猴腹侧纹状体中一些神经元对奖赏性视觉刺激有反应,不过这些反应不如投射至腹侧纹状体的眶额皮层神经元的反应那么清晰。其他腹侧纹状体神经元,有的对面孔反应,有的对新异视觉刺激反应,有的对其他视觉刺激反应,还有的涉及躯体感觉刺激及运动,或对预示任务开始的线索反应(Rolls & Williams 1987, Williams, Rolls, Leonard & Stern 1993)。

尾状核尾部及其相邻的壳核中的神经元,接受颞下视觉皮层和纹前皮层的输入(Kemp & Powell 1970, Saint-Cyr, Ungerleider & Desimone 1990),并对视觉刺激反应,但其适应速度很快(Caan, Perrett & Rolls 1984)。这些神经元可能参与探测和指向新的视觉刺激。

壳核腹后部的神经元接受颞下视觉皮层和前额叶皮层的输入(Goldman & Nauta 1977, Van Hoesen, Yeterian & Lavizzo-Mourey 1981),在视觉短时记忆任务(延迟样本匹配任务)中有反应,即在延迟期对样本反应(Johnstone & Rolls 1990, Rolls & Johnstone 1992)。它们反映了投射至纹状体这一部分的皮层区域的活动。

尾状核头部的神经元接受从前额叶皮层的输入(Kemp & Powell 1970, Haber 2016),这些神经元可以被许多环境刺激激活,并且常常会被任务即将开始的线索激活(Rolls, Thorpe & Maddison 1983c)。这些神经元可能参与运动的准备。

壳核前部的许多神经元接受运动和躯体感觉皮层区域的输入,其活动与运动有关(Rolls, Thorpe, Boytim, Szabo & Perrett 1984b, DeLong & Wichmann 2010)。在壳核神经元中存在一个对应躯体特定区域的组织,其不同区域分别包含对手臂、腿部或口面部等运动进行反应的神经元。其中一些神经元只对主动运动进行反应,而其他神经元则对主动和被动运动都进行反应。这些神经元中有许多对口部运动(如舔舐)进行反应。在黑质网状部中也发现了类似的神经元,而黑质网状部是壳核的投射区域(Mora, Mogenson & Rolls 1977)。

这一证据以及许多其他有关基底神经节内树突状排列的证据(Percheron,

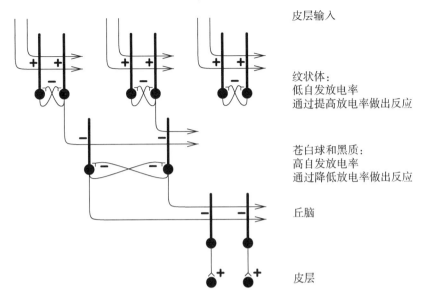

皮层输入

纹状体：
低自发放电率
通过提高放电率做出反应

苍白球和黑质：
高自发放电率
通过降低放电率做出反应

丘脑

皮层

图 6.5 基底神经节网络结构的简单假说。如图所示,纹状体、苍白球和黑质网状部的一 155
个重要特征是,其主要神经元之间都具有直接的抑制性连接(–)。这些突触使
用 GABA 作为递质。传递到纹状体的兴奋性输入表示为 + 。(转载自 *Neural
Networks and Brain Function* by Edmund T. Rolls and Alessandro Treves, p.
220, Figure 9.14 © Edmund T. Rolls and Alessandro Treves, 1998. 经许可
使用。)

Yelnik & François 1984a, Percheron, Yelnik & François 1984b, Percheron, Yelnik,
François, Fenelon & Talbi 1994, Yelnik 2002, Buot & Yelnik 2012),合在一起形成
了有关基底神经节如何运作的假说,请见图 6.5(Rolls 2014b, Rolls 2016d, Rolls
2021a)。该假说认为,基底神经节使用有多阶段融合,有通往纹状体神经元的联结输
入的学习,并且神经元之间的相互抑制提供了一种选择少量输出来驱动行为的机制。
在有强化刺激的情况下,这为任一皮层区域的刺激建立联结提供了基础,或许在多巴
胺的促进下,也为刺激与反应建立联结提供了基础。

6.4 阿片奖赏系统、镇痛与食物奖赏 156

从大鼠到人类的各种动物,电刺激其大脑的某些区域均可以镇痛,且其减轻疼痛
的特性堪比大剂量吗啡(Liebeskind & Paul 1977)。仅仅刺激几秒钟,这种镇痛作用
就可持续数小时。这种镇痛效果通常只对部分身体部位起作用,因此如果身体一侧
受到强烈挤压,而另一侧没有,那么这个强烈的挤压可能会被忽视。这表明电刺激产

生的镇痛,并非仅仅是一般性地干预动物对刺激做出反应的能力。电刺激镇痛的有效刺激部位是脑干内侧,从延髓吻部(中缝大核)穿过中脑中央灰质,一直延伸至下丘脑。如罗尔斯(Rolls 2005b)所述,在某些部位会发现既镇痛又自我激励,而在其他部位刺激会引发厌恶,但随后也会出现镇痛效果。已有研究表明,一种特殊的吗啡拮抗剂纳洛酮,可在大鼠和人类身上至少部分地逆转电刺激产生的镇痛效果(Adams 1976, Akil, Mayer & Liebeskind 1976)。脑室内注射内源性吗啡样脑啡肽(Hughes 1975, Hughes, Smith, Kosterlitz, Fothergill, Morgan & Morris 1975),会产生镇痛效果(Beluzzi, Grant, Garsky, Sarantakis, Wise & Stein 1976),并且电刺激中央灰质可以释放该物质或与其类似的肽(Liebeskind, Giesler & Urca 1985)。此外,在中央灰质以及大脑其他部位(Kuhar, Pert & Snyder 1973, Snyder 2004),存在立体特异性的阿片类药物结合位点,它们调节阿片类药物的多种作用,包括缓解疼痛以及某些类型的奖赏和成瘾,如对酒精等的成瘾(Terenius & Johansson 2010)。这些发现提高了使用电刺激进行镇痛的可能性,因为它会引起天然吗啡类物质的释放,而该物质作用于中央灰质和其他部位的阿片受体,从而达到镇痛效果。这种减轻疼痛的作用可能是在受伤后,为防止进一步伤害而做出的最初行为反应,以减轻连续剧烈疼痛所造成的持续影响,否则可能会损害动物妥善应付其他需要的行为能力。

在某些产生镇痛的部位,电刺激可以产生奖赏[见 Koob & LeMoal(1997)]。这些部位所产生的奖赏,可能与阿片类物质的释放带来疼痛减轻的效果有关,而阿片类物质本身就具有令人愉悦、产生正强化的作用。然而,众所周知,诸如梳理毛发等行为可以释放内源性阿片类物质(Dunbar 1996),并且这可能是梳理产生快感和放松的部分机制,而使用阻断阿片受体的纳洛酮则会大大减少相互梳理毛发的行为。这些观点已被发展为如下假说:μ-阿片系统增强了人们在应对积极和消极社会经历时的亲社会行为(Meier, van Honk, Bos & Terburg 2021)。

6.5 涉及情绪脑系统的焦虑的基础药理学

某类抗焦虑的苯二氮卓类药物,与大脑中的"苯二氮卓类受体"结合,会提高由GABA$_A$(γ-氨基丁酸)受体激活的氯离子通道的开放频率。氯化物通过这些通道流入,会产生神经元的超极化,从而降低放电频率(Cooper, Bloom & Roth 2003, Iversen, Iversen, Bloom & Roth 2009)。巴比妥类药物具有抗焦虑的作用,可延长相同氯离子通道的开放时间。事实上,许多抗焦虑疗法都促进 GABA 的活动,而这与GABA$_A$ 受体有关(Nemeroff 2003)。由于苯二氮卓类药物具有潜在的副作用,故当前指南不推荐将其用于一线治疗,而推荐将选择性 5-羟色胺再摄取抑制剂、选择性

157

5-羟色胺去甲肾上腺素再摄取抑制剂与心理治疗一起用于一线治疗(Thibaut 2017)。

鉴于 GABA 是大脑中分布最普遍的抑制性递质,这些发现自然还不能回答抗焦虑药物在哪个脑区发挥作用。早期观点认为,它们影响海马(Gray 1987)。然而,几乎没有证据表明海马与情绪有关。相反,有证据表明海马参与记忆,通常记忆的是空间信息(包括空间背景)或是情景性信息,即关于过去一个特定事件或情景的信息(Rolls 2016c, Kesner & Rolls 2015)。实际上,穹窿部分会对海马及其相关的记忆损伤产生许多影响,但它对刺激—强化联结学习或反转学习则没有影响(Gaffan, Saunders, Gaffan, Harrison, Shields & Owen 1984, Jones & Mishkin 1972)。此外,罗林斯、维纳克和格雷(Rawlins, Winocur & Gray 1983)的研究表明,在焦虑动物模型中,损伤大鼠的海马并不会消除抗焦虑药物氯二氮卓的抗焦虑作用。但是,如果在焦虑状态下提取了特定的情景记忆,那么海马可能会在与此记忆相关的焦虑情绪方面发挥作用。

杏仁核是与恐惧和焦虑相关的一个脑系统(LeDoux & Pine 2016)。我们通过一种新方法发现,与新冠疫情有关的焦虑有可能由疫情开始前的脑功能连接来预测(He, Wei, Yang, Zhang, Cheng, Yang, Zhuang, Chen, Ren, Li, Wang, Mao, Chen, Liao, Cui, Li, He, Lei, Feng, Chen, Xie, Rolls, Feng, Su, Li & Qiu 2021)。参与预测的脑区包括前扣带回和脑岛(二者均涉及对情绪的反应,包括自主反应),以及前额叶皮层的部分脑区和海马(参与记忆和计划)(He et al. 2021)。

用于治疗焦虑的药物包括苯二氮卓类药物、三环类抗抑郁药物和选择性5-羟色胺再摄取抑制剂(Selective serotonin reuptake inhibitors, SSRIs)。这些药物都会影响参与压力应对的下丘脑—垂体—肾上腺轴,而压力本身会导致焦虑,这是目前的做法(Tafet & Nemeroff 2020)。

目前研究者正在寻找不同临床焦虑综合征患者大脑状态的证据(Cannistraro & Rauch 2003):

有证据表明,在创伤后应激障碍(Post-traumatic stress disorder, PTSD)中杏仁核过度反应,而腹侧/内侧前额叶皮层和海马的激活则不足(Cannistraro & Rauch 2003)。据推测,腹侧/内侧前额叶皮层激活程度低可能使得反转学习很困难,进而导致焦虑。

就特殊恐惧症而言,恐惧症患者相较于控制组,引发恐惧症的刺激可能会引起传入杏仁核的区域如脑岛(或许是因为触觉表象激活躯体感觉区域)而非杏仁核本身的异常激活,并引起背外侧前额叶皮层和海马的异常激活,这或许与恐惧加工时所激活的记忆加工有关(Cannistraro & Rauch 2003)。

在社交恐惧症(与社交情境有关的焦虑状态)患者中,面孔可能会增加其杏仁核的激活(Cannistraro & Rauch 2003)。

惊恐症患者的扣带回、眶额皮层和海马等区域的激活可能会增加(Cannistraro & Rauch 2003)。

PET 研究表明,强迫症(Obsessive-compulsive disorders, OCD)患者的眶额皮层、前扣带回和纹状体的活动增强,与对照的中性状态相比,有症状时这些区域的激活更强(Cannistraro & Rauch 2003)。

158 对于广泛性焦虑症(Generalized anxiety disorder, GAD)患者,认知行为疗法是经常采用的疗法,有时与种类繁多的药物治疗结合使用(Hoge, Ivkovic & Fricchione 2012)。

像抗抑郁药物一样,人们希望未来的研究能够把抗焦虑药物的疗效与已知的参与情绪活动的大脑区域更紧密地联系起来,因为无论是通过药物还是其他疗法,这样都可能有助于开发更好的焦虑疗法(Farb & Ratner 2014)。

6.6 大麻类

大麻衍生品(大麻、大麻制剂等)中含有诸如 Δ9-四氢大麻酚(Δ9-THC)的物质,它们可激活大脑中的大麻素(CB1)受体,从而影响疼痛、记忆和认知功能(Wilson & Nicoll 2002)。大脑会自己产生(内源性)大麻类物质,如大麻素,它们会在突触间逆向发挥作用,影响其他递质的释放(Wilson & Nicoll 2002)。大麻素受体在大脑中广泛存在,但海马和新皮层中的受体可能与大麻素对记忆和认知的影响有关,而脑干(例如中脑导水管周围灰质和延髓吻部腹内侧区)和脊髓中的受体与大麻素对疼痛的作用有关(Wilson & Nicoll 2002)。CB1 受体激动剂会产生痛觉过敏,这与内源性大麻类物质通常调节痛觉的假说相一致。大麻素还可以增加食欲和体重(Di Marzo & Matias 2005)。大麻素可能有一些治疗用途,如治疗疼痛等(Abrams 2018)。

7 性行为、奖赏与脑功能

7.1 引言

近年来,关于不同的性行为模式及其进化原因的研究和理论取得了大量进展(Buss 2015)。本章的主要目的是介绍其中部分进展,以及与之相关的主要脑机制。具体而言,本章旨在将近年来有关不同类型性行为的社会生物学、进化心理学和达尔文适者生存取向的大量最新研究(Buss 2015)与下述新观点联系起来:这些性行为如何可能在对不同类型奖赏敏感的系统的进化中被塑造而生成;这些过程如何在大脑中得以实现。我在之前出版的书中已对本章所采用的研究取向做了详细论述,并对可能涉及的奖赏系统提出了具体的假设(Rolls 2014b)。

在介绍该领域的研究之前，我想提醒读者，动物为了繁衍而采取的一些策略看起来可能有点令人震惊。但我想澄清的是，尽管人类的情感系统可能也会受到这些过程的影响，但人类的性行为并不一定会顺从基因的驱动。因为人类，或许还有其他人类的近亲，有另外一个推理系统使其能够在理性的基础上选择合适的行为。这个推理系统，以及它如何促使人类做出不受"基因驱动行为"这一进化策略影响的选择，将在第 10 章中进行讲述。

性行为的某些方面得以进化和发展的这种选择过程与所实现的功能的适应性价值有关。例如，健康强壮使得雄性得以生存足够长的时间来繁衍后代，并打败其他追求雌性的竞争者。由表达这些特征的基因所构建的奖赏系统，是通过我们所谓的**自然选择**进化而来，这个术语与达尔文（1859，1871）的术语相近。这个独特概念在此处是指，个体生存时间足够长并且足够健康以繁衍后代，这里所说的不过是狭义的自然选择，也就是"生存选择"。

但是，达尔文（1871）也意识到进化可以发生在**性选择**①中，即使性选择的某些特征对个体的生存和遗传适应性没有价值，但是这些特征对潜在的配偶有吸引力（两性间选择），或者能够帮助个体更好地与其他同性个体竞争（同性内选择，例如雄性与雄性之间的竞争），此时就发生了性选择。最常见的例子是雄孔雀的巨大尾巴，它对雄孔雀的生存没有任何价值（实际上，非常长的尾巴甚至是一种累赘），但是一条又长又大的尾巴对雌孔雀很有吸引力，所以长尾巴在雄孔雀中非常普遍。事实证明，可以被性选择的行为各种各样，这些行为的共同点在于它们使行为者对异性更有吸引力，因而在求偶中非常有用，不过这种行为通常被认为不涉及性本身，如友善和幽默等（Miller 2000）。因此，在本章中我们也将讨论通过性选择建立的奖惩系统（见第 7.7 节）。

这里需要考虑由基因限定的初级强化物，另外还需要考虑先前的中性刺激与这些初级强化物发生学习联结（learning associations）的可能性。本书着重强调的一个重要观点是奖惩系统的建立是为了特定的基因可以有效、恰当地指导人类行为，本章将介绍性选择以及自然选择（或生存选择）如何参与这一过程。就奖赏和惩罚所引发的情绪状态而言（见第 2 章和第 3 章），本章把对情绪的理解扩展到性选择所塑造的多个系统。

有关社会生物学和进化心理学的写作大多会采取某种意向性立场，本书有时也

---

① 性选择：自然选择的一种特殊形式。达尔文认为，两性中的某一性别（通常是雄性，雄性个体或雄性生殖细胞相对过剩）的个体为交配而与种群中同性别的其他个体展开竞争，得到交配的个体就能繁衍后代，使有利于竞争的性状逐渐巩固和发展。——译者注

会这样做,但不能按字面来理解。这样做只不过是一种简略的表达。举个例子,有说法称"基因是自私的"。但这种说法并不意味着基因会思考自己是否自私,然后做出选择。它不过是下面这句话的简略表达:"基因产生的行为在自然选择中发挥作用,使后代复制该基因的数量最大化。"基因产生的大量行为是内隐的或无意识的,所以当这样的表达方式被作为描述工具使用时,请不要认为这个表达意味着行为结果中包含任何外显的或者意识层面的加工。

如果你是一个新达尔文主义者,对进化生物学的取向很熟悉,那么在一些观点被提出时,它们可能看起来"显而易见"。社会生物学的一个潜在问题是,其中一些理论看起来很有道理,比如达尔文主义,但是其实大多数理论都只是看起来毫无破绽。所以我们必须小心谨慎地求证,而不仅仅只追求理论的合理性。而且我们也需要知道,每种行为的社会生物学描述在多大程度上解释了行为的变异。从长远来看,社会生物学的假设一旦被提出,就一定要接受检验。

我在之前出版的书(Rolls, 2014b)中阐释了奖赏背后的生理机制是如何与不同类型的男性和女性所表现出的性行为相联系。其中一个关键思想是奖赏系统与其所服务的生物功能相协调。

现在,让我们来看看生物进化塑造了什么样的性奖赏价值体系。

7.2 择偶、吸引力与爱情

我们的大脑解码了哪些影响配偶吸引力(具有奖赏价值)和择偶的因素?择偶涉及很多因素,而且对于选择短期伴侣与选择长期伴侣,这些因素并不一定相同。例如,在相对来说长期一夫一妻制的物种中,选择长期伴侣受到亲代投资①(parental investment)等因素的影响;亲代投资是在进化中促进长期关系的主要适应性因素。因此,对于人类,因为男性进行了亲代投资,所以男性挑选女性,而女性则相互竞争来争夺男性。事实上,人类对长期伴侣的选择是相互的,这往往会减少伴侣选择上的性别差异。与此一致的是,大卫·巴斯(David Buss)的研究表明,相对于选择长期伴侣,人类在选择短期配偶时的性别差异更加明显(Buss 1989,Buss 2016,Buss 2015)。

对于两性共同进行亲代投资的物种,父母双方养育的后代比只由一方养育的后代能更好地生存,这包括许多鸟类(一只鸟必须孵蛋,而另一只鸟觅食),也包括人类(人类的婴儿出生时发育非常不成熟,在人类进化的过程中,花费多年

161

---

① 亲代投资:指亲代为增加后代生存的机会(以让其成功繁殖)而进行的投资。——译者注

精心照顾后代可以让带有父亲基因的孩子更有可能存活下来，并继续繁衍后代）。其他大多数哺乳动物都不是人类的配偶选择与配偶结合的好榜样，因为一般来说，其他哺乳动物共同照顾后代的好处不大。雌性在怀孕期和产后的母乳喂养阶段（在这段时间里雌性将基本上无法再育）已进行了主要亲代投资，一般会承担起抚养幼崽的大部分责任[①]。在大多数哺乳动物中，因为怀孕和哺乳的成本很高，雌性动物会通过集中精力成功养育后代来最大限度地提高繁殖成功率。相比之下，雄性哺乳动物不通过怀孕和哺乳对后代进行亲代投资，雄性影响其繁殖成功率的最有效方式是最大限度地增加其授精次数，这是哺乳动物择偶的一个主要因素。这一趋势在人类身上得到了改进，因为男性在后代身上的投入有利于帮助未成年的后代存活足够长的时间，从而使他们具有很高的繁殖成功率。

7.2.1　雌性的偏好

对于大多数物种（包括人类）来说，影响雌性动物选择雄性配偶的因素包括以下几个方面（Buss 2015，Buss 2016，Motta-Mena & Puts 2017）。

1. 运动能力。在择偶过程中能够竞争过其他同类的运动能力（包括保持健康和强壮）很有吸引力，因为当这种能力在雌性的雄性后代中表现出来时，对延续雌性的基因很有益。运动能力在很多地方都很有吸引力（有价值的），它可以作为能从雄性掠夺者（单身的雌性有着遭受虐待、被迫交配的风险，从而干扰雌性的配偶选择）、捕食者手中保护雌性的指标，以及作为狩猎能力的指标[肉食在人类进化中非常重要（Aiello & Wheeler 1995），尽管狩猎也已经通过性选择过程演变为一种使雄性有机会炫耀自己能力的求偶仪式]。与这些观点一致的是，巴斯和施密特（Buss & Schmitt 1993）的研究表明，雌性对高大、强壮、健硕的雄性表现出强烈的偏好。

2. 资源、权力和财富。在父母双方共同养育后代的物种中（包括很多鸟类以及人类），拥有权力和财富对雌性很有吸引力，因为这些都是可以给雌性的后代提供更多资源的指标。女性渴望那些愿意为伴侣投入资源的男性。女性比男性更看重收入或经济前景（Buss 1989）。此外，在对 37 种文化和 10 047 名参与者进行的跨文化研究中发现，无论文化、政治、社会背景如何，女性始终比男性更

---

① 一些雄性哺乳动物确实参与了照顾幼崽，例如长臂猿；但令人吃惊的是，在雄性为抚养孩子作出贡献这方面，人类在大型类人猿群体中确实表现突出。例如在大型类人猿中，黑猩猩非常滥交，而大猩猩有后宫系统。

重视财富资源（超出一倍）（Buss 1989，Buss 2016，Buss 2015）。女性把男性的爱看作是承诺资源投入的指标。

3. **地位**。无论是在现代还是在历史上，地位等级在许多文化中都存在（在许多物种中也存在，例如猴子的统治等级、鸡的啄食顺序）。地位与对资源的掌控息息相关（例如雄性黑猩猩首领能优先进食），所以地位对女性来说是个很好的提示。因此，女性也会觉得地位高的男性很有吸引力（例如摇滚明星、政治家和部落首领），相应地，这类男性也应该能够吸引到最有魅力的伴侣（Betzig 1986）。与此一致的是，巴斯（Buss 1989）的研究从跨文化的角度表明，女性比男性更加看重高社会地位；乌德里和埃克兰德（Udry & Eckland 1984）的研究表明，有魅力的女性会嫁给高社会地位的男性。

4. **年龄**。地位和高收入通常只有随着年龄的增长才能实现，因此女性通常认为年长的男性更有吸引力。巴斯（Buss 1989）的研究从跨文化角度表明，女性更喜欢年长的男性（平均年长3.42岁；而且来自27个国家的婚姻记录显示平均年龄差异为2.99岁）。

5. **雄心壮志和勤奋**。这些特征可以很好地预测未来的职业状况和收入，有雄心壮志和勤奋的人也被认为是有魅力的。有价值的特征包括那些表明男性会努力增加资源或提升社会地位的特征。从跨文化角度看，女性认为有志向和勤奋是非常令人向往的优点（Buss 1989）。

6. 与**睾丸素**①相关的特征也可能具有吸引力。这些特征包括强壮的（长而宽的）下颌、宽阔的下巴、强壮的颧骨、轮廓分明的眉脊、脸部中庭突出和拉长的下庭（青春期激素水平导致的第二性征）。睾丸素水平高会抑制免疫功能，因此这些特征可能是免疫能力更具竞争力的指标（所以也是健康的可靠指标）。这些男性化特征对女性的吸引力会在女性月经周期里随着受孕可能性的增加而增加（Penton-Voak，Perrett，Castles，Kobayashi，Burt，Murray & Minamisawa 1999，Johnston，Hagel，Franklin，Fink & Grammer 2001）。这一现象意味着女性感知吸引力的神经机制一定对自身雌激素②或黄体酮③的水平很敏感。

---

① 睾丸素：又称睾酮，是一种类固醇激素，由男性的睾丸或女性的卵巢分泌，肾上腺亦分泌少量睾丸素，具有维持肌肉强度及质量、维持骨质密度及强度、提神及提升体能等作用。目前有大量研究认为睾丸素会抑制免疫系统。因此，睾丸素水平高表明免疫系统受到的抑制作用更大，因此可以表明个体的免疫能力很强。——译者注
② 雌激素：促进雌性动物第二性征发育及性器官成熟的物质，由雌性动物卵巢和胎盘分泌产生。雌激素的受体广泛分布在身体各个部位，具有广泛而重要的生理作用。——译者注
③ 黄体酮：又称孕酮、黄体激素，是卵巢分泌的具有生物活性的主要孕激素。在排卵前，每天产生的孕酮激素量为2—3mg，主要来自卵巢。——译者注

另一个被认为与睾丸素相关的特征是个体食指与无名指的指长比率[1]，它由个体出生前所在的子宫内的产前睾丸素水平决定。低比率反映了富含睾丸素的子宫环境。研究发现，男性的这一比率越低，则女性对他们的支配地位和男子气概的评价越高，但是睾丸素水平与吸引力评分的关系仍不太清楚（Swaddle & Reierson 2002）。

7. 对称性无论在雄性还是雌性中，都被认为是很有吸引力的特征。因为它一定程度上可以反映胎儿在子宫里发育良好、分娩顺利、营养充足，并且没有疾病和寄生虫感染。波动性不对称（fluctuating asymmetry，FA）[2]可以反映个体在双侧特征上偏离完美对称的程度（例如人类有两只耳朵、两只脚、两只手和胳膊；其他一些物种有双边鳍、双边尾羽）。更大的不对称性可能反映出由环境或基因异常的破坏性作用而导致的发育偏差，在某些物种中，这种偏差与生殖能力低、成长缓慢和生存能力差有关。因此，波动性不对称较低可能是生殖健康的表现（Gangestad & Simpson 2000）。对于许多鸟类，有吸引力的（对称的）雄性采用的策略是更多地与伴侣以外的不同雌鸟进行交配，而不是抚养后代，以这种方式最大限度地提高它们的繁殖成功率（Moller & Thornhill 1998）。对于人类，更对称的男性报告有更多的伴随终生的配偶（$r = 0.38$），和更多的配偶以外的性伴侣；而且男性的对称程度可以预测其女性配偶是否会在他之外选择其他性伴侣[见 Gangestad & Simpson（2000）]。此外，当男性的对称性高（低波动不对称性）时，女性会认为男性更有魅力。智力（对女性也很有吸引力）和对称性也存在相关（Gangestad & Thornhill 1999）。另一种证据是，人类女性性高潮的频率（多次性高潮可能会保留更多精子）与男性伴侣的低波动性不对称（即对称性）也存在相关（Thornhill，Gangestad & Comer 1995）。

8. 可靠与忠诚也具有吸引力，尤其是在父辈投资抚养子女时，因为这些特征象征着稳定的资源（Buss et al. 1990）。情绪不稳定的男性会给女性造成伤害，因此女性认为情绪稳定和成熟都很重要。例如男性的嫉妒可能导致虐待。

9. 敢于冒险的男性可能会吸引女性，也许是因为这是对其具有竞争力的一种宣传，即"在风险中生存"是高质量基因的可靠指标（Barrett et al. 2002）。

---

① 食指与无名指的指长比率：食指与无名指的长度之比在发育早期就已经确定，且男性明显低于女性，被认为是表示个体出生前其所在的子宫内睾丸素水平的有效指标。——译者注

② 波动性不对称（fluctuating asymmetry，FA）：人体有许多两侧对称的性状，其中一些（如牙齿、手的长短等体质学特征）属于多基因决定的数量性状，由遗传和环境因素共同决定。但是这些性状在生物体发育过程中常常受到环境影响产生变异，这种对称性状变异为不对称的现象就称为波动性不对称。很多学者认为波动性不对称是测量个体是否发育稳定的标记。——译者注

10. **性选择特征**。这些特征可能并不是为了提高雄性的生存适应性,但它们由于两性间的性选择而具有吸引力。这些特征在鸟类中很常见,在大多数哺乳动物中可能不那么常见,不过在一些灵长类动物中存在(Kappeler & van Schaik 2004),也可能存在于人类中(见7.7节)。性选择特征的一个例子是雄孔雀的尾巴。它可能不会增加个体的存活率,但是可以使雄孔雀吸引到雌性。因此,就其基因是否能通过繁殖传给下一代而言,雄孔雀的尾巴增加了其生存的适应性。从某种意义上说,拥有一个巨大而华丽的尾巴是个累赘,但这些特征在特定情况下也是健康的可靠指标。

11. **气味**。女性对具有对称性的男性的气味的偏爱与女性自身的生育可能性(受女性自身生理周期的影响)密切相关(Thornhill & Gangestad 1999)。

必须指出的是,当女性选择短期伴侣时,生理因素可能特别有吸引力,如高对称性和遗传适应性等指标;而当女性选择长期伴侣时,资源和忠诚等因素可能特别重要,这被称为条件性择偶策略(Gangestad & Simpson 2000,Buss 2015)。这种条件性意味着影响偏好的特定因素会动态变化,而且偏好往往取决于当时的情况,包括当前的机遇和代价。

7.2.2 雄性的偏好

雄性并不总是不加选择。(事实上,雄性很可能极少不加选择,因为产生精子和进行性行为确实需要付出代价,例如承担感染疾病的风险。)当雄性选择亲代投资(例如生育后代)时,他们在选择一起生育后代的伴侣时存在偏好。因此,对雌性的素量(生殖价值)的准确评估非常重要,雄性需要寻找这方面的线索,并认为这些线索很有吸引力(具有奖赏性)。影响女性对男性的吸引力的因素包括以下方面(Buss 2015,Buss 2016,Barrett et al. 2002):

1. **青春**。由于女性的生育能力和生殖价值与年龄息息相关(年轻时生殖价值更高,而人类的实际生育能力在20多岁时达到高峰),男性特别重视异性的青春(女性则不那么重视)。男性所谓的有魅力并不是年轻本身,而是年轻的标志,例如金发和大眼睛等特征。例如巴斯(Buss 1989)的研究表明,男大学生更喜欢比他们平均小2.5岁的年轻女性。年轻女性的另一个标志可能是身材娇小。有趣的是,就男女两性在身材上的显著差异而言,这可能是导致女性比男性矮小的原因之一。

2. **美貌**。公认的最具吸引力的特征往往是那些依赖雌激素的特征,例如丰满的嘴唇和饱满的脸颊,以及较短的面部等特征(雌激素限制了某些面部骨骼的生长）。像睾丸素一样，雌激素也会影响免疫系统，其作用可能被视为遗传适应性的可靠指标。

在一项跨文化研究中，不同种族的人在他们对亚裔、西班牙裔、黑人和白人女性面孔吸引力的评价上达成了一致（Cunningham, Roberts, Barbee & Druen 1995）。对 11 项研究的元分析（Langlois, Kalakanis, Rubenstein, Larson, Hallam & Smoot 2000）表明：(1) 不管是在同一文化内，还是跨文化间，评价者对谁具有吸引力与谁没有吸引力达成了一致；(2) 相比没有吸引力的儿童和成人，有吸引力的儿童和成人得到了更积极的评价和对待，即使是那些认识他们的人也是这样；(3) 相比没有吸引力的儿童和成人，有吸引力的儿童和成人表现出更积极的行为和特质。一项 fMRI 研究发现，有吸引力的面孔比没有吸引力的面孔在内侧眶额皮层引起更强的激活（O'Doherty et al. 2003）。

此外，当向很小的婴儿配对呈现吸引力不同的女性照片时，他们甚至也会更长时间地盯着更有吸引力的女性照片（(Langlois, Roggman, Casey & Ritter 1987, Langlois, Ritter, Roggman & Vaughn 1991)。在另一项研究中，让 12 个月大的孩子与陌生人进行互动。比起戴着不吸引人的面具的陌生人，这些婴儿与戴着有吸引力面具的陌生人玩耍时表现出更积极的情感、更多的参与度、更少的退缩；当孩子们与一个有吸引力的娃娃玩耍时，玩耍的时间会比和不吸引人的娃娃玩耍的时间更长（Langlois, Roggman & Reiser-Danner 1990）。这些结果拓展和加强了早期的发现，即婴儿对有吸引力面孔的视觉偏好高于没有吸引力面孔。对吸引力的视觉偏好和行为偏好在人生命中出现的时间显然要比以前设想的要早得多。

女性似乎比男性花更多的时间在时尚和美容上。为什么会这样呢？在大多数哺乳动物中，由于雌性在后代身上的投资更大，一般来说应该是雄性为了争取雌性而变得更加花里胡哨。对于人类，男性对后代的投资当然很有价值，因此女性可以通过吸引会投入时间和资源来共同抚养孩子的男性而获益。尽管如此，女性似乎在生育和抚养孩子方面投入更多。那么为什么是由女性关注自己的美丽和时尚来竞争男性呢？为什么存在这种明显的不平衡？答案或许是，愿意在抚养配偶的子女方面投入大量时间和资源的男性很稀缺（因为可能有其他因素使男性不将所有资源投资于一个配偶上，进而在基因延续上获利），而且，由于女性都在争夺和占有愿意投资后代的男性这一稀缺资源，所以美丽和时尚对女性来说很重要。因为相对于抚养后代，男性可以选择其他成本更低的策略，所以忠诚的男性很稀缺，而女性必须对后代投入大量时间和资源。这些因素导致了男性策略的变异性更大，从而使投资后代的男性比投资后代的女性更加稀少。

3. **体脂**。面孔并不是女性生殖能力的唯一线索。尽管理想体重随文化的不同而差异很大（在物质匮乏的文化中，肥胖是有魅力的，并且与地位有关），但用腰臀比来衡量理想的体脂分布似乎是通用的标准（这抵消了实际体重的影响）。一直以来，在不同文化背景下，男性在评价女性形象（包括线条图和照片）的吸引力时，偏好的腰臀比平均为 0.7（即细腰和翘臀）（Singh & Young 1995）。桑希尔和格莱默（Thornhill & Grammer 1999）还发现，不同种族的男性对裸体女性吸引力的评价存在高度一致性。影响健康的长期风险因素（糖尿病、高血压、冠心病和中风）也与高腰臀比有关，因此腰臀比可以说是健康的可靠指标。

4. **忠贞**。对女性忠贞的渴望显然与其排卵的隐蔽性有关（见下一段和第7.6 节），因此也与男性的父权确定程度有关。所以男性会重视女性的性生活史。无论是从历史角度（避孕药问世之前）还是跨文化角度（非西方社会仍然十分重视童贞）（Buss 1989），童贞对婚姻来说都是必不可少的。如今，女性在之前的亲密关系中是否遵循一夫一妻制，仍然是她未来长期伴侣追求的重要特征（Buss & Schmitt 1993）。[因为父权可以由基因确定，而且可能由于现在有了简单的基因测定来确认孩子的父亲（Baker & Shackelford 2017），所以人类的理性思维系统（见第 10 章）可能不太重视父权问题上的忠贞。然而，人类内隐的情感系统可能仍然十分重视女性的忠贞，因为在进化过程中，忠贞被视为确定父权的一个指标。]另外，因为忠贞可以表明较低的性疾病传播风险，所以现代理性可能特别推崇忠贞，而且忠贞的情绪价值或许在降低这一风险上也有所帮助。

5. **吸引力与排卵时间**。尽管有些灵长类动物和人类的排卵是隐藏的（也许是为了让雄性不确定谁是婴儿的父亲，因此不会威胁杀婴——见第 7.6 节和第7.3 节），但是找到排卵的其他线索对男性来说是一种奖赏，他们会认为女性在这段时间非常性感。可能的线索包括富含血管的皮肤因为体温升高而反射出温暖的光泽（vandenBerghe & Frost 1986），以及信息素。的确，男性评价者认为女性在卵泡期穿的 T 恤的气味比黄体期穿的 T 恤的气味更令人愉悦和性感（Singh & Bronstad 2001）。雄性猕猴对处于生育期雌性的兴趣会增加，雄性猕猴首领在雌性生育期时会更多地与雌性交配并守护雌性，这可能与排卵时高水平的雌激素有关（Engelhardt, Pfeifer, Heistermann, Niemitz, Van Hoof & Jodges 2004）。女性通常不知道自己什么时候排卵（在这个意义上排卵可能是双盲的），但排卵可能会无意识地影响女性的行为（第 7.6 节）。事实上，排卵期女性对性刺激的事件相关电位（Event-Related Potentials, ERPs）更强，这反映出刺激的情感加工增强了（Krug, Plihal, Fehm & Born 2000）。反过来，这可能会影响女性的外在行为，帮助她在这个时期吸引伴侣。

在大多数物种中,雌性动物对后代的投资巨大,不仅要提供卵子,还要养育照顾后代(从怀孕到断奶,而且人类母亲在孩子断奶后的很长时间里仍然要养育孩子)。

166 所以对于雄性而言,雌性是"稀有资源",这导致在择偶时雌性成了更加挑剔的一方。因此,这就导致出现强烈的雄性内部的性选择,使得雄性的体型变得更大或者更艳丽(例如,雄性山魈的脸会更鲜艳,而雌性山魈的脸更暗淡)。然而,如果性别角色发生反转,这些现象可能会发生改变。在雌性尖嘴鱼(海马的近亲)身上可以看到引人注目的装饰。雄性尖嘴鱼普遍认为体型最大、装饰最华丽的雌性最具吸引力(Berglund & Rosenqvist 2001)。这源于这样一个事实:雄性尖嘴鱼已经进化出一个育儿袋(在某些物种中,这个育儿袋是有血管的),雌性可以在里面产卵。此外,(雄性)育儿袋的大小(决定雄性可以储存多少胚胎)也是造成雌性竞争的另一个重要因素。这就解释了为什么雄性尖嘴鱼是选择者,而雌性尖嘴鱼是竞争者。雌性竞争也见于斑点矶鹬——一种罕见的一雌多雄繁殖系统的鸟(即一个繁殖系统由一雌多雄构成)(Oring 1986)。对于这种鸟,雌性先到达繁殖地,然后必须吸引雄性到来。雌性必须从其他雌性手中捍卫包含它的雄性配偶们各自领地的更大的领地。然后,雄性提供了重要的资源,即独立地孵化一窝蛋,从而不能再交配。这往往导致种群长期缺少可交配的雄性,因此雌性竞争很激烈,雌性充满活力地展示自己,偶尔还导致肢体争斗。类似的一雌多雄的生存策略也出现在水雉中(Jenni & Collier 1972)。

对于人类,男性在照顾后代方面的投资意味着,男性的选择对女性的同性内选择有很强的影响。女性化妆品的使用和时髦的服装可以被视为这场竞争的武器,或许也反映在极端的女性自我打扮行为,如整容手术,或诸如厌食症、暴食症和躯体变形障碍(body dysmorphic disorder)等病理性疾病。现代媒体用美女形象对人们进行信息轰炸,可能会进一步加剧同性内选择,将女性的竞争性择偶机制推向更大的尺度。

最后,在本节中,我们需要注意到,选择特定的配偶除了会带来好处,也还需要评估择偶的代价;这里的代价可能不仅包括精子的产生和分配(Edward, Stockley & Hosken 2015),还包括求爱、保护配偶、被感染的风险和提供资源。

7.2.3 配偶关系与爱情

通过一夫一妻制的配偶关系对特定伴侣产生依恋,这在人类中具体表现为伴侣双方之间的爱情,这种依恋关系之所以在人类中产生,是因为它有利于男性对后代进行投资,因而有着特殊的机制促使它形成。通过研究草原田鼠(一种啮齿类动物)的依恋关系(Young, Gobrogge, Liu & Wang 2011, Bosch & Young

2017),研究者发现在一夫一妻制的草原田鼠中,交配可以增加配偶关系的亲密程度(通过对配偶的偏好来衡量)。在它们交配过程中会释放出催产素(一种从垂体后叶释放的激素,它还会影响泌乳反应)。给雌性或雄性草原田鼠外源性地注射催产素,不但可以促进雌性的配偶关系的亲密程度,也可以促进雄性的配偶关系的亲密程度(Carter 1998)。对于雌性草原田鼠,催产素拮抗剂会干扰其伴侣偏好的形成。内源性释放的催产素在雌性草原田鼠的配偶偏好和依恋中起重要作用。因此催产素被认为是"爱的荷尔蒙"。催产素基因被敲除的小鼠在反复的社会暴露后仍无法识别熟悉的同种个体,而在杏仁核内侧注射催产素可以恢复其对同种个体的识别(Ferguson, Aldag, Insel & Young 2001, Winslow & Insel 2004)。对于雄性,加压素可以促进催产素的作用(加压素是另一种垂体后叶激素,其作用包括促进肾脏保存水分)。就加压素而言,有研究已经表明加压素的 V1a 受体(V1aR)在一夫一妻制的草原田鼠的腹侧前脑中的表达浓度高于滥交的(即一夫多妻制)草甸田鼠,将病毒载体 V1aR 导入草甸田鼠的前脑会增加其配偶偏好性(即使其更像一夫一妻制的草原田鼠)(Lim, Wang, Olazabal, Ren, Terwilliger & Young 2004, Young & Wang 2004, Young et al. 2011)。因此,单个基因或许可以在很大程度上影响田鼠是一夫一妻还是滥交。啮齿类动物的催产素也可以通过其他方式影响行为,例如促进阴茎勃起,缩短射精后的不应期,促进雌性的交配接受性和令其脊柱前凸①,以及增加中脑边缘通路多巴胺的释放(Argiolas & Melis 2013)。压力,或者说在压力下释放的激素皮质酮,可以促进形成新的配偶关系(DeVries, DeVries, Taymans & Carter 1996)。

有趣的是,草原田鼠丧偶会导致与抑郁症相关的催产素多重紊乱,以及类似人类丧亲之痛的抑郁行为增加。将催产素注入草原田鼠的纹状体可防止其丧偶后抑郁行为的发生,而且在新生儿社会隔离期注射黑皮质素兴奋剂会促使内源性催产素的释放,修复成年期的社会关系损伤(Bosch & Young 2017)。

人类身上是否也存在类似的机制以形成配偶关系和爱情?这个问题目前还没有确凿的证据,但对于人类,无论男女,催产素都是通过性交释放的,尤其是在性高潮时(Veening, de Jong, Waldinger, Korte & Olivier 2015)。

催产素可以对社会行为产生许多影响,包括增加在神经经济学游戏中的信任,以及伴侣之间的信任(Churchland & Winkielman 2012)。一项来自社会信任游戏的有趣研究表明,催产素通过降低接收结果反馈时对预测偏差的敏感度,来

₁₆₇

---

① 脊柱前凸:啮齿类雌性的交配姿势。由于雄性性交时前肢压迫两侧腹部而使前肢屈曲,前半身放低,同时背部拱起,腰部上提,使膣口部向后突出的姿势。——译者注

7 性行为、奖赏与脑功能 195

减少习得负面后果。这意味着催产素可以通过降低对负面反馈的敏感性来促进社会行为。换句话说，催产素会在面对可能的背叛（或者更普遍地说，可能的负面后果）时促进"不合理的信任"。催产素也可能降低对奖赏反馈的敏感性。实现这些效应的大脑区域包括眶额皮层、杏仁核和缰核（Ide, Nedic, Wong, Strey, Lawson, Dickerson, Wald, La Camera & Mujica-Parodi 2018）。我认为一种在进化上可能的解释是，不管是无奖赏还是奖赏都可能使个体与伴侣或亲属的社会关系变得不稳定，而催产素通过降低对无奖赏和奖赏的敏感性来增强社会稳定性。

7.3 亲子依恋、抚育与亲子冲突

许多雌性哺乳动物会对自己的后代产生强烈的依恋，对于许多物种来说，催产素也会促进这种依恋。一个典型例子是绵羊的阴道—子宫刺激和哺乳可以释放催产素和内源性类阿片物质，促进母子关系（Keverne 1995，Keverne, Nevison & Martel 1997）。注射催产素可以导致母羊对在催产素注射或释放时出现的一只陌生的羔羊产生依恋，催产素拮抗剂可阻断绵羊的亲子关系。也许催产素最初在乳汁分泌反射的进化中发挥一定的作用，然后逐渐成为一种可以促进母婴依恋的激素。

对于人类，相关证据要多得多，人类自然分娩期间会释放催产素，而且在产后尽快母乳喂养婴儿会释放更多催产素（Carter 2017），这些都可能有助于母亲形成对婴儿的依恋。这为支持自然分娩提供了有利的论据（在其他条件相同的情况下）。催乳素，一种促进泌乳的雌性激素，也可能影响母亲的依恋。当然，人类很重要的一个特点是在孩子出生时家人间的依恋关系可能会突然发生变化。孩子出生后，母亲往往会把重心转移到孩子身上（这可能部分受到激素的影响），进而导致对丈夫的依恋相对减少。理解这一现象背后的科学基础，并在此基础上向将要或者已经晋级父母的夫妇提供咨询，使其了解在孩子出生时他们的情感和依恋可能会如何变化，这可能是，且应该是这项研究的非常重要的收获。对于男性，催产素也可能参与影响父性行为（Veening et al. 2015）。

与母亲分离会引起孩子的痛苦（Harlow 1986，Bowlby 1969，Bowlby 1973，Bowlby 1980）。在哈洛（Harlow）对猴子的研究中，温暖、柔软的触摸和同伴的存在都可以减轻与母亲分离带来的痛苦。催产素、类阿片和催乳素可以减少雏鸡听觉上的痛苦（Panksepp, Nelson & Bekkedal 1997）。

亲代抚育的另一个方面是母亲和孩子之间存在竞争，例如给孩子断奶

(Trivers 1974)。母亲可能希望(通过增强自己体质)投入资源为下一个后代做准备,而继续母乳喂养会推迟生育周期。相比之下,为了取得生存优势,对母乳和关爱的需求则印刻在婴儿的基因中。婴儿的哭闹可以视为努力从母亲身上榨取资源,这可能在某种程度上不利于母亲基因的延续(Buss 2015)。从这个角度来看,婴儿的基因不同于父母任何一方的基因也与此有关,正因为如此,父母和婴儿的利益在某种层面上是不一致的(这同样适用于不是同卵双胞胎的兄弟姐妹:他们的基因不同,这可能导致一些手足之争;但是与此同时,他们之间确实还有许多相同的基因,这有助于亲属间的利他主义)。

如上所述,雌性动物对后代的投资通常更大,而且往往提供更多的亲代抚育,因此也许比父亲更依恋子女。这种情况在人类身上并不像在大多数其他哺乳动物身上那样极端,因为人类的后代相对来说天生就不成熟,而一个帮助养育后代的父亲可以提高其基因的繁殖适应性。

在许多物种中,继父都很明显地不会进行亲代抚育,而且可能会像雄狮杀死另一个雄狮的幼崽那样极端,这样它的新母狮可以更快地发情并为它生下孩子(Bertram 1975)。杀婴也发生在非人类的灵长类动物身上(Kappeler & van Schaik 2004)。而对于人类,统计数据表明继父比亲生父亲更可能伤害家庭中的孩子(Hilton,Harris & Rice 2015)。

7.4 精子竞争[①]及其对性行为的影响:社会生物学取向

一夫一妻制的灵长类动物分布广泛,其睾丸较小,例如长臂猿和一些眼镜猴。对于多配偶制的群居灵长类动物,族群中有好几个雄性,它们的睾丸很大,交配很频繁,例如黑猩猩和猴子(Baker & Shackelford 2017)。其中的原因似乎是在打精子战——为了将自己的基因传给下一代。在多配偶制的社会中,雄性间的竞争致使雄性个体需要增加其令雌性受精的可能性,而实现这一点的最好方法就是不断交配,用精子淹没雌性,这样它的精子有更大的概率接触卵子使其受精。因此,在有多个雄性的多配偶制群体中,雄性有较大的睾丸,以产生大量精子和大量精液[②]。睾丸与体重占比最大的动物是生活在多雄性群体中的黑猩猩,它们非常滥交,雌性黑猩猩平均每生一胎

---

① 精子竞争:指来自两个或两个以上雄性个体的精子为争夺对卵子的授精权而展开的竞争。精子竞争是雄性相互竞争的最终形式,是目前行为生态学与进化生物学的研究热点。——译者注
② 雄性之间的竞争是这里的关键,因为在一夫一妻(polygamous)(即严格意义上的一夫多妻制,意思是多个雌性)群体中只有一个雄性大猩猩,睾丸很小。描述多雄多雌群体的术语是多夫多妻制(polygynandry),正是在这种类型的群体中,精子竞争程度高,睾丸较大。

就曾与13个雄性黑猩猩交配过。精子竞争可以被视为一种非战斗性、非伤害性的雄性之间的竞争,是通过同性内选择进化而来的(见第7.7节)。交配频繁的生物不仅睾丸很大,精囊也很大。在一夫一妻制社会中,精子之间的竞争很小,雄性只需挑选一个好伴侣,只用生产足够的精子使卵子受精,而不用生产足以与其他雄性竞争的精子。雄性会留在雌性身边抚养孩子,并保护它们,作为雄性的基因投资(Ridley 1993a)。

那人类呢?显然人类大多都是一夫一妻制,但人类男性的睾丸和阴茎大小处于中等水平——比预期的一夫一妻制的物种要大(Baker & Shackelford 2017)。为什么?也许人类之间也有精子竞争?要知道,虽然人类通常都是成双成对,而且明显是一夫一妻制,但人类也生活在群体或集体中。我们能从其他一夫一妻制却也群居的动物身上得到启发吗?

如果将人类与大多数其他灵长类动物在这方面进行比较,那么需要关注的一个问题是,对于大多数灵长类动物(实际上是大多数哺乳动物),主要是由雌性动物进行亲代投资(提供卵子、怀胎数月,并喂养婴儿直至其能够独立)。既然孩子们已经有了非常不错的生存机会,雄性动物就不必再为他们投资。正因为如此,哺乳动物的典型模式是雌性为了获得健康和合适的雄性挑三拣四,而雄性为了雌性互相竞争。然而,对于人类,因为孩子在能够独立生存之前必须被抚养多年,所以父亲的投资有利于帮助孩子长大成人,父亲的资源(如食物、住所和保护)可以增加其基因存活到下一代再继续繁殖的机会。人类的父母双方都需要进行亲代投资,其中一部分原因是,成年人类的大脑体积很大,出生时大脑还没有完全发育,因此在婴儿大脑发育的过程中,需要在相当长的一段时间里得到照顾、喂养、保护和帮助,这同时也有利于父母之间的夫妻关系。

因此,我们可以与一些鸟类做更好的对比;例如燕子,它们是群居动物,但雌雄成对,并且都投资养育后代,轮流把食物带回巢中。如果用DNA技术对燕子进行检测以确定其亲子关系,就会发现实际上大约三分之一的燕子幼崽都不是其"父亲"亲生的(Birkhead 2000)。因为雌性燕子有时会和其他雄性交配,即通奸。雌性一般不会随便和一个雄性交配,它会选择一个"有魅力"的雄性,这里的"有魅力"指健康、强壮和具有适应性等特征。一个众所周知的例子是雄孔雀华丽的尾巴。一种观点认为,鉴于尾巴在生活中是个累赘,所以任何有这么大尾巴还存活的雄性孔雀应该都非常健康或具有适应性。另一种说法是,如果一只雄孔雀的尾巴确实很吸引人,那么雌孔雀就应该会选择该雄孔雀,因为它们将来的雄性后代也会很有吸引力,也会被其他雌孔雀选择①[有趣的是,如果一个雄性受到雌性的欢迎,那么即使它的基因在存活率方面不是很好,雌性与其生育后代也是有利的,因为它们的雄性后代更有可能吸引到其他雌性,从而最大化其广义的适应性。这是费舍选择(Fisher 1958)的一个例子,见第7.7节]。

在像燕子这样的社会体系中,雌性需要一个可靠的"丈夫"与之交配(这种情况下,丈夫会认为生下的孩子都是自己的后代,为了维护种群系统稳定,有时这些后代也必须是这个丈夫的后代),以帮助为"它们"的后代提供资源。[你要知道,父母必须筑巢、孵卵、喂养饥饿的幼雏,帮助它们健康成长。在这里,健康意味着成功地将基因传给下一代,见道金斯(Dawkins 1986b)。]但雌性(或至少它的基因)也通过不时地背叛它们的丈夫,获得尽可能合适的基因,从而使自己受益。雌性燕子为了确保它们的丈夫不会因为发现它们通奸而离开,不再照顾后代,它们会尽可能多地秘密通奸,比如躲在灌木丛里与情人交配。因此,(燕子)妻子利用丈夫最大限度地照顾自己的孩子,并通过寻找一个拥有健康基因的情人来最大限度地发挥自己的基因潜力,而且这种健康基因在它们的雄性后代身上可能会对其他雌性很有吸引力[见里德利(Ridley 1993a)]。

上面描述的燕子等鸟类的这种情况是否也适用于人类?似乎可以适用于人类,至少部分可以。并且类似的进化因素可能影响人类的性行为,从而使环境中的特定刺激对人类具有奖赏性。我们需要了解这是否是事实,以便认识驱使人类性行为的奖赏是什么。

证据之一是上文已经提到过的男性的睾丸和阴茎比较大(Baker & Shackelford 2017)。人类射出的精子数量已经证明与睾丸大小有关(Simmons,Firman,Rhodes & Peters 2004, Baker & Shackelford 2017)。另外,人类精液中含有的多种激素和其他蛋白质可能会在某种程度上影响女性的行为,包括她的情绪,以及是否排卵(Burch & Gallup 2006)。

另一个证据是,一些利用现代DNA测试考察人类亲子关系的研究结果表明,事实上约15%的孩子的父亲并不是女性的伴侣(如丈夫)(Baker & Shackelford 2017)。这些数据表明,虽然精子竞争可能对现代人类的影响不大,但它可能在某种程度上对我们的祖先十分重要,并在某种程度上塑造了我们的行为。因此,精子竞争对现代人类行为的可能影响值得进一步探讨。

那么,男性是否会产生大量的精子,并且有规律地性交,以增加孩子是他们后代

---

① 这是在行文中使用特定表达的一个例子,这里虽然使用了特定表达,但并不意味着特定表达的意思真正发生。这里并不是指雌孔雀只喜欢尾巴大的雄孔雀。

的可能性(无论孩子是由妻子还是由情妇生下)？当女性选择男性作为爱人时,她们是否也会选择那些可以与她们生下更具适应性后代的男人,因为这样的后代拥有她们一半的基因,并可以成功地将基因延续下去？显然女性可能会像上面描述的那样做出选择,这种行为甚至可能从基因层面筛选男性的某些特征,因为女性在择偶中认为这些特征是有价值的。当然,如果女性一直采用这种策略(主要是无意识地),这个系统就会崩溃(变得不稳定),因为男性不再信任他们的妻子,男性也不会投资构建家庭和抚养孩子①。因此,女性认为什么样的男性更有吸引力和有价值,我们认为这不是女性面临选择时需要解决的唯一问题。进一步探讨这一问题,我们会发现女性在选择丈夫时,可靠、稳定、有居所、帮助抚养子女这些特征都是有价值的;还有生育基因健康的子女的可能性,特别是生育下可能与许多女性生下许多子女的儿子,这些在选择情人(即短期伴侣)时也是有价值的。

贝克和贝里斯(Baker & Bellis 1995)的研究发现,男性在精子选择过程中已经进化出了优化基因生存机会的策略。其中一个策略是,和已经有一段时间没有与之性交的女性在一起时,男性会射出更多的精子。与此相一致的是,如果一个男性与伴侣分开且距离他们上一次性交已有很长时间(相对于分离时间更少的男人而言),这时他会认为:(1)他的伴侣变得更有吸引力了;(2)其他男性也觉得他的伴侣变得更有吸引力了;(3)更想与他的伴侣性交;以及(4)他的伴侣也变得对他更感性趣(Shackelford, Le Blanc, Weekes-Shackelford, Bleske-Rechek, Euler & Hoier 2002, Shackelford & Goetz 2007)。[这种影响不仅取决于他和伴侣最后一次性交的时间,而且还与夫妻分开的时间长度有关,因此这种影响可以解释为与伴侣分离时伴侣被其他男性授精的可能性增加,而不仅仅是与无法性交有关(Shackelford et al. 2002)。]这一(进化上的、适应的)功能可能是为了增加该男性与另一男性在可能的精子竞争中获胜的机会,其目的是在数量上压倒其他精子。此外,男性应该在回来后尽快和伴侣性交,因为如果伴侣最近与另一男性发生过性关系,那么时间就是决定谁的精子先到达卵子的关键。这样做对男性具有隐含的奖赏,也就是在回到分离一段时间的伴侣身边后,第一时间和伴侣发生性关系有非常高的回报[这就是之前报告的内容(Shackelford et al. 2002)]。罗尔斯(Rolls 2014b)研究了可能与之相对应的神经机制。

一些有力证据表明,这种类型的选择在某些物种中确实存在。例如,有研究者(Pizzari, Cornwallis, Lovlie, Jakobsson & Birkhead 2003)在家禽中发现,雄性根据

---

① 在一些部落里,男性会帮助抚养他们姐妹的孩子,因为这些孩子和舅舅有一些共同的基因。兄弟姐妹之间当然会有一些基因相同,所以这种行为是合理的,可以提高在混乱社会中自身基因的适应性。

雌性的滥交水平对雌性进行不同水平的投资：它们会逐渐减少对特定雌性的精子投资，但在遇到新的雌性时，会立即增加对其的精子投资；而且它们优先将精子分配给有着突出的性别特征的雌性，突出的性别特征表明这些雌性的生殖能力更强。这些结果表明，雌性滥交导致了雄性进化出复杂的性行为。

在这种情况下，射精后的不应期可能在一定程度上对雄性来说具有进化适应性，其中一部分原因是由于精子资源有限，需要在竞争中依靠足够数量的精子成功实现授精。一般来说，在交配后不久再次与同一雌性交配不太可能增加繁殖成功的机会，而不应期可以保存精子，以便与另一雌性再次交配。事实上，择偶中占优势的雄性可能因为多次交配导致越后面的交配释放出的精子越少，这就是为什么雌性要争夺地位高的雄性的第一次交配权（Wedell, Gage & Parker 2002）。这种不应期在进化上的适应性价值只适用于解释刚与一个雌性交配的雄性，如果有机会与另一雌性交配，雄性不应该长时间处于不应期。这是性行为的感觉特异性饱足的一个例子，在性行为领域被称为柯立芝效应①。

因为阴茎龟头前端背后有凹槽，可能是用于不断地插入和抽出将阴道中已有的精子刮出来（Baker & Bellis 1995）[至少在一些祖先中是这样（Birkhead 2000，Schilthuizen 2015，Barbaro & Shackelford 2015）]，所以在回到分离一段时间的伴侣身边后第一时间与之性交，甚至具有奖赏价值。在精子战争中，这种方法的潜在优势是具有生物功能，即作为进化的结果，它使得在性交过程中插入和抽出阴茎产生的快感都具有奖赏意义（可能对男性和女性都是如此）。此外，在射精后，插入动作应该由剧烈变得缓和，阴茎应该开始不再勃起，否则男性可能会刮出自己的精子。这可能是男性不应期进化适应性的一部分②。与伴侣小别之后再次性交时，男性应该尤为激烈地抽插阴茎（这也进化得非常有奖赏意义）。精子战争塑造了我们的进化过程，其中的可能优势也会导致以下结果：如果一个男性刚刚看到一个女性和另一个男性发生了性关系，那么他再和这个女性发生性关系也具有奖赏意义。（这可能是为什么有些男性会喜欢涉及女性的色情片的一部分生物学原因。）不过，前一个男性性交后射出的大量精子在阴道中通常只停留 45 分钟，之后精子和其他液体可能会从阴道流出（排出精液和其他分泌物）。因此，至少在我们的祖先中，也可能在现代人类中，进化

---

① 柯立芝效应来源于这样一个故事：卡尔文·柯立芝和他的妻子在一个农场参观时，柯立芝夫人问农夫，母鸡群中持续而激烈的性交是否仅仅是一只公鸡所为，农夫回答说是的。柯立芝夫人就说："你可以把这一点告诉柯立芝先生。"农夫转告柯立芝后，柯立芝又问农夫是不是每次都是不同的母鸡，农夫又回答说是的。柯立芝就说："你可以把这一点告诉柯立芝太太。"

② 女性似乎没有不应期，也没有相应的适应性价值。能够连续多次性高潮可能会为女性提供选择的机会；如果她想怀上伴侣的孩子，那么在伴侣射精后这可以令她再次达到性高潮，就像 7.5 节描述的那样。

成形的阴茎龟头,阴茎的插入和拔出而产生的奖赏,以及阴茎在阴道中的转动,都具有适应价值(Schilthuizen 2015, Barbaro & Shackelford 2015)。

另一种精子竞争也会影响行为。雄性在给雌性授精后,可能会在阴道里留下一个塞子,当另一个雄性与她交配时,使其精子很难到达雌性的卵子。这是啮齿类动物的一种常见做法,在许多其他动物中也有发生,包括昆虫、蛇和蜥蜴、黑猩猩和倭黑猩猩。而且似乎在人类身上(以及在其他存在精子竞争且非一夫一妻制的灵长类动物中,如上文提到的黑猩猩和倭黑猩猩等)也可能会发生类似的事情(Schilthuizen 2015)。人类射出的精液前半部分主要包含来自附睾(精子在附睾成熟并被储存)和精囊的精子,来自考珀腺体的透明润滑液,以及来自前列腺的液体,前列腺液中含有一种叫做第4转谷氨酰胺酶(TGM4)的酶。射出的精液后半部分含有较少的精子,但含有精囊产生的精浆蛋白(一种液体蛋白质)。精液一进入阴道,TGM4酶就作用于精囊蛋白,使精囊蛋白的不同分子交叉连接,形成一个缠结的网,这是一个相当厚的凝固的交配栓。这种交配栓起到了阻碍后续精子的作用;它也可能有助于防止女性倾倒精子,使她已经获得的精子留在自己体内(Schilthuizen 2015)。男性射精后的不应期可能是为了保存精子的适应性结果,因为据推测,如果他的精液已经凝结并在女性体内留下了一个塞子,那么想要与她继续性交并射出更多的精子,对于繁殖而言没有任何意义。

7.5 雌性的隐秘选择及其对性行为的影响

上一节中提到,雄性会有隐藏的方法增加其成功授精的可能,并且这些方法受到精子分配的收益和成本以及分配给谁等环境信息的调控。

事实证明,在动物王国的许多物种中,雌性动物也会使用隐秘的方法来选择谁将成为其后代的父亲。同样,这种隐秘的选择也会受到一些因素的影响,比如让某个特定雄性做她们后代的父亲所具有的潜在回报价值。需要注意的是,这些选择可能相当隐蔽,也可能是无意识做出的,但仍然受到雄性可能提供的资源等因素的影响,这些资源可能是食物、保护、优良的基因等。

雌性的隐秘选择是雌性在交配后对同一物种内雄性的精子的一种选择偏好(Firman, Gasparini, Manier & Pizzari 2017)。雌性的隐秘选择的一个例子是红原鸡,这一物种的雌性在交配后,对雄性精子产生选择性受精。红原鸡的选择性受精是基于主要组织相容性复合体(major histocompatibility complex, MHC)的相似性,MHC是免疫系统的一部分。通过选择一个与雌性自身具有不同MHC基因的雄性的精子受精,生下的后代会具有更多样化的免疫系统,从而会给后代带来更强的抗病性。人工授精后,MHC相似性的效应消失了,这表明雌性需要依靠雄性的显性特征,例如外型或者气味,得以实现选择性的受精(Lovlie, Gillingham, Worley, Pizzari & Richardson 2013)。

雌性是如何做出这种选择的?一个可能因素是雌性是否产生性高潮。对于一些非人灵长类动物(如日本猕猴),如果雌性与社会等级高的雄性交配,则更有可能发生性高潮(Troisi & Carosi 1998)。性高潮可能是与社会等级高的雄性交配的奖赏,同时也促进着隐秘选择。另有报道称,渴望怀孕的雌性更可能与伴侣发生性高潮,而且是在伴侣刚刚射精后就到达高潮(Singh, Meyer, Zambarano & Hurlbert 1998)。

但是,雌性的性高潮影响与之交配的雄性是否成功授精的作用机制是什么?贝克和贝里斯(Bake & Bellis 1995)对人类女性进行了调查并报告称,如果女性没有达到性高潮,或者达到性高潮之后超过一分钟男性才射精,女性体内保留下来的精子相对比较少,大部分精子会从阴道流出来而浪费掉。这种性高潮精子留存度较低。他们还报告,如果女性在男性射精前一分钟到射精后45分钟内到达性高潮,那么会有更多的精子留在女性体内,而且在女性感受到高潮的后期,有些精子似乎会被子宫颈吸走。这种性高潮的精子留存度较高。

贝克和贝里斯(Bake & Bellis 1995)随后通过问卷调查发现,在忠贞的女性(仅与丈夫发生性关系)中,约55%的性高潮属于高留存(即生育能力高)型。相比之下,不忠的女性与丈夫性交时只有45%的性高潮是高留存型,但与情人的性高潮70%都是高留存型。而且,不忠的女性会在每月生殖能力最强的时候与情人发生性关系,也就是即将排卵的时候。贝克和贝里斯认为,这项调查里不忠的女性在和情人发生性关系时怀孕的概率是和伴侣发生性关系时的两倍以上。因此,女性似乎在某种程度上能影响谁是孩子的父亲,她们不仅通过与情人发生性关系,而且还通过更可能怀上情人的孩子来影响这一点。促进这一过程的潜在奖赏机制将在本章后面进行介绍。

尽管这项研究引起了热烈的讨论,但也有一些人持怀疑态度。然而,最近包括对女性的研究(Motta-Mena & Puts 2017)在内的更多研究,确实倾向于支持雌性存在隐秘选择(Schilthuizen 2015, Yohn, Gergues & Samuels 2017)。下面介绍其中一些证据。

证据之一是母鸡似乎可以选择特定的精子使卵子受精,因为用不同公鸡的精子给母鸡授精时,母鸡卵子的受精却并不是随机的(Birkhead, Chaline, Biggins, Burke & Pizzari 2004)。

另一证据是,当母牛与公牛交配或母猪与公猪交配时,雌性的子宫会主动收缩,而人工授精则不会发生这样的情况,而且人工授精使雌性受精和怀孕的成功率要低得多。事实上,可能确实存在通过运动和降低子宫内压力,将精液主动吸入子宫的现象,这在母马、大鼠和小鼠身上都有出现(Schilthuizen 2015,Millar 1952)。与此观点相一致的是,与性高潮类似的子宫节律性收缩现象,在哺乳动物中可能比以前认为的更为普遍(Schilthuizen 2015,Troisi & Carosi 1998)。

进一步的证据是,男性射精后,女性到达高潮,几分钟内子宫内压力会比阴道内压力低,这可能是女性的性高潮促使精子从阴道进入子宫的一种机制(Fox, Wolff & Baker 1970,Motta-Mena & Puts 2017)。子宫通过蠕动吸入精子,并引导它们通过子宫向上进入输卵管到达卵子(Kunz & Leyendecker 2002)。

如果雌性性高潮涉及影响谁是孩子的父亲,那么性高潮作为公认的性选择过程中的一部分,在某种程度上雌性是否发生性高潮就是不确定的;而且雌性的性高潮似乎确实有点儿变化无常。

此外,动物界里多个不同领域的证据表明,雌性会通过隐秘选择以影响谁使卵子受精(Schilthuizen 2015,Firman et al. 2017)。例如在许多昆虫中,雌性会有不同的腔室用以接收不同雄性的精子,并且通过选择合适的腔室来使某个雄性成为其后代的父亲。而一些不希望被某一特定雄性授精的动物甚至可以将自己的"阴道"外翻,舔掉雄性的精子,然后准备接收另一雄性的精子(Schilthuizen 2015)。

最后,尽管这里已经描述了一些现象,但雌性隐秘选择不太可能对人类产生太大的调节作用,因为其他因素对人类的影响更为重要。

7.6　隐蔽排卵与隐蔽发情及其对性行为的影响

人类女性和一些非人灵长类动物的排卵都是隐蔽的。雄性,甚至连雌性自己都不知道会何时排卵。为什么雌性会隐藏自己的排卵期? 戴蒙德(Diamond 1997)认为,择偶系统在进化中首先出现的第一个阶段是滥交或妻妾成群,这导致了隐蔽排卵的出现。这就是"多父"理论[①]。隐蔽排卵(甚至雌性也不知道,以达到更好的欺骗效果——这可以称为"欺骗怀孕")确保雄性不知道孩子的父亲是谁(因为雄性不知道雌性何时排卵),因此不会攻击孩子。在动物界,如果雄性发现孩子是其他雄性的后代,经常会杀死它们,这种行为使基因能够最大限度地发挥其繁殖潜能。因为这样雌性会停止哺乳,重新恢复生育能力,雄性就可以生下自己的孩子。此外,这将防止雄性浪费过多的资源去抚养没有自己基因的后代。

进化中的第二个阶段是逐渐演化为一夫一妻制。戴蒙德(Diamond 1997)认为,

[①] "多父"理论(many fathers' theory):该理论认为在进化的最初阶段,物种是滥交的,雌性隐蔽自己的排卵期是为了避免伴侣通过排卵期推算出孩子的父亲是谁。——译者注

排卵明显的物种从未形成过一夫一妻制,这种制度通常是在具有(即已经进化出)隐蔽排卵的物种中进化形成的,即"爸爸在家"①理论。隐蔽排卵意味着父亲总是待在家里帮助照顾孩子,因为它们需要确定自己的父亲身份。而又因为它们一直都待在家里,所以它们才认为自己是孩子的父亲(Simmen-Tulberg & Moller 1993)。因此,隐蔽排卵的后果可能是,雄性会认为与伴侣一起待在家里守护一夫一妻的关系是有回报的(而且对此怀有感情)。确实,一夫一妻制可以被认为是对配偶的一种保护。

与这些假设一致,我们发现自由生活的雌性长尾叶猴有着很长的受孕期,在受孕期内排卵的时间是变动的。这就使父权变得不确定,因为雄性无从知道何时排卵。通常有一个强势的雄性试图独占雌性,尽管如此,弱势的雄性们还是有相当比例的后代(Heistermann, Ziegler, van Schaik, Launhardt, Winkler & Hodges 2001)。这直接证明了这种狭鼻灵长类动物很长的受孕期可能已经进化成一种雌性混淆父权关系的策略。

隐蔽排卵也可能与雌性性高潮相结合,共同使雌性做出隐秘的选择。这一点前面已经提到(见第7.4节),如果雌性想使一个雄性成为孩子的父亲,那么它在与对方交配时会达到性高潮。隐蔽排卵有助于促进雄性间的竞争。

因此,雄性和雌性的利益可能并不一致,这就导致两者形成了不同的措施与对策。隐蔽排卵可以被看作是一种防止杀婴的措施。隐蔽排卵也促进了一妻多夫制,这种机制使得雌性进行多次交配。为了应对这一点,雄性则会进行精子竞争和精子分配,雌性又会采取其他隐蔽选择机制来对抗,比如有选择性的性高潮。

女性以雌激素为基础的性征似乎诚实地代表了女性的生育能力,并使她对男性具有吸引力,从而实现隐蔽选择(Thornhill & Gangestad 2015, Motta-Mena & Puts 2017)。这些性征包括年轻女性的乳房、较小的腰臀比、光滑柔嫩的肌肤以及尖细的嗓音。

有人认为,女性也可能隐藏发情期(Thornhill & Gangestad 2015)。女性发情时,表现出一系列的性偏好,在月经周期里的可生育期,女性更偏好具有男性表型特征和遗传品质的男性配偶。女性发情可能是一种为了获取基因的功能性适应,包括通过偷情提高后代的繁衍能力等。女性发情是古老的系统发育的结果,与脊椎动物的发情具有同源性和功能相似性。女性在生理周期中无法怀孕的时间段内发生的性行为被称为"扩展性行为"。这在旧大陆的灵长类动物中很常见,并可能在社会性夫妻关系为一夫一妻制的鸟类中也很常见。女性扩展性行为的这一偏好符合这样一种假

---

① "爸爸在家"(daddy at home)理论:该理论认为,雌性隐蔽排卵是一种避免被伴侣冷落的策略。因为一旦伴侣知道他的配偶那天没有排卵,他就会转向外面正在排卵的雌性,雄性如果不知道自己伴侣哪天排卵,为了避免孩子不是自己亲生的,它会一直待在雌性身边。——译者注

设,即女性扩展性行为的功能是通过采用性行为从男性那里获得非遗传的物质利益和服务。女性隐蔽发情的表现在以下几个方面：包括男性(相对于其他雄性哺乳动物)察觉女性发情的能力有限,女性(相对于其他雌性哺乳动物)发情期间的行为变化很少,以及女性发情时会努力减少男性伴侣的保护(或者限制)。隐蔽发情可能是一种适应性结果,目的是为了给后代提供更好的基因而与配偶外的情人偷情,给男性伴侣戴上绿帽子的同时又享受着男性伴侣提供的各种福利(Thornhill & Gangestad 2015)。

7.7 性行为与非性行为的性选择

7.7.1 性选择与自然选择

达尔文(Darwin 1871)将自然选择与性选择区分开来,这种区分得到一些研究的支持和拓展(Fisher 1930,Fisher 1958,Hamilton 1996,Dawkins 1986b,Miller 2000,Parker & Pizzari 2015),并使其适用于人类(Puts 2015)。在狭义上,**自然选择**指的是一种选择过程,这种选择过程会发展出对个体具有适应性或生存价值的特征,以便个体能够繁衍并将基因遗传下去。在这种语境下,自然选择可以被认为是"生存或适应选择"。例如,当我们有进食的生理需求时,限定食物感觉特性的基因具有奖赏性(而且尝起来也应该令人愉悦)。本书中描述的许多奖惩系统处理的都是这种奖惩解码,这种解码已经进化到能够使基因在一个奖惩的高维空间的不同方向影响个体的行为,使其具有个体生存和健康的适应性,从而促进那些构建起这种适应性功能的基因的繁衍成功率与遗传适应性。这里包括与亲属相关的利他行为(见第 3 章),因为这种行为在帮助亲属生存的层面上具有适应性,从而提高亲属(也含有自己的基因)生存和繁衍的可能性。因为财富和资源有助于女性抚养子女,所以财富和资源被自然选择选中,被认为可以使男性更有吸引力。

达尔文(Darwin 1871)也认识到,进化可以通过**性选择**来实现,即当被选择的特征不具有遗传适应性或生存价值,但可以吸引到潜在的配偶(两性间的选择),或有助于与其他同性竞争(同性内的选择)时,这一特征也是有价值的。最常见的例子是雄孔雀的大尾巴,它对孔雀来说没有生存价值(拥有一条很长的尾巴甚至是一个累赘),但是,因为这样的尾巴对雌孔雀有吸引力,所以它在种群中变得很普遍。因为长着一条长尾巴对生存来说是一种障碍(Zahavi 1975),所以事实上,长尾之所以吸引人,一部分原因可能是长尾能够可靠地反映基因表现型的适应性(健壮的指标),尽管这种代偿性系统只有在某些特定条件下才有效①。控制长尾性状的遗传基因可能在雌孔雀的雄性后代中表达,因此这些雄性后代会对下一代的雌性具有吸引力。而且,尽管雌性后代不会表达父亲有吸引力的长尾基因,但这些基因很可能在它的雄性后代身上表达。在这种情况下,雌性不得不进化成认为雄性的长尾很有吸引力,从而导致雄性的长尾特征在雌性挑剔的选择下爆炸式增长。事实上,选择长尾雄性的雌性在交配后产下了携带有喜欢长尾雄性和产生长尾雄性的基因的孩子,这是导致性选择过程失控的部分原因。然而,实际上长尾既是孔雀的累赘,也是雄性身体健康的一个信号,这可能是性选择能够稳定发生的一种方式(Zahavi 1975)。孔雀尾巴的例子被归为性选择,因为长尾对个体来说没有适应性。当然,如果雌性因为长尾表示身体很强壮而选择有长尾的个体,那么它也具有适应性。但是,当一个揭示性的、指示性的信号(或健康指标)与生存障碍无关,且难以伪造时,性选择就会发生,那么该信号必然是一个适应性的可靠指标(Maynard Smith & Harper 2003)。例如,某些鸟类在求爱时会展示裸露的皮肤,这表明它们对寄生虫有抵抗力(Hamilton & Zuk 1982)。但是,进化出妨碍生存的特征代价巨大,而且除了交配以外,在其他情境下这种特征会降低遗传适应性。所以,如果某个特征是一个指示性的可靠信号,那么相对来说它是没有代价的,也不容易被伪造,并且应该与有助于提高交配以外情境中生存适应性的特征有关(Maynard Smith & Harper 2003)。

性选择的如下特点有助于将其与自然选择(或生存选择)区分开:

第一,性选择导致性二型②,通常是雄性表现出异性的特征。例如是雄孔雀而不是雌孔雀有长尾。这是因为雌性在挑选雄性。雌性之所以挑剔,是因为它对自己的后代有相当大的投资,它需要怀胎到孩子出生,然后再抚养到孩子独立。因此,与雄性相比,雌性的生育潜力要有限得多,雄性原则上可以生育大量后代,用以最大化其遗传潜力。这是一个由两性间选择产生的性二型例子。通过同性内选择的性二型的例子是雄鹿的鹿角。

第二,性选择的特征通常是物种特异性的(这种特征本身可能不具有生存价值,似乎是雌性随意选择了雄性的一个特征);而自然选择的特征可能因为对个体具有生存价值而在同一个种属内的许多物种中都有,甚至跨种属存在。

第三,相应地,性选择带来的竞争是在同一个物种内进行的,而自然选择(或生存

---

① 这里代偿性指标导致性选择的条件有:1.雌性可以从该指标中正确推断雄性的品质(可靠);2.这种指标的代价很大;3.这种指标对低品质的雄性来说代价更大。

② 性二型:指同一物种不同性别间的外表有显著差异,比如孔雀的尾巴、鹿角、山魈的脸等。——译者注

选择)带来的竞争可能跨物种,也可能在同物种内进行。

第四,性选择在一夫多妻制的物种中尤为有效。即有吸引力的雄性会和两个或更多的雌性交配,而没有吸引力的雄性很可能没有后代。我们的祖先至少在某种程度上似乎也是一夫多妻制,例如从体型差异来看,男性的体型大于女性。之所以出现这种情况是因为在一夫多妻制的物种中雄性竞争更为激烈,而在一夫一妻制物种中的雄性竞争较少。在人类中,男性平均比女性高10%,比女性重20%,上身肌肉比女性强50%,握力比女性强100%(Miller 2000)。

第五,性选择的特征更可能在青春期之后显现出来,而不是在青春期之前。比如人类,男性深沉的嗓音是在青春期变声后才出现。

第六,性选择的特征在个体之间可能存在显著差异,因为正是这些差异被用于择偶。相反,当自然选择(或生存选择)发挥作用时,个体之间可能几乎没有差异。

178

第七,性选择的特征的生存适应性指标应该是有代价的,或难以复制,这样它才可以反映真实的适应性,并保持其可靠性。

第八,性选择可能会产生先增后衰的特征。例如,雌性的选择可能会将雄性被选择的特征推向一个极端,超过这个极端后,这个特征在生理上几乎不可能有进一步的改变,因此这一被选择的特征在雄性之间可能就没有什么差异性。在这一点上,缺乏这一特征的雄性可能又会占据优势,因为它们现在反而显得与众不同,所以会有一些雌性可能认为这种变化更有吸引力(Schilthuizen 2015)。

总的来说,达尔文的自然选择(或生存选择)让个体更加健康、更有力量、获取潜在的资源,提高个体生存能力,从而提高了交配和繁殖的可能。两性间的性选择并不能使个体更健康,但会使个体作为配偶变得更有吸引力,例如雌性对雄性的选择。同性内的性选择不一定有助于个体的生存,但确实有助于竞争配偶,例如雄性对另一雄性的恐吓(Darwin 1871, Kappeler & van Schaik 2004)。本章描述的精子竞争中的行为和特征就是由同性内的性选择产生。

事实证明,两性间的性选择的最佳范例都是鸟类(例如雄孔雀的尾巴和雄性琴鸟的尾巴)。其中一些例子可能与鸟类的视觉系统有关。鸟类的视觉系统擅长识别符号刺激和先天具有的刺激,这有助于它们进化出更加精细复杂的特征。(恒河猴的红屁股是个例外吗?)相反,哺乳动物有一个更加通用的视觉系统,可以在不同的情况下恒定地识别物体,因此不需要专门分析刺激物特定的低级感觉特征(Rolls 2012e, Rolls 2016c)。在哺乳动物中,包括灵长类动物,同性内的性选择往往是根据体型、力量、体力和攻击性来进行,这种竞争是直接的身体竞争(Kappeler & van Schaik 2004)。

有人认为,性选择对人类今后的特征进化方向很重要。例如,有人认为,人类求爱时很重要的心理特征,如善良、幽默和会讲故事等,可能是人类性选择的潜在特征类型(Miller 2000)。在评估这一点(见第7.7.2节)和由此阐明性选择的奖赏或惩罚对人类情感的影响之前,我们应该注意性选择在影响人类时的复杂作用。

在人类中,由于婴儿出生时相对不成熟,在他们可以照顾自己之前需要多年的精心照料,因此为孩子提供关爱对男性基因来说是有利的,也就是说父亲会投资照料他的后代。在男性进行亲代投资的情况下,那么他可能会通过对妻子的精挑细选来优化其基因延续的可能。这意味着人类可能既有男性对女性的性选择,又有女性对男性的性选择。这可能意味着,人类两性之间的差异可能没有雌性是主要的选择者的两性差异那么大。性选择如何影响女性特征的一个例子是对巨乳的偏好。经过性选择后的人类女性乳房,通过产生更多的脂肪变得比实际泌乳需要的更大。因为较大的乳房与良好的生育能力、哺乳的潜力有关,而它又不具有任何特定的适应性价值,所以巨乳这一特征对男性很有吸引力,而且男性会产生相应的情感体验。甚至有人认为,巨大的乳房对男性来说是一种生殖潜力的标志,因为当(年轻)女性的生育能力和生殖潜力达到最高时,她们的胸最挺翘。虽然随着年龄的增长巨乳可能下垂,因而对女性来说小乳房可能被认为是一种优势,但这可能被丰满挺翘的乳房带来的优势所抵消了,因为在生育能力和生殖潜力最大时,丰满挺翘的乳房可能会吸引高地位的男性(即使以后可能会变成缺点)(Miller 2000)。因此,两性间的性选择有可能导致部分女性的乳房变大。事实上这些特征的变异确实相当大,这与性选择的特征存在很大个体差异一致,而生存选择的特征不会存在类似的个体差异。因此,男性和女性都有可能出现性选择的特征(Puts 2015)。

达尔文(Darwin 1871)和贝特曼(Bateman 1948)预测,导致性选择和两性间性策略二次分化的主要性别差异是雌性卵子和雄性精子的大小和贡献不同,卵子很大,而精子很小,并且精子产生的数量要多得多。这种配子的不对称性被称为异配生殖①。女性的卵子提供营养,也提供细胞器,这些细胞器不是由DNA产生的。男性的精子对这些胞内细胞器几乎没有贡献。研究者认为,这是尽量减少自我复制的胞内细胞器之间在进化上竞争的机会,否则可能对生物体造成损害(Schilthuizen 2015)。一些研究者预测,异配生殖为男女行为的性别差异提供了基础,并已得到了大量实验证据和理论研究的支持(Parker & Pizzari 2015)。

我们还会发现,"自然选择"一词在广义上既包括"生存或适应选择",也包括性选择。现在二者都被认为是由基因选择驱动的过程,而正是基因的竞争和将基因复制

179

---

① 异配生殖:有性生殖的一种,指进行交配的两个配子在形态、大小和结构方面有区别,同时有性别分化,大小配子融合形成合子,合子长成新个体。——译者注

到下一代驱动了生物的进化(Dawkins 1989，Dawkins 1986b)。区别在于，在"生存或适应选择"中，被选择的基因使个体更加强壮、更加健康、生存能力更强、更有机会繁衍，而性选择的基因对个体可能没有什么生存价值，但能使个体在两性间的性选择中被选为配偶，或在同性内的性选择中竞争配偶，从而延续这两种性选择所选择的基因。

由于奖励和惩罚引发的是人类的情绪状态(见第 2 章和第 3 章)，因此本章将对情绪的理解扩大到情绪也受性选择影响。例如，性选择可以选择对称的，因而也是有吸引力的面孔，而这些面孔也会引发相应的情绪体验。

7.7.2　无性特征可能为求爱而被性选择

米勒(Miller 2000)提出了这样一个假设：求爱为性选择选中与性无关的心理特征提供了机会，如善良、幽默、讲故事的能力、创造力、艺术，甚至语言。他认为，这些都是"进化出来用以吸引和取悦性伴侣的求爱工具"。性选择将生物体视为反映基因表现型适应性的载体，米勒认为这些心理特征正是基因表现型适应性的信号。从这个角度来看，狩猎(与采集食物相比)其实是一种代价高而效率低的活动，男性这么做是为了获得肉类作为小礼物送给女性，但同时这也是为了表明狩猎成功的男人与其他男人相比多么地健壮、有竞争力。炫耀性的浪费和消耗资源，本质上往往是性选择起作用的结果，而这些代价很高的行为在狭义的生存(或自然)选择中则没有适应性。上述各种心理特征不仅耗费时间，而且可能需要许多基因高效协同，这些特征才得以很好地表达。因此米勒认为，这些心理特征可能是"适应性标志"。与性选择相一致，这些特征在不同个体间也存在很大的差异，这为选择提供了基础。

米勒认为，善良可能就是以这种方式进化而来的心理特征，无论男性还是女性都非常重视这个心理特征(Buss 2015，Buss 2016)。在人类进化过程中，善待孩子可能被视为男性求爱时有吸引力的一个特征，特别是在伴侣关系可能还没持续很多年，孩子可能不是求爱男性的后代时。善良也可以作为未来合作的一个指标。因此，从某种意义上讲，善良可能意味着潜在的实用价值，这与跨文化的事实相一致，即人类女性倾向于选择具有高社会地位、高收入、有志向、高智力和精力旺盛的男性(Buss 2015，Buss 2016)。善良也可能与亲缘利他主义[①](Hamilton 1964)或互

[①] 亲缘利他(kin altruism)理论：该理论认为利他行为通常发生在具有亲缘关系的家族成员中，并且与亲近程度成正比，即个体之间的亲缘关系越近，彼此之间的利他与合作倾向就越强。关系越近，拥有相同基因的概率就越高，利他者给予近亲的帮助、奉献乃至牺牲也就越大。——译者注

惠利他主义①(Trivers 1971)有关,两者都是遗传适应性策略(见第 2 章)②。对所有这些心理特征的直接解释是,它们体现了个体可以提供潜在的物质和遗传价值(因此这些特征也将受到自然或生存选择的影响),但米勒(Miller 2000)认为善良除了是适应性标志外,也受性选择的影响。尽管道德在一定程度上与亲缘利他主义和互惠利他主义有关(Ridley 1996)(见第 11.3 节),但道德行为可以提高个体的社会地位,从而给个体繁衍带来益处(Zahavi & Zahavi 1997),或个体在求爱期间直接通过向配偶展现他的道德水平(Tessman 1995, Miller 2000)而有利于自己求偶。米勒(Miller 2000)认为,因为道德行为需要付出一定的代价,所以它能反映出个体具有更强的适应性,因此,道德行为有助于吸引配偶。他认为"*道德是那些由性选择出来的不利于个体生存的特征组成的系统*"。

米勒(Miller 2000)(第 258 页及后续页)还认为,艺术、语言和创造力都可以用性选择来解释,而很难用生存选择来解释。他认为,艺术是从求爱装饰发展而来的,并用园丁鸟作为进化的范例。雄性园丁鸟用苔藓、蕨类、贝壳、浆果和树皮,装饰它们通常巨大且结构复杂的巢,以吸引雌性园丁鸟。这些巢仅仅用来吸引雌性,在授精后,雌性会离开,修建自己的杯状巢,然后生蛋,在没有雄性支持的情况下独自抚养后代。达尔文本人也把人类的衣着和打扮看作是性选择的结果。当然,对艺术能力的性选择并不意味着艺术本身就涉及性。这个例子有助于说明,性选择可以改变什么特征是有价值、有吸引力的,这些变化可能是人类艺术的先兆。米勒(Miller 2000)认为,语言在男性身上演变成了吸引女性的求爱手段。米勒(Miller 2000)还指出,创造力可能与随机探索新想法有关,而且这也是男性吸引女性的求爱手段。

这种理论取向的一个潜在问题是,性选择更倾向于快速失控的进化,因为性偏好在基因上与两性喜爱的特征相关(如第 7.7 节所述)。如果米勒(Miller 2000)是对的,那么为什么人类的心智发展没那么快,两性间的差异没那么大? 为什么没有出现快速、爆炸式的增长? 米勒提出了一些可能的原因:

1. 男性和女性之间有很高的遗传相关性,23 条染色体中有 22 条都相同。

2. 女性的大脑也必须同步进化才能欣赏男性的心理特征——甚至可能进化得更快才能做出有效的判断。此外,男性和女性可能具有类似或部分重叠的大脑机制,只不过男性产生这种特征,而女性感受这种特征。此外,男性对这种心理特征的自我监控(女性对这种心理特征的实践)可能有助于评估这种心理特征的效果。男性甚至

① 互惠利他(reciprocal altruism)理论:该理论认为一个有机体给另一个有机体提供好处而不期待任何立即报答或补偿,但受益人所得的收益必须明显大于捐助者的成本;而且如果后来情况逆转,受益人必须报答捐助者这一利他主义行为。否则通常会使原来的捐助者在未来撤销互惠利他行为。——译者注

② 有趣的是,善良(kindness)的词源是古英语 cynd,意为亲戚(kin),照顾亲朋好友。

可以内化女性的审美标准,以预测她们的反应。

3. 人类有着双向的选择:男性挑剔女性是因为男性进行了亲代投资,所以女性争夺男性。事实上,长期伴侣的选择是相互的,这有助于减少性别差异。与此一致的是,大卫·巴斯研究发现,相比于长期择偶,人类的性别差异在短期择偶中更为明显(Buss 1989, Buss 2016, Buss 2015)。事实上,因为女性存在隐蔽排卵,性选择很可能主要通过长期择偶起作用。这意味着,只有在一段相对长期的关系中,一个男性才有可能成为一个女性的孩子的父亲。因为只有他定期与其发生性关系,才有可能正好碰上她的生育期。

对米勒(Miller 2000)的另一种批评是,这些心理特征许多都可能具有生存价值,而不是纯粹的性选择的结果。例如,语言在问题解决、提前制定规划和修正多步骤的计划等方面有许多作用,这些能力可能对于延迟即时奖赏和实现长期目标非常重要(见第 10 章)。

7.8 控制性行为的脑区及性行为奖赏的脑区

在本节中,我们将讨论目前有关性行为神经机制的一些证据。本章中描述的某些类型的行为,罗尔斯(Rolls 2014b)已经对其在大脑奖赏系统中的实现机制进行了介绍。

7.8.1 嗅觉奖赏与信息素

信息素是典型的嗅觉刺激,可以触发多种不同类型的性行为,从而影响奖赏的产生标准,或者在某些情况下可以直接作为奖赏(Dulac & Torello 2003, Beauchamp & Yamazaki 2003, Dulac & Kimchi 2007)。

首先,信息素可以通过影响激素而产生缓慢而持久的影响,例如影响生殖周期。信息素会导致李—特(Lee-Boot)效应(雌鼠在没有和雄鼠一起居住的情况下,发情周期会逐渐消退并最终停止)、惠滕(Whitten)效应(如果雌鼠暴露在雄鼠的气味或其尿液的气味中时,它们的发情期就会重新开始)、范登博格(Vandenbergh)效应(一种由雄性气味引起的雌性啮齿动物的青春期提前)以及布鲁斯(Bruce)效应(如果一只刚怀孕的雌鼠遇到一只没有与其交配过的雄鼠,那么雌鼠很可能会流产,然后该雌鼠就会和新的雄鼠交配)。这种形式的基因战发生在精子战之后,显然这有利于新的雄性的基因,可能也有利于雌性的基因,因为这意味着雌性更倾向于怀上可以和自己生活在一起的雄性的后代,这个雄性不仅能够驱逐其他雄性,而且这个雌性的后代不会受到该雄性的伤害,甚至还会得到保护。造成这些效应的信息素是在睾丸素的影响下产生的[见卡尔森和伯其特(Carlson & Birkett 2017)]。老鼠的这些效应依赖于副嗅系统、犁鼻器及其对副嗅球的投射,不过这个系统在人类中并不存在。副嗅球依次投射到杏仁核内侧核,杏仁核又投射到视前区、下丘脑前侧和下丘脑腹内侧,这些效应由信息素影响黄体生成素(Luteinizing Hormone, LH)和催乳素(Prolactin, PRL)等激素而产生(Dulac & Torello 2003)。信息素还可以使群居的女性开始出现同步的生理周期,这种同步的生理周期的进化意义可能在于增加了男性之间的竞争和选择。此外,同步生育有助于共同照顾孩子,这可以增加后代的存活率。

第二,信息素可以作为一种吸引或奖赏信号迅速影响行为。例如,仓鼠阴道分泌物中的信息素会吸引雄性;对于某些猴子,在肾上腺产生的少量雄性激素的影响下,其阴道中的细菌会产生更多的信息素,而这种信息素可以增加雌性对雄性的吸引力(Baum, Everitt, Herbert & Keverne 1977)。在这种情况下,雌性体内产生的雄性激素可以诱导雄性的性行为。雄性大鼠也可以产生吸引雌性的信息素。

啮齿类动物的犁鼻系统利用一组基因,编码了大约293种V1R和100种V2R嗅觉信息素的受体(Dulac & Torello 2003)。激活这些受体的信息素可以引发啮齿类动物的某些行为,如诱导雌性发情、雄性相互攻击以及吸引雌性等(Dulac & Torello 2003)。对于人类和旧大陆的猴子(如猕猴),这种系统似乎确实已经退化消失了(Stowers & Kuo 2015, Savic 2014)。此外,大多数本应编码副嗅觉系统信息素受体的人类基因是伪基因①,不能产生受体,人类只有5个V1R信息素基因被认为没有失活(Dulac & Torello 2003)。如果信息素对人类确实有作用,那么它们可能是由主嗅觉系统产生(Savic 2014)。

人类一般不会认为体味具有吸引力,但围绕香水却产生了一个完整的行业。人类可能通过长期的条件学习,而逐渐习得配偶的气味很有吸引力,尤其是有证据表明雄烯醇(一种在男性腋下汗液中发现的物质)可能会增加女性与男性社交互动的次数(Cowley & Brooksbank 1991)。还有研究发现雄甾二烯酮(一种公认的男性信息素)可以激活女性的视前区。相反,雌甾四烯(一种公认的女性信息素)可以激活男性的下丘脑。两者都能激活男性和女性的嗅觉皮层(Savic 2014)。也有研究发现即使在无法被察觉到的浓度下,雌甾四烯也可以激活男性丘脑前内侧和右额下回(Sobel, Prabhakaran, Hartley, Desmond, Glover, Sullivan & Gabrieli 1999)。

对于女性,编码人类的犁鼻肌甲型受体1(vomeronasal type-1 receptor 1, VNR1)基因的多态性,与一夜情这类特定的社会性性行为的发生,存在显著关联(Henningsson, Hovey, Vass, Walum, Sandnabba, Santtila, Jern & Westberg

---

① 伪基因指与功能基因相关的DNA序列,但由于突变或缺乏调控序列而不能被转录。

2017)。这似乎为信息素确实能影响人类提供了合理的证据。二氢茉莉酮酸甲酯,一种 VNR1 受体的配位体,可以激活人类的外侧眶额皮层、下丘脑和杏仁核(Wallrabenstein, Gerber, Rasche, Croy, Kurtenbach, Hummel & Hatt 2015)(外侧眶额皮层的激活意味着二氢茉莉酮酸甲酯闻起来并不令人愉快,与此一致的是,下丘脑的激活与二氢茉莉酮酸甲酯造成的不愉快体验相关。当然,在自然条件下一种气味不会单独出现,而且由二氢茉莉酮酸甲酯或另一种天然等效物激活的 VNR1 受体可能会提高某些气味的功效)。

183　　　另一些研究则提出另一种观点,认为包括人类在内的动物之所以把信息素当作奖赏或厌恶性刺激做出反应,其背后可能的分子机制是通过影响那些有吸引力的配偶,从而产生遗传的多样性。尤其是,这些研究认为,基于嗅觉的主要组织相容性复合体(MHC)依赖性流产和配偶选择维持 MHC 的多样性,并且在避免全基因组近亲繁殖和产生免疫力更强的 MHC 杂合后代方面发挥作用。然而支持这一假设的证据现在还很单薄(Overath, Sturm & Rammensee 2014)。

7.8.2　视前区与下丘脑

雄性的视前区(见图 7.1)参与调控性行为(Hull, Meisel & Sachs 2002, Micevych & Meisel 2017, Pfaff & Baum 2018)。该区域的损伤将永久性地消除雄性的性行为;电刺激该区域可以引起交配行为;交配过程中会在视前区引起代谢活动(如 c-fos[①] 基因所示);在视前区植入少量睾丸素可以使阉割过的大鼠恢复性行为(Hull et al. 2002)。灵长类动物的这个区域似乎有对与性有关的奖赏敏感的神经元,有研究(Aou, Oomura, Lenard, Nishino, Inokuchi, Minami & Misaki 1984)发现,当雄性猕猴看到雌性猕猴坐在它可触及的范围内时,其视前神经元的放电频率会增加;而同一神经元对食物却没有反应(Y. Oomura 私人交流),因此这表明该脑区对特定类型的奖赏进行反应。他们还报告了雄性猴子视前内侧区域神经元的活动变化,这些变化与性行为的开始、阴茎勃起和射精后的不应期有关。类似地,雌性内侧视前区的神经元活动变化与性行为的开始和观看到其他猴子的性行为有关。雄性猴子下丘脑背内侧核和雌性猴子下丘脑腹内侧核神经元活动的增加,与双方的交配行为同步。这些发现以及使用局部电刺激的研究表明,内侧视前区神经元参与性唤起,雄性下丘脑背内侧和雌性下丘脑腹内侧的神经元参与交配(Aou, Oomura, Lenard, Nishino, Inokuchi, Minami & Misaki 1984)。

雌性的内侧视前区参与生殖周期的控制,也可能直接参与性行为的控制

---

① c-fos: c-fos 是一类原癌基因,在神经科学领域常用以检测最近被激活的神经细胞。——译者注

（Blaustein & Erskine 2002，Micevych & Meisel 2017）。受激素影响，内侧视前区及其连接区域的神经元对阴道—宫颈的刺激作出反应（Blaustein & Erskine 2002）。下丘脑腹内侧核（the ventromedial nucleus of the hypothalamus，VMH）参与性行为的许多方面，包括啮齿类动物的脊柱前凸（保持可交配的体位），而通过向腹内侧核注射雌激素和黄体酮可以恢复切除卵巢的雌性大鼠的这种行为（Blaustein & Erskine 2002，Micevych & Meisel 2017）。通过网状神经元和网状脊髓束对脊髓反射实现的下行影响，VMH 输出的神经反应会投射到中脑导水管周围灰质，这对雌性的性行为（如啮齿类动物的脊柱前凸）必不可少（Pfaff，Gagnidze & Hunter 2018）。VMH 接收来自内侧杏仁核等区域的输入。

视前区接收来自杏仁核和眶额皮层的输入，从而接收来自颞下视觉皮层（包括面孔特征、面部表情等信息）、颞上听觉联合皮层、嗅觉系统和躯体感觉系统的信息。这些环路的作用已在第 4 章和第 5 章中有所阐述。在第 4.6.4 节描述的一个例子中，埃弗里特、卡多尔和罗宾斯（Everitt，Cador & Robbins 1989）的研究表明，杏仁核基底外侧区的兴奋毒性损伤破坏了视觉条件性强化物维持的食性反应[①]，但不影响雄性大鼠对初级强化物的行为，即与发情的雌性大鼠交配［详见埃弗里特（Everitt 1990）和埃弗里特与罗宾斯（Everitt & Robbins 1992）］。相比之下，内侧视前区的损伤导致雄性大鼠丧失了对初级强化物（即雌性大鼠）的爬跨、插入，以及射精等交配行为，但不影响对条件刺激或次级强化刺激，即对光的习得性食欲反应。从这些研究得出如下结论：当初级强化物是性奖赏时，杏仁核参与刺激—强化联结学习。另一方面，视前区不参与这种刺激—强化联结学习，而是参与初级的性奖赏的奖赏效应。嗅觉输入信号通过杏仁核内侧和终纹床核到达内侧视前区，这一通路为嗅觉刺激影响性行为提供了一条途径（Hull et al. 2002）。来自生殖器的躯体感觉输入信号，也通过中脑的中央被盖区到达内侧视前区（Hull et al. 2002）。雌性和雄性的下丘脑和内侧视前区的系统都受到催产素的影响（Veening et al. 2015）。雄性的外周催产素促进射精，大脑催产素促进勃起，而这些系统的过度活动与早泄有关（Veening et al. 2015）。抗抑郁药物通过影响 5 -羟色胺（5-hydroxytryptamine，5-HT）系统，进而影响射精和性行为（Veening et al. 2015）。

视前区的输出包括其与中脑外侧被盖区的连接区域，这一区域神经元的反应被发现与雄性性行为的不同方面相关（Shimura & Shimokochi 1990）。然而，很可能只有眶额皮层和杏仁核控制性行为的部分输出经过视前区。对于雄性来说，像交配这样简单的性行为，视前区通路可能很有必要，但内侧视前区损伤后，性刺激的吸引效

---

① 食性反应（Appetitive Sexual Response）：指食欲系统对食物和性刺激都会反应的现象。——译者注

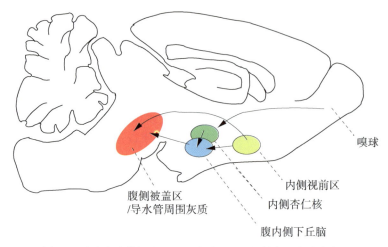

嗅球

腹侧被盖区
/导水管周围灰质

内侧视前区

内侧杏仁核

腹内侧下丘脑

图 7.1 大鼠大脑的矢状切面图,标注了一些与性行为有关的脑区

应可能仍然存在[见卡尔森和伯其特(Carlson & Birkett 2017)],这表明,如进食一样,杏仁核和眶额皮层的输出叮以通过其他通路影响行为(见第 4 章和第 5 章)。

在雄性的早期发育过程中,类固醇激素睾丸素使大脑雄性化,导致视前区的一部分开始性二型分化,即雄性这一区域大于雌性(Morris,Jordan & Breedlove 2004)。在出生前,男孩和女孩在激素水平上已经不同了。大约在人类妊娠的第 7 周,睾丸开始分泌激素,导致睾丸素浓度的性别差异很大(Hines 2010, Hines, Constantinescu & Spencer 2015)。这种性别差异在妊娠第 8 周到 24 周之间达到最大。就孩子们的玩耍而言,来自遗传疾病、母亲激素治疗和激素正常变异的研究证据都指向同一结论:产前孩子的睾丸素浓度会影响儿童随后的玩具性别类型、玩伴和活动偏好(Hines 2010)。与之一致的发现是,有的女孩由于先天性肾上腺增生导致产前接触到异常高浓度的雄性激素,她们玩耍时男性化的行为会增加,而女性化的行为会变少。类似地,在怀孕期间服用雄性黄体酮的母亲,她们的孩子表现出更喜欢男孩的玩具和游戏,而服用拮抗雄性黄体酮的母亲的孩子则相反(Hines 2010, Hines et al. 2015)。早期激素环境的影响也可以扩展到人格特征的性别差异上。在这一领域中,众所周知的一个例子大概是女性共情能力通常更强,而男性的攻击性通常更高(Hines 2010)。

在青春期,性行为,包括冲动在内的其他行为,以及奖赏系统都有许多变化,与之相关的是脑连接和功能的一些改变,例如在前额叶内侧皮层、杏仁核和纹状体等脑区。但是还有很多内容需要研究,包括这些变化在多大程度上依赖类固醇等

(Walker, Bell, Flores, Gulley, Willing & Paul 2017, Suleiman, Galvan, Harden & Dahl 2017)。

7.8.3 眶额皮层及相关脑区

来自 fMRI 的证据表明,抚触的愉悦感主要产生于眶额皮层(见图 4.4),说明眶额皮层和躯体感觉强化刺激的重要性。也许,性抚触的快感也在这一区域及其相连的脑区表征[参见蒂霍宁等人(Tiihonen, Kuikka, Kupila, Partanen, Vainio, Airaksinen, Eronen, Hallikainen, Paanila, Kinnunen & Huttunen1994)]。可能正是通过眶额皮层和杏仁核中的这些神经回路,实现了对上述性行为的控制,以及对相关刺激的大多数解码,然后将其作为初级强化物,或者通过刺激—强化联结学习来习得其强化属性。在性行为中发生的一些现象,如感觉特异性饱足等与同一刺激或个体产生的奖赏价值随着时间的推移而减少有关,并与新异刺激或个体导致的行为增强有关。这种需要表征独特个体的现象,以及通过刺激重复来实现感觉特异性饱足和新奇效应的学习系统,也可能是在眶额皮层和杏仁核等脑区实现。

一项人类功能性神经影像学研究(Georgiadis & Kringelbach 2012)基于贝里奇(Berridge 1996)对"想要"刺激与"喜欢"刺激的区分,进一步提出这两种刺激可以激活大脑的不同区域。首先,我们可以看到,"想要"对应于与刺激的期望值相关的状态,并与刺激的条件激励和次级强化物相对应;"喜欢"对应于刺激的结果值,即与更初级的奖赏相对应。其次,我们可以注意到,在"预期"或"想要"阶段,身体在生理上和行动上正为自己做准备,以达到实施性行为的目标,因此个体此时更加关注条件强化物与获得这些条件强化物相应的行动,这就一点儿也不奇怪了。而在"完成"阶段,其行为反应和大脑激活区域与之前阶段并不相同。第三,我们还会注意到,尽管"预期"阶段所需的行为必然不同于价值结果(或完成)阶段所需的行为,但实际目标,即由基因所规定的奖赏价值,可能是相似的(见第 4.6.2 节)。

在功能性神经影像研究中,性唤起刺激在高级视觉皮层所引起的激活有时被认为不同于其他刺激的激活(Georgiadis & Kringelbach 2012)。然而,这并不意味着是某些神经元单独编码这些性刺激的奖赏,因为神经影像研究仅仅只能反映那些与这些刺激调节的激活相关的更强唤醒。对于与食物奖赏相关的视觉刺激,研究表明视觉皮层神经元不编码这些奖赏的价值,因为它们的反应在视觉辨别反转任务中不会反转(Rolls, Judge & Sanghera 1977)。神经影像学方法无法研究这个问题,所以不能过度解读这一结果。而单细胞研究确实证明,在灵长类的视前区存在性预期或期望奖赏的神经元(Aou et al. 1984),它们从眶额皮层和杏仁核接收信息,并且这些神经元对视觉呈现的食物没有反应,因此与第 4 章中描述的其他特定奖赏表征相一致,灵长类动物中也有对性奖赏敏感的特定神经元,鉴于此,人类也可能存在这样的神经元。在神经影像学研究中,这些期望的性奖赏价值或预期刺激主要激活眶额皮层(包括男性对生物学上最佳腰臀比的女性产生强烈激活)、前扣带回皮层和杏仁核,以及它们投射输出的区域,如腹侧纹状体和下丘脑等(Georgiadis & Kringelbach 2012),但神经影像研究并未考察性奖赏相关反应相对于其他奖赏反应的特异性,因为如第4章所示,在任一体素中都有数千个神经元的活动影像,而奖赏特异性的编码则在单个神经元水平(即计算相关的水平)。

前膝扣带回皮层的激活更多地与色情图像(包括单个裸体的图像在内)有关(这可能反映了从眶额皮层输入的预期奖赏值)。而后续扣带回中部皮层的反应则倾向于与阴茎反应或长段清晰的视频类型的性感视觉刺激有关[乔治亚迪斯和克林格巴赫(Georgiadis & Kringelbach 2012)评论],这与该脑区是一个与动作或运动更相关的区域(第4.7节)相一致。多巴胺通路投射到腹侧纹状体,有趣的是,多巴胺相关基因的变异预测了腹侧纹状体的反应性和性动机,这一点在性伴侣的数量和初次性交年龄的研究中已被报道[见乔治亚迪斯和克林格巴赫(Georgiadis & Kringelbach 2012)的评论]。

灵长类动物眶额皮层表征面部表情和面部特征的信息(Thorpe et al. 1983, Rolls et al. 2006),有魅力的面孔比没有魅力的面孔在人类内侧眶额皮层产生更强的激活(O'Doherty et al. 2003)。有趣的是,相对于黄体期,当育龄女性在卵泡晚期时,注视男性面孔会导致内侧眶额皮层或腹内侧前额皮质的活动增加。这一脑区的活动与个体的吸引力和雌二醇/孕酮比率都相关(Rupp & Wallen 2009),表明眶额皮层在面孔吸引力和配偶选择中起关键作用(Hahn & Perrett 2014)。

在性高潮期间(性高潮被认为可能是性行为的奖赏结果阶段),女性的眶额皮层有强烈的激活,这与主观快感有关(Georgiadis, Kortekaas, Kuipers, Nieuwenburg, Pruim, Reinders & Holstege 2006)[另见乔治亚迪斯和克林格巴赫(Georgiadis & Kringelbach 2012)]。这一现象与眶额皮层表征其他特定奖赏的结果值相一致,但却是不同的神经元(第4章)。

7.9 总结

在本章的结尾,我想强调大脑中的奖赏系统很可能参与性行为和性快感,并且这些奖赏系统很可能是通过基因提高自身适应性,而得以在大脑中构建,罗尔斯(Rolls 2014b)已介绍了有关这些奖赏系统的假说。了解这些不同的奖赏系统在大脑中究竟如何工作将会十分有趣。本书已经在第3章中论述了奖赏(与惩罚)系统如何通过遗传变异和自然选择来塑造大脑。

　　要理解本章所描述的大量性行为背后的奖赏机制在诸如眶额皮层、视前区、下丘脑和杏仁核等脑区是如何实现的,还有待进行大量的研究。

8　决策与吸引子网络

8.1　决策概述

　　我们几乎总是需要在不同的奖赏之间做出选择，也就是说，我们需要在使我们产生不同的情感状态的刺激之间做出选择。我们如何比较奖赏的价值，并在不同的场合下对奖赏做出选择呢？我们在特定的场合做出一个现实的选择是非常重要的，就像中世纪的邓斯·司各脱(Duns Scotus)讲述的故事那样，当一头驴子处在距离相等且同样美味的食物奖赏中间时，它可能永远不会做出选择，而最终饿死。① 这就意味着,在任一特定场合中,当面临选择时,即使奖赏几乎相等,大脑中也必须有一种机制可以明确而快速地做出选择,然后坚持这个选择直到获得奖赏。本章将描述大脑做出上述决策的方式。

神经元放电时刻的随机性造成的轻微随机性非常实用,正是它打破了上述选择的对称性,从而得以做出一个选择。这就解释了一个事实:如果两种选择的概率相等,那么我们做出每种选择的概率大约为50%。

本章将介绍以下内容:在奖赏之间做决策(以及之后对下一个行为的决策)似乎是通过大脑吸引子网络(attractor network)中表征每个奖赏的神经元集群之间的竞争得以实现的。

吸引子网络是由大脑皮层内邻近的兴奋性神经元之间的兴奋性连接构成的。

每个决策都是由一个神经元亚群表征的,这些神经元彼此之间具有很强的兴奋性连接。抑制性神经元的存在,会导致神经元亚群之间的竞争,其结果是每一个神经元亚群都倾向于增加自身的活跃程度,但是只会有一个亚群获胜并达到高频放电,然后由于其内部的正反馈而持续放电数秒。

因此,做出决策源自神经元亚群之间的竞争,每个神经元亚群都力图胜出,同时也被那些决策变量所左右。

这就是一个"吸引子网络",因为即使输入该网络的信息与其所存储的信息并不完全匹配,该网络仍基于习得的兴奋性神经元之间的突触兴奋性连接而被"吸引"至当前状态。

在不同皮层区域上发生的不同类型的决策都可以由这种决策网络实现。如果在奖赏之间做出与情绪有关的决策,相关的脑区位于前眶额皮层(有时称为腹内侧前额叶)。对于采取何种行动来获得奖赏或实现目标的决策,相关的脑区是前扣带回。

相同的结构也可以实现短时记忆。在短时记忆中,由相邻皮层神经元间的兴奋性连接而实现的内部正反馈,使得获胜的神经元亚群得以持续放电。

在所有这些吸引子系统中,决策都具有随机性,这源自网络中每个神经元发 189 放动作电位的确切时刻随机性。这种随机性被称为噪音或者偶然性(stochasticity)。事实表明,这种轻微的随机性实际上有利于决策,也有利于这个系统实现短时和长时记忆的加工,并有助于创造性等认知过程。

---

① 此处的故事在中文文献里通常称为布里丹之驴,是以14世纪法国哲学家布里丹的名字命名的悖论,可参考 Zupko, Jack (2003) *John Buridan. Portrait of a Fourteenth-Century Arts Master.* Notre Dame, Indiana:University of Notre Dame Press. (cf. pp. 258, 400n71)一书。——译者注

神经经济学领域主要探讨以下问题：当我们必须在具有不同价值、不同数量的商品中进行选择时，以及当我们处于充满概率和风险的世界时，这些决策系统是如何运作的。这些问题在其他文献中有所介绍（Glimcher 2011a，Glimcher & Fehr 2013，Rolls 2014b，Rolls 2019a）。

在第4章中，我们已经介绍过刺激的奖赏价值如何在眶额皮层的连续尺度上进行表征。例如，当猴子被喂饱时，与食物有关的眶额皮层神经元的放电频率会稳步下降；同样，当人吃饱时，内侧眶额皮层对食物的激活也会减少。事实上，这种激活与食物的口感或味道产生的主观快感（通过每个试次中的愉悦度进行测量）呈线性相关。同样地，人类眶额皮层的激活也与在实验试次中赢得的钱数相关。

本章将会介绍我们的决策机制如何运行，并介绍《大脑皮层：工作原理》（Rolls 2016d）和《大脑计算的内容与方式》（Rolls 2021a）（演示程序可在 www. oxcns. org 上获得）和《嘈杂的大脑：脑功能原理的随机动力学》（Rolls & Deco 2010）中介绍的基于理论物理学方法的完全定量的细节信息。

8.2　吸引子网络中的决策

8.2.1　吸引子决策网络

如图 8.1a 所示的结构中，一组皮层神经元与其他神经元有回返性侧枝（recurrent collateral）兴奋性突触连接 ω_{ij}。支持做出决策 1 的信息通过 λ_1 输入系统，支持决策 2 的信息则通过 λ_2 输入。在训练期间，当存在输入 λ_1 和另一时间的输入 λ_2 时，突触联结的权重 ω_{ij} 则被修饰。赫布定律（Hebbian），或者可以说是突触联结修饰（associative synaptic modification）是指，如果突触前端和突触后神经元同时激活，则突触连接会变得更强。抑制性神经元（未在图 8.1a 中显示）将网络中的总放电保持在一定范围内，这导致神经元集群之间的竞争。由于突触联结修饰，在被 λ_1 激活的神经元集合之内产生强连接，在被 λ_2 激活的神经元集合内也产生强连接。由于这些增强的突触提供了正反馈，因此如果应用全部或部分的 λ_1，则这个集合的神经元将会被激活，并且即使输入的 λ_1 被移除，该集合的神经元也会在很长一段时间内保持其激活。如果 λ_1 激活的神经元放电，则会通过抑制性中间神经元抑制 λ_2 激活的神经元，从而只有一集群神经元在竞争中获胜并保持其活跃程度。这因此也提供了一个记忆和提取的模型。因为通过使用增强的回返性侧枝突触连接，这两个集合中的任一集群中的神经元亚群都足以吸引系统进入到一种该集群中所有神经元都处于活跃的状态,所以称之为吸引子网络。吸引子或自联想网络(autoassociation network)的属性在其他文章中有详细介绍(Rolls 2021a,Rolls 2016d,,Deco et al. 2013,Hertz,Krogh & Palmer 1991,Hopfield 1982)。

当 λ_1 和 λ_2 被同时输入时,为做出决策,每个吸引子通过抑制性中间神经元(未在图 8.1a 中显示)相互竞争,直到其中一方在竞争中获胜,随后网络进入

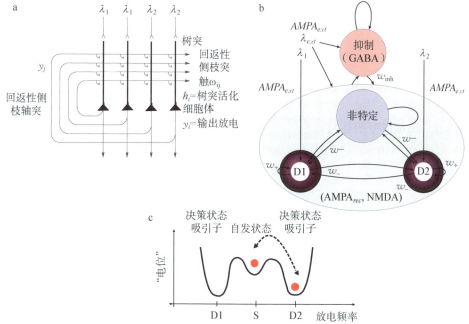

图 8.1 (a)吸引子或自联想的单个决策网络结构。每个神经元的胞体表示为一个三角(如一个皮质锥体细胞),树突是垂直线,每个神经元从其他神经元接收回返性侧枝突触连接 ω_{ij}。支持决策 1 的证据通过 λ_1 输入,而决策 2 的证据通过 λ_2 输入。训练期间,当存在输入 λ_1 和另一时间的输入 λ_2 时,突触联结权重 ω_{ij} 则被修饰。当输入 λ_1 和 λ_2 时,每个吸引子通过抑制性中间神经元(图中未显示)相互竞争,直到其中一方获胜,随后网络进入表征这一选择的高频放电的吸引子状态。神经元随机的放电时刻(相对于给定的平均放电频率)引起的网络噪音,意味着在某些试次中,对于给定的输入,决策 1(D1)吸引子中的神经元更有可能获胜,而在另一些试次中,决策 2(D2)吸引子中的神经元更有可能获胜。这使得决策具有概率性,如图(c)所示,噪音影响了系统何时从自发的稳定放电(低能量)状态 S 跳出,以及系统是否跳入对应决策 1(D1)或决策 2(D2)的高频放电状态。(b)用于决策建模的整合—放电网络(integrate-and-fire network)结构(见正文)。除了另有说明之外,神经元集群(决策池 D1 和 D2、非特异性池和抑制池)之间的突触权重为 1。尤其是,由回返性箭头表示回返性权重(recurrent weights),同一个吸引子决策池中神经元之间具有较强的权重 ω_+,不同兴奋池中的神经元之间具有较弱的权重 ω_-。(c)"电位"低谷时,具有稳定状态的决策多稳态"有效能量分布图(effective energy landscape)"。即使当输入被应用于网络时,自发放电频率仍然稳定,并且噪音引发从低放电频率的自发状态 S 到高放电频率的决策吸引子状态 D1 或 D2 的转换。如果噪音更大,则摆脱自发状态到决策状态的时间,以及决策或反应的时间将更短(见 Rolls 2016c,Rolls and Deco 2010)。

表征这一选择的高频放电的吸引子状态（Wang 2002a，Wang 2008a，Rolls & Deco 2010，Rolls 2021a）。网络始于自发放电状态,有偏向的输入会使其中一个吸引子逐渐赢得竞争,但是此过程受神经元泊松分布(Poisson-like)放电(动作电位发放)的影响,因此哪个吸引子最终获胜并不确定。(泊松分布表明,对于给定的平均放电频率而言,放电时刻是随机的。)如果支持这两个决策的证据相等,则该网络将随机地在50%的试次中选择其中一个决策。该模型展示了大脑如何执行概率决策。该模型还显示了,由于吸引子短时记忆网络的整合加工,以及回返性侧枝反馈信息与持续输入的 λ_1 和 λ_2 相结合,支持最终决策的证据是如何在长时间段里累积起来的。该模型产生反应和决策的时间较短,而且该时间是两个决策证据之间差异幅度的函数。导致困难决策需要更长时间的一部分原因在于,如果两种输入之间的差异很小,则需要更长的时间,放电频率才能达到决策阈限。

8.2.2 决策模型的运行

为了说明和分析这类吸引子决策网络的特性,我们模拟了如图8.1所示的决策网络。通过动态模拟,该网络中的神经元突触接受兴奋性输入,并整合每个突触由输入放电所产生的突触电流,当产生的电压达到放电阈限时,触发神经元放电,因此它们在生物学和动态性上是合理的(Rolls, Grabenhorst & Deco 2010b)。为了模拟大脑网络中的噪音,输入神经元的信息包括给神经元输入的放电时刻的随机性。对"整合与放电"的模拟与布鲁内尔和汪小京(Brunel & Wang, 2001)、汪小京(Wang, 2002)提出的模拟方法相似,唯一的不同之处在于我们确保应用决策变量时自发的低放电频率状态是稳定的,正如其他文章所介绍(Deco & Rolls 2006, Rolls & Deco 2010, Rolls 2016d, Rolls 2021a),这样做的目的是可以更准确地描述网络,例如网络的决策时间等。

如图8.2所示的模拟,在2秒的自发活动中,两个决策神经元集群均以每秒大约3次的低水平放电。该模拟共包含400个兴奋性神经元,D1和D2集群各有40个神经元。当时间为2秒时,决策变量 λ_1 被应用于D1, λ_2 被应用于D2。左侧显示当 $\lambda_1 = \lambda_2$ 时决策困难,因此差值 $\Delta I = 0$。图8.2a显示了D1获胜并进入高放电频率状态的试次的平均放电率。图8.2b显示了不同集群的单一试次的神经元放电频率,这些集群包括D1、D2和抑制性神经元的集群。图8.2c显示了同一试次的栅图,每一行代表一个随机选择的神经元,每条垂直线代表神经元的动作电位,这个图示说明这种网络模型模拟的放电与大脑中记录的神经元放电类似。为了说明试次之间的变异性,图8.2d显示了另一个困难试次($\Delta I = 0$)的放电频率,在该试次中,D1和D2吸引子之间的竞争一直持续到D1吸引子在大约1 100毫秒获胜为止。

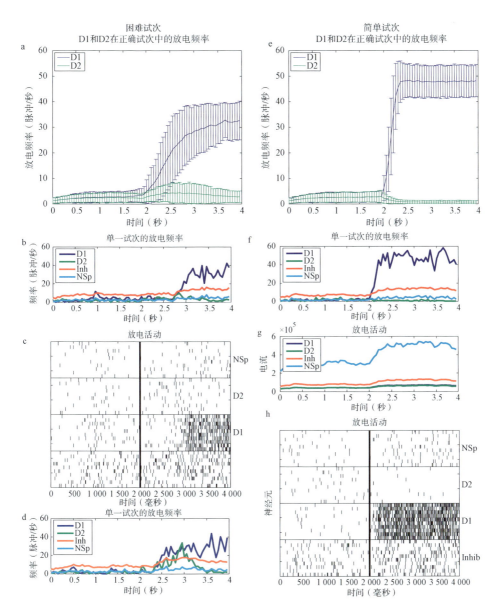

图 8.2 (a)和(e)分别为困难($\Delta I = 0$)试次与简单试次($\Delta I = 160$)的放电频率(平均值 ± 标准差)。 192
0—2 秒的时段是自发放电,决策的提示在 2 秒时开启。D1:D1 集群获胜的正确试次中 D1
集群神经元的放电频率。D2:D1 集群获胜的正确试次中 D2 神经元集群的放电频率。正
确试次是指,在一次模拟运行试次的最后 1 000 毫秒中,如果 D1 吸引子的平均放电频率大
于每秒 10 次放电,那么这样的试次称为正确试次。(b)为在决策困难试次中,4 个神经元集
群的平均放电频率。Inh 指的是使用 γ-氨基丁酸(γ-aminobutyric acid, GABA)作为递质的
抑制性神经元集群。NSp 指的是非特异性的神经元集群。(c)为图 b 所示试次的栅图,该图
显示了来自 4 个神经元池中每个池的 10 个神经元。(d)为另一个困难试次($\Delta I = 0$)的放电
频率,表明 D1 和 D2 吸引子之间的竞争一直持续到 D1 吸引子在大约 1 100 毫秒获胜为止。

(f)在一个简单试次($\Delta I = 160$)中,4 个神经元集群的放电频率图。(g)为图 f 所示的试次中 4 个神经元集群的突触电流。(h)图 f 和图 g 显示的简单试次的栅图,显示了来自 4 个神经元池中每个池的 10 个神经元。[转载自 Neuroimage, 33(2), Edmund T. Rolls, Fabian Grabenhorst and Gustavo Deco, Choice, difficulty, and confidence in the brain, pp. 694 - 706, doi. org/10. 1016/j. neuroimage. 2010. 06. 073, 版权© 2010, 归爱思唯尔(Elsevier)所有。]

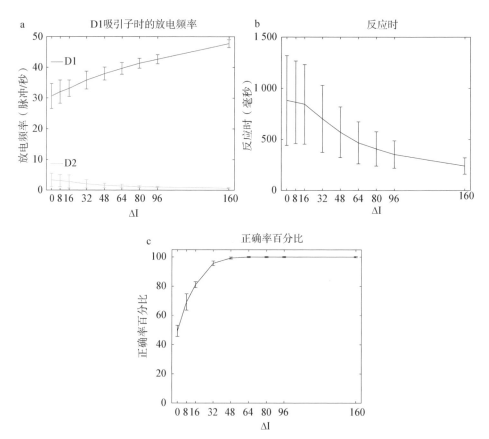

图 8.3 (a) D1 吸引子在正确试次的放电频率(平均值±标准差)是 ΔI 的函数。$\Delta I = 0$ 对应决策困难,而 $\Delta I = 160$ 次/秒放电对应决策简单的情况。粗线表示获胜集群 D1 和失败集群 D2 正确试次的放电频率。所有结果中每个参数值均进行了 1 000 个模拟试次,并且展示的结果均在统计上达到高度显著。(b) D1 集群获胜时的正确试次反应时(平均值±标准差)是 D1 和 D2 输入的差值 ΔI 的函数。(c)正确反应的百分比,即 D1 集群获胜试次的百分比是 D1 和 D2 输入的差值 ΔI 的函数。[转载自 Neuroimage, 33(2), Edmund T. Rolls, Fabian Grabenhorst and Gustavo Deco, Choice, difficulty, and confidence in the brain, pp. 694 - 706, doi. org/10. 1016/j. neuroimage. 2010. 06. 073, 版权© 2010, 归爱思唯尔(Elsevier)所有。]

图 8.2f 显示了一个简单试次($\lambda_1 > \lambda_2$,$\Delta I = 160$ 个单位)中 4 个神经元集群的放电频率图。图 8.2g 显示了这个试次中 4 个神经元集群的突触电流,图 8.2h 显示了这个试次的栅图(Rolls, Grabenhorst & Deco, 2010b)。

通过模拟大量试次,图 8.2 和图 8.3 分析了决策的属性,展示了有关整合放电吸引子决策网络运行的许多要点。

首先,一旦一个神经元集群在决策中获胜并进入高放电频率状态(图中的 D1),它就会抑制其他决策神经元,且获胜的集群会非常稳定地放电并持续数秒。即使在决策变量 λ 恢复到决策前的放电水平时这种情况仍能发生。维持高放电频率的获胜状态表明了大脑如何实现短时记忆。就情绪而言,如此高的放电频率状态可能形成了对该网络刚刚做出的决策的记忆,因此大脑中的其他网络可以采取行动来获取刚刚所选择的奖赏。正在进行的短时记忆状态也可能反映了某个输入将网络激活,使其进入高放电频率吸引子状态之后持续的幸福或心境状态。

其次,当决策变量相等时($\Delta I = 0$),正确试次的百分比为 50%,且随着 ΔI 的增加,正确试次的百分比逐渐向 100% 增加(图 8.3c)。这种概率决策具有很大的适应性,后文会有介绍。

第三,反应时随着 ΔI 的增加逐渐变快(图 8.3b)。事实上,在这些条件下,该网络的反应时缓慢降低,在人类实验中也发现了这一现象(Rolls & Deco 2010)。

第四,网络中只有一个获胜的吸引子,而且 D1 和 D2 神经元都不会很快结束放电。这是由神经网络参数的函数决定的,这些网络参数包括每组决策神经元中回返性侧枝突触的强度,以及抑制量等(Rolls 2016c)。分级放电频率(即在大脑中对于一组刺激,神经元对应有一系列不同的放电频率)可以促使这一现象发生(Rolls 2016c)。这对于在生物学意义上实用的决策至关重要。

第五,如果决策变量像图 8.2 所示的那样保持不变,那么当网络进入正确决策吸引子后,简单试次的平均放电频率要比困难试次的放电频率更高,因为来自决策变量的输入决定了最终的放电频率。这进一步使置信度成为这种类型决策网络新涌现的特性,因为当 ΔI 很高时,获胜吸引子的最终放电频率也很高,从而可以根据很高的放电频率来判断该决策的置信度也很高(Rolls et al. 2010b, Rolls, Grabenhorst & Deco 2010c)。

8.2.3　使用该模型在大脑中定位与奖赏相关的决策吸引子网络

刚刚描述的整合—放电决策模型可以测量简单与困难决策类型试次的突触电流,并根据这些电流预测简单与困难试次在功能性磁共振成像(functional Magnetic Resonance Imaging, fMRI)实验中的血氧水平依赖(blood oxygen level dependent,

BOLD)信号(Rolls et al. 2010b，Rolls et al. 2010c)。根据这一预测，负责在两个奖赏之间进行决策的大脑区域的 BOLD 信号应随着决策的容易程度大致呈线性增强。

我们进行了两个功能性神经影像研究来考察上述模型的预测结果。通过调整参数使任务难度改变，来确定 BOLD 信号与任务难度之间是否关系紧密(Rolls，Grabenhorst & Deco 2010b)，特别是，在采用其他标准进行选择性决策的大脑区域是否也存在这一关系(Grabenhorst，Rolls & Parris 2008b，Rolls，Grabenhorst & Parris 2010d)。这两个研究采用的决策任务是关于嗅觉刺激的愉悦度(Rolls，Grabenhorst & Parris 2010d)或施加于手部的热刺激的愉悦度(Grabenhorst，Rolls & Parris 2008b)。

图 8.4 展示了嗅觉情感决策任务(左)和热觉情感决策任务(右)的简单和困难试次测得的 fMRI 的 BOLD 信号实验数据(Rolls，Grabenhorst & Deco 2010b)。该图上方展示的是内侧前额叶 10 区(腹内侧前额叶皮层，VMPFC)。相对于进行情感价值的连续评定，该区域在做出选择时会对同一个刺激显示出更强的激活，因此被确定为参与选择决策的区域。图 8.4 显示了内侧前额叶 10 区在简单试次中比在困难试次中出现更大的 BOLD 信号。顶部的图展示了内侧前额叶激活的区域，是对嗅觉刺激的愉悦或不愉悦进行对比选择时激活的区域(黄色)，以及对热觉刺激的愉悦或不愉悦进行对比选择时激活的区域(红色)。

更进一步的分析发现，在热觉和嗅觉愉悦度的决策任务中，BOLD 信号与 ΔI 之间有着清晰的、近似线性的相关(Rolls et al. 2010b)。此外，该模型对错误试次的预测也得到了证实(Rolls et al. 2010c)。

因此，这些实验的发现与模型所做出的预测相一致，并为本书所介绍的这种决策模型提供了有力支持。而且，在这个统合的理论中，这些实验还表明，可以从参与决策的大脑区域的 fMRI BOLD 信号中解读出决策置信度会随着 ΔI 而增长。此外，上述发现为内侧前额叶 10 区的部分区域参与对奖赏的选择提供了证据，这一区域位于眶额皮层的前部(有时被称为腹内侧前额叶)，其激活程度与奖赏的价值呈线性关系，且很可能是腹内侧前额叶决策奖赏网络信息输入的源头(Rolls et al. 2010b，Rolls et al. 2010c，Rolls 2021a)。

8.3　该决策取向的意义和应用价值

在本节中，我将介绍该决策取向的意义和应用价值，更多详细信息请见其他文章(Rolls & Deco 2010，Rolls 2012d，Rolls 2014b，Rolls 2016d，Rolls 2021a)。

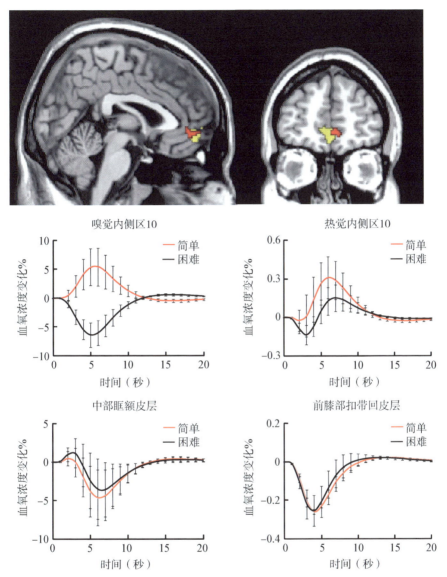

图 8.4 顶部图：在嗅觉愉悦度决策任务（黄色）和热觉愉悦度决策任务（红色）的简单与困难试次中激活的内侧前额叶皮层 10 区（腹内侧前额叶皮层，VMPFC）。中间图：在嗅觉情感决策任务（左）和热觉情感决策任务（右）的简单和困难试次中，内侧 10 区 BOLD 信号的实验数据。该内侧 10 区是根据其他标准（见正文）确定的参与选择决策的区域。底部图：相同的简单和困难试次的 BOLD 信号，根据其他标准（见正文），前膝部扣带回（pregenual cingulate）和中部眶额皮层区域的部分区域参与表征刺激在连续量表上的主观奖赏值，但不参与在刺激之间做出选择的决策，也不参与是否在随后选择某个刺激的决策。（转载自 Neuroimage, 33（2），Edmund T. Rolls, Fabian Grabenhorst and Gustavo Deco, Choice, difficulty, and confidence in the brain, pp. 694-706, doi. org/10. 1016/j. neuroimage. 2010. 06. 073. 经爱思唯尔版权许可。）

8.3.1 大脑中的多重决策系统

每个皮层区域的功能都可以视为采用上述这种吸引子动力学系统实现的局部决策过程(Rolls 2016c)。甚至记忆的提取实际上也是与此相同的局部"决策"过程的结果。短时记忆也是如此。

8.3.2 分布式决策

尽管这里描述的模型实际上是单一的吸引子网络,但需要特别指出的是,该网络不必局限于某一大脑区域。皮层区域之间的长距离连接,使不同大脑区域的网络之间能够按照实现单个吸引子网络所需的方式进行交互。前提条件是任何一个神经元池中神经元之间的突触都应通过类似赫布的联合突触修饰来建立,这很可能是区域间(使用正向和反向投影)以及区域内之间连接的一个特性(Rolls 2016c)。从这个意义上讲,决策可以被认为分布于不同的大脑区域。

8.3.3 在做出选择的迹象出现之前预测决策

有关"从神经活动中可以提前多久预测决策"的文献有很多(Hampton & O'Doherty 2007,Haynes & Rees 2005a,Haynes & Rees 2005b,Haynes & Rees 2006,Haynes, Sakai, Rees, Gilbert, Frith & Passingham 2007, Lau, Rogers & Passingham 2006, Pessoa & Padmala 2005, Rolls, Grabenhorst & Franco 2009)。例如,要求被试在实际做加法或减法任务之前,在规定的延时执行任务阶段,先在脑海中想好过一会儿是做加法还是减法,并在脑海中一直想着自己的选择,然后可以基于这个阶段的内侧前额叶皮质的 fMRI 影像来解码或者预测被试将要执行加法还是减法任务,其精准度达到了大约 70%,而随机概率仅为 50%(Haynes et al. 2007)。但是这类研究存在一个问题,通常不可能从心理层面上准确地知道决策会在何时做出,或者什么时候才真正开始为决策做准备,因此很难知道先于决策本身的神经活动是否可以预测将要做出的决策(Rolls 2011a)。在这种情况下,我们对决策过程所涉及的神经机制的认识还能提供任何严谨的结论吗?事实证明确实可以(Rolls & Deco 2011b)。

在使用本章所介绍的网络考察这类决策的速度时,斯麦瑞、罗尔斯和冯建峰(Smerieri, Rolls & Feng 2010)研究了决策线索出现之前的神经活动。在特定的吸引子集群获胜或失败之前,通过测量自发放电期间的放电频率对结果进行模拟。经过平均约 800 次获胜(正确)与失败(错误)试次,吸引子的放电频率表明,在应用决策线索之前大约 1 000 毫秒时开始,吸引子将会获胜的放电频率平均高于吸引子将会失败的放电频率。因此,在应用决策线索之前大约 1 秒内,这个嘈杂的吸引子决策网络有可能可以预测将会做出的决策[如果将较长的时间常数用于网络中的某些 GABA 抑制神经元,则可以在应用决策线索之前差不多 2 秒(概率性地)预测将会做出的决策](Smerieri, Rolls & Feng 2010)。

其背后的机制可能是什么呢?大致如下所述(Rolls & Deco 2011b)。神经元放电中会存在噪音(随机性、统计上的波动),这将会导致在应用决策线索之前的不同时间,代表两个不同选择的神经元集群产生较低而且不同的放电频率。如果在应用决策线索时,D1 集群(代表决策 1)的放电频率正好高于 D2 集群,那么此放电将增加决策线索的效果,并使 D1 集群更有可能获胜。这些自发放电频率的波动具有特定的时间进程,它会受到系统中突触等的时间常数的影响。因此,如果某个神经元集群在应用决策线索前,如 500 毫秒时,比另一神经元集群有更高的放电频率,那么在不久后它也有更大的可能出现更高的放电频率。

8.3.4 匹配法则

该决策模型的另一个潜在应用是概率决策任务。在这类任务中,选择的比例反映了不同选择的期望值,而且两者极有可能成正比。这种选择模式被称为匹配法则(the matching law)(Sugrue, Corrado & Newsome 2005)。图 8.3 展示了此处描述的决策网络的类似行为。

该系统的这种行为具有很强的适应性,因为这意味着人们有时会做出不太具有吸引力的选择,而这在一个多变的世界中可能是有利的,在这个世界里不同选择获得回报的概率和数量可能会随着时间而改变。

8.3.5 打破对称性

有趣的是,由于动作电位发放时刻的波动进而导致大脑出现随机动态变化的这种噪音可能具有行为适应性,而且该噪音不应该仅仅被视为大脑运转中存在的棘手问题。这就是中世纪的邓斯·司各脱悖论中的驴子问题,当一头驴子处于两份等距的食物中间时,它可能永远不会做出决定,而最终饿死。

这引出的问题是,对于确定性系统而言,没有什么可以打破对称性,系统将会陷入僵局。在这种情况下,添加噪音可以产生概率性的选择,这非常有利。在这里我们介绍了,在尺寸有限的皮质上,由吸引子网络中神经元的相对随机放电时刻引起的随机神经动力学会导致概率决策,因此在这种情况下,随机噪音是有利的。

8.3.6 概率选择的进化效用

有时基于先前的经验做出的决策并非最优,但可能会提供有用的信息,并可能有助于学习,从这种意义上来讲,概率决策在进化上可能是有利的。细想一下这样一个概率决策任务,其中选择 1 在 80% 的情况下会获得奖赏,选择 2 在 20% 的情况下会获得奖赏。具有先前强化经验知识的确定性系统会始终做出选择 1,但动物(包括人类)都不会这么做。相反(特别是在获得奖赏的总体概率较低,以及存在按照随机概率出现诱饵,并且更改选择会受到惩罚的情况下),个体所做选择的比例与可能获得的奖赏大致匹配,这被称为匹配法则(Sugrue, Corrado & Newsome 2005, Corrado, Sugrue, Seung & Newsome 2005, Rolls, McCabe & Redoute 2008e)(第 8.3.4 节)。有时通过做出不太受欢迎的选择,有机体可以不断获取环境是否正在改变的证据(例如,做出选择 2 后获得奖赏的可能性是否已增加),通过这样做可以大致遵循匹配法则,使得在获取环境信息方面将做出不利选择的代价降到最低。

另一个例子是觅食,它可能会反映出概率选择的结果(Krebs, Davies & West 2012, Kacelnik & Brito e Abreu 1998),而且从成本和收益的角度来看,不断地抽样与探索可能的选择空间是一种最佳方式。

下面将介绍概率决策在进化上可能有利的另一意义,即在随机共振过程中探测接近阈限的信号(Rolls & Deco 2010)。假若有一个没有噪音影响的确定性神经元,并且具有固定的阈限,在该阈限以上会放电,那么如果信号在阈限以下,就不会有输出;如果信号在阈限以上,则神经元会出现一次放电,如果信号保持在阈限以上,则会出现连续的放电。尤其是,如果信号刚好在神经元阈限以下,则不会有证据表明存在接近阈限的信号。但是,如果系统中存在噪音(例如由于具有类似于泊松过程的传入神经元的概率性放电活动),那么由于信号和噪音的叠加,偶尔会在信号接近阈限时发生一次放电。如果信号稍弱,则神经元仍可能偶尔出现放电,但平均频率较低。如果信号稍微接近阈限,则神经元将以更高的平均频率放电。因此,如果神经元的输入中存在噪音,那么通过这种方式,阈限下存在信号的证据可以在神经元的放电序列中变得更明显。这种情况下的噪音是有用的,并且可能具有适应功能(见 Faisal,Selen & Wolpert 2008)。这一过程被称为随机共振(Stochastic resonance),众所周知,这个例子被用于说明在信号检测系统接近阈限时,噪音如何产生有益的影响(Longtin 1993,Weisenfeld 1993,Stocks 2000,Riani & Simonotto 1994,Shang,Claridge-Chang,Sjulson,Pypaert & Miesenböck 2007,Faisal,Selen & Wolpert 2008,Goldbach,Loh,Deco & Garcia-Ojalvo 2008)。

8.3.7 不可预测的行为

在决策过程中,与放电相关的噪音在进化上可能具有优势,其中一方面是有利于产生不可预测的行为,这种不可预测的行为在大量的情境下都具有优势,例如,当猎物试图从掠食者口中逃脱时;或者在某些社会和经济情境中,个体可能不想透露自己的真实意图时(Maynard Smith 1982,Maynard Smith 1984,Dawkins 1995)。我们注意到,这种概率决策可能会产生长期的影响。例如,在地位支配等级形成过程中,如在一场瞪着竞争对手使其屈服的"拉锯战"(war of attrition)中,概率决策可能会确定这两只动物的相对地位,然后它们倾向于在几周甚至更长的时间内保持这种稳定的关系(Maynard Smith 1982,Maynard Smith 1984,Dawkins 1995)。

内在的不确定性是不可预测性行为的本质(Glimcher 2005)。例如,在诸如便士匹配(Matching pennies)[①]或石头剪刀布(Rock-paper-scissors)之类的互动游戏中,任何玩家一旦偏离随机选择,都可能让对手占据优势。

8.3.8 记忆提取

本文介绍的决策理论是一个可以对回忆线索做出有效响应的随机动态记忆模型。这里的记忆可以是长时记忆,但该理论适用于提取大脑中存储的任何表征。达到吸引子状态的方式取决于回忆线索的强度,以及进行回忆时吸引子网络中的固有噪声,通过在有限规模的系统中产生放电活动,该吸引子网络实现了从记忆中提取信息。如果回忆线索较弱,则从记忆中提取信息将需要更长时间。

[①] 便士匹配:是博弈论中使用的一个简单游戏的名称。游戏开始前两个玩家分别拿出 1 枚硬币,并各自独自决定出示正面或反面,若均出示正面或均出示反面,则 1 号玩家获得 1 枚硬币,2 号玩家损失 1 枚硬币;若一人出示正面,另一人出示反面,则 1 号玩家损失 1 枚硬币,2 号玩家获得 1 枚硬币。——译者注

自发的随机效应可能会导致突然唤起回忆,这可能是因为突然恢复了之前努力想要提取的记忆。罗尔斯(Rolls 2016c)进一步探讨了这些认知过程。

该理论适用于某个表征可以通过单个输入信息被"回忆起"的情境,也就是罗尔斯和德科(Rolls & Deco 2010)的书中第 7 章所介绍的知觉探测。

该理论也适用于本章所述的某个表征可以通过两个或多个竞争输入 λ"回忆起"的决策情境。

该理论同时也适用于短时记忆。提取记忆的状态一直持续,成为一个持久稳固的吸引子,这便进入了短时记忆吸引子状态。与此同时,该吸引子受到随机噪音的影响和制约,使该系统的短时记忆吸引子状态可能被破坏。上述相关内容在罗尔斯和德科(Rolls & Deco 2010)书中第 3 章有所介绍。

该理论还适用于注意。提取记忆的状态一直持续,成为一个持久稳固的吸引子,同时该吸引子受到随机噪音的影响和制约,使该系统的短时记忆吸引子状态可能被破坏。但是,因为在吸引子网络中通过回返性侧枝连接实现了非线性正反馈,所以短时记忆吸引子通常是稳定的。上述相关内容在罗尔斯(Rolls 2016c)与罗尔斯和德科(Rolls & Deco 2010)的书中有所介绍。

8.3.9　创造性思维

创造性思维是概率决策在进化上可能具有优势的另一种体现,这种思维多多少少受到一些记忆、表征或思维与另一些记忆、表征或思维之间联结的影响。如果某个系统是确定性的,即对于该系统当前的目标而言没有噪音,那么贯穿一系列思维的轨迹也将是确定的,而且每次将趋向于遵循相同的思路。然而,如果某个回忆或来自某个回忆的想法受到神经元随机放电产生的随机噪音的影响,那么在不同时机下,通过状态空间的轨迹将有所不同,而且在不同时机下可能把我们引领到不同方向的想法上,从而促进创造性思维的产生(Rolls 2016c)。

当然,如果每个想法的吸引域(the basins of attraction)都太浅,那么随机噪音可能会导致人们产生过于松散,甚至彼此联系奇怪的、不稳定的想法,且可能会导致短时记忆和注意力系统不稳定,而且容易分心。实际上,这是我们对精神分裂症某些症状提出的一种解释(Rolls 2005b, Rolls 2016d, Loh, Rolls & Deco 2007a, Loh, Rolls & Deco 2007b, Rolls, Loh, Deco & Winterer 2008d, Rolls & Deco 2010, Rolls & Deco 2011a, Rolls 2012b, Rolls 2021a, Rolls 2021d)(见第 8.3.11 节)。

神经元概率性放电导致的随机噪音在这些假设中起重要作用,因为当吸引域的深度降低时,噪音会使吸引子不稳定。如果吸引域太深,那么噪音可能不足以使吸引子变得不稳定,这就引出了认识强迫症的一种新思路(Rolls, Loh & Deco 2008c,Rolls 2012b)(见第 8.3.11 节)。

8.3.10 感性和理性系统之间的决策

这类模型的另一个应用是在情感决策的内隐和外显系统之间做出决策[参见 10.1 节和罗尔斯的专著(Rolls 2014b)],这两种系统会向模型提供偏置化的输入(biasing inputs)λ_1 和 λ_2。

如果大脑皮层中的决策很大程度上是局部的和特异化的,那么如何选择一个行为输出流就成了一个悬而未决的问题。在 10.1 和 6.3 节中介绍了此类"整体决策"。

8.3.11 动态神经精神病学:精神分裂症、强迫症与正常衰老中的记忆变化

本章描述的决策网络的稳定性受到系统中与放电相关的噪音的影响,并且可能会受到参数(例如兴奋性回返侧支的强度和抑制量)的很小的变化的影响。这引出了一套新的计算模型,旨在更好地理解精神分裂症和强迫症等精神异常,以及正常衰老过程中可能出现的记忆变化,相关内容在其他文章中有所介绍(Rolls 2016d, Loh et al. 2007a, Rolls et al. 2008d, Rolls & Deco 2011a, Rolls & Deco 2010, Rolls 2012b, Rolls et al. 2008c, Rolls & Deco 2015a, Rolls 2021a, Rolls 2021d, Rolls 2019c)。

第 9 章将介绍决策网络在抑郁症中的应用。

9 抑 郁

9.1 引言

重性抑郁症（major depressive disorder）是全球最大的致残因素，每年影响多达 3 亿人（Drevets 2007，Gotlib & Hammen 2009，Hamilton，Chen & Gotlib 2013，WHO 2017）。重性抑郁发作是以持续的悲伤或抑郁情绪为特征的病理性心境状态，见于重性抑郁症和双相情感障碍中。重性抑郁症一般伴随着：（1）动机和奖赏功能异常，表现为动机缺乏、冷漠和快感缺失；（2）焦虑和忧虑的调节机制受损，表现为广泛性焦虑、社交焦虑、恐慌焦虑，以及对负面反馈的过度敏感；（3）在与强化相倚①改变有关的思想和行为上缺乏灵活性，表现出自责、悲观和内疚的反刍思维②，以及对启动目标导向行为缺乏动力；（4）感觉和社会信息的整合发生变化，表现为心境一致性加工偏向③；（5）注意力和记忆受损，表现为在注意力转移和维持、自传体记忆和短时记忆的测试中成绩下降；（6）内脏功能紊乱，包括体重、食欲、睡眠、内分泌和自主神经功能等方面发生改变（Drevets 2007，Gotlib & Hammen 2009）。

本章节将介绍抑郁及其脑机制，以及与抑郁的脑机制相关的一个新的基于吸引子的理论（attractor-based theory）（Rolls 2016d）。

9.1.1 抑郁的经济成本与社会成本

抑郁造成的经济损失极其巨大。例如，据估计，2013 年与工作相关的抑郁给欧洲造成的经济损失高达 6 170 亿欧元，并且这个数字还在增长（Matrix 2013）。该费用包括因员工旷工产生的损失（2 720 亿欧元）、生产损失（2 420 亿欧元）、医疗保健费用（630 亿欧元）和以残疾福利金形式支付的社会福利费用（390 亿欧元）等，所有这些都是雇主要承担的经济损失。

此外，抑郁患者及其家庭也背负着巨大的经济压力。而且在大多数国家，一

---

① 强化相倚（reinforcement contingency）：是操作性条件反射中关于强化的概念，具体是指个体的行为所导致的结果反过来会强化个体的行为，也就是说，个体的行为随着该行为所引发的环境变化而变化。——译者注

② 反刍思维（rumination）：又称"思维反刍"，是指个体过分地沉溺于消极的思想中，并过度地反思自己，是抑郁症患者的主要特点。——译者注

③ 心境一致性加工偏向（Mood-congruent processing bias）：心境一致性是指人们倾向于记住与他们心境相一致的信息。也就是说，如果一个人的心境是抑郁的，那么他们对那些不愉快的或沮丧的负性事件会有更深刻的记忆，个体所感知的周围的一切都带有悲伤的色彩，这就是抑郁个体的心境一致性加工偏向。——译者注

生中曾经罹患抑郁的人数比例处于8%—12%之间,因此如果把患抑郁的人数和对其家庭的影响计算在内,对抑郁的深入认识将会改变全世界亿万人的生活。

9.1.2　抑郁的诱因和成因:无奖赏的系统

抑郁主要有两种类型。

一种是**反应性**的,是由外部事件引发的抑郁。这种外部事件通常是患者失去了一个或多个奖赏。例如,家庭成员去世,失去了所爱之人。又如,失业,失去工作时的所有社会存在感和经济来源。

关于抑郁的诱因,兰塔拉等人(Rantala, Luoto, Krams & Karlsson 2018)进行了更为详尽的描述,包括:

1. 感染(在感染期间,不适的症状和抑郁通过节省代谢资源,使免疫系统将其用于对抗感染,从而使机体更具适应性)。尽管有助于免疫系统的活动可能导致抑郁(Bhattacharya, Derecki, Lovenberg & Drevets 2016),但这本身似乎并不能解释抑郁的所有症状,例如低自尊和快感缺乏。

2. 长期应激。长期应激可能导致类固醇激素水平升高(Gold 2015, McEwen, Gray & Nasca 2015)。类固醇激素,如皮质酮,通过增强身体的行为反应能力,可以在短期内提高人体适应性,但从长远来看,类固醇激素很可能造成抑郁,并且类固醇激素与大脑的许多变化有关,如海马体等某些区域中兴奋性突触连接的减少(McEwen et al. 2015)。应激可能起初源自无奖赏或惩罚,这两个概念将应激研究与本书介绍的情绪和抑郁的研究取向联系起来。催产素号称"爱与信任"的荷尔蒙,在正常情况下(不抑郁时)催产素有助于抵消应激带来的负面影响,但是抑郁症患者的周围神经系统中催产素水平较低(McQuaid, McInnis, Abizaid & Anisman 2014)。

3. 孤独。因为社会交往可以使人类在很多方面获益(Rolls 2012d),所以孤独是一种无奖赏的应激源。事实上,一个孤独的个体比处于社会群体中的个体更容易受到捕食者、敌对的同胞和其他自然力量的伤害(Rantala et al. 2018)。

4. 创伤经历,例如受伤也可能导致应激反应。

5. 等级冲突。个体之间存在等级冲突,等级冲突中竞争成功的个体可能代表着具有更强的适应性(Rolls 2014b)。抑郁可能是一种信号,表明个体在经历了等级冲突后选择了放弃;并且作为应对无奖赏的方式,也可能导致行为发生改变。

6. 悲伤,例如当失去所爱之人。悲伤可能是与失去奖赏相关的一种主观状态。在进化历史中,因失去奖赏而产生的身心变化可能具有适应性,因为它会停止先前奖赏刺激引发的行为,并产生新行为。有42%的人在配偶去世后的一个月内,达到了抑郁症的临床诊断标准(Rantala et al. 2018)。

7. 求偶被拒,也是一种重要的无奖赏。基于婚姻爱情的依恋关系具有生物学效用,可以帮助人类和鸟类结成配偶,并成功繁殖。由于幼儿或幼雏在出生时发育尚不成熟,所以父母双方的共同养育提升了幼儿或幼雏的基因适应性(Rolls 2014b)。

8. 产后(或围产期)抑郁症,10%—15%的妇女在分娩后的六个月内患上产后抑郁症(Kuehner 2017)。产后抑郁症可以作为一个信号传递给亲属和配偶,提醒他们产后的母亲需要更多的支持,因此这一现象可能具有适应性。

9. 季节。例如季节性情感障碍(seasonal affective disorder,SAD),是一种与特定季节有关的抑郁心境障碍,一般可能发生在白天较短的冬季。据研究,SAD在睡眠类型为晚睡型的人群中更常见(Sandman,Merikanto,Maattanen,Valli,Kronholm,Laatikainen,Partonen & Paunio 2016),光疗法可以有效地治疗该疾病,特别是在早晨进行更为有效。

10. 诸如酒精和可卡因的化学物质,滥用会导致抑郁(Rantala et al. 2018)。

11. 躯体疾病。

12. 饥饿或者过度肥胖。饥饿时,抑郁可以节省能量(Rantala et al. 2018);过度肥胖也会导致抑郁症,因为过度肥胖易导致炎症[①],而炎症可能与抑郁有关。

13. 女性抑郁症的患病率是男性的两倍,有许多因素和诱因导致这一现象(Kuehner 2017)。关于这个现象,非常有趣的是,抑郁症患者大脑中(独立于外周神经系统的催产素系统)的催产素系统的催产素水平较高,而雄性激素能够抑制该系统(Dai,Li,Zhu,Hu,Balesar,Swaab & Bao 2017)。

尽管许多由这些诱因引起的行为状态(包括如下所示的冒险行为和冲动行为的减少)在进化生物学意义上具有适应性(Rantala et al. 2018),但其中有些对于人类而言却并不具有适应性。我认为,造成这种情况的部分原因在于,人类的许多情绪可能比我们的远古祖先更加强烈,因为人类推理系统的进化使我们能够提前规划和思考未来多个步骤的计划,这会让我们意识到已发生过的损失有多么巨大,正如第3章所述。人类的这些强烈情感可能使我们的情绪系统,超出了我们那些不使用语言的祖先进化出的奖赏、无奖赏和惩罚的范围。

---

① 过度肥胖易导致炎症:肥胖会诱导慢性的、低程度的炎症,如胰岛素抵抗和二型糖尿病。——译者注

另一种主要的抑郁类型为**内源性(endogenous)**(内部产生的)抑郁,这种类型的抑郁不是由外部事物或者环境导致的。内源性抑郁可能是大脑系统对无奖赏过于敏感或失衡,导致即使没有外部事件或刺激,大脑依旧进入抑郁状态。正如我们在 2.5 节中所介绍的,不同的个体可能对不同类型的奖赏和奖赏相倚具有不同的敏感性,这是进化起作用的一部分方式。其结果是有些人对无奖赏非常敏感,因此更可能变得抑郁。(尽管"内源性抑郁"这个词现在用得比过去少,但是如果某些个体的大脑系统对无奖赏非常敏感,正如第 8 章所述,大脑系统甚至会被脑中的内部噪音触发进入一种吸引子状态,那么刚刚提到的观点确实提供了一种研究取向,解释了为什么在某些情况下难以确定抑郁症的环境成因。)

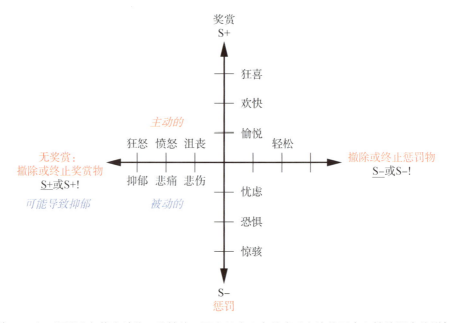

204　**图 9.1**　与不同强化相倚有关的一些情绪。图中从中心向外表示在连续尺度上情绪强度的增加。依据不同的强化相倚建立这个分类图示,这些强化相倚包括:(1)奖赏物的出现(S+),(2)惩罚物的出现(S−),(3)奖赏物的撤除(消失)(S+)或终止(结束)(S+!),以及(4)惩罚物的撤除(避免)(S−)或终止(逃离)(S−!)。需要注意的是,纵轴描述了与奖赏物的出现(上)和惩罚物的出现(下)有关的情绪。横轴描述了与预期奖赏物没有出现(左)和预期惩罚物没有出现(右)有关的情绪。与无奖赏相倚(水平轴,左侧)的不同情绪的产生取决于对无奖赏的应对是否存在主动行为,如果不存在可能的主动行为,这种情况称为被动条件。在被动条件下,无奖赏可能会导致抑郁。该图示总结了同一强化物在不同强化相倚下可能诱发的情绪。每种独立的强化物都有可能通过这些强化相倚而发挥作用。该图展示的并不是一种情绪维度理论,而是展示了某一特定强化物可能诱发的情绪状态的类型。每一种不同的强化物会诱发不同的情绪状态,但是诱发的具体是哪种情绪状态取决于图示中强化相倚的作用。

基于第2章介绍的当前对于情绪的认识,我提出理解抑郁症的以下取向。该取向清晰明了,与上述大部分诱因有关。如图9.1中无奖赏轴所示,当预期奖赏不能如期获得时,抑郁就产生了。对于这种无奖赏相倚的情况,如果个体有可能通过某种行动挽回奖赏,或者有可能通过某些行动防止未来再次出现这种无奖赏的情况,那么个体就会产生愤怒和暴怒等情绪(如图9.1中无奖赏的"主动的"条件所示)。如果个体不可能通过任何行动获得奖赏,个体将会产生悲伤、悲痛或者抑郁的情绪(如图9.1中无奖赏的"被动的"条件所示)。尽管上列出的抑郁的诱发因素大部分与无奖赏的强化相倚有关,但还有些诱发因素是与如饥饿或肥胖等身体状况的改变有关,这类诱发因素可能与无奖赏反应具有相同的大脑机制,是应对当前环境的一种适应性进化策略。

抑郁症的遗传学研究到目前为止,并没有发现一些与抑郁相关的重要基因,可以给抑郁治疗提供可能的帮助,而是发现可能存在数量众多的基因,其中每个基因对抑郁的产生都起到了一点作用,因此在这种情况下,采取与大脑相关的无奖赏相倚的研究取向可能特别有用(Flint & Kendler 2014,Bigdeli & al. 2017)。

9.1.3 导致抑郁的大脑系统

参与检测无奖赏的大脑系统可能参与抑郁症的形成(图9.1),我们将从这个观点开始介绍下面的内容。在此基础上,我把证明外侧眶额皮层与抑郁密切相关的证据总结如下。

眶额皮层包含大量神经元,这些神经元对无奖赏做出反应,并在无奖赏后保持数秒的放电,这表明它们进入了吸引子状态以维持对无奖赏的记忆(Thorpe,Rolls & Maddison 1983,Rolls 2014b)(见4.5.3.5节)。图4.16有这类神经元的示例。这类神经元会发出奖赏低于预期的信号,因为它们对这种预测误差做出反应,所以被称为负性的奖赏预测误差神经元(negative reward prediction error neurons)(见4.5.3.5节)。

在奖赏反转任务中,人类的外侧眶额皮层会被无奖赏(即没有获得预期的奖赏)激活(Kringelbach & Rolls 2003)。从图9.2 a 中也可以看到,在反转任务中当人类被试选择了人脸,却没有获得预期的奖赏时,他们的外侧眶额皮层被激活。这种现象甚至可以发生在人类面对非常快速的一个试次奖赏反转的情况下:当没有收到预期的奖赏时,外侧眶额皮层就会被激活(Rolls et al. 2020d)。

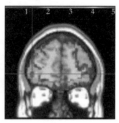

b. 停止信号任务

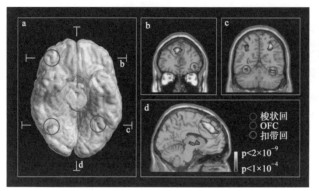

c. 赢—继续/输—改变

205　**图 9.2　a. 无奖赏激活外侧眶额皮层（lateral orbitofrontal cortex，lateral OFC）的证据。**在视觉辨别反转任务（visual discrimination reversal task）①的反转试次中，当被试选择了一个面孔，却没有获得预期的奖励时，外侧眶额皮层被激活，这说明被试在之后的试次中应该选择其他面孔以获得奖励。(a) 显示的是大脑的腹侧面，(b) 和 (c) 显示的是大脑冠状面的两个切面，(d) 显示的是大脑的横断面。在反转试次中，红色圆圈部分的外侧眶额皮层被激活（OFC，峰值位于 [42　42　−8] 和 [−46　30　−8]），而在非反转试次中该区域没有激活。相比之下，面孔表情引发蓝色圆圈部分所示的梭状回面孔区（fusiform face area，FFA）的激活，而在反转试次中该区域没有激活，这从大脑冠状面 (c) 中也可以看出来。(b) 冠状面显示右侧眶额皮层在反转试次中被激活。胼胝体上前扣带回（扣带回，绿色圆圈）也有激活，有研究表明惩罚刺激、不愉快刺激也会激活该区域（参见 Grabenhorst and Rolls (2011)）。（引自 *Neuroimage* 20 (2)，Morten L. Kringelbach and Edmund T. Rolls，Neural correlates of rapid reversal learning in a simple model of human social interaction，pp. 1371 - 1383，doi. org/10. 1016/S1053-8119(03)00393-8，Copyright © 2003 版权归爱思唯尔所有。）**b. 人类外侧眶额皮层的激活与停止信号任务（stop-signal task）中行为改变的信号有关。**在停止信号任务中，电脑屏幕会随机呈现向左或者向右的箭头，被试根据箭头方向按键反应。但是在某些试次里，屏幕会呈现向上的箭头，这时被试必须改变行为，不能按键，即停止反应。对 1 709 名被试进行停止信号任务实验，通过对比停止—成功与停止—失败的试次，发现被试成功改变行为时，即在成功停止反应的试次中，在腹外侧前额叶皮层，包括外侧眶额皮层的反应更为强烈，图中十字线画出的位置 [−42　50　−2] 达到峰值。右侧眶额皮层 [42　52　−4] 也出现了相应的效应。背侧前额叶皮层（Dorsolateral Prefrontal Cortex），一个与注意有关的脑区，也显示有激活。（引自 Deng, Rolls et al，2017，并稍做修改。）**c. 猕猴外侧眶额皮层与赢—继续（win-stay）/输—改变（lose-shift）②的成绩（即奖赏反转的成绩）有关的 BOLD 信号。**（引自 Chau et al，2015，并稍做修改。）

①　视觉辨别反转任务：通过对一个刺激或行为进行奖励（即强化），对另一个刺激或行为不进行奖励（即不强化），让被试学会辨别不同类型的刺激。而反转试次则是在辨别任务之后，在不告知被试的情况下将先前获得奖励的条件和不获得奖励的条件互换，被试会选择未反转条件之前的奖励刺激，却无法获得奖励，以测试被试的适应性反应。——译者注

②　赢—继续/输—改变（win-stay/lose-shift）：在反转任务中，赢—继续是指当被试在一个试次中选择物体 A，并获得了奖赏，那么猕猴在下一个试次中会继续选择物体 A；输—改变是指当被试选择物体 B，没有获得奖赏，那么在下一个试次中则学会改为选择物体 A。

在停止信号任务实验中,当被试看到停止信号时外侧眶额皮层也会激活,此时被试需要停止反应,而反应是不正确的,被试必须改变行为使自己做对(Deng, Rolls et al. 2017)(图 9.2b)。因此,停止信号任务中眶额皮层的活跃程度与行为的冲动程度有关(Whelan, Conrod, Poline, Lourdusamy, Banaschewski, Barker, Bellgrove, Buchel, Byrne, Cummins et al. 2012)。由于这个原因,行为的冲动程度被认为可能反映了个体对无奖赏或者惩罚的敏感程度(Rolls 2014b),有些人会做出冲动行为,其原因可能是他们对无奖赏以及他们行为的无奖赏后果不是很敏感。不仅如此,有研究发现,眶额皮层受损的人更易做出冲动行为(Berlinet al. 2004, Berlin et al. 2005)。

外侧眶额皮层还对诸如臭味(Rolls, Kringelbach & De Araujo 2003c)和损失金钱(O'Doherty, Kringelbach, Rolls, Hornak & Andrews 2001a, Rolls, Vatansever, Li, Cheng & Feng 2020d, Xie, Jia, Rolls & al. 2021)等惩罚刺激、不愉快刺激产生反应(Grabenhorst & Rolls 2011, Rolls 2014b, Rolls 2019e)(图 4.14)。猕猴的神经生理学证据与人类的脑成像证据一致(Thorpe, Rolls & Maddison 1983, Rolls 2014b, Rolls 2019e),fMRI 研究表明,在反转任务中无奖赏会激活猕猴的外侧眶额皮层(Chau et al. 2015)(图 9.2c)。

进一步的研究表明,人类眶额皮层的损伤会损害奖赏反转学习,因为在奖赏反转后被试依然会选择原先的奖赏刺激,即使已无法获得奖赏(Rolls, Hornak, Wade & McGrath 1994a, Hornak, O'Doherty, Bramham, Rolls, Morris, Bullock & Polkey 2004, Fellows & Farah 2003, Fellows 2011),这些发现进一步表明当探测到无奖赏时,眶额皮层参与奖赏行为的改变。

到这里前文已经证明了,当人们没有收到预期的奖赏,或者遇到不愉快的刺激或事件时,可能会产生抑郁(Beck 2008, Drevets 2007, Harmer & Cowen 2013, Price & Drevets 2012, Pryce, Azzinnari, Spinelli, Seifritz, Tegethoff & Meinlschmidt 2011, Eshel & Roiser 2010)。一个明显的例子就是家庭中某个成员去世,即失去奖赏物(因为我们会极力避免此事),导致的后果可能就是抑郁。更确切地说,根据学习理论,如果人们没有办法通过任何行动重新赢得奖赏(即图 9.1 中无奖赏的"被动"条件),那么失去或者终止奖赏可能会导致悲伤或抑郁,而且这取决于失去的奖赏的重要性(Rolls 2014b)。如果本来有可能采取某种行动,可以避免失去奖赏,那么人们就会感到挫折和愤怒(Rolls 2014b)。这将当前的研究取向与抑郁的习得性无助取向联系起来,当人们无法通过任何行为挽回失去的奖赏时,他们就很可能抑郁(Forgeard, Haigh, Beck, Davidson, Henn, Maier, Mayberg & Seligman 2011, Pryce et al. 2011)。

这一研究取向表明,一种有效的治疗抑郁症的方法是帮助人们重新认识到自己的行为能够如何获得奖赏,以此打破他们不再尝试采取任何行动来重获奖赏的恶性循环。这一取向建议的另一种治疗抑郁症的有效方法是减少暴露于与无奖赏事件相关的刺激(诸如地点)和记忆中,这样悲伤的想法就不会在头脑中循环。

9.2 抑郁的无奖赏吸引子理论

外侧眶额皮层的神经元会对无奖赏做出持续数秒的反应,这表明它们进入了吸引子状态,维持着对无奖赏的记忆(Thorpe, Rolls & Maddison 1983, Rolls 2014b)(见 4.5.3.5 节)。这类神经元的例子如图 4.16 所示。吸引子网络已在第 8 章介绍。

无奖赏吸引子理论认为,抑郁症患者更容易触发外侧眶额皮层的无奖赏/惩罚的吸引子网络系统,且与该系统相关的吸引子放电的持续时间更长(Rolls 2016d, Rolls 2017b, Rolls 2019a)。无奖赏/惩罚系统中吸引子相关的更大放电触发了大脑皮层系统(诸如语言系统和参与注意控制的背外侧前额皮层)的消极认知状态。这些大脑皮层系统又反过来对眶额皮层的无奖赏系统产生自上而下的作用,使认知偏向消极的方向(Rolls 2013a)(详情请见 4.5.3.7 节和图 4.23),从而增加了外侧眶额皮层对无奖赏的敏感性,并维持外侧眶额皮层的过度活跃(Rolls 2016d)(图 9.3)。因此,本文认为,无奖赏与语言/注意的大脑系统的这种交互可以解释反刍思维和持续的抑郁思维的发生,正是这些系统之间不断的正反馈导致了反刍思维和持续的抑郁思维(Rolls 2016d)。

确实如此,我们已经证明了认知状态对眶额皮层的情感表征具有"自上而下"的作用(De Araujo, Rolls, Velazco, Margot & Cayeux 2005, Grabenhorst, Rolls & Bilderbeck 2008a, McCabe, Rolls, Bilderbeck & McGlone 2008, Rolls 2013a)。而且,自上而下的选择性注意会影响眶额皮层中的情感表征(Rolls et al. 2008a, Grabenhorst & Rolls 2008, Ge et al. 2012, Luo et al. 2013, Rolls 2013a),抑郁时注意到自己的抑郁症状可能会以正反馈的方式加剧这些症状。

一般地说,人们仅仅通过语言就能明白最近发生的事件的真正含义,并预见事情的走向,这种认知能力的存在可能是人类大脑计算能力发展的结果,而大脑的这种计算能力则加剧了人类大脑对抑郁的敏感性(Rolls 2014b, Rolls 2021a)。例如,有了语言,我们可以提前预见并切实地认识到,一个人在一生中所失去的某些东西也许再不会回来,这样的想法及其对我们未来的影响显而易见。

该理论认为,外侧眶额皮层系统的过度活跃导致抑郁的一种方式是,有一个重大的负性强化的生活事件导致了反应性抑郁,并激活了外侧眶额皮层系统,然后外侧眶额皮层的无奖赏/惩罚吸引子系统与认知/语言系统之间循环进行自我激活,共同组成一个在系统层面运行的吸引子(图9.3)。〔罗尔斯(Rolls 2016c)阐述了这种相互前馈和反馈的兴奋效应的一般性皮层结构。〕

该理论认为,可能出现抑郁的第二种情况是,某些个体的这种外侧眶额皮层的无奖赏系统特别敏感。这可能跟诸如遗传倾向或者应激等因素的影响有关(Gold 2015)。在这种情况下,眶额皮层会对一些正常水平的无奖赏或者惩罚过度反应,然后开启了外侧眶额皮层的局部吸引子环路(见4.4.3.5节)(Rolls 2016d,Rolls & Deco 2016),这反过来又激活了认知系统,认知系统又反馈给过度反应的外侧眶额皮层系统,以维持在系统水平的反刍思维的吸引子。将它描述为"系统水平"的吸引子,是因为它包含了不同脑区之间的相互激活。

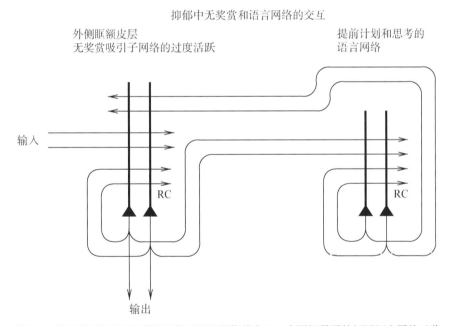

图9.3 抑郁时眶额皮层无奖赏网络与语言网络的交互。本图阐释了外侧眶额皮层的无奖赏吸引子网络的过度反应是如何将兴奋性信息传送到语言和提前计划的网络;而反过来,该网络"自上而下"的兴奋性反馈又传送回眶额皮层无奖赏网络,维持该网络的过度活跃。本文认为,这种"长回路"的相互再激活系统导致了抑郁症患者持续的负性思维(根据Rolls 2016d的研究提出)。

9.3 抑郁的无奖赏吸引子理论的证据

有一些证据表明,抑郁症患者的外侧眶额皮层的结构和功能发生了改变(Drevets 2007,Ma 2015,Price & Drevets 2012)。比如,已发现抑郁症患者大脑灰质质体积减少,皮层厚度变薄,特别是大脑后外侧的 OFC 区(BA 47,BA 11 尾端和 BA 45 连接的部分)和大脑的膝下扣带回(BA 24,25)(Drevets 2007, Nugent,Milham,Bain,Mah,Cannon,Marrett,Zarate,Pine,Price & Drevets 2006)。最近利用青少年脑认知发展(Adolescent Brain Cognitive Developmental,ABCD)数据库进行大规模的研究发现许多因素与精神问题存在关联,包括抑郁问题得分和脑容量减少。脑容量减少的脑区包括眶额皮层、海马、颞叶皮层和内侧额叶皮层。与这些儿童精神问题相关的因素包括母亲生产时年龄小(Du,Rolls,Gong,Cao,Vatansever,Cheng & Feng 2021)、家庭问题(Gong,Rolls,Du,Feng & Cheng 2021)、母亲妊娠期出现严重的恶心和呕吐(Wang,Rolls,Du,Du,Yang,Li,Li,Cheng & Feng 2020)以及睡眠时间短(Cheng,Rolls,Gong,Du,Zhang,Zhang,Li & Feng 2020)。

210 在抑郁症患者中发现了包括外侧眶额皮层、大脑扣带回和杏仁核在内的大脑区域的血流增加(这也是该理论的预期),这些血流的增加似乎与心情改变有关,因为当情绪状态趋于稳定时,这些脑区的血流更接近正常水平(Drevets 2007),但不同研究之间的一致性并不强(Gray,Muller,Eickhoff & Fox 2020)。

首次对抑郁症患者进行全脑范围的体素水平静息态功能性连接的神经影像学分析(实验包括 421 名抑郁症患者和 488 名对照组被试)发现,抑郁症患者大脑功能性连接改变的第一个主要回路是在内侧眶额部皮质 BA 13,它与海马旁回以及内侧颞叶记忆系统的功能性连接降低(Cheng,Rolls,Qiu,Liu,Tang,Huang,Wang,Zhang,Lin,Zheng,Pu,Tsai,Yang,Lin,Wang,Xie & Feng 2016)(图 9.4)。(两个脑区之间功能性连接的降低是通过它们之间关联程度的减少来测量,其意味着这两个大脑区域之间的交流效率降低。)而参与无奖赏和惩罚事件的外侧眶额皮层 BA 47/12 与记忆系统的功能性连接并没有降低,因此抑郁症患者存在一种失衡,表现为与奖赏相关的记忆系统功能下降。

抑郁症患者功能连结改变的第二个主要回路是外侧眶额皮层 BA 47/12 与楔前叶、角回和颞叶视觉皮层 BA 21 之间的功能性连接增强(Cheng et al. 2016)(图 9.4)。无奖赏/惩罚系统(BA 47/12)与楔前叶(与自我意识和自主性有关)和角回(参与言语加工)之间的功能性连接增强,这些都与抑郁症患者对自我和

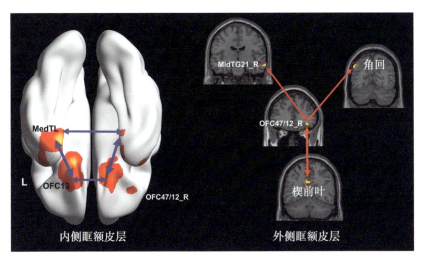

图9.4 抑郁症患者静息态脑功能性连接。该图展示了抑郁症患者的内侧和外侧眶额皮层网络不同的功能性连接。蓝色表示功能性连接减弱,红色表示功能性连接增强。MedTL—从海马旁回到颞极的内侧颞叶;MidTG21R—颞中回21区右侧;OFC13—内侧眶额皮层13区;OFC47/12R—外侧眶额皮层区域47/12右侧。在脑腹侧图中可见OFC47/12中的外侧眶额体素簇,位于OFC13簇的前方和外侧(Cheng, Rolls et al, 2016)。

自尊的外显消极情感认识有关。进一步的研究也为外侧眶额皮层与楔前叶(Cheng, Rolls, Qiu, Yang, Ruan, Wei, Zhao, Meng, Xie & Feng 2018c)、后扣带回(提供进入记忆的路径)(Cheng et al. 2018b)、前扣带回的功能性连接增强(Rolls et al. 2018b)提供了更多的证据,在另外一个完全不同的患者群体中,这些涉及外侧眶额皮层的功能性连接与抑郁问卷得分相关(Cheng, Rolls, Ruan & Feng 2018d),下文会详细解释。

涉及奖赏的内侧眶额皮层与记忆系统之间功能性连接的减弱,为认识抑郁症患者的大脑如何歪曲快乐事件提供了一种新的思路。涉及无奖赏和惩罚的外侧眶额皮层与涉及自我表征、语言、面孔输入和相关知觉系统的大脑区域之间的功能性连接的增强(Rolls, Cheng, Du, Wei, Qiu, Dai, Zhou, Xie & Feng 2020a, Hsu et al. 2020, Du et al. 2020),也为解释为何抑郁症患者对不愉快事件和想法、自尊心较低提供了一种新思路(Cheng et al. 2016, Rolls, Cheng, Gilson, Qiu, Hu, Li, Huang, Yang, Tsai, Zhang, Zhuang, Lin, Deco, Xie & Feng 2018a, Rolls et al. 2020b)。

与胼胝体上部前扣带回一样,外侧眶额皮层对许多可能引起自主神经/内脏反应的惩罚性和无奖赏刺激（Grabenhorst & Rolls 2011，Rolls 2014b，Rolls 2014c）做出反应，而且由于这些区域与前脑岛存在功能性连接，前脑岛又涉及自主神经/内脏功能（Critchley & Harrison 2013，Rolls 2016b），可以推测抑郁症患者的前脑岛会过度活跃，而事实确实如此（Drevets 2007，Hamilton et al. 2013，Ma 2015）。

使用单剂量的氯胺酮等方法治疗抑郁症（Zanos & Gould 2018），可能部分通过暂时抑制外侧眶额皮层的吸引子状态而减轻抑郁症状（详情请看后面的9.7.2节）。与此一致的证据是，单剂量氯胺酮可降低外侧眶额皮层的活动（Lally，Nugent，Luckenbaugh，Niciu，Roiser & Zarate 2015）。这种NMDA受体[1]阻滞剂（即氯胺酮）至少在一定程度上可能通过阻碍神经元间反复发生的侧枝兴奋性连接的传递，降低吸引子网络的高放电状态（Rolls 2016d，Rolls et al. 2008d，Rolls & Deco 2010，Rolls 2012b，Deco et al. 2013，Rolls & Deco 2015a，Rolls et al. 2020b，Rolls 2021a）。鉴于氯胺酮的代谢物羟基诺氯胺酮可能与氯胺酮的抗抑郁作用有关，并可能通过AMPA受体[2]介导的促进效应而发挥作用（Zanos & Gould 2018），氯胺酮的效果可能是通过增强内侧眶额皮层的奖赏相关系统（该系统倾向于与外侧眶额皮层无奖赏系统相互关联），或增强内侧眶额皮层奖赏系统与海马系统的功能性连接而实现，该功能性连接在抑郁时显著降低（图9.4）。电休克疗法可能也有抗抑郁作用，因为它也可以使无奖赏系统脱离吸引子状态，这可能有助于抗抑郁效果。

电刺激大脑可以缓解抑郁（Hamani，Mayberg，Snyder，Giacobbe，Kennedy & Lozano 2009，Hamani，Mayberg，Stone，Laxton，Haber & Lozano 2011，Lujan，Chaturvedi，Choi，Holtzheimer，Gross，Mayberg & McIntyre 2013），电刺激之所以能起作用可能是部分地通过提供奖赏来反过来抑制无奖赏系统，并同时干扰其吸引子状态（Rolls et al. 2020b）。用抗抑郁药物治疗会降低无奖赏外侧眶额皮层系统的活动/连接（Ma 2015，Rolls et al. 2020b）。

选择性血清素再吸收抑制剂（SSRIs）等抗抑郁药物，可能通过在情绪刺激的

---

① NMDA受体（N-methyl-D-aspartic acid receptor）：由多亚基构成的异聚体，是最重要的谷氨酸受体之一，主要分布在中枢系统中。在神经系统发育过程中发挥重要的生理作用，如调节神经元的存活，调节神经元的树突、轴突结构发育及参与突触可塑性的形成等。而且对神经元回路的形成亦起着关键的作用。——译者注

② AMPA（α-amino-3-hydroxy-5-methylisoxazole-4-propionic acid）受体：离子型谷氨酸受体的一种亚型，分布于突触后膜，在中枢神经系统介导了大多数快速兴奋性神经传递。神经元通过调节兴奋性突触后膜AMPA受体的数量和亚单位组成，可以改变兴奋性突触的活性和传递效能，与一些诸如"静默突触"、长时程增强和长时程抑制等神经可塑性机制有关。——译者注

加工中产生积极的促进作用（Harmer & Cowen 2013），增强大脑对积极刺激的反应以及减轻对消极刺激的反应来治疗抑郁症（Ma 2015）。由于奖赏和无奖赏系统很可能相互关联，所以一旦奖赏系统得到促进或提供奖赏激活了内侧眶额皮层（O'Doherty，Kringelbach，Rolls，Hornak & Andrews 2001a，Grabenhorst & Rolls 2011，Rolls 2014b）（图 4.14），那么可能部分地抑制了外侧眶额皮层无奖赏/惩罚系统的过度活跃（Rolls et al. 2018a）。

此外，受此处所述的理论和结果（Rolls 2016d，Cheng et al. 2016）的启发，一些研究初步发现，经颅磁刺激外侧眶额皮层可能会干扰其活动，有助于抑郁症的治疗（Feffer，Fettes，Giacobbe，Daskalakis，Blumberger & Downar 2018，Downar 2019）。此外，对眶额皮层进行脑深部刺激可能也有助于治疗情绪障碍和抑郁症。猕猴的眶额皮层是脑深部电刺激产生奖赏的关键部位（Rolls，Burton & Mora 1980，Rolls 2005a，Rolls 2019e）。电刺激人类的眶额皮层也能产生奖赏和提升心境（Rao，Sellers，Wallace，Lee，Bijanzadeh，Sani，Yang，Shanechi，Dawes & Chang 2018），眶额皮层中部的许多区域，即 11 区和 13 区，也叫做内侧眶额皮层，受奖赏激活（Rolls 2019e）。刺激内侧眶额皮层比外侧眶额皮层（BA 12/47）产生更大的奖赏，因为外侧眶额皮层遇到不愉快刺激和没有获得预期的奖赏刺激时会激活。基于本文和其他地方（Rolls 2019e）所述的原因，内侧（或内部）眶额皮层是脑深部电刺激以帮助缓解抑郁的关键区域。

9.4 抑郁症患者眶额皮层及其他脑系统功能的研究进展

9.4.1 概述

我们已经在 9.2 和 9.3 节中详细描述了眶额皮层与抑郁有关的证据。

1. 造成悲伤或抑郁的原因可能是没有获得预期的奖赏或者是受到惩罚。

2. 外侧眶额皮层参与检测这些强化相倚，因此也参与了由这些奖赏相倚产生的负性情绪。

3. 本文认为，抑郁症患者的外侧眶额皮层过度活跃，并且由于外侧眶额皮层的吸引子网络，以及与外侧眶额皮层相互连接的脑区之间存在长回路的吸引子网络，导致抑郁症患者外侧眶额皮层的过度活跃能够维持很长的时间。

4. 功能神经影像学的研究也支持该理论。这些研究表明，外侧眶额皮层与涉及语言活动的角回等其他脑区之间的功能性连接增强，可能导致了抑郁症患者持续性的消极反刍思维；外侧眶额皮层与涉及自我意识的楔前叶之间的功能性连接增强,可能导致了抑郁症患者的低自尊。

5. 内侧眶额皮层参与奖赏的加工、愉悦和快乐情绪。抑郁症患者内侧眶额皮层与海马记忆系统之间的脑功能性连接降低,可能是抑郁症患者的快乐记忆如此之少的原因。

6. 这些研究得到另一项研究的支持,该研究通过分析未患抑郁症的普通美国人的脑功能性连接,发现有抑郁倾向的被试的功能性连接发生了与抑郁症患者相似的变化(Cheng et al. 2018d)。

7. 初步的研究表明,经颅磁刺激外侧眶额皮层可能有助于抑郁症的治疗,此研究也为眶额皮层与抑郁有关的理论提供了支撑论据(Feffer et al. 2018)。

8. 上述研究不仅使我们更加了解抑郁症,也对抑郁症的治疗具有应用价值。

本节(9.4)将讲述与抑郁相关的脑功能性连接的最新进展,其中许多研究涉及抑郁与眶额皮层的关系。功能性连接是测量两个脑区活动之间的相关程度。如果相关很高,那么意味着若一个大脑区域的信号增加,则这一增加与它连接的大脑区域的增加有关。功能性连接增强的意思是,两个相连的大脑区域强烈地"相互交流",反之则表示功能性连接减弱。下面将概述本节(9.4)中所述的一些研究结果。

在9.4.2和9.4.8节中,眶额皮层与抑郁相关的证据扩展到了美国的普通人,这些普通人没有患抑郁症,但是当他们存在抑郁倾向时,他们的眶额皮层脑功能性连接与抑郁症患者(来自中国的样本)发生了相似的变化。这一结果为眶额皮层的功能性连接发生变化是导致抑郁的关键这一理论提供了重要的验证支持,并且该理论与9.2节提出的抑郁理论相一致。

另一个采用不同人群开展的研究得到了一个有趣的新发现,愉快或者说主观幸福感很强的人,他们的外侧眶额皮层的脑功能性连接是减弱的(Liu, Ma, Rolls, Wei, Zhang, Chen, Meng, Qiu & Feng 2019)。这与前面的假设相一致,即与悲伤和抑郁情绪等有关的无奖赏加工的增加(可能与功能性连接的增强有关),会造成外侧眶额皮层功能性连接的增强,而快乐则与外侧眶额皮层功能性连接减弱有关(Liu et al. 2019)。对此,可能的解释是高幸福感的人不太受无奖赏事件的影响,而遭遇大量的无奖赏事件可能导致外侧眶额皮层连接的增强。

在9.4.3节中,我们将讨论眶额皮层与它所投射的区域之一——**前扣带回**的连接。研究表明,参与处理奖赏和愉悦感的内侧眶额皮层与前扣带回的最前部(前膝部)有着高强度的功能性连接,而前扣带回也由奖赏激活。前扣带回与人们习得采取何种行动能够获得奖赏有关,内侧眶额皮层与前扣带回之间的功能性连接似乎说明了,奖赏的传递路径是从内侧眶额皮层传递到前扣带回,这解释了为什么获得的奖赏会影响这类指向(奖赏)结果学习的行为。相应地,外侧眶额皮层涉及无奖赏和不愉快事件的处理,它和前扣带回的胼胝体上部分(就在胼胝体前部的上方)有较强的功能性连接,而前扣带回的胼胝体上部分也会由无奖赏刺激和不愉快刺激激活。这在学习采取哪些行动可以使奖赏最大化和行动成本最小化时,为思考行动成本提供了一个思路(详情见4.7节)。

此外,9.4.3节也将介绍抑郁症患者的前扣带回与一些脑区之间功能性连接的减弱,这些脑区包括眶额皮层、参与感知觉加工的颞叶、参与记忆的海马旁回和海马,以及运动脑区。也就是说,由于前扣带回接收从眶额皮层传递来的奖赏物和惩罚物的表征,并将这些奖赏物和惩罚物的表征与行为系统对接起来,所以若前扣带回断开了奖赏物和惩罚物与其相关的行为和其他输出之间的连接,就会产生抑郁症。这最终可能导致抑郁症患者对奖赏和惩罚后果的不敏感、缺乏行为动机和无助感(Rolls et al. 2018b)。

9.4.3节还将介绍前扣带回的胼胝体下部分可以被负性刺激激活的证据,以及在抑郁时该区域活动增加,并且深部电刺激该脑部区域可以缓解抑郁症(电刺激可能通过干扰该区域的活动起作用),尽管这尚未得到大规模研究的证实。

9.4.4节将介绍抑郁症患者的**后扣带回(posterior cingulate cortex)**与外侧眶额皮层之间脑功能性连接的显著增强。后扣带回为包括自我信息在内的空间信息进入海马记忆系统提供了一个通道。这些发现支持了外侧眶额皮层的无奖赏系统对记忆系统具有增强作用的理论,正是这一增强作用导致抑郁症患者对悲伤的事件和记忆总是无法忘怀(Cheng et al. 2018b)。

9.4.5节将介绍抑郁症患者的**杏仁核(amygdala)**与包括眶额皮层在内的大脑区域的功能性连接的减弱,其中杏仁核是负责处理情绪的大脑区域。该减弱现象对我们的潜在意义是,由于抑郁症患者的杏仁核与其他大脑区域的功能性连接减弱,所以应该更关注在抑郁症患者中功能性连接增强的大脑区域,例如外侧眶额皮层这些大脑区域可能与抑郁时强烈的悲伤情绪的关系更加密切。

9.4.6节将介绍抑郁症患者的**楔前叶(precuneus)**与外侧眶额皮层功能性连接增强的进一步证据。楔前叶是顶叶内侧区,负责处理自我意识与自主性,而外侧眶额皮层负责处理无奖赏,因此两者的功能性连接的变化与抑郁有关。这些发现支持如下理论观点:外侧眶额皮层的无奖赏系统增加了对包括楔前叶在内的表征自我区域的影响,从而可能导致了抑郁症患者的低自尊(Rolls 2016d)。

9.4.7节将介绍的研究采用的方法超越了功能连接,即采用了**有效连接(effective connectivity)**的方法,测量大脑区域之间的直接影响(Rolls et al.

2018a)。有效连接在概念上与功能性连接非常不同,因为它测量了一个大脑区域在特定方向上对另一个大脑区域的影响,所以原则上可以提供与大脑功能的因果加工更密切相关的信息,即一个脑区如何影响另一个脑区。在大脑功能紊乱的情况下,通过比较患者和对照组的有效连接,可以证明哪些大脑区域可能发生了功能改变,进而影响其他大脑区域。

使用有效连接方法得到的研究结果与抑郁症患者的海马在某些方面的加工(或许是与不愉快记忆相关的加工)显著增强的假设相一致(Rolls 2016d, Cheng et al. 2016);颞叶皮层与楔前叶的有效连接增强,而楔前叶与记忆系统、外侧眶额皮层的连接可能导致了抑郁症患者的低自尊和负性记忆;抑郁症患者的颞叶记忆系统对内侧眶额皮层的影响减弱;而这反过来可能会导致抑郁症患者外侧眶额皮层无奖赏系统的活动增加(Rolls et al. 2018a)。

上述所有新研究都支持本章提出的一个观点,即眶额皮层是理解抑郁症患者加工处理信息为何与普通人存在差异的关键区域。抑郁症患者的外侧眶额皮层无奖赏系统的功能性连接的增强,导致了抑郁症患者悲伤情绪的增加。抑郁症患者的内侧眶额皮层奖赏系统的功能性连接减弱,导致了抑郁症患者快乐情绪的减弱。进一步了解这些大脑区域,对于我们更好地理解抑郁症非常重要,并且有可能更好地治疗抑郁症(Rolls et al. 2020b)。

9.4.2 眶额皮层

人类在得到奖赏性和愉快性刺激时,*内侧眶额皮层*会激活(Rolls & Grabenhorst 2008, Grabenhorst & Rolls 2011, Rolls 2014b)(图4.14)。奖赏与无奖赏/惩罚对内侧和外侧眶额皮层的作用是相互关联的(O'Doherty, Kringelbach, Rolls, Hornak & Andrews 2001a, Rolls 2014b, Rolls 2019e, Xie, Jia, Rolls & al. 2021),抑郁症的快感缺失症状可能与抑郁时愉快和奖赏性刺激对患者内侧眶额皮层的影响作用减少有关,愉快和奖赏性刺激对内侧眶额皮层的影响作用可通过服用抗抑郁药恢复(Ma 2015)。如图9.4所示,抑郁症患者与奖赏相关的内侧眶额皮层与记忆系统的功能连接减弱,为理解抑郁症患者的记忆系统如何偏离愉快事件提供了新的途径(Cheng et al. 2016)。在进一步的分析中,除了研究抗抑郁药物的作用外,内侧眶额皮层体素与颞叶皮层区域、海马旁回、梭状回和辅助运动区的功能连接性较低(这意味着较差的交流),而药物治疗并没有使这些功能连接更接近控制组(Rolls et al. 2020a)。内侧眶额皮层与颞叶和记忆系统的功能连接降低,与抑郁症的快感缺失和减少的快乐记忆有关,这与上述研究结果是一致的。特别有趣的是,这些降低的功能连接通过抗抑郁药物治疗并没有变得正常,表明未来治疗抑郁症的一个目标可能是增加内侧眶额皮层的功能(Rolls et al. 2020a, Rolls et al. 2020b)。

一项新的功能磁共振研究发现,在青少年抑郁评定量表上得分较高的 19 岁和 14 岁儿童中,内侧眶额皮层对奖赏的敏感性降低(Xie et al. 2021)。在 1 140 名 19 岁青少年和 1 877 名 14 岁青少年的金钱激励延迟任务[①](monetary incentive delay task)中,随着奖赏(赢)值的增加,内侧眶额皮层的激活程度以层级递增,如图 9.5 所示

金钱奖励延迟任务中的内侧和外侧眶额皮层（OFC）

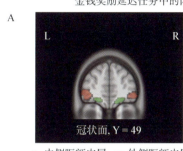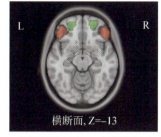

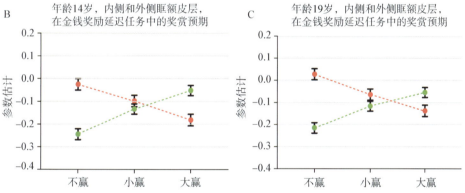

图 9.5　在金钱激励延迟任务中,不赢时外侧眶额皮层激活,赢时内侧眶额皮层激活。图中红色表示在金钱激励延迟任务中,1 140 名 19 岁参与者和 1 877 名 14 岁参与者的外侧眶额皮层区域受无奖赏(不赢条件)激活的重叠区域。条件为大赢(10 分)、小赢(2 分)、不赢(0 分)(19 岁奖励现金;14 岁奖励甜食)。内侧眶额激活区域以绿色显示(从不赢到小赢再到大赢,随着奖励的增加,激活增强)。参数估计来自参与者的激活(平均值 ⊥ 标准误),其中外侧眶额皮层为红色,内侧眶额皮层为绿色。交互作用显示内侧眶额皮层对奖赏敏感,外侧眶额皮层对无奖赏敏感,在 19 岁时 $p = 10^{-50}$,在 14 岁时 $p < 10^{-72}$。在青少年抑郁评定量表所显示的抑郁症状亚组中,进一步发现在外侧眶额皮层区对不赢条件有更大的激活;内侧眶额皮层对奖赏值的差异不太敏感(After Xie, Jia, Rolls et al, 2021)。

216

---

① 金钱激励延迟任务:该任务通过设置奖励、惩罚和中性三种条件,并分为期待、目标反应和反馈三个阶段,巧妙地考察个体面对奖赏和惩罚时的反应。本文引用的这篇研究所使用的金钱激励延迟任务要求参与者对出现在屏幕左侧或右侧的目标进行按键反应,控制目标出现在屏幕的时间以控制任务难度,随后给参与者打分。打分有三种情况:大赢(10 分)、小赢(2 分)以及不赢(0 分)。每获得 5 分,14 岁的青少年可以得到一份巧克力糖果的甜品,19 岁的青少年可以获得少量现金。

(Xie et al. 2021)。当奖赏值降到零时,外侧眶额皮层的激活程度层级递增(不赢条件)(图 9.5)。在 19 岁和 14 岁的青少年抑郁评估量表中得分较高的亚组中,内侧眶额皮层的激活降低了对不同奖励条件的敏感性;而外侧眶额皮层对不赢(即无奖赏)条件表现出高激活(Xie et al. 2021)。这些在金钱激励任务中的新发现为以下假设提供了支持:有抑郁症状的青少年的外侧眶额皮层对无奖赏的敏感性增加;内侧眶额皮层对奖赏差异的敏感性降低。此外,这些差异在 14 岁时就很明显了(Xie et al. 2021)。因此,这些结果支持了以下理论(Rolls 2016e),即抑郁症状可能与内侧眶额皮层对奖赏的敏感性降低,以及外侧眶额皮层对无奖赏的敏感性增加有关。

在停止—信号实验任务中,当出现抑制反应的信号时,*外侧眶额皮层/额下回区域*出现激活(Deng, Rolls, Ji, Robbins, Banaschewski, Bokde, Bromberg, Buechel, Desrivieres, Conrod, Flor, Frouin, Gallinat, Garavan, Gowland, Heinz, Ittermann, Martinot, Lemaitre, Nees, Papadopoulos Orfanos, Poustka, Smolka, Walter, Whelan, Schumann, Feng & the Imagen consortium 2017),表明该区域参与冲动行为,该区域的损伤将增加冲动行为(Aron, Robbins & Poldrack 2014)。这个发现对于抗抑郁的治疗非常重要,可以通过减少腹外侧前额叶皮层的过度活动,从而增加与抑郁状态相反的冲动状态。事实上,冲动行为可能反映了腹外侧前额叶皮层的活动不足,而对无奖赏和惩罚的过度敏感则产生了抑制,这可能反映了外侧眶额皮层/腹外侧前额叶皮层区域的过度活跃,这是一个有趣的理论假设。从某种意义上讲,这类行为可能反映了无奖赏/惩罚敏感度的两个极端。一端是对无奖赏和惩罚极端不敏感的冲动行为,而另一端则是对无奖赏和惩罚极端敏感的抑郁。这里说的腹外侧前额叶皮层(ventrolateral prefrontal cortex)是指外侧眶额皮层区 BA12/47 的一部分,它围绕前额叶下侧凸面延伸到额下回的部分脑区,这些区域正是在停止—信号任务中所发现的脑区(Deng et al. 2017)。

外侧眶额皮层投射到额下回,而且有趣的是,对抑郁症患者的体素水平的功能连接研究发现,右侧额下回的体素与眶额皮层的内侧和外侧、扣带回、颞下回、颞中回、颞极、角回、楔前叶、海马、额中回和额上回的体素的功能连接增加(Rolls et al. 2020a)(见图 9.6,提供了抑郁症患者眶额皮层功能连接改变的总结,Rolls et al. 2020b)。在药物治疗的患者中,额下回的功能连接比对照组低。对此有假设认为,眶额皮层影响抑郁症患者行为的一种方式是通过右侧额下回,而右侧额下回又投射到运动前皮层区(Du et al. 2020)。

这些眶额皮层系统已经进化出可能有助于在引发行为的倾向性上产生变异的效率分布,这种分布对于在不同环境中进行自然选择的进化非常重要,这是一个非常有趣的观点。外侧眶额皮层系统的活动不足,可能导致个体产生危险冲动的行为。但

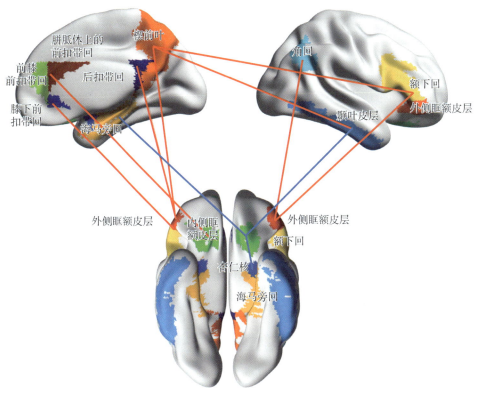

图 9.6 抑郁症患者内侧和外侧眶额皮层的功能连接(functional connectivity, FC)差异。抑郁症患 217
者的高功能连接为与无奖赏相关的外侧眶额皮层与楔前叶、后扣带回(posterior cingulate
cortex, PCC)、前扣带回(pregenual anterior cingulate cortex, ACC)、角回和额下回的功能连
接,图中以红色表示。抑郁症患者的低功能连接包括内侧眶额皮层与海马旁回记忆系统
(parahippocampal gyrus, PHG)、杏仁核、颞叶皮层和胼胝体上的前扣带回(ACC)的功能连
接,图中以蓝色表示。内侧眶额皮层中,体素在抑郁症中功能连通性较低的部分用绿色表
示。尽管形成结论基础的研究是在体素水平上进行的(After Rolls, Cheng and Feng 2021),
但除了内侧眶额皮层的其他区域与自动解剖标记图谱①中定义的区域相同(Rolls et al.
2015,2020)。

是外侧眶额皮层系统的过度活跃又可能导致个体对无奖赏非常敏感,为了不失去奖
赏,个体不愿意尝试任何冒险的行为,最终致使抑郁。个体之间的这种变异表明不同
的行为策略具有不同的优势;基因可能会维持着这种变异,因为在不同的环境中具有
变异是有益的。

新近关注抑郁相关的脑功能性连接差异的一些研究发现来源于中国内地和台湾

① 自动解剖标记(automated anatomical labelling atlas,AAL)图谱:ALL 图谱是由法国神经学家开发的
数字化的大脑结构图谱,一般用于功能性神经影像研究中定位大脑的活动区域。

地区的抑郁症患者的庞大数据库。最近一项针对与此完全不同的人群的研究扩展了这些结果,其参与者是从美国普通人群中抽取的,该研究属于人脑连接组计划(Human Connectome Project)的一部分。在该研究中,参与者的选择并不依据于他们是否患有抑郁症,但是除了对被试进行静息态的 fMRI 扫描,也采集了参与者在《成人自我评定抑郁状况》(Adult Self-Report Depressive Problems)问卷上的得分,该问卷可以测量人们抑郁倾向的程度。在这个对普通人群的研究中,研究者发现 1 017 个参与者(22—35 岁)在《成人自我评定抑郁状况》问卷上的得分与一些脑区的功能性连接呈正相关(图 9.7),这些脑区包括外侧眶额皮层及其相连的额下回、背外侧前额皮层(参与工作记忆和注意)、前扣带回、角回和楔前叶(涉及自我意识的区域)等功能性连接(Cheng et al. 2018d)。

这项研究(Cheng et al. 2018d)的一个重要意义在于,它为外侧眶额皮层在抑郁症中的作用提供了强有力的支持。这项研究所采用的人群并不是患有抑郁症的患者,而是可能具有抑郁倾向,未来有可能被诊断为抑郁症患者的普通美国人,而且确实后来有 92 名被试被诊断为患有抑郁症,说明确实出现了相关。同时,该研究还发现与抑郁症相关的功能性连接增强的大脑区域与之前来自中国的重性抑郁症患者的非常相似。这一重要的交叉验证为"外侧眶额皮层是寻找抑郁症治疗方法的关键大脑区域"这一理论提供了支持(Rolls 2016d)。

有趣的是,图 9.7 中,在分析脑功能性连接与抑郁倾向的得分的相关程度时,海马体/海马旁回并不显著,而角回却很显著;另外,内侧眶额皮层与抑郁评分的相关也不显著。这些新的研究发现(Cheng et al. 2018d)具有重要意义的部分原因在于,基于完全不同的人群,证实了不仅抑郁时外侧眶额皮层的脑功能性连接增强,而且在重性抑郁症患者中还出现楔前叶和角回功能性连接增强(Cheng et al. 2016)。

9.4.3　前扣带回

遇到令人厌恶的刺激时,*前扣带回胼胝体上部会激活*,而扣带回前膝部在遇到愉悦刺激时激活(图 4.14)(Grabenhorst & Rolls 2011, Rolls 2014b)。但是,前扣带回似乎还涉及动作—结果的学习,这里的结果指的是奖赏物或惩罚物,即习得行为的目标(Rudebeck et al. 2008, Camille et al. 2011, Grabenhorst & Rolls 2011, Rushworth et al. 2011, Rushworth et al. 2012, Rolls 2014b)(见 4.7 节)。相比之下,内侧眶额皮层参与奖赏相关的加工和学习,外侧眶额皮层参与无奖赏相关的加工和学习(Rolls 2014b)。所以眶额皮层系统(包括内侧和外侧)都涉及刺激—刺激之间的联结,不管其中第二个刺激是奖赏(或是无奖赏)还是惩罚(Rolls 2014b)(第 2 章)。既然情绪可以被认为是由奖赏和惩罚刺激引起的状态,那么像抑郁这样的情绪也可

抑郁状况得分

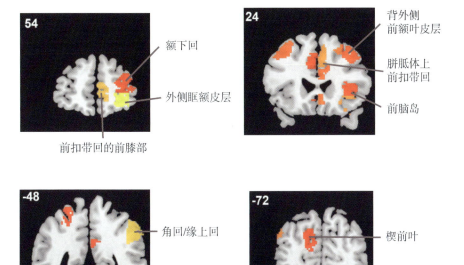

图 9.7 与《成人自我评定抑郁状况》问卷得分相关的大脑功能性连接区域,数据分析来自于对普通人群进行研究的人脑连接组计划。图中包含的功能性连接的显著性为 $p<0.005$。使用沈氏[1](Shen et al, 2013)绘制的人脑神经解剖图谱,图中的颜色(从红色到橙色到黄色)反映了在 250 个区域中每个区域相关功能性连接的数量。大部分的功能性连接与抑郁得分呈正相关。脑岛前部在外侧眶额皮层后方,并与外侧眶额皮层相连,脑岛的前腹侧部分与自主神经功能有关。图像左上角数字表示 MNI 坐标的 Y 轴坐标。每张图的右侧是大脑的右侧。(改自 Cheng, Rolls et al. 2018d。)

218

以由长时间的无奖赏或惩罚引起(Rolls 2014b),所以应该是眶额皮层,即大脑中处理这些刺激—刺激联结的脑区与抑郁有关,而不是与行动相关的扣带回与抑郁有关。

　　膝下扣带回(subgenual cingulate cortex)(或者说胼胝体下层扣带回,subcallosal cingulate cortex)也与抑郁有关,对该脑区施加电刺激可以缓解抑郁症状(Mayberg 2003, Hamani et al. 2009, Hamani et al. 2011, Lozano, Giacobbe, Hamani, Rizvi, Kennedy, Kolivakis, Debonnel, Sadikot, Lam, Howard, Ilcewicz-Klimek, Honey & Mayberg 2012, Laxton, Neimat, Davis, Womelsdorf, Hutchison, Dostrovsky, Hamani, Mayberg & Lozano 2013, Lujan et al. 2013)(尽管在双盲研究中还无法证实这一点(Holtzheimer, Husain, Lisanby, Taylor, Whitworth, McClintock, Slavin,

---

① 沈氏:此处对 Shen 这个姓氏做了音译。——译者注

Berman, McKhann, Patil, Rittberg, Abosch, Pandurangi, Holloway, Lam, Honey, Neimat, Henderson, DeBattista, Rothschild, Pilitsis, Espinoza, Petrides, Mogilner, Matthews, Peichel, Gross, Hamani, Lozano & Mayberg 2017))。但是,膝下扣带回也涉及自主神经功能(Gabbott et al. 2003),这可能与在这一脑区发现的一些与抑郁症相关的效应有关。膝下扣带回是否因为眶额皮层的输入而被激活,或是独立于眶额皮层,目前尚不清楚。不过眶额皮层确实提供用于加工无奖赏的输入和表征,即与期望价值、奖赏和惩罚结果价值相关的表征(Rolls 2014b)(见 4.5.3.5 节),目前尚不清楚膝下扣带回是否接收到进行这种计算的信息。此外,电刺激包括腹内侧前额叶皮层和胼胝体下层区域的脑区被认为也可以缓解抑郁症状(Laxton et al. 2013),这可能是因为电刺激该区域,从而至少部分地激活了包括眶额皮层、前扣带回的其他部分与纹状体的功能性连接(Johansen-Berg, Gutman, Behrens, Matthews, Rushworth, Katz, Lozano & Mayberg 2008, Hamani et al. 2009, Lujan et al. 2013)。

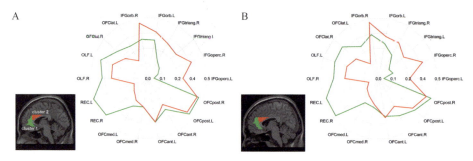

220　**图 9.8**　基于健康人群对照组前扣带回(Anterior Cingulate Cortex, ACC)与其他脑区的功能性连接进行体素水平的分组。簇 1(cluster 1,绿色部分)是前膝和膝下。簇 2(cluster 2,红色部分)是膝上。圆形图显示 ACC 各次级分区的体素与眶额皮层自动解剖图谱区(AAL2, Rolls et al. 2015)中显著不同的体素之间的相关性。相关性以距圆心的距离表示,相关系数 r 值如图所示。前扣带回的前膝和膝下部分(1,绿色部分)和内侧眶额皮层及其连接部分(从 OLF 到 OFCpost 的 AAL2 区域)具有很强的功能性连接。膝上部分(2,红色部分)与外侧眶额皮层区域 IFGORB 以及相邻的额下回(IFGtriang 区到 IFGoperc 区)具有很强的功能性连接。A 是左半脑,B 是右半脑(引自 Rolls, Cheng et al, 2018b)。

在最近的一项研究中,首次对 336 例重性抑郁症患者和 350 例正常人(对照组)进行全体素水平静息状态下扣带回前区的功能性连接神经影像学分析(Rolls et al. 2018b)。研究发现,前扣带回的体素与眶额皮层、颞叶、海马旁回和海马以及运动区的功能性连接显著降低。其中一些功能性连接的强度与《贝克抑郁量表》(Beck Depression Inventory)以及抑郁症的患病时长相关,这表明这些功能性连接的差异与抑郁症有关。

　　根据正常对照组前扣带回的功能性连接进行体素水平的分组(图9.8)。前扣带回的前膝和膝下部分(1,绿色部分)与内侧眶额皮层及其相连区域(这些区域与奖赏有关,见图4.14)具有很强的功能性连接(图9.8)。前扣带回的上半部分(2,红色部分)会由不愉快刺激和无奖赏刺激激活,该区域与外侧眶额皮层以及相邻的额下回具有很强的功能性连接(图9.8),外侧眶额皮层以及相邻的额下回同样可由不愉快刺激激活(图4.14)(Rolls et al. 2018b)。这些功能性连接为以下假设提供了支持:与奖赏相关的内侧眶额皮层为前扣带回前膝部分提供输入,因此前扣带回也会被奖赏刺激激活;处理无奖赏和惩罚信息的外侧眶额皮层,为前扣带回的上部区域提供输入,所以该区域也会被不愉快刺激激活(Rolls et al. 2018b)。

　　抑郁症患者的整个前扣带回与眶额皮层、颞叶、海马旁回和海马以及运动区的功能性连接显著降低。前扣带回从眶额皮层接收奖赏物和惩罚物的表征,它参与将这些表征与动作系统连接起来。也就是说,由于前扣带回接收从眶额皮层传递来的奖赏物和惩罚物的表征,并将这些奖赏物和惩罚物的表征与行为系统对接起来,所以若前扣带回断开了奖赏物和惩罚物与其相关的行为和其他输出之间的连结,就会产生抑郁症。这最终可能导致抑郁症患者对奖赏和惩罚后果的不敏感、缺乏行为动机和无助感(Rolls et al. 2018b)。

221

　　然而,除此之外,也发现了抑郁症患者的外侧眶额皮层与前扣带回的前膝、膝下部分之间的功能性连接增强(Rolls et al. 2018b)。这与更多的无奖赏信息从抑郁症患者的眶额皮层传递到前扣带回的假设是一致的,正是这个传递的变异导致了抑郁(Rolls et al. 2018b)。

9.4.4　后扣带回

　　在灵长类动物中,后扣带回与内嗅皮层和海马旁回(TF和TH区)的功能性连接很强,由此与海马记忆系统的功能性连接也很强(Bubb, Kinnavane & Aggleton 2017, Vogt 2009, Rolls 2018, Rolls & Wirth 2018)(图9.9)。后扣带回十分有趣,它汇聚腹侧通路(通过视觉、听觉和触觉多模态加工物体识别、人、面部表情等)和背侧通路(涉及空间加工和空间动作)的加工,并传送至海马记忆系统(Vogt 2009, Vogt & Pandya 1987, Vogt & Laureys 2009, Rolls 2018, Rolls & Wirth 2018)。后扣带回还与眶额皮层有着连接(Vogt & Pandya 1987, Vogt & Laureys 2009)。后扣带回区域(包括压后皮层)总是参与检测情景记忆的一系列任务,包括自传体记忆和想象未来等,该区域还参与空间导航和场景加工等任务的加工(Leech & Sharp 2014, Auger & Maguire 2013)。自我反省和自我表象会激活后扣带回的腹侧部分

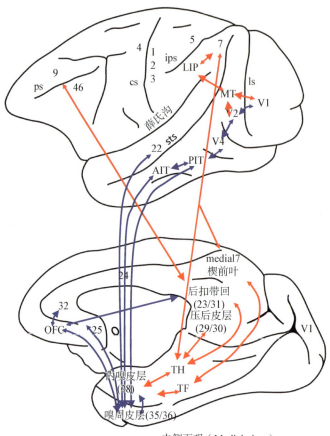

内侧面观（Medial view）
内嗅皮层是进出海马体的通道

222　**图9.9**　灵长类动物的海马体与新皮质之间的连接。图中下半部分是猕猴大脑的内侧面观，上半部分是其大脑外侧面观。海马（hippocampus）通过海马旁回（TF 区和 TH 区）和嗅周皮层（perirhinal cortex）（35 区和 36 区）接收输入信息，这两个区域继而将接收的输入信息投射到内嗅皮层（28 区），向海马输入信息并接受海马的信息反馈投射，如图所示。向内嗅皮层和海马体的前向输入用大箭头表示，而较弱的反馈投射用小箭头表示。海马通过嗅周皮层 35 和 36 接收输入信号，并经由以下脑区再将信号投射到外侧内嗅皮层 28：表征物体是什么（这里的物体包括面孔甚至是场景）的腹侧视觉系统通路（V1、V2、V4、PIT、AIT）的末端；接收来自后下颞叶皮层（PIT，BA20，TEO）有关物体和面孔的信息，并对物体和面孔进行表征的前下颞叶视觉皮层（AIT，BA21，TE）；眶额皮层（OFC）和杏仁核的奖赏系统、OFC 投射到的区域、前扣带回BA32 和膝下扣带回（BA25）；高级听觉皮层（BA22）；以及处理嗅觉、味觉和初级体感信息的"what"通路（在图中没有画出来）。这些腹侧的"what"通路用蓝线表示。海马还通过海马旁回区域接收来自背侧视觉的"where"或"action"通路的 TF 和 TH 输入（图中用红线表示），这些通路通过背侧视觉通路的层级结构（包括 V1、V2、MT、MST、LIP 和 VIP）到达顶叶皮质 7 区，以及它们连接的区域，包括背外侧前额叶皮层 BA46、后扣带回（扣带回）和压后皮层（retrosplenial cortex）。海马为所有高级皮层区域提供了一个系统，使其在海马 CA3 区域汇聚为一个单独网络（Rolls，2017e）。图中的英文缩写的意思是：as-弓状沟（arcuate sulcus）；cs-中央沟（central sulcus）；ips-顶内沟（intraparietal sulcus）；ios-枕下沟（inferior occipital sulcus）；Is-月状沟（lunate sulcus）；sts-颞上沟（superior temporal sulcus）。（引自 Rolls and Wirth 2018。）

（即 vPCC，也是本文主要关注的部分）（Kircher, Brammer, Bullmore, Simmons, Bartels & David 2002, Kircher, Senior, Phillips, Benson, Bullmore, Brammer, Simmons, Williams, Bartels & David 2000, Johnson, Baxter, Wilder, Pipe, Heiserman & Prigatano 2002, Sugiura, Watanabe, Maeda, Matsue, Fukuda & Kawashima 2005）。

为了分析后扣带回(PCC)在抑郁症中的作用，我们对 336 例重性抑郁症患者和 350 例健康对照组首次进行了完整的体素水平的静息态功能性连接神经影像学分析 (Cheng et al. 2018b)。在 350 名对照组中，发现了后扣带回与涉及记忆处理的海马具有很强的功能性连接。

在抑郁症患者组中，后扣带回与外侧眶额皮层的功能性连接显著增强，正如前文所述外侧眶额皮层因为与无奖赏事件有关，因此被认为是与抑郁密切相关的脑区(图 9.10)。在已接受药物治疗的抑郁症患者中，外侧眶额皮层与后扣带回之间的功能性连接有所减弱，回到对照组健康人群的正常水平。这些发现支持了以下理论：外侧眶额皮层的无奖励系统对记忆系统产生增强作用，导致抑郁症患者对悲伤记忆和事件的思维反刍(Cheng et al. 2018b)。

后扣带回与位于 BA 45 区的额下回的功能性连接增强(图 9.10)(Cheng et al. 2018b)，这个区域与喉咙运动区关系密切，负责处理语言生成(Kumar, Croxson & Simonyan 2016)。参与自我意识和记忆的后扣带回系统与额下回 BA 45 的语音/语言系统之间的连接增强，也有可能促使抑郁症患者对负面思想难以释怀。[当人在思考如何行动时，前额叶和运动前区也会被激活，即使这些行动实际上并没有发生。相反，初级运动皮层第 4 区只有发生实际运动时才会活跃 (Passingham & Wise 2012)。]

9.4.5 杏仁核

除了岛叶、外侧眶额皮层和前扣带回上半部分可由不愉快刺激激活之外 (Grabenhorst & Rolls 2011, Rolls 2014b)，杏仁核的部分区域也可由不愉快刺激激活，另一部分区域则可由愉快刺激激活(Rolls 2014b)，而且杏仁核的激活与抑郁有关 (Harmer & Cowen 2013, Ma 2015, Price & Drevets 2012)。不过，杏仁核较少涉及无奖赏加工，特别是在快速规则反转任务中，当那些刺激被归类为奖赏的规则发生反转时(Rolls 2014b)。眶额皮层在这方面很特殊，因为有证据表明，它具有能够被无奖赏刺激激活的吸引子状态(Thorpe, Rolls & Maddison 1983, Rolls 2014b)，而且这些吸引子状态为眶额皮层中做出正确选择的神经元集群状态的改变提供基础，从而可以在奖赏反转任务中实现快速的单试次反转(Deco & Rolls 2005a, Rolls 2014b, Rolls & Deco 2016)(第 4 章)。因为外侧眶额皮层有可以维持吸引子状态的回返性

后扣带回

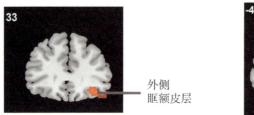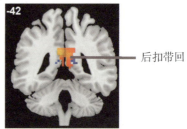

外侧
眶额皮层

后扣带回

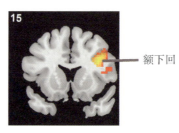

额下回

223　　**图 9.10**　后扣带回。基于体素的关联研究(voxel-based Association Study，vAS)使用 125 例
未服药的抑郁症患者和 254 例健康被试进行对照，找到与后扣带回功能性连接存
在显著差异的体素的解剖位置。红色区域表示的体素在抑郁症患者中功能性连接
增强，蓝色区域表示功能性连接减弱。只有当两个体素之间的连接在 $p < 0.0001$
水平上显著不同时，才纳入两个体素之间的功能性连接。大脑的右半部分位于每
个切面的右边。图像左上角数字表示 MNI 坐标的 Y 轴。分析表明，抑郁症患者和
健康人群的主要区别是，抑郁症患者的后扣带皮质与外侧眶额皮层和部分额下回
的功能性连接增强。(改自 Cheng, Rolls et al, 2018b)

侧枝(collaterals)，所以与杏仁核相比，它更可能参与维持由无奖赏引起的包括抑郁
在内的吸引子状态(Rolls 2014b)。因此，杏仁核与抑郁密切相关可能是因为杏仁核
对惩罚刺激产生反应，但是在抑郁的心境状态下，它可能不是在无奖赏刺激消失后继
续维持吸引子状态活跃的神经结构。

　　为了研究杏仁核在抑郁症中的作用，我们对 336 名重性抑郁症患者和 350 名对
照组被试进行了杏仁核体素水平的静息态功能性连接神经影像学分析(Cheng,
Rolls, Qiu, Xie, Lyu, Li, Huang, Yang, Tsai, Lyu, Zhuang, Lin, Xie & Feng
2018a)。杏仁核体素与内侧眶额皮层(参与奖赏)、外侧眶额皮层(参与无奖赏和惩
罚)、包括颞极和颞下回在内的颞叶区域(参与视觉和听觉感知)以及海马旁回(与记
忆有关)的功能性连接都减弱了(图 9.11 和 9.12)。杏仁核体素与内侧眶额皮层和
颞叶体素的功能性连接强度与《贝克抑郁量表》得分存在相关，并与抑郁症患者患病
的时长也相关。

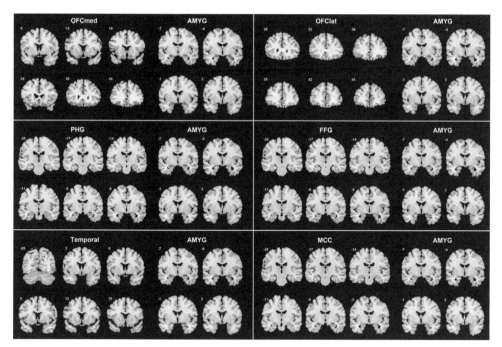

图 9.11 杏仁核体素水平功能性连接在抑郁组和对照组中存在显著差异,由差异显著的体素所在的自动解剖图谱(automated anatomical atlas, AAL2)区域分开。对于图中所示的每个 AAL2 区域,MNI 坐标 Y 轴上 AAL2 区域左边的六张切面展现了与杏仁核具有不同功能性连接的体素的位置。右边四张在 Y = −2、1、4 和 7 处的切面显示,与控制组被试相比,抑郁症患者的杏仁核体素具有不同的功能性连接。图中还展示了联结测量(Measure of Association, MA)值。功能性连接减弱的体素用蓝色表示,功能性连接增强的体素用红色/黄色表示。图中标示了与配对区域的功能性连接达到 $p < 0.05$(FDR 校正)的体素。图中英文缩写为:OFCmed,内侧眶额皮层(medial orbitofrontal cortex);OFClat,外侧眶额皮层(lateral orbitofrontal cortex);PHG,海马旁回(parahippocampal gyrus);FFG,梭状回(fusiform gyrus);Temporal,颞皮质区(temporal cortical areas);MCC,中间扣带回(middle cingulate cortex)。(引自 Cheng, Rolls et al, 2018a。)

基于体素水平的功能性连接,对 350 名健康对照组进行分组分析,结果表明杏仁核的基部与内侧眶额皮层区域具有很强的功能性连接,背外侧杏仁核的一部分与外侧眶额皮层及其相关的腹侧额下回也具有很强的功能性连接。在抑郁症患者组中,杏仁核的基部与参与加工奖赏的内侧眶额皮层区域的功能性连接显著减弱;背外侧杏仁核与外侧眶额皮层的功能性连接也相对减弱,外侧眶额皮层参与无奖赏和惩罚的加工(Cheng et al. 2018a)。

对图 9.12 的结果(Cheng et al. 2018a)总结如下:第一,鉴于杏仁核在情绪中起一定的作用(Aggleton 2000, Whalen & Phelps 2009, LeDoux 2012, Rolls 2014b),它

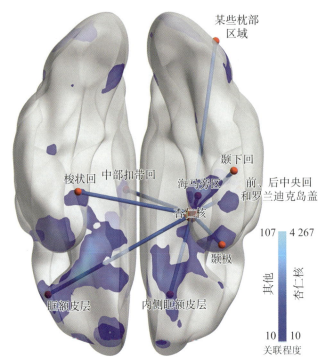

某些枕部
区域

颞下回

梭状回 中部扣带回 海马旁区 前、后中央回
和罗兰迪克岛盖

杏仁核

颞极

眶额皮层 内侧眶额皮层

107   4 267

其他 杏仁核

10   10

关联程度

225   **图 9. 12**   抑郁症患者杏仁核功能性连接的差异总结。抑郁症患者的杏仁核神经网络显
示出不同的功能性连接。该图为大脑的腹侧面观。在体素水平上，功能性连
接变弱用蓝色表示，增强用红色表示，使用右边显示的刻度对每个体素的关联
程度进行校准(measure of Association, MA，参见正文)。相关英文缩写为(本
图注提供英文缩写，以方便有兴趣查找原文的读者)：AMYG，杏仁核
(amygdala)；HIP，海马(hippocampus)；ITG，颞下回(inferior temporal
gyrus)；MCC，中部扣带回(Mid-cingulate corte)；Motor，前、后中央回和罗兰
迪克岛盖(pre-and post-central gyrus and Rolandic operculum)；OFC，眶额皮
层(orbitofrontal cortex)；PHG，海马旁区(parahippocampal area)；FFG，梭状
回(fusiform gyrus)；TPO，颞极(temporal pole)；Visual，某些枕部区域(some
occipital areas)。抑郁组功能性连接不同于对照组的体素通过蓝色阴影表示，
抑郁症患者的功能性连接强度明显降低。(Cheng, Rolls et al, 2018a.)

与参与奖赏和积极情绪的内侧眶额皮层的功能性连接减弱，这可能使抑郁症患者的
眶额皮层与杏仁核在某种程度上产生了分离，从而导致情绪低落。

第二，抑郁症患者的杏仁核与颞叶内侧区(如海马旁回、嗅周皮层和内嗅皮层这
类与记忆有关的区域)的功能性连接降低，这种功能性连接的降低和内侧眶额皮层与
内侧颞叶记忆系统的功能性连接减弱非常相似(Cheng et al. 2016)，鉴于内侧眶额皮
层在加工奖赏中的作用，这可能与快乐记忆的加工减少有关，从而导致抑郁症患者更
倾向于加工不愉快记忆(Cheng et al. 2016, Rolls 2016d)。

第三,抑郁症患者杏仁核的某些体素与包括颞下回、颞极和梭状回在内的颞叶皮层部分区域的功能性连接减弱,这些区域与视觉和多模态信息加工有关(Rolls 2012e,Rolls 2016c)。这些功能性连接减弱与抑郁症状的严重程度和病程相关,并且服用抗抑郁药物的患者的这些功能性连接强度高于未服用药物的患者。这是一个强有力证据,证明颞叶皮层与杏仁核之间功能性连接的减弱是造成抑郁症的重要原因。因为灵长类的颞下视觉皮层中的神经元会对面孔做出反应(Perrett et al. 1982,Rolls 2011c,Rolls 2012e),而杏仁核中也发现了类似的神经元(Leonard et al. 1985),联系到这些区域对面孔产生情绪反应,所以可能是这些颞叶皮层区域将与情绪相关的信息输入到杏仁核。可以假设这些颞叶皮层区域为杏仁核提供了重要的输入,杏仁核又将输入的信息反向投射回这些区域,以及包括枕叶视觉区域这类更初级的皮层区域(Rolls 2014b,Rolls 2016c,Amaral & Price 1984)。

第四,抑郁症患者的一些杏仁核体素与参与运动功能的中扣带回的功能性连接减弱(Cheng et al. 2018a)。这条通路已经在猕猴的研究中得到确认,并被认为该通路对杏仁核加工情绪性面部表情的子系统有影响,这类情绪性面部表情一般和社会交往以及情绪状态(诸如恐惧、愤怒、快乐和悲伤等)有关(Morecraft,McNeal,Stilwell-Morecraft,Gedney,Ge,Schroeder & van Hoesen 2007)。有趣的是,没有发现抑郁症患者的杏仁核与另一个涉及奖赏和快乐的扣带区——前扣带回有关。这再次凸显了眶额皮层及其相连接区域在抑郁症中的重要性(Rolls 2016d)。

9.4.6 楔前叶

楔前叶位于内侧顶叶皮层,涉及自我意识和自主性,以及自传体记忆(Cavanna & Trimble 2006,Freton,Lemogne,Bergouignan,Delaveau,Lehericy & Fossati 2014)。在我们对抑郁症患者功能性连接的 fMRI 研究中,我们发现抑郁症患者的外侧眶额皮层与楔前叶以及后扣带回中某些体素的功能性连接增强(Cheng et al. 2016)。所以,我们进一步研究分析了楔前叶在抑郁症中的作用(Cheng et al. 2018c),如下文所述。

楔前叶和相邻的压后皮层(29 区和 30 区)是与空间功能、记忆和导航相关的关键区域(Bubb et al. 2017)。压后皮层为海马系统提供连接,并接收海马系统,特别是海马旁回区域 TF 和 TH,以及海马下部的连接(Kobayashi & Amaral 2003,Kobayashi & Amaral 2007,Bubb et al. 2017)(图 9.9)。考虑到楔前叶和顶叶皮层之间丰富的连接,可以认为楔前叶从顶叶皮层获取空间及相关信息,然后传递至海马。来自颞叶的物体信息通过嗅周皮层与海马相互连接(Rolls 2015d)。这为海马在 CA3 区域的单一网络中将物体和空间信息联系起来,并形成具有物体和空间成分的情景记忆提供了基础(Kesner & Rolls 2015)。然而,奖赏相关的/情绪性的信息也可能是情景记忆的一部分,通过嗅周皮层和内嗅皮层通路从眶额皮层到海马系统的连接很可能是一条路径(Rolls 2014b,Rolls 2015d,Rolls 2016c,Rolls 2019a)。有趣的是,这里描述的楔前叶与外侧眶额皮层相对强烈的功能性连接,表明奖赏/惩罚的相关信息也进入到该系统的这一区域(图9.9)。

为了进一步分析楔前叶在抑郁症中的功能,我们首次对282例重性抑郁症患者和254例对照组被试的楔前叶进行了完整的体素水平静息态功能性连接神经影像学分析(Cheng et al. 2018c)。在125名未接受药物治疗的抑郁症患者中,楔前叶中的体素与外侧眶额皮层的功能性连接显著增强,外侧眶额皮层与无奖赏有关,因此也可能与抑郁有关(图9.13)。在接受药物治疗的患者中,楔前叶与外侧眶额皮层的功能性连接减弱,回到健康对照组的正常水平(Cheng et al. 2018c)。这个发现支持以下理论观点:外侧眶额皮层的无奖赏系统对包括楔前叶在内的表征自我的区域的影响增强,导致抑郁症患者自尊较低(Rolls 2016d)。

楔前叶

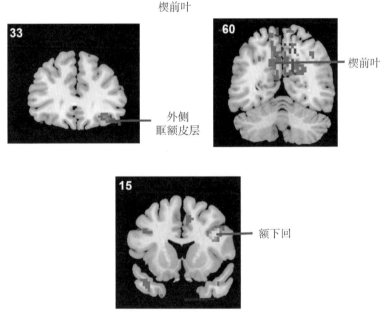

227 **图9.13** 基于体素的关联研究发现的125名未服药抑郁症患者和254名对照组与楔前叶功能性连接存在显著差异的体素的解剖位置。红色表示的体素在抑郁症患者中功能性连接增强,蓝色表示的体素功能性连接减弱。只有当体素组对之间差异达到FDR校正 $p <$ 0.05时,它们之间的功能性连接才会被考虑。大脑的右半部分位于每个切面的右边。图像左上角数字表示MNI坐标的Y轴。分析结果表明服药与不服药的主要区别在于,不服药的抑郁症患者在楔前叶与外侧眶额皮层和额下回之间功能性连接增强。(改自Cheng, Rolls et al, 2018c。)

在抑郁症患者中发现,楔前叶与以下脑区的功能性连接增强:参与喉部发声和语言产生的额下回 BA45 区域(Kumar et al. 2016);角回和边缘皮层上部(参与语言加工);包括颞极在内的颞叶皮层(参与感知觉)(Cheng et al. 2018c)。楔前叶与参与语言相关的角回和边缘皮层上部区域以及额下回的言语/语言系统的连接增强,可能导致抑郁症患者对自我进行消极的反刍思维(Cheng et al. 2018c)(图9.13)。

在 254 名被试的对照组中,楔前叶与参与记忆的海马旁区和背外侧前额叶区,以及顶叶皮层具有较强的功能性连接。这种强度的功能连接也存在于抑郁症组中,可能使人们容易从记忆中唤起关于自我的负性记忆,从而影响当前的思维(Cheng et al. 2018c)。

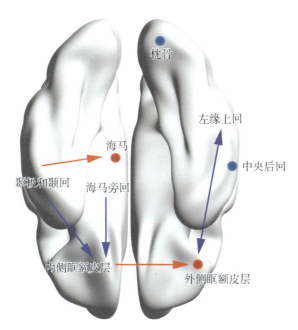

图9.14 抑郁症患者不同有效连接的神经网络概括,以大脑腹侧面展示。蓝色表示重性抑郁症患者有效连接降低,红色表示有效连接增强。在大多数情况下,抑郁症患者在两个方向上的有效连接都有相似的变化。箭头的方向表示有效连接更强的方向(称为正向)。增加值 Σ 反映了活跃性的增加,Σ 值增加的区域用红色圆圈表示;Σ 值减小的区域用蓝色圆圈表示。(引自 Rolls, Cheng et al, 2018a。)

228

9.4.7 抑郁的有效连接

静息态的功能性连接反映了脑区之间活动的相关性。这个概念的意思是,如果两个脑区之间的相关性更高,那么可能表明它们之间相互的影响就更强,包括相互之间信息的传递也更强(Deco & Kringelbach 2014, Cheng et al. 2016)。因为功能性连接测量的其实是相关程度,所以它并不能说明两个脑区之间影响的方向。

最近,我们使用了一种优于功能性连接的方法,通过测量不同脑区之间的有效连接,以测量人类脑区之间相互影响的方向(Rolls et al. 2018a)。有效连接在概念上非常不用于功能性连接,它可以测量一个脑区在特定方向对另一个脑区的影响,因此原则上可以提供与大脑功能中因果加工更密切相关的信息,即一个脑区如何影响另一个脑区。在脑功能紊乱的情况下,通过比较患者和健康对照组的有效连接,可以提供脑区的功能改变,进而影响其他脑区的证据。有效连接还可以为人们提供一个生成模型,帮助加深对大脑连接的认识。

229

我们使用了一种新的方法来测量有效连接,其中每个大脑区域都有一个简单的动态模型,并使用已知的神经解剖连接(anatomical connectivity)来对模型进行约束(Gilson, Moreno-Bote, Ponce-Alvarez, Ritter & Deco 2016)。这有助于使用静息态fMRI测量 94 个自动解剖图谱(AAL2)脑区之间的有效连接(Rolls, Joliot & Tzourio-Mazoyer 2015)。该方法还为每个脑区定义了一个 Σ 参数,该参数反映了每个脑区信号的变异(方差)。

我们发现,抑郁症患者由海马旁回、颞极、颞下回和杏仁核到内侧眶额皮层的有效连接减弱(Rolls et al. 2018a)(图9.14)。这里有效连接指的是大多数连接前进的方向,即更强连接所指向的方向(Rolls et al. 2018a, Rolls 2016c)。这意味着这些输入区域对内侧和中部眶额皮层的积极驱动作用较弱,而这些区域与奖赏有关,因此,这可以部分解释为何抑郁时快乐的体验会有所降低(Rolls 2016d)。

如抑郁症患者的 Σ 值所示,与无奖赏和惩罚有关的外侧眶额皮层活动水平增加(图9.14)。这与由内侧眶额皮层到外侧眶额皮层的有效连接增加有关(图9.14)。考虑到内侧和外侧眶额皮层的激活倾向于相互关联,并且抑郁症患者的内侧眶额皮层可能较少被奖赏事件激活,抑郁症患者的这种有效连接关系可能导致外侧眶额皮层的活动增加。

抑郁症患者的颞叶皮层到楔前叶的正向连接增强(在 FDR 校正后接近显著),这可能与自我意识的表征相关(Cavanna & Trimble 2006),所以抑郁症患者才如此消极地看待自我(Rolls 2016d, Cheng et al. 2016, Cheng et al. 2018c)。

一个值得注意的发现是,在抑郁症患者右侧和左侧的海马体中都发现了 Σ 的增长,这说明与记忆相关的加工被进行了某种类型的强化。这说明在这样的背景下,抑郁症患者从颞极到海马的有效连接增强了(图9.14)。

综合抑郁症患者的有效连接与普通人存在的这些差异(Rolls et al. 2018a),与以下假设一致:抑郁症患者的海马中与不愉快记忆有关的部分加工被增强了(Rolls 2016d, Cheng et al. 2016);颞叶皮层与楔前叶的有效连接增强了,楔前叶与记忆系统和外侧眶额皮层的连接可能导致了抑郁症的低自尊和负性记忆;抑郁时颞叶记忆系统对内侧眶额皮层的影响明显减弱;而这反过来又会增强抑郁时外侧眶额皮层无奖赏系统的活动(Rolls et al. 2018a)。

对于理解抑郁症患者的这些大脑系统如何发挥功能,有效连接的价值体现在,虽然已有研究表明抑郁症患者这些脑区的功能性连接(反映脑区的相关性)减弱(Cheng et al. 2016),但只有使用有效连接,我们才能更好地理解这些脑区间(从颞叶到内侧眶前额叶皮质)主要影响的方向,例如,抑郁症患者的这种定向连接减弱。

9.4.8 抑郁与睡眠质量差

许多抑郁的人都抱怨自己的睡眠质量很差(Becker, Jesus, Joao, Viseu & Martins 2017)。抑郁与睡眠的关系是什么?与抑郁和睡眠质量有关的大脑系统是什么?了解这些问题的答案也许能帮助我们更好地指导抑郁症的治疗,并改善睡眠质量。

为了进一步了解与睡眠和抑郁有关的脑区,有研究分析了导致睡眠质量差且影响抑郁的大脑区域(Cheng et al. 2018d)。研究人员对来自人脑连接组计划(Human Connectome Project, HCP)的1 017名参与者的功能性连接(functional connectivity, FC)、抑郁症状(《成人自我评定抑郁状况》问卷的得分)与睡眠质量差之间的关系进行了测量,然后将测量结果与英国生物样本库(UK Biobank)的5 342名参与者的睡眠的研究发现进行交叉验证。

结果确认了181个脑功能性连接所涉及的脑区与睡眠质量相关,例如,楔前叶、前扣带回和外侧眶额皮层。其中39个与睡眠相关的连接也与抑郁得分相关。与抑郁得分和睡眠质量都相关的功能性连接涉及的脑区包括:外侧眶额皮层、背外侧前额叶皮层、前扣带回和后扣带皮质、脑岛、海马旁回和海马、杏仁核、颞叶皮层以及楔前叶(图9.15)。中介分析(mediation analysis)的结果表明,就是这些脑区之间的功能性连接导致了抑郁和睡眠质量差。

这意味着,这些大脑区域之间功能性连接的增强为解释抑郁症如何导致睡眠质量差提供了神经基础(Cheng et al. 2018d)。这个神经基础反过来可以帮助我们找到治疗抑郁症以及提高睡眠质量的方法(Cheng et al. 2018d)。

睡眠时间短和抑郁也与眶额皮层的结构差异有关(Cheng et al. 2020)。尤其是,抑郁问题的得分越高,相关皮层区域或大脑区域的体积就越小,这些区域包括外侧和内侧眶额皮层、颞叶皮层、楔前叶、额上回和额中回、内侧额上回、角回和缘上回,以及海马(Cheng et al. 2020)。

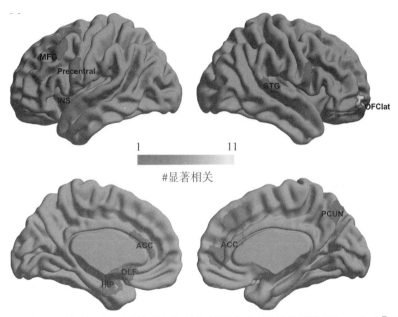

1   11

#显著相关

230　**图 9.15**　与睡眠质量相关,后又发现与抑郁相关的基于沈氏大脑结构图谱(Shen atlas)①的脑区功能性连接。相关的功能性连接有 39 个(经 NBS 校正结果显著,$p<0.05$)。图中英文缩写为:ACC,前扣带回(anterior cingulate cortex);HIP,海马(hippocampus);INS,脑岛(insula);MFG,额中回(middle frontal gyrus);OFClat,外侧眶额皮层(lateral orbitofrontal cortex);OLF,嗅结节/腹侧纹状体(olfactory tubercle/ventral striatum);PCUN,楔前叶(precuneus);Precentral,中央前回(precentral gyrus);STG,颞上回(superior temporal gyrus)。(引自 Cheng, Rolls et al, 2018d。)

　　研究者在未患有抑郁症的人群中也得到了同样的结果,这类被试在《抑郁问题》问卷上的得分与以下脑区之间的功能性连接相关,包括:外侧眶额皮层与扣带回;楔前叶、角回与颞叶皮层(Cheng et al. 2018d)(图 9.7)。这个研究的一个重要意义在于,它为证明外侧眶额皮层在抑郁症中的作用提供了强有力的支持证据。我们之前对数百名患有重性抑郁症的中国患者和健康人群对照组,进行了功能性连接和有效连接研究(Cheng et al. 2016, Rolls et al. 2018a, Cheng et al. 2018c, Rolls et al. 2018b, Cheng et al. 2018b, Cheng et al. 2018a)。但我们现在的研究(Cheng et al. 2018d)并没有选择抑郁症患者作为研究对象,而是选择美国的普通人群,并评估了他们存在抑郁问题的倾向。事实上,后来有 92 人被诊断患有抑郁症,特别的是,这 92 名确诊患者的抑郁得分与上述脑区之间的

---

① 沈氏大脑结构图谱(Shen atlas):在大脑神经功能影像研究中,为了判断大脑激活的位置需要一张地图作为参考,沈氏大脑结构图谱为其中之一。此处对 Shen 做了音译。——译者注

功能性连接也确实出现了相关性升高。在这项研究中发现的与抑郁问题相关的功能性连接增强的脑区,与我们之前发现的抑郁症患者的脑区非常相似,这些脑区包括外侧眶额皮层、楔前叶和背外侧前额叶皮层,这是非常重要的交叉验证。

针对患有抑郁症和未被确诊为抑郁症的不同人群进行交叉验证(Cheng et al. 2018d)非常重要,不但进一步支持了外侧眶额皮层是抑郁症的关键脑区这一理论,而且表明该脑区可以作为治疗抑郁症的目标脑区(Rolls 2016d)。

9.5 抑郁症可能存在的亚型

近年来人们对抑郁症可能存在的亚型越来越感兴趣,因为可能不同的亚型适合不同的治疗方法,例如针对不同的大脑系统或使用不同类型的认知疗法(Downar, Blumberger, Rizvi, Daskalakis, Kennedy & Giacobbe 2019, Drysdale, Grosenick, Downar, Dunlop, Mansouri, Meng, Fetcho, Zebley, Oathes, Etkin, Schatzberg, Sudheimer, Keller, Mayberg, Gunning, Alexopoulos, Fox, Pascual-Leone, Voss, Casey, Dubin & Liston 2017)。

第一种可能的亚型与快感缺失相关,即愉快感减少,以及与奖赏相关的学习减少。这种亚型可能与内侧眶额皮层和诸如腹侧纹状体这类大脑系统的功能减弱有关。这些大脑系统功能的病理性改变(即对积极事件的无所谓和对消极事件的过度在意)可能与重性抑郁症患者快感缺失症状相关。高度快感缺失的患者对 5-羟色胺类抗抑郁药和 rTMS 的反应都较差。

第二种可能的亚型与突出的(几乎是强迫性的)负性思维、过度的焦虑和神经质有关。这种亚型的患者有一种把无害的刺激假想为有害或消极刺激的倾向,可能存在自杀的想法。这一亚型可能与外侧眶额皮层的无奖赏/惩罚及其相关脑网络的敏感性和持久性的增强相关。

第三种可能的亚型存在认知控制和反应抑制减少,冲动性增加。例如,这一亚型的患者容易暴饮暴食。这种冲动性反映在延迟折扣[①]行为(对即时奖赏的冲动选择),并可以通过临床测量(如 Barratt 冲动量表)筛查出。这种亚型可能与前扣带回及其相关神经网络有关。

232

[①] 延迟折扣(delay discounting):是指随着获得奖赏的时间延长,个体觉得获得的奖赏越来越没有价值的心理现象。在心理学的一种决策任务中,个体如果选择等待一段时间获得奖赏,则获得的利益更大;个体选择立刻获得奖赏,则获得的利益较小。高折扣的人不愿意为了获得更高的利益而等待,倾向于选择利益小但是可以立刻获得的奖赏。——译者注

9.6　对于治疗抑郁症的启示

9.6.1　基于大脑的治疗

　　抑郁的无奖赏/惩罚吸引子网络敏感性理论对抑郁症的治疗具有重要意义。吸引子神经网络中,整合—激发神经元(integrate-and-fire neurons)具有接近泊松分布的神经元随机放电时刻而引入的噪音(第8章),通过研究影响吸引子神经网络稳定性的因素,在此背景下可以深入理解和探讨该理论对治疗抑郁症的意义和启示(Wang 2002,Rolls 2016c,Deco,Rolls & Romo 2009,Rolls & Deco 2010,Deco et al. 2013,Loh et al. 2007a,Rolls & Deco 2015a)。

　　第一个启示是使用抗焦虑药物,通过增加抑制可能会降低无奖赏吸引子的高频放电状态的稳定性,从而抑制与抑郁相关的吸引子状态。

　　第二个启示是有可能生产出可以降低外侧眶额皮层内NMDA受体效能的药物,从而降低与抑郁相关的吸引子状态的稳定性。有研究证据表明,不同人群都存在对神经元NMDA受体具有选择性的基因,可以分别将海马的CA3区和CA1区的NMDA受体基因敲除(Nakazawa,Quirk,Chitwood,Watanabe,Yeckel,Sun,Kato,Carr,Johnston,Wilson & Tonegawa 2002,Tonegawa,Nakazawa & Wilson 2003,Nakazawa,Sun,Quirk,Rondi-Reig,Wilson & Tonegawa 2003,Nakazawa,McHugh,Wilson & Tonegawa 2004)。

　　当前理论认为,通过降低外侧眶额皮层神经元的活动可以影响该区域的吸引子网络,如果找到这种方法可能很有意义。不过需要注意的是,当前理论是专门针对位于外侧眶额皮层以及与抑郁相关脑区的无奖赏和惩罚相关的吸引子网络,而其他皮层区域的吸引子网络的改变可能与其他精神疾病有关,如精神分裂症和强迫症(Rolls 2012b,Rolls 2016c)。

　　对于当前这个吸引子网络理论的潜在意义,最重要的一点是,面对在给定的平均放电频率下,神经元按照近似泊松放电时刻引入系统的随机性或噪音,吸引子的动力系统必须保持稳定。例如,当没有无奖赏刺激输入时,无奖赏吸引子的自发放电频率应该保持稳定(否则,无奖赏吸引子会在无外在原因的情况下跳转到高放电频率状态,从而可能导致抑郁)。抑制性神经传递物质GABA[1]在维持

---

[1] 抑制性神经传递物质GABA:γ-氨基丁酸(简称GABA)是一种天然存在的非蛋白质氨基酸,是哺乳动物中枢神经系统中重要的抑制性神经传递物质,约30%的中枢神经突触部位以GABA为递质。——译者注

无奖赏吸引子的稳定性方面可能很重要(Rolls & Deco 2010)。

另外,无奖赏的高频放电状态绝不能达到过高的放电频率,因为这会造成无奖赏/抑郁状态变得过度稳定。换句话说,如果吸引子状态的放电频率不够高,那么吸引子的状态可能就不稳定,而个体对无奖赏事件只是相对不会那么敏感,不会抑郁,而且依然具有冲动性(因为这时个体对无奖赏和惩罚没有充分加工和反应)。作用于 NMDA 或 AMPA 受体的兴奋性神经递质谷氨酸可能对维持高频放电吸引子状态的稳定性有重要作用。从这方面和这个意义上说,变得更抑郁或变得更冲动的倾向可能是相互关联的。

对充满噪音的吸引子动力学的理解和认识可以给抑郁症的治疗提供某些启示(Rolls & Deco 2010,Rolls 2016c),相关内容已在第 8 章做了介绍,并在接下来的章节中进行讨论。

9.6.2　行为与认知疗法

吸引子状态的整个概念(第 8 章)对抑郁症的治疗具有重要的启发意义,因为奖赏、其他环境改变和活动倾向于与无奖赏吸引子状态竞争,并且抑制无奖赏吸引子状态,这对抑郁症的治疗可能会很有帮助。认知疗法包括将思想和注意力从可能导致抑郁的负性刺激和影响中转移开;将思维和注意力导向奖赏的获得,这可以通过奖赏的大脑系统与无奖赏/惩罚的大脑系统之间的相互作用,从而抑制无奖赏系统的活动。

基于吸引子理论治疗抑郁的具体启示包括以下几个方面:

第一,正如第 8 章所介绍的,进入吸引子状态是固有的非线性过程,一旦进入吸引子状态,这个状态就会非常稳定,并且很难将其扰乱。这意味着要治疗抑郁,就需要考虑吸引子神经网络的稳定性,并使用有效的扰动方法使系统脱离这一稳定的吸引子。这些治疗方法可以是纯粹的行为或者认知水平的疗法。这些治疗方法的目的是帮助抑郁症患者明白哪些因素导致了抑郁,帮助他们进行行为的改变,从而使系统摆脱无奖赏的吸引子。这些方法包括有意打断悲伤的反刍思维的策略,通过让患者多做些可以和无奖赏吸引子状态相竞争的截然不同的活动,来防止患者进行思维反刍。这些方法所涉及的任务(比如帆船运动或者打高尔夫球)可能需要占用大量的注意资源,或者可以使人获得奖赏。因为负责奖赏系统的内侧眶额皮层与负责无奖赏/惩罚系统的外侧眶额皮层之间是相互影响的关系,一个活跃,另一个就会被抑制,所以上述这些方法都可以抑制无奖赏吸引子。

这个策略还可以治疗抑郁产生的习得性无助。习得性无助是指当人长期处于一个不管做什么都无法获得奖赏的环境时,之后即使可以通过努力获得奖赏,个体也不再尝试做任何努力,因为他们觉得无论怎么努力都是无用的(因此称为"习得性无助")(Seligman 1978)。创设情境让个体重新学习如何获得奖赏是这种情况的有效治疗方法。

第二,因为存在很多吸引子环路,所以每个吸引子环路都可能有助于抑郁状态的稳定,并且每个吸引子环路都可能需要校正。例如,在图9.4中,除了外侧眶额皮层的局部吸引子网络之外,还存在外侧眶额皮层与涉及语言的角回的功能性连接的增强(Cheng et al. 2016)。外侧眶额皮层与角回之间的功能性连接是一个长回路的吸引子[通过大脑皮层区域之间的反向投射和正向连接实现(Rolls 2016c)],并且可能由不同的因素和时间进程控制其活动,例如一个人用句法系统正在想思考。在这个例子中,无论短回路还是长回路都可以触发无奖赏系统,使其回到无奖赏的吸引子状态,在行为或者认知疗法中需要考虑到这一情况。这个例子有趣的一点是,因为句法系统是单一信息处理通道(Rolls & Deco 2015b, Rolls 2016c),如果将这个系统填满积极的思维,那么它就无法进行多步骤思维(multiple step thinking)反复思考负性的想法。这非常符合上文所说的防止抑郁症患者进行负性思维反刍的策略。这对抑郁治疗非常有用,比如告诉抑郁症患者,当他们不停地回忆那些无奖赏的事件(比如失去爱人)时,缅怀哪怕让人沉醉,也会触发心中悲痛,甚至导致抑郁,所以他们需要一些积极的活动来摆脱这种困境。

第三,认识到抑郁和无冲动都与无奖赏相关非常重要,作为进化适应策略的一部分,抑郁的人不喜欢冒险。认识到这一点非常重要,当个体需要做出财务或经济决策时,他们可以考虑到这一点,然后调整自己的决策。

第四,由神经元的随机放电时刻(stochastic spiking times)造成的大脑内部噪音,会影响吸引子的动态平衡,然后导致抑郁,这解释了为什么即使没有任何外部诱因,抑郁也会发生(第8章)。

第五,大脑中的吸引子网络相互影响,通过计算加工实现自上而下的注意(Rolls 2016c)。因为当处于无奖赏状态时,感觉系统和记忆系统倾向于产生悲伤的知觉以及回忆悲伤的记忆,所以这增强了无奖赏网络的稳定。

第六,无奖赏存在不同的类型。没有得到预期的食物奖赏,会适应性地使个体把得到这一食物奖赏作为行动的目标。没有得到预期的社会奖赏,会适应性地使个体把得到这个社会奖赏作为行动的目标。这一点对于治疗抑郁症的启示在于,充分认识抑郁的触发物是什么,以及导致抑郁的无奖赏或者惩罚物的类型,才能对患者开展行为或者认知治疗。

第七,本书论证了不同的个体对不同类型的奖赏物、无奖赏以及惩罚物具有不同的敏感性,这为人格差异提供了基础。通过改变个体对这些目标的敏感性是生物进化发挥作用的一部分方式(Rolls 2012d)。反过来,这个观点应该可以引导我们去处理诸如抑郁症这样的问题,我们要认识到我们正在面对的是一个由特定的奖赏物、无奖赏和惩罚物组成的高维度空间,其中不同的维度可能对不同个体的抑郁症具有不同的影响。

当前,上面概述的一些行为和认知策略已经在抑郁症认知疗法的背景下发展起来,这些疗法由亚伦·贝克开创(Beck 1979,Beck 2008,Disner,Beevers,Haigh & Beck 2011)。抑郁症的认知行为疗法已经取得很大的成功,这传递了一个有用的信息,因为这表明,本文介绍的基于吸引子机制研究取向的行为和认知治疗,反过来将促进对抑郁症更加详尽的认识,从而引导开展更有依据的治疗方法。事实上,基于大脑吸引子理论的抑郁症理论,让抑郁症潜在的机制更加明晰,有望向患者更好地解释其为何患上抑郁症,也有望帮助开发更好的认知和行为疗法,以及基于大脑的疗法。

我将这一取向对认知/行为治疗的潜在意义总结如下。首先,人们应该明白抑郁可能导致非常严重的后果,因为人类已经进化出一种语言和思维的反刍系统,人类可以提前思考并理解所受损失对他们的意义,所以这种系统可能导致人类对无奖赏的后果反应非常强烈。其次,这一取向表明对抑郁症的一种有效治疗方法可能是,如果奖赏系统不敏感了,确保个人采取措施以保证他们执行一些可以获取奖赏的行为,从而打破不再尝试获取奖赏的抑郁循环。最后,这一取向提示的另一种治疗抑郁症的有效方法是减少暴露于与无奖赏事件相关的刺激(诸如地点)和记忆中,这样悲伤的想法就不会在头脑中持续循环,这种循环是由对此敏感的外侧眶额皮层的无奖赏系统负责。

9.7 抑郁症的药物治疗

9.7.1 5-羟色胺(5-HT)

许多抗抑郁药通过抑制突触间隙中5-羟色胺的再摄取,来增加大脑中5-羟色胺(又称血清素、5HT)的信号传导,从而提高5HT的功效。这些药物包括:选择性5-羟色胺再摄取抑制剂(SSRIs),比如氟西汀(Prozac,又称百忧解);5-

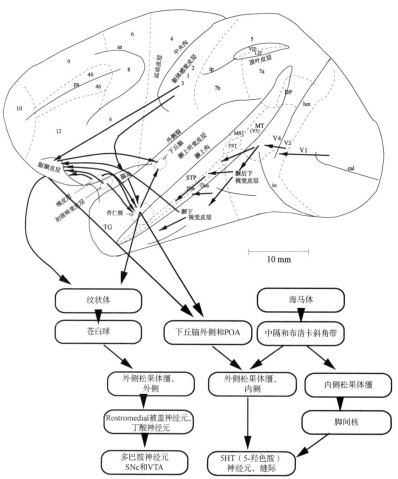

图 9.16 由眶额皮层和杏仁核将奖赏和无奖赏信息传递至脑干多巴胺和 5 -羟色胺(5-HT)神经元的可能路径(见正文)。图中英文缩写: as,弓状沟(arcuate sulcus); cal,距状沟(calcarine sulcus); cs,中央沟(central sulcus); if,外侧裂(或者说大脑侧裂池)(lateral fissure or Sylvian fissure); lun,月状沟(lunate sulcus); ps,主沟(principal sulcus); io,枕下沟(inferior occipital sulcus); ip,顶内沟(intraparietal sulcus)(为了展示它内部所包含的区域,图中将它打开了);sts,颞上沟(superior temporal sulcus)(为了展示它内部所包含的区域,图中将它打开了); AIT,前颞下皮层(anterior inferior temporal cortex); FST,视觉运动加工区(visual motion processing area); LIP,顶叶外侧区(lateral intraparietal area); MST,视觉运动加工区(visual motion processing area); MT,视觉运动加工区(visual motion processing area)(也叫作视觉 V5 区); PIT,后颞下皮层(posterior inferior temporal cortex); STP,上侧颞面(superior temporal plane); TA,包括听觉联合皮层的建筑区(architectonic area including auditory association cortex); TE,包括高级视觉联合皮层以及它的次级区域 TEa 和 TEm 在内的建筑区;TG,颞极及其次级区域 TEa 和 TEm 在内的建筑区;V1-V4 是 V1-V4 视觉区域;VIP,腹侧顶叶区

羟色胺去甲肾上腺素再摄取抑制剂(SNRIs);以及某些三环类抗抑郁药,例如丙咪嗪(imipramine),它可以阻止 5-HT(5 -羟色胺、血清素)、NA(去甲肾上腺素)和 DA(多巴胺)的再摄取。上列药物是按照药物的抑制效力进行排序。〔它们抑制突触前转运蛋白(Soares & Young 2016),阻断 5-HT 再摄取,从而增加了突触内 5HT 的浓度。〕

尽管 SSRIs 药物在改善抑郁症的某些症状上作用很快,比如该药物只需较短时间就可改变患者悲伤的面部表情(Harmer & Cowen 2013),但是可能需要数周的时间才能减轻抑郁症。大多数抗抑郁药可以快速地提高 5-HT 的浓度,但是却无法迅速治疗抑郁症,这似乎是因为,在中缝核(以及突触后神经元)的 5-HT 细胞体上存在 5-HT$_{1A}$ 自体受体,当这些自体受体被浓度升高的 5-HT 激活时,钾离子的传导增加,产生 5-HT 神经元的超极化,从而减少了它们的放电,抵消了这些抗抑郁药将 5-HT 浓度升高所产生的任何影响。这种自体受体介导的负反馈可能在几周时间后就会逐渐减弱,然后抗抑郁药物就开始减轻抑郁症状(见 Celada, Puig, Armagos-Bosch, Adell & Artigas 2004)。事实上,在服用 SSRIs 的 2 至 3 周内,这些 5-HT 自体受体通过脱敏过程产生适应,这个过程使 5-HT 神经元在 5-HT 再摄取抑制的情况下恢复到正常的放电频率,从而整体增加了 5-HT 效应的传递(Ghasemi, Phillips, Fahimi, McNerney & Salehi 2017)。此外,一些非典型的抗精神病药物也可以阻断 5-HT$_{2A}$ 受体,并可能对前额叶皮层起作用(Celada et al. 2004),因此混合使用可以改善 SSRIs 的临床效果。

但是,常用的 SSRIs 治疗对大约 33% 的重性抑郁症患者无效,因此至少抑郁症的某些亚型或某些方面可能与血清素无关(Yohn et al. 2017)。

血清素神经元的细胞体位于脑干的中缝核,它们在大脑中具有广泛的投射,但是血清素在大脑何处发挥的抗抑郁作用,目前尚无定论。在抑郁症的动物模型研究中发现,患有抑郁症的动物的海马系统的齿状回存在神经发生(neurogenesis)的减少,抗抑郁药可以增加齿状回的神经发生,并且只有在海马系统完好无损时抗抑郁药物才能对模型中的抑郁动物的行为发挥作用(Yohn et al. 2017)。因为海马主要参与记忆,而不是情绪和心境(Rolls 2015d, Kesner & Rolls 2015, Rolls 2016c),所以上述发现对于理解抑郁症或双相情感障碍的意义尚不明确。也许抑郁症患者与正常人海马的这种差异与抑郁症患者的记忆功能改变有关,抑郁症患者海马与其他相关脑区不同于正常人的功能性连接,与他们反复回忆那些负性记忆相关(Cheng et al. 2016,Cheng et al. 2018b)。例如,正如前文所述,后扣带回为信息传递到海马体提供了途径,抑郁症患者的后扣带回与外侧眶额皮层的功能性连接增强(Cheng et al. 2018b)。

一个目前尚未解决的问题是,中缝核中的血清素神经元最初是从哪里接收到可能导致抑郁的信息的。针对这个问题,目前认为奖赏、无奖赏系统的脑区如眶额皮层和杏仁核,通过缰核和腹侧纹状体等脑区,的确为 5-HT 神经元提供了相关的输入(Rolls 2017b)(图 9.16)。这说明参与奖赏和无奖赏的眶额皮层和杏仁核系统,通过下丘脑外侧区和外侧视前区(lateral preoptic area, POA)影响外侧缰核的中间部分,进而影响中缝核中的 5-HT(血清素)神经元。因为 5-HT 神经元可以投射大脑的许多区域,所以许多抗抑郁药物通过影响 5-HT 神经元影响大脑皮层到脑干的通路。海马可能是通过隔核(又称"中隔内核")和布洛卡斜角带产生影响,将奖赏信息传递到外侧缰核、内侧缰核,再传到 5-HT 神经元系统(de Araujo, Ferreira, Tellez, Ren & Yeckel 2012, Rolls 2015a)。内侧缰核也接收隔核的信号,然后又把信号投射到趾间核,最后投射到 5-HT 神经元(或许也投射到多巴胺神经元)(图 9.16)(Proulx, Hikosaka & Malinow 2014, Loonen & Ivanova 2016)。

图 9.16 上部展示了猕猴大脑侧视图中处理奖赏和情绪信息的部分大脑连接通路(Rolls 2017b)。图中还展示了由初级味觉皮层和嗅觉皮层到眶额皮层和杏仁核的连接。从图中可以看到"腹侧视觉系统"由视觉皮层 V1 到 V2、V4、颞下视皮层等区域的连接,其中还有些连接到达杏仁核和眶额皮层。此外,图中还展示了来自初级体感皮层区 BA1、BA2 和 BA3 的连接,它们直接到达眶额皮层,也通过脑岛到达眶额皮层,并通过脑岛到达杏仁核。

图 9.16 还展示了奖赏和情绪相关信息到达中脑多巴胺神经元的路径。参与奖赏和无奖赏的眶额皮层和杏仁核(或许还有前扣带回和膝下扣带回)系统,通过基底神经节路(纹状体、腹侧苍白球以及苍白球/终纹的基底核)影响外侧缰核,该区域继而通过喙内侧被盖核(Rostromedial Tegmental nucleus)中的 γ-氨基丁酸能神经元(GABAergic),可以影响黑质致密部和腹侧被盖区(SNc 和 VTA)中的多巴胺神经元。这为主要源于皮层的奖赏、无奖赏和奖赏预测误差信号[①]影响多巴胺神经元提供了途径。如果要详细了解这些解剖学连接,可以查看相关文献(Proulx et al. 2014, Loonen & Ivanova 2016)。

与上述观点(Rolls 2017b)相一致,已经有研究找到了外侧缰核中对低价值奖赏信号和惩罚信号进行反应的神经元(Matsumoto & Hikosaka 2009b),以及对负性的奖赏预测误差信号做反应的神经元(Bromberg-Martin & Hikosaka

---

[①] 预测误差信号(prediction error signal):是指预期获得的奖赏和实际获得的不相符,就是在奖赏反转试次中,参与者不知道奖赏刺激和无奖赏刺激反转了,选择了原来的奖赏刺激,导致参与者预期可以获得奖赏,实际没有获得奖励。

2011)。在苍白球谷氨酸能兴奋性缰核投射神经元中也找到了相同的神经元,说明奖惩加工所必需的计算不一定都是在外侧缰核里进行(Stephenson Jones,Yu, Ahrens, Tucciarone, van Huijstee, Mejia, Penzo, Tai, Wilbrecht & Li 2016)。

9.7.2 氯胺酮(又称可他敏)

氯胺酮(Ketamine),一种 N-甲基-D-天冬氨酸(N-methyl-D-aspartate, NMDA)受体拮抗剂,在使用氯胺酮亚麻醉剂量[①]下,对典型抗抑郁药有耐药性的患者能快速(数小时内)产生抗抑郁反应,并且这种作用可以持续两周或更长时间(Zanos & Gould 2018, Iadarola, Niciu, Richards, Vande Voort, Ballard, Lundin, Nugent, Machado-Vieira & Zarate 2015, Maltbie, Kaundinya & Howell 2017, Zanos, Moaddel, Morris, Georgiou, Fischell, Elmer, Alkondon, Yuan, Pribut, Singh, Dossou, Fang, Huang, Mayo, Wainer, Albuquerque, Thompson, Thomas, Zarate & Gould 2016)。在临床上,氯胺酮可单剂量使用,也可重复使用。氯胺酮的短期作用包括:阻断皮层锥体细胞中兴奋的 NMDA 受体,从而降低兴奋性谷氨酸递质的兴奋作用;阻断 GABA 抑制神经元上的兴奋性受体,减少 γ-氨基丁酸能神经元(GABAergic)的放电,使锥体细胞的放电可能增加。不仅如此,氯胺酮还有很多其他作用,比如诱发兴奋性神经元的突触形成、增加谷氨酸传递、逆转由慢性应激引起的突触损伤,以及影响氯胺酮的代谢产物羟基去甲胺(hydroxynorketamine)[②](Duman & Aghajanian 2012, Ghasemi et al. 2017, Zorumski, Izumi & Mennerick 2016, Abdallah, Adams, Kelmendi, Esterlis, Sanacora & Krystal 2016, Aleksandrova, Phillips & Wang 2017, Zanos & Gould 2018)。氯胺酮可以减轻人体的炎症,而炎症有时和抑郁有关,所以在这一点上氯胺酮也达到了缓解抑郁的效果(Ghasemi et al. 2017)。

应激是导致抑郁的一种因素,包括氯胺酮在内的一些抗抑郁药可以增强诸如脑源性神经营养因子(brain derived neurotrophic factor, BDNF)[③]等神经营养因子的作用,可能有助于修复因为长期应激而导致的损伤(Yohn et al. 2017,

---

[①] 亚麻醉剂量(subanesthestic dose):小剂量的静脉注射氯胺酮,亚麻醉剂量是指注射量低于临床麻醉的剂量,可以达到镇静的效果,又不会深度麻醉患者。——译者注
[②] 羟基去甲胺(hydroxynorketamine):氯胺酮的一种代谢产物,研究发现当阻碍这种代谢物产生时,就会阻断氯胺酮药物的抗抑郁作用。——译者注
[③] 脑源性神经营养因子:对5-羟色胺(5-HT)和多巴胺能神经元(DA)的发育分化与生长再生具有维持和促进作用。——译者注

Ghasemi et al. 2017)。

氯胺酮抗抑郁作用的机制尚不清楚（Highland，Zanos，Riggs，Georgiou，Clark，Morris，Moaddel，Thomas，Zarate，Pereira & Gould 2021）。尽管氯胺酮可以阻断 NMDA 受体，但这种作用可能与短期麻醉作用和解离效应有关，在这种作用下，个体报告了对自身和周围环境的意识和感知发生改变（Highland et al. 2021，Ballard & Zarate 2020），就像是精神病发作。氯胺酮可阻断 GABA（抑制性）神经元上的 NMDA 受体，从而导致谷氨酸（兴奋性）神经元活性增强，释放的谷氨酸通过 AMPA 受体发挥作用，产生突触发生（synaptogenesis）。羟基去甲氯胺酮（HNKs）是氯胺酮给药后在体内形成的，临床前模型表明 HNKs 可能解释了氯胺酮的抗抑郁作用（Highland et al. 2021）。HNKs 似乎促进了参与 AMPA（兴奋性谷氨酸）受体的谷氨酸能传递，此外 NHKs 还有许多作用，例如，对神经营养因子和炎症的影响（Highland et al. 2021）。

应激是导致抑郁的因素，包括氯胺酮在内的一些抗抑郁药可以通过增强神经营养因子（例如脑源性神经营养因子，brainderived neurotrophic factor，BDNF），减轻长期应激的破坏性影响（Yohn et al. 2017，Ghasemi et al. 2017，Highland et al. 2021）。其他作用于 BDNF 的药物也有抗抑郁作用（Riggs & Gould 2021）。

为了确切地了解抗抑郁药物如何发挥其治疗作用，重要的是不仅要了解它们在神经组织中如何发挥作用，而且要了解它们在特定大脑区域和系统中如何发挥作用。例如，前文提到的证据表明，降低（参与无奖赏）外侧眶额皮层的功能，提高（参与奖赏）内侧眶额皮层的功能，对于治疗抑郁症有很大帮助，但是这两个脑区距离非常近，所以测量药物对大脑特定区域的影响可能对了解和开发新的抗抑郁药物治疗很重要。

事实上，一个可能潜在的富有成效的环节是针对现在已知的与情绪有关的一些脑区开发药物，例如外侧眶额皮层与内侧眶额皮层、杏仁核和扣带回。另一个潜在富有成效的环节是采用神经影像学方法研究抑郁症患者的脑部变化，以及使用抗抑郁药物治疗时的脑部变化，以获得参与抑郁症的人类大脑系统的进一步证据，并有可能使用正电子发射断层扫描（positron emission tomography，PET）所提供的特异性发射器技术，继续研究人类抑郁症的神经药理学基础和神经化学特性，以及研究深度脑部电刺激的作用（详情请见 4.5.4 节）。

9.8 躁狂和双相情感障碍

第9章目前为止只讨论了单相的抑郁症,下面讨论躁狂和双相情感障碍。

双相情感障碍是一种躁狂和抑郁反复交替出现的疾病。躁狂的严重程度依次为:最严重的Ⅰ型双相情感障碍,中等程度的Ⅱ型双相情感障碍,最轻微的循环性心境障碍。在躁狂发作期间,患者行为可能表现为:精神亢奋、言行夸张、睡眠减少、偏好冒险行为/冲动行为增加、狂喜、攻击性强、寻求高回报、性欲亢进和过度活跃(Anderson, Haddad & Scott 2012, Soares & Young 2016)。在抑郁发作期间,患者可能表现为:快感缺乏、不愿冒险、睡眠增加、性欲减少、精力缺乏、疲倦、感觉无助以及更高的自杀风险(Anderson et al. 2012, Soares & Young 2016)。

双相情感障碍的发病率为1‰—2‰。遗传率相当高(80%—90%),该病是多基因作用的结果,许多基因都对该病的发生起一点儿作用(Anderson et al. 2012, Soares & Young 2016)。

9.8.1 躁狂、对奖赏的反应增强、对无奖赏的反应减弱

躁狂和抑郁的关系是什么?躁狂症的奖赏/无奖赏系统是否有可能与抑郁症几乎完全相反?躁狂症可能存在对*奖赏信号反应增强*,以及对无奖赏信号*反应减弱*吗?如果躁狂症患者真的存在对无奖赏信号反应减弱,那在行为的表现上,患者应该表现出冲动行为的增加。依据这个观点,躁狂症的表现应该与本章节前半部分描述的抑郁症状相反。

事实上,确实有很多证据支持这个观点。躁狂症确实表现出对与目标相关和与奖赏相关的信号极度敏感(Nusslock, Young & Damme 2014)。这种对奖赏信号的过度敏感导致躁狂患者在生活中遇到需要奋斗和努力获得奖励或实现目标的事件时,与趋近目标相关的情绪和动机过度增强。在极端的情况下,奖赏相关的情绪过度高涨会表现为躁狂症状,如不顾风险地追求奖赏、情绪高涨或易怒、睡眠需求减少、精神运动活性增加和极度自信。与这一假设相一致,研究发现Ⅰ型躁郁症患者及其亲属在获得奖赏时,内侧眶额皮层激活程度显著加强(Wessa, Kanske & Linke 2014)。此外,在奖赏反转试次中,双相情感障碍患者

及其亲属的内侧眶额皮层（表征奖赏的脑区）的去激活（deactivation）①减少,反映了患者及其亲属的外侧眶额皮层的预测误差信号②减弱（图9.2为健康被试由无奖赏所激活的外侧眶额皮层）。有研究发现,狂躁症的这种反应非同寻常,躁狂症患者在预期损失增大时,外侧眶额皮层的活动居然是显著减弱,这与健康人群结果完全相反（Bermpohl, Kahnt, Dalanay, Hagele, Sajonz, Wegner, Stoy, Adli, Kruger, Wrase, Strohle, Bauer & Heinz 2010）,与我们发现的眶额皮层活动模式也完全相反（O'Doherty, Kringelbach, Rolls, Hornak & Andrews 2001a）。在这种情况下,躁狂症患者的外侧眶额皮层的无奖赏系统降低的敏感性甚至是功能异常,这与躁狂症患者会不顾负面后果而极端追求即时奖赏的行为相关（Wessa et al. 2014）。易冲动在躁狂症患者中极其普遍,表现为注意力缺陷和无法抑制行为。此外,如果病情严重（例如躁狂频繁发作、药物使用障碍和尝试自杀）,那么冲动性会更强（Swann 2009）。躁狂患者的冲动症状可能反映了他们对无奖赏敏感性的降低,表征无奖赏的外侧眶额皮层（如上文所述）的激活也表征对无奖赏的敏感性。

因此,躁狂症反映了无奖赏系统的敏感性降低的状态,以及由于外侧眶额皮层敏感性的降低也导致了冲动性的增加,同时,患者的内侧眶额皮层和前扣带回的激活增强,表明对奖赏的敏感性增加。尽管内侧眶额皮层和外侧眶额皮层在同一个体身上可能表现出此消彼长的激活模式,例如增加金钱收益会引起内侧眶额皮层激活的增强,而与之相反,金钱的损失则会导致外侧眶额皮层激活的增强（O'Doherty et al. 2001a）,但是奖赏和无奖赏系统的敏感性确实很可能由相互独立的基因来限定,这为一些患者身患抑郁,而另一些患者则同时患有躁狂和抑郁提供了生物学基础。事实上,罗尔斯的情绪理论（Rolls 2014b）（第2章）超越了这一观点,认为对众多奖赏（如饥饿时的食物,口渴时的水,愉快的触摸,对名誉的敏感）的敏感性,以及对与之相应的无奖赏的敏感性,可能由不同的基因独立限定。敏感性也和人格有关（Rolls 2014b）,抑郁症患者可能对某些无奖赏或惩罚特别敏感,而躁狂患者可能对某种特定奖赏特别敏感。这对治疗抑郁和躁狂有着重要的意义,可以针对不同个体对特定无奖赏和特定奖赏的特定敏感性进行有针对性的治疗。

---

① 去激活（deactivation）：也称"负激活"。在脑功能成像研究中,激活是指大脑某些区域在执行认知任务时脑内出现的相对于"静息状态"的区域脑血流增加,而负激活是指脑内出现的相对于"静息状态"的区域脑血流减低,负激活的产生机理一直未有公认的解释。

② 在出现预测误差信号时,健康对照组的内侧眶额皮层是负激活状态,外侧眶额皮层是激活状态,但是双相情感障碍患者及其家属的内侧眶额皮层的负激活状态比正常人弱,并且他们的外侧眶额皮层的激活较正常人会减弱。

9.8.2 吸引子网络、躁狂症、对奖赏的反应增强与对无奖赏的反应减弱

接下来要阐述的问题是吸引子网络在多大程度上导致了躁狂症。

为了对输入的预期奖赏增加的信息做出反应，眶额皮层可能存在一个短期的吸引子系统，为任一时间间隔的预期奖赏与实际结果之间建立了桥梁。理论上，这可能导致躁狂患者过度敏感。当如愿获得奖赏（行为结果）时，拥有一个短期的吸引子系统会非常有用，因为它可以依据当前获得的奖赏帮助重新设置吸引子的规则。但是，如果这些预期—奖赏或奖赏—结果的吸引子的运行时间超过 10 秒，那么这个吸引子系统就是适应不良的，因为时间过长往往会破坏输入刺激与结果之间重要的相倚性①。除了这些短期的吸引子，还需要一个长期吸引子来反映情绪状态，长期吸引子通常维持时间更长。这可能形成了另一种吸引子（每个不同的情绪状态有不同的吸引子，这些吸引子会相互竞争），这种吸引子通过语言/计划系统的长回路可以被重新激活，通过回忆近期获取的奖赏可计算出未来长期的收益，从而帮助我们长久保持这一情绪。不过这种"长回路"的吸引子在躁狂患者中也可能更加敏感。

由于对无奖赏缺乏反应被认为可能导致冲动行为，这些冲动行为不再受到无奖赏和惩罚的约束，因此鉴于躁狂症患者的冲动性增加，躁狂症患者外侧眶额皮层无奖赏吸引子网络系统的反应也有可能减弱。鉴于内侧和外侧眶额皮层的激活是相互影响的（O'Doherty et al. 2001a, Rolls et al. 2018a），外侧眶额皮层无奖赏系统的激活减弱与内侧眶额皮层奖赏系统的反应增强同时发生，二者可能共同导致了双相情感障碍。

这些都是未来可以进一步开展实证研究的有趣想法。

9.8.3 双相情感障碍的其他方面

双相情感障碍包括连续的躁狂和抑郁发作。造成这种循环状态的原因尚不清楚。然而，双相情感障碍患者的昼夜节律紊乱，睡眠时间缩短，进入快速眼动（做梦）睡眠阶段的时间也更快。此外，对于在夜晚分泌水平最高的褪黑激素，双相情感障碍患者该激素的分泌比健康对照组更加受到光线的抑制（Soares & Young 2016）。至少有一些双相情感障碍患者在控制昼夜节律的生物钟基因上存在差异（Soares & Young 2016）。虽然抑郁患者可以使用光照疗法②（清晨之前效果最好），但是躁狂患

---

① 相倚性：此处的相倚性具体是指等待了很长时间，预期的奖赏还没有变成结果。——译者注
② 光照疗法（light therapy）：治疗昼夜节律紊乱的一种方法，理论假设是白天照射强光可以增加夜晚褪黑素的分泌。有研究者认为早上9点之间进行照射效果最好。户外散步享受阳光也能起到作用。如果生活在日照不足或无法白天晒太阳的地方，有专门的理疗灯箱可以提供治疗。——译者注

者可能需要使用黑暗疗法①(Soares & Young 2016)。

　　　　双相情感障碍的治疗方法包含抑郁症治疗的方法,因为患者在抑郁发作期自杀风险会增加。如 9.7 节所述,SSRIs 等抗抑郁药可增强血清素的突触效能。诸如此类的治疗方法都可用于双相情感障碍的抑郁期治疗(Soares & Young 2016)。

在躁狂期,可以使用"心境稳定剂",如锂②和丙戊酸盐(Soares & Young 2016)。两者都可能通过增强 GABA(抑制性)神经元的活性与降低兴奋性神经元的活性而起作用(Soares & Young 2016)。

双相情感障碍患者的海马系统和普通人存在差异。有证据表明海马 CA3 区抑制神经元的效能降低,可能与基因表达的变异以及 GABA 神经元数量减少有关(Benes & Subburaj 2016)。前文提到,这一点是否有助于认识双相情感障碍患者目前尚不明确,因为海马主要参与记忆,而不参与情感和情绪(Rolls 2015d, Kesner & Rolls 2015, Rolls 2016c)。因为抑郁症患者相对于普通人增加的记忆反刍与他们的海马及其相关系统异于普通人的功能性连接相关联,所以也许至少抑郁症患者海马的这些差异与其记忆功能的改变有关(Cheng et al. 2016, Cheng et al. 2018b)。

---

① 黑暗疗法(dark therapy):也是一种调节睡眠节律、促进褪黑素分泌的实验性治疗方法,将环境中所有光线都遮蔽掉,让个体躺在完全黑暗的环境中休息,依据个体情况不同,每天进行6到16小时的黑暗疗法。——译者注
② 锂:一般指碳酸锂。——译者注

10 行为的理性与情绪路径及意识

10.1 行为的多重路径;理性与情绪

10.1.1 由情绪相关刺激引起行为的一些不同路径

  图 4.3 展示了与情绪刺激相关的两种主要的行为路径。第一种路径可能包含习惯系统(其中涉及基底神经节),以及目标导向的动作—结果学习系统(其中涉及扣带回)。这一路径有时被描述为内隐地运行,这意味着意识无需参与,而

有关意识体验的问题将在 10.2 节再讨论。

第二种路径被认为包含一个**理性系统**,该系统可使用涉及句法(语法)的某种形式的语言来提前计划几个步骤。在本章中我主要讨论第二种路径,因为它能够执行与基因限定的初级强化物完全不同的行为目标,而初级强化物会使用刚刚描述的第一种路径进行行为输出。这一理性系统对理解人类情绪非常重要,因为它会以完全不同的方式进行决策,并且所做出的决策未必与基因定义的强化物所限定的决策相一致,而在第一种"情绪相关的"路径中,这些基因定义的强化物对行为输出十分重要。在本章中,我提出以下观点:我们的理性系统使我们能够超越"自私的基因"所支持的行为(Dawkins 1976),并且当我们使用"自由意志"这一术语时我们可能想要谈及的是理性系统,以及第 8 章中所描述的大脑计算的不确定性、概率性及其本质(Rolls 2014b,Rolls 2021a)。

我将举一个简单的例子来阐明这一点。我们的基因会使我们倾向于喜欢甜食和高脂肪食物(现代超乎寻常的例子是冰激凌和巧克力),在诸如眶额皮层和杏仁核等大脑区域发生的这些加工,使得这些食物对我们具有奖赏性。但是我们的理性系统可能知道,一些科学和医学的研究发现证明,如果大量食用此类食物,往往会导致肥胖并有损健康。因此,我们的理性系统使我们能够超越基于基因的情绪系统的欲望,代之以食用健康食品,从而可能有利于个体的健康长寿。

10.1.2　内隐执行某些复杂行为的示例

首先,许多动作可以被相对自动地执行,而无需明显的意识干预,即内隐执行。

244

举例来说,当人在开车走一段不长的路时,同时可能还在思考其他事情。

另一个例子是对视觉刺激的识别:如果刺激非常短暂(如在后掩蔽的情况下)或者非常微弱,那么对视觉刺激的识别可以在无意识的情况下发生(Rolls & Tovee 1994,Rolls 2003)。

再一个例子涉及达顶叶皮层的视觉加工背侧通路的许多感觉加工和动作,例如,一名患者因为执行客体识别的腹侧视觉通路受损(Rolls 2016d,Rolls 2021a),而可能意识不到客体是什么(Milner & Goodale 1995,Goodale 2004,Milner 2008),但仍能够以正确的方向向信箱投放信件。

还有一个例子是盲视:视觉皮层受损的人,即使他们没有意识到自己看见了某物体,但可能仍然能够指向该物体(Weiskrantz 1997,Weiskrantz 1998,Weiskrantz 2009)。

有关情绪的研究也发现了类似的证据,有些情绪加工可以在无意识的情况下发生(De Gelder,Vroomen,Pourtois & Weiskrantz 1999,Phelps & LeDoux 2005,LeDoux 2008,LeDoux & Pine 2016,Brown,Lau & LeDoux 2019)。

与行为的多重路径假说相一致,有证据表明,裂脑人可能无法意识到"非优势"半球执行的动作(Gazzaniga & LeDoux 1978,Gazzaniga 1988,Gazzaniga 1995),说明只有部分路径涉及意识。

同样与包括非言语的多重行为路径相一致,局部(例如前额叶皮层)脑损伤患者可能会做出一些动作,却口头报告说他们应该没有做那些动作(Rolls et al. 1994a,Hornak et al. 2003)。在这两类患者中,都可能出现虚构的情况,因为他们可能会口头解释执行动作的原因,而这些原因可能与实际触发该动作的环境事件根本无关(Gazzaniga & LeDoux 1978,Gazzaniga 1988,Gazzaniga 1995,Rolls et al. 1994a)。

10.1.3 推理的、理性的行为路径

(至少)人类的第二条("外显的")路径包含对许多"如果……那么"语句的计算,以执行计划得到奖赏。在这种情况下,奖赏实际上可能会作为计划的一部分而被延迟,这可能会涉及先工作以获得一份奖赏,然后再为第二份价值更高的奖赏而工作。就利用资源(如时间)而言,这会被视为整体最佳的策略。在这种情况下,因为许多符号(例如人的名字)作为计划的一部分必须被正确地连接或绑定,所以需要使用句法。这种连接的形式可能是:"如果 A 这样做,那么 B 可能会这样做,而这将导致 C 这样做……"这种类型的计划对句法的需求意味着大脑需要包含一个句法系统(见图 4.3)。**从而,通过使用适合于每种情境的一次性的个人计划,人类的外显语言系统可以允许为延迟奖赏而工作。**作为长期计划的一部分,这一外显系统可以允许即时奖赏被延迟。因为内隐情绪系统会对奖赏和惩罚进行更直接的反应,或是对通过强化学习而习得的奖赏和惩罚的固定预期进行反应,所以这种延迟即时奖赏以及为此而依照句法进行长期计划的能力,可能是外显系统扩展内隐情绪系统能力的一种重要方式。

有观点认为,人类(以及其他可能具有句法加工能力的动物)同时存在进化上古老的、基于情绪的决策系统和新近产生的理性系统。与这一观点一致的是,人类会权衡即时的成本/收益与延迟长达几十年之久的成本/收益,但尚未观察到非人灵长类动物可以进行超过几分钟的未在程式上预先设定的延迟满足(Rachlin 1989,Kagel,Battalio & Green 1995,McClure,Laibson,Loewenstein &

245

Cohen 2004，Rosati 2017）。

在大脑中进行这种计划操作的另一个基本元素，可能是前额叶皮层参与的短时记忆。例如，在非人灵长类动物中，这种短时记忆可能是关于刚才做出反应的空间位置。在人类中，这种类型的短时记忆系统得到了发展，使得多项短时记忆能够保持在正确的位置，并且最好不同项目的时间顺序也得到正确编码，这可能是形成多步计划中多步"如果……那么"类型计算的另一个基本元素。这种短时记忆在非人灵长类动物和人类的（背外侧和下凸面）前额叶皮层实现（Goldman-Rakic 1996，Petrides 1996，Deco & Rolls 2003，Rolls 2016c），并且可能是前额叶皮层损伤会损害计划和执行功能的部分原因（Gilbert & Burgess 2008）。

语言是上述理性系统（图 4.3）中新添加的最新层，我们会考察语言赋予该系统的一些优势和行为功能。

其中一个主要优势是具备了通过许多潜在阶段去计划行动的能力，以及无需执行这些行动就可以评估行动结果的能力。为此，形成命题陈述的能力，以及对语义表征状态进行句法操作的能力都很重要。

在这个系统中，对我刚才描述的理性思维进行二阶思维（例如，我认为她认为……，涉及"心理理论"）的能力也非常重要，因为这使得我们能够更好地模拟和预测他人的行为，从而更好地进行计划，尤其是涉及他人的计划。二阶思维是对思维进行的思维。高阶思维指的是二阶、三阶等对思维进行的思维。这种高阶思维的能力还使得我们能够对过去的事件进行反思，而这对制定计划很有用。①

与之相反，非言语行为是由习得的强化联结和规则等所驱动，而不是由提前许多步的灵活计划所驱动，这种计划会涉及一个包含他人行为的世界模型。

需要说明的是，这里提到的语言能力未必是指人类的口头语言（尽管这可以作为一个例子）。对于多步计划，重要的是对符号的句法操作，而正是这种对符号的句法操作，成为定义和使用语言的意义所在。这种句法加工不必发生在自然语言水平（自然语言意味着普遍语法②），而可以发生在心理语言水平（Rolls

---

① 思维可简要定义为有意图的心理状态，即有关某事物的心理状态。思维包括信念，通常被描述为命题（Rosenthal 2005）。思维的一个例子是"天在下雨"。更详细的定义如下：思维可以被定义为有意发生的心理状态（或事件），即与某事物有关的心理状态；它也是命题式的，因此可以评价其真或伪。思维包括正在发生的信念或判断。思维的一个例子可以是以下正在发生的信念：地球绕着太阳转；具有两面帆的莫尼斯船速度更快；加利福尼亚州南部从不下雨。

② 普遍语法理论是乔姆斯基等语言学家所提出的语言学理论，认为所有语言在底层都拥有相同的语法结构，通常被用来解释语言习得的一般过程。——译者注

2014b，Rolls 2004c，Fodor 1994，Rolls & Deco 2015b，Rolls 2021a）。

总体来说，我所理解的**推理和理性**，涉及对符号的句法操作。因此，推理过程通常会包含多步的"如果……那么"条件语句，所有这些条件语句都作为一次性加工来被执行（见下文），并且与通常经过很多试次的联结学习才习得的条件规则（例如"如果为黄色，则选择左侧的选项与奖赏相关"）非常不同。

10.1.4　自私的基因与自私的表型

我已经在本节（10.1节）的前面部分用证据表明，存在两种主要的决策和行为路径。第一种路径通过基因定义的行为目标选择行为，与情绪密切相关。第二种路径涉及多步计划和推理，这需要句法加工以使每个步骤中包含的符号与其他不同步骤中的符号分开。（人类使用第二种路径，或许与人类关系很近的动物也使用第二种路径。）由于第一种和第二种决策和行为路径各自的"利益"不同，正如理查德·道金斯（Richard Dawkins）在《自私的基因》（Dawkins 1976，Dawkins 1989）一书中令人信服地所论证的那样，其他人（Hamilton 1964，Ridley 1993a，Hamilton 1996）也认为，许多行为的发生是为了基因的生存而非个体（或群体）的生存，并且大多数行为都可这样来理解。我对这一取向进行了扩展，指出某些基因在进化中所起的重要作用是限定行为目标，而这些目标将会使这些基因得以更好地生存；情绪是与这些基因限定的目标相关的状态；并且基因起作用的有效方式是限定行为目标而非行为本身，因为这使得只要动物活着，其就具有行为选择的灵活性（Rolls 2014b）。这一点极大地简化了基因型，因为基因无需限定动作细节，而只需限定奖赏性和惩罚性刺激，并且这也为基因面对不断变化的环境提供了行为的灵活性。因此，选择第一种行为路径时隐含的是"自私的基因"的利益，而非个体的利益。

然而，第二种行为路径可以通过理性推理做出可能不符合基因利益而符合个体利益的长期决策。一个可能的例子是选择不生育子女，而投身于科学、医学、音乐或文学。因为做出包括计划的长期决策而非选择基因限定的目标，这可能至少在某些情况下对基因是有利的，故推理、理性系统大概是进化而来的。但是，理性系统进化的一个不可预见的结果可能是，有时决策并不对生物体中的任何基因有利。毕竟，通过自然选择进行的进化，就像盲眼钟表匠（Dawkins 1986a）一样利用遗传变异来实现。在这个意义上，使用第二种决策路径时，至少有时实现的是"自私的表现型（phenotype）"的利益。［实际上，我们可以说这种利益是"自私的表现性状（phene）①"的利益（phene 的词源是希腊语 $\varphi\alpha\iota\nu\omega$ (phaino)，是"显现"的意思，指外观，因此也就是人们所观察到的生物个体）。]因此，本节（10.1 节）中提到的决策介于由基因限定目标的第一个系统与可能出于基因的利益或出于表现型（而非基因）的利益进行决策的第二个理性系统之间。所以，我们可以说，这种选择有时是在"自私的基因"与"自私的表现性状"之间进行。

那么，是什么使"自私的基因"与"自私的表现性状"之间的决策或多或少处于控制和平衡中呢？如果第二个理性系统过于频繁地为"自私的表现性状"的利益做决策，那么该表现型的基因将无法世代相传。只有当这两个系统的影响力大致相当时，它们才能在同一个体中保持稳定，以便有时通过第一种路径做出决策，有时通过第二种路径做出决策。如果这两类决策具有大致相当的影响力，它们相互竞争，有时做出这一种决策，有时则做出另一种决策，那么这正是决策机制中的随机过程可能在决策中发挥重要作用的情境。由于系统中的噪音，即使有相同的证据，也可能不会每次都做出相同的决策。

系统本身可能具有一些有助于保持系统运行良好的特性。其中之一就是，情绪必须为自私的基因的利益而与理性决策过程相竞争。如果第二个理性系统倾向于过多地主导决策，那么第一个基于基因的情绪系统可能会通过代际选择进行反击，提高基因限定的奖赏价值的幅度，从而使情绪实际上变得更加强烈。

该系统的另一个特性可能是，有时理性系统无法获取做出理性选择所需的全部证据。在这种情况下，理性系统可能无法做出明确的决策，此时一种替代方式是根据基因限定的情绪进行决策。实际上，达马西奥（Damasio 1994）认为，在此类情况下，情绪可能在决策中起重要作用。基于上面我为该论点列出的理由，我同意他的这一看法。他将情绪体验称为直觉（内脏感觉），但与我相反，他假设内脏的真实反馈会参与其中。他的论点似乎是，如果决策对理性系统而言过于复杂，那么就将输出传送至脏腑，而且外周神经系统返回的任何感觉都可以被用于决策，并用于解释情绪状态的意识体验。我对来自外周神经系统的证据的解读是：来自外周的反馈对情绪性决策或体验并不必要，由于信息始于大脑，故将脏腑和更一般性的外周神经系统置于环路中，计算的效率并不高[2.4.1 节和 Rolls(2014b)]。

（系统）运行的另一特性是，尽管两个系统涉及不同形式的计算，但是第二个

① 此处原文用 euphonically 修饰从 phenotype 变为 phene 这一说法，指的是"为便于发音而变音"，因为二者是同义词，此处在中文语境下很难理解，特此注明。——译者注

理性系统的利益与基因限定的情绪系统的利益不应相差太远,这样才能在自然选择的进化中保持稳定的安排。有一种方法可以促进这一点,即如果基于基因的目标在理性系统中令人感到愉悦或令人不快,那么基于基因的目标就会以此方式促进第二个理性系统的运转。我提出的观点正是如此。这解释了为什么奖赏会令人感觉良好。

10.1.5 在内隐与外显系统间抉择

接下来的问题是,人类等高级动物同时具有内隐的、直接基于奖赏的系统和外显的理性计划系统,其如何做出决策(见图4.3)。当必须对具有奖赏或惩罚价值的刺激做出快速反应时,此时从眶额皮层等结构到基底神经节的直接连接会允许个体快速行动,在这种特殊情况下第一个内隐系统可能会特别重要。另一个特殊情况是当外显的理性计划系统容易考虑太多因素时,此时内隐系统也可用于指导行动。

相反,当内隐系统不断出错时,此时生物体会由自动的、直接行动的内隐系统,转变到由意识控制的外显系统。由于内隐系统根据眶额皮层系统所解码的当前可用的最大正强化选择来做出行为,而外显系统则可以用长期计划算法评估下一步应该执行的行为,因此这种转变对生物体有益。实际上,对外显系统而言,由更自动化的系统定期评估其运行情况,并将自身转为较频繁地控制行为,这使其更具有适应性,因为如果不这样,那么外显系统将不具有最优的适应性价值。

另一个影响内隐和外显系统控制之间平衡的因素可能是酒精等药剂的摄入,它可能改变平衡使其向内隐系统倾斜,可能使内隐系统更多地影响外显系统所做的解释,可能在外显系统内部改变其赋予小心约束和承担冒险行为或计划的相对价值。

外显的言语系统对内隐系统也可能会有源源不断的影响,因为外显系统可以决定行动计划或策略,并对内隐系统施加影响,从而改变由内隐系统产生的强化评价和信号。有关这一点的例子是,如果一个孕妇想逃离凶狠的配偶,但又意识到自己可能无法在丛林中生存,那么如果外显系统能够抑制其内隐行为的某些方面,以使她不会对配偶发出对自己处境不满的信号,这将是具有适应性的。① 另一个例子可能是,外显系统会基于长期计划来影响内隐系统,以增强其对正强化物等的反应。外显系统影响内隐系统的一种可能方式是通过设置条件,例如在给定刺激(例如人)出现时给予正强化物,即通过对这个人的内隐学习来获得正强化物,以此来促进刺激—强化物的联结学习。反过来,内隐系统也可能会影响外显系统。例如,通过凸显环境中与当

---

① 在关于自我欺骗的文献中,有人提出无意识的欲望可能不会在意识中变得外显(或实际上被压抑),以免与外显系统相违背(Alexander 1979, Trivers 1985, Nesse & Lloyd 1992)。

前奖赏相关的某些刺激,引导外显系统去注意此类刺激。

然而,可以预料的是,这些系统之间经常会发生冲突,因为第一个内隐系统指导行为只为获得最大的即时强化,而外显系统则有可能延迟即时奖赏,并形成长期的多步计划。这种冲突会在具有句法计划能力的动物中发生,也就是说,对于人类和任何其他动物,只要具有加工一系列"如果……那么……"多步计划的能力,就会发生这种冲突。这是人类语言系统的一个属性,而非人灵长类动物在何种程度上具有这一属性尚不完全清楚。无论如何,这种冲突至少可能是人类心智运作的一个重要方面,因为对人类而言,是投资于可以提供长期利益的关系或群体,还是直接追求即时利益,在任何时候做出正确的决定都至关重要(Nesse & Lloyd 1992)。

目前,人们越来越了解大脑神经网络中决策的实现过程,相关内容已在第8章中介绍。如第8章所述,两个吸引子状态中每个对应于一个决策,二者在一个吸引子单网络中竞争,支持选择每个决策的证据都表现为对每个吸引子状态的偏向。非线性动力学以及由神经元的随机放电引起的噪音使得决策具有概率性,使其成为具有生物学合理性的决策模型,并与许多神经生理学和 fMRI 数据相一致(Wang 2002b, Rolls & Deco 2010, Deco, Rolls, Albantakis & Romo 2013, Rolls 2016d, Rolls 2021a)。

我认为这个模型适用于做情绪性决策的过程中,在内隐(无意识)与外显(有意识)系统之间进行选择,其中两个不同的系统可以为模型提供偏置输入 λ_1 和 λ_2(Rolls 2005b, Rolls 2014b, Rolls 2020b, Rolls 2021a)。这意味着,噪音将通过概率性结果影响哪一个系统进行决策,并且这取决于情绪和理性系统的竞争性输入的大小(见8.2.2节)。

在做出决策时,有时会发生虚构,因为系统所给出的为什么执行该行为的言语解释,可能与实际上触发该行为的环境事件根本无关(Gazzaniga & LeDoux 1978, Gazzaniga 1988, Gazzaniga 1995, Rolls 2014b, LeDoux 2008, Rolls 2012d, Rolls 2020b)。因此,有时对于正常人而言,当专门化脑区(例如那些涉及某些类型的奖赏行为的脑区)中的加工引发行动时,语言系统可能会随后精心编写一份为何执行该行为的一致性解释(即虚构)。这与大脑进化的一般观点相一致,该观点认为随着皮层区域的进化,它们被置于现存的输入和输出连接环路的顶端,并且在各输入—输出通路的层级结构中,每一层可以根据其能够执行的专门化功能来控制行为。这种层级叠加是本书中提出的一个重要概念,它对理解情绪,理解涉及情绪和决策不同方面的不同大脑系统,以及理解内隐和外显系统之间的关系,都非常重要。当添加一个新层时,先前层可能会部分地失去其重要性,就像在灵长类动物的味觉系统中发生的那样,其来自脑干孤束核的皮层下加工消失了。类似的例子还包括,当灵长类动物的颞粒眶额皮层变得比杏仁核相对更重要时,以及当语言区被添加到现存环路顶端时,先前层都可能会部分地失去其重要性(图4.3)(Rolls 2016d, Rolls 2021a)。

10.2 意识的高阶句法思维理论

我们为什么有意识体验即意识的现象问题,以及从大脑加工的角度看,大脑如何使我们有感觉体验这一问题,是哲学家和神经科学家一直致力于回答的意识的"难题"。然而,尚不清楚何种证据能说服我们相信一种理论而非另一种理论。在这种情况下,此处所说的任何内容都不应被认为具有实践意义。但是,我将提出一种意识的取向,然后将其与其他一些取向进行比较。当我们关注对情绪体验的分析时,因而这是一个"难题",但也是一个令人着迷的问题。

10.2.1 罗尔斯的意识的高阶句法思维(HOST)理论

意识的一种主要取向是高阶思维(Higher order thought,HOT)取向(Rosenthal 1986,Rosenthal 1990,Rosenthal 1993,Dennett 1991,Rolls 1995,Carruthers 1996,Rolls 1997a,Rolls 1997b,Rolls 1999a,Gennaro 2004,Rolls 2004c,Rosenthal 2004,Rolls 2005b,Rosenthal 2005,Rolls 2007a,Rolls 2008b,Rolls 2007c,Rolls 2011a,Lau & Rosenthal 2011,Rosenthal 2012,Rolls 2013b,Rolls 2014b,Brown et al. 2019,Rolls 2020b,Rolls 2021e)。在这一取向中,意识是能思考(或反思)自己(或他人)思维的系统所表现出的状态,即具有二阶或高阶思维能力的系统所表现出的状态。因此,如果一个人对处于某心理状态具有大致同时产生的思维,那么该心理状态是非内省(即非反思)的意识状态。由此推出,内省意识(或反省意识,或自我意识)是刻意聚焦于自己心理状态的意识。值得注意的是,并非所有高阶思维都需要其自身被意识到(许多心理状态都无需意识)。但是根据这一分析,对低阶思维进行高阶思维,是低阶思维进入意识的必要条件。

我已将此观点发展为意识的高阶句法思维(Higher order syntactic thought,HOST)理论,其中任意性符号操作是使用语言加工的重要特征,它被用于计划,尤其是修正计划,而非发起所有类型的行为,与意识的内容相近(Rolls 1995,Rolls 1997a,Rolls 1997b,Rolls 1999a,Rolls 2004c,Rolls 2005b,Rolls 2007a,Rolls 2008b,Rolls 2007c,Rolls 2011a,Rolls 2013b,Rolls 2014b,Rolls 2020b,Rolls 2021e)。

该观点以正在执行的计算类型为基础,并指出高阶句法思维(HOST)系统的一个属性是,使用扎根①于现实世界的表征实现对多步计划的修正,并且系统在进行这种加工时,就会有好像在进行这种加工的体验。为了进行这种加工,系统必须能够回忆起先前的多步计划,并且需要句法来使计划的每个步骤中的符号保持独立。在某种意义上,该系统必须能够回忆起并考虑到其较早的多步计划,并在此意义上向它自己报告那些较早的计划。有关意识的一些取向将报告或评论事件的能力视为意识的重要标志(Weiskrantz 1997),而我提出的计算取向则认为,因为报告能力涉及使用高阶句法思维来修正多步计划,所以意识与报告或提供评论的能力之间应该关系紧密。

本取向意味着,语言加工或报告的类型不必是言语的,即不必使用自然语言,因为修正计划所需要的是在句法上操纵符号的能力,而这可以用一种比(包含普遍语法的)口头语言或自然语言简单得多的心理语言或句法系统(Fodor 1994,Jackendoff 2002,Rolls 2004c,Rolls 2021a)实现。

这种意识取向表明,为了使信息被意识到,信息必须在能够实现高阶句法思维(HOST)的系统中加工;并且从这个意义上来说,它比全局工作空间假说更为具体(Baars 1988,Dehaene & Naccache 2001,Dehaene,Changeux,Naccache,Sackur & Sergent 2006,Dehaene,Charles,King & Marti 2014)。事实上,本研究取向(Rolls 2014b,Rolls 2016c)表明,工作空间可能具有足够的全局性,甚至能够执行驾驶汽车所涉及的复杂加工,并且除非涉及高阶句法思维(监督、监测、修正)加工,这种加工还可能被无意识执行。其他人可能正在朝这个方向发展其理论(Dehaene,Lau & Kouider 2017)。

这一取向表明,高阶句法思维(HOST)计算加工使用扎根于现实世界的表征,并且产生感觉体验只是这种加工的一个属性。在某种程度上,为什么有感觉体验,为什么感觉体验是能知觉到的,这其中的确有神秘之处。但是,当一个人认为系统正在回忆、报告、反思和重新组织其自身所在世界的信息,以准备新计划或修正计划时,这一解释上的差距似乎就没有那么大了。

上述观点意味着,我的意识理论是一种计算理论,而且我认为,感觉体验是计算加工的一个属性。从这个意义上讲,尽管本理论跨越了从神经元到计算的多个水平,但是不太可能存在任何对于意识必不可少的特定神经现象(诸如振荡),除非这种计算过程恰好依赖于某些特定神经特性,这些特性不涉及其他神

---

① "扎根"指的是符号或表征与它们所指的对象、思想或事件联系起来;符号扎根问题又称符号奠基问题,指符号如何获得意义,符号和它们的意义如何联系起来。——译者注

经计算,但对高阶句法计算却非常必要。正是本理论所提出的这些高阶句法思维(HOST)计算和实现它们的系统,才是意识所必需的。

需要说明的是,根据这一理论,我特别指出,语言加工系统[更不必说工作记忆(LeDoux 2008)]并不是意识的充分条件。根据这一分析,界定意识系统的特征是具有高阶思维的能力,而一阶的语言处理器尽管可能完全胜任语言加工,但是不会产生意识,因为它无法思考自己或他人的思想。我们可以很好地构想出一个遵循语言规则(这是某些联结主义构建模型的目标)并实现一阶语言的系统,而该一阶语言系统不会有意识。[无意识执行语言加工的可能示例,包括实现语言某些方面功能的计算机程序或程式化的人类对话,如关于天气的对话。这些加工可能需要句法和正确扎根①的语义,但会无意识地执行。让我们用一个更复杂的例子来说明可能被使用的句法,例如“如果 A 执行 X,那么 B 可能执行 Y,然后 C 就能够执行 Z”。一阶语言系统能够加工这种语句。并且,只要语言系统中的符号(A、B、X、Y 等)扎根于客观世界(具有意义),那么一阶语言系统就可以在世界范围内有效地应用该规则。]

第二点需要说明的是,计划必须是独特的步骤串,其在很大程度上与句子是独特且一次性的词语串相同。此处的要点在于,能够思考特定的一次性计划并对其加以修正非常有帮助;并且,这种操作与通过试错来慢速学习固定规则,或通过计算机程序的监控部分应用固定规则有很大不同。

这些就是我对为什么我们有意识,为什么我们能意识到感觉、情绪和动机的感质(Qualia)②以及与一阶语言思维相关的感质的最初想法。但是,如上所述,在这个哲学领域的探索中并不存在简单明了的标准,使我们可以确切地知道某个理论是否正确。因此,意识理论可能会继续快速发展,而当前的理论尚不具有实践意义。

10.2.2　系统中与意识相关的加工的适应性价值

我认为,这种高阶句法思维系统在进化上具有适应性意义,部分在于它能够修正一阶语言或非语言加工中产生的错误。

的确,对过往事件进行反思的能力对从这些事件中学习非常重要,包括对建立新的长时语义结构等也很重要。海马可能是一个“陈述性”回忆近期记忆的系统[另请参见 Squire, Stark & Clark(2004)]。它之所以与人类的“有意识”加工[斯奎尔

---

① 正确扎根,指符号或表征与它们所指的对象、思想或事件正确地联系起来。——译者注
② 感质(Qualia),在哲学上指所有感官现象,强调主观意识经验的独立存在性和唯一性。——译者注

(Squire)将其归为陈述性记忆系统]关系紧密,可能仅仅是因为它能够回忆近期记忆,然后在有意识的高阶加工中可以对这些记忆进行反思,从而能够引导新语义表征的形成(Rolls 2016d, Rolls 2018a, Rolls 2021a)。高阶思维系统适应性价值的另一方面可能是,通过思考它自己在给定情境下的思维,它或许能够更好地理解另一个体在相似情境下的思维,从而更好地预测该个体的行为(Humphrey 1980, Humphrey 1986)。

该计算假说是指通过思考低阶思维,高阶思维能够发现在低阶水平的推理链中哪些环节较为薄弱,而在检测到薄弱环节后,它可能会更改计划,以察看能否带来更大的成功。在上面的示例中,如果发现 C 无法执行 Z,那么该计划可能是如何失败的? 不同于必须不断随机更改计划,即通过试误来看是否某个组合恰好会产生结果,我在这里提出的观点是,通过思考先前的计划,如使用情境和对其起作用的概率知识,人们可以推测计划失败的那一步是 B 实际上未执行 Y。因此,通过思考计划(一阶或低阶思维),人们可以用这种方式修正原始计划以规避推理链中的薄弱环节,即"B 可能会执行 Y"。

与神经网络相比照:在这种多步句法计划中存在"**信用分配**"(Credit assignment)问题,即如果整个计划失败,那么系统如何为计划中的特定步骤分配信用或责任?[在多层神经网络中,信用分配问题是指如果在输出层指定了错误,那么就会产生如何将错误传回网络中较早的隐藏层,从而为单个突触连接分配信用或责任的问题。参见鲁姆哈特、辛顿和威廉姆斯(Rumelhart, Hinton & Williams 1986)和罗尔斯(Rolls 2016d, Rolls 2021a)。]**我的观点是,针对一次性句法计划,解决信用分配问题是高阶思维的功能,并且这也是具有高阶思维的系统不断进化的原因。我要进一步指出的是,如果一个系统正在进行这种加工(思考它自己的思想),那么很有可能该系统会体验到自己正在这样做。我甚至认为,如果一个系统正在进行这种加工,而它却没有任何体验,那是非常不合理的。**

我认为很重要的一点是,这一高阶句法思维(HOST)系统中操作的符号可能需要扎根于现实世界,即在某种意义上,这些符号对思考者来说是"重要"的。这一符号扎根问题在其他地方也有探讨(Rolls 2014b, Rolls 2020b)。

与上面提到高阶思维的适应性价值以及意识产生的论点相一致,即高阶思维对修正低阶思维很有用的论点相一致,我现在认为,如果低阶思维足够复杂,以至于其可在这种修正中受益,那么使用高阶思维对低阶思维进行修正将具有适应性价值。这一复杂性在本质上是具体的——它应当涉及符号的句法操作,可能在思维链条中包含多个步骤,并且步骤链应当是一次性的(即仅使用一次)一组步骤,正如仅使用一次的句子或特定计划,而非一组学得很好的规则。一阶或低阶思维可能包含制定计

253

划所使用的由"如果……那么"语句组成的链条,上面已经给出了一个示例,这种认知加工被认为是人类具有熟练思维能力的主要基础(Anderson 1996)。我认为这种反思性意识与语言之间关系紧密,其中部分原因在于复杂的低阶思维(如涉及句法和语言的低阶思维)可以从高阶思维的修正中受益。不管怎样,只要大脑中的这一高阶句法思维(HOST)系统参与加工,无论被加工的是何种一阶内容,我都认为我们有意识。

10.3 与其他意识理论的比较

10.3.1 高阶思维理论

当前理论与其他高阶思维理论(Rosenthal 2004,Rosenthal 2005,Rosenthal 2012,Gennaro 2004,Carruthers 2000,Brown et al. 2019)的不同之处在于,本理论提供了对高阶思维系统在进化上的适应性价值的解释,即这一系统有助于解决在多步句法计划中出现的信用分配问题;并且,它将这种加工与意识联系起来,从而强调句法加工在意识中所起的作用。这种句法加工不必处于自然语言水平(自然语言意味着普遍语法),而可以处于心理语言或更简单的水平,因为它主要涉及对符号的句法操作(Fodor 1994,Rolls 2014b,Rolls 2016d,Rolls 2021a)。

当前理论认为,与意识紧密相关的是高阶语言思维(Higher-order linguistic thoughts,HOLTs)[或高阶句法思维(HOSTs)(Rolls 2004c,Rolls 2007a,Rolls 2011a,Rolls 2014b,Rolls 2016d,Rolls 2020b)]。当前理论对语言的强调可能与罗森塔尔(Rosenthal)的高阶思维(HOT)理论(Rosenthal 1986,Rosenthal 1990,Rosenthal 1993,Rosenthal 2004,Rosenthal 2005,Rosenthal 2012)有所不同。当前理论中的语言是由对符号的句法操作来定义,未必意味着口头(或自然)语言。

当前理论特别强调语言的原因在于,正是由于存在一个多步的、灵活的、"一次性的"推理程序,才能使用"关于思维的思维"来修正错误。这使得能够修正由于信用分配问题,而无法在推理结束时通过接受奖赏或惩罚来轻松修正的错误。也就是说,需要某种类型的监督和监控过程,以检测推理中发生错误的位置。根据高阶句法思维(HOST)理论,正是这样一个高阶句法思维(HOST)的大脑系统及其参与(即使只有一点点)和现象意识相关。

本理论认为,高阶语言思维加工可提前进行多步计划并修正此类计划,这种高阶语言思维加工在进化上具有适应性价值,这一观点可能与早期的工作有所不同。换句话说,单层网络(可以直接利用强化修正错误节点或反应)接受奖赏或惩罚时的信用分配是简单明了的,但当一次性执行多步语言加工时,信用分配则非常困难。

一些计算机程序可能包含监控过程。这些计算机程序可以算作高阶语言思维加工吗？目前我对这个问题的回答是，它们不应算作高阶语言思维加工，因为该系统根据固定规则的运作以修正系统的运行，其本身并不涉及在语义上扎根于外部世界的符号的语言思维。另一方面，如果有可能在计算机上实现这种高阶语言思维即监控修正过程，并使用扎根于现实世界的符号修正一阶的、一次性的语言思维，那么从表面上来看该过程是有意识的。如果有可能在计算机上复制人类大脑在思维实验中的神经连接和工作原理，那么从表面上来看它也将具有意识的属性。[1] 只要给这个系统持续提供能量，它就可能一直具有这些属性。[这里我想指出的是，大脑和数字计算机的工作方式完全不同，我曾在《大脑计算的内容与方式》(Rolls 2021a)的第 19 章中阐明其差异。但是，理论上仍然可以通过模拟神经元和神经元集群的动力学，在数字计算机上模拟大脑系统的工作原理(Rolls 2021a)。]

当前理论与早期理论的另一个可能差异是，原始的感觉体验被认为是由拥有可以思考自己思想的系统产生的。原始的感觉体验以及与情绪和动机状态相关的主观状态，未必会在进化中先出现。

统一性通常被归为意识的一个属性。当前理论对意识这一属性的解释是，由于大脑中神经网络的句法能力有限，使得同时执行多个符号的句法绑定变得困难(McLeod, Plunkett & Rolls 1998, Rolls & Deco 2015b, Rolls 2016d. Rolls 2021a)，这一限制也使得同时运行多个"意识流"变得很困难。此外，鉴于语言系统可以控制行为输出，多个并行的意识流可能会产生适应不良的行为(例如犹豫不决)而被淘汰。意识流与听觉—言语短时工作记忆之间的紧密关系，以及二者都容量有限，可能就在于二者都在神经网络中实现句法能力(Rolls & Deco 2015b, Rolls 2021a)。

句法绑定对意识而言是必要的，这是我所提出的理论假设之一(因为我所描述的系统必须能够修正其自身的句法思维)。必须在神经网络中实现句法绑定这一事实可能会给意识带来相当大的限制，从而导致其具有某些属性，如具有统一性等。

这引发了有关意识的因果作用的讨论(Rolls 2021a, Rolls 2020b)。意识会是导致我们行为产生的原因吗？目前我所持的观点是，与意识相关的信息加工(具有高阶思维，并被用于计划和修正低阶语言系统运行的语言系统中的活动)，可以在我们行为的产生中起到因果作用(见图 4.3)，但仅应作为说明心理事件与大脑事件之间关

---

[1] 这是机能主义者的立场。显然，达马西奥(Damasio 2003)不赞成这种观点，因为他认为构成大脑的物质("自然介质")中有一些东西很重要。对持此观点的人来说，很难从神经科学中得出关于意识的重要见解，因为实际上重要的可能始终是"物质"。

系的"解释水平"①的一部分(Rolls 2021a, Rolls 2020b, Rolls 2021e)。[简而言之,我对心身(或心脑)问题②的解释是,因果关系在各水平内起作用,而非各水平间。因此,我们可以说一个神经事件引起了稍后的另一个神经事件(Rolls 2021a, Rolls 2020b, Rolls 2021e)。在更高的解释水平上,这些神经事件可以被认为是思维过程。(毕竟,思维必须通过大脑的神经活动来实现,并且大多数神经科学家都持此立场。)而在思维层面上,我们可以说一种思维作为原因引发了稍后的另一种思维。但是,将因果关系的运行引入各水平间只会引起混乱,因为不同水平的这些事件同时发生,而因果关系的一个特性就是在时间上要有先后。这些重要问题已在其他地方进行了更详细的论述(Rolls 2021a, Rolls 2020b, Rolls 2021e)。]我提出,该系统(具有高阶思维)加工的一个属性是,只要执行这种加工,系统就会对所执行的这种加工有体验。我认为,正是在这个意义上,意识能够因果性地影响我们的行为——意识是语言系统思考其低阶思维时产生的属性,其对修正计划很有用。

在这种加工发生时确实会有发生这种加工的体验这一假设,至少在某种程度上是可检验的(见 Lau & Rosenthal 2011):进行这种高阶语言加工(例如回忆情景记忆并将其与当前情况相比较)的人否认自己有意识,从表面上来看会构成反对该理论的证据。然而,大多数人会觉得,难以想象他们可以在无意识情况下思考他们自己的思想,并反思他们自己的思维。对大多数人而言,这种加工似乎确实必须是有意识的。

我认为,感质、原始感觉和情绪"体验"是在这样一个高阶思维系统之后产生的,并且我们对感觉和情绪加工有所体验,是因为我们对这个高阶思维系统中的所有其他加工都会有所体验,一旦这种情绪加工进入有计划的高阶思维系统,我们对此没有体验是不合理的。

因此,具有感觉和情绪体验或感质的适应性价值在于,这些输入被认为对包含长期计划的外显加工系统很重要。原始的感觉体验以及与情绪和动机状态相关的主观状态,未必会在进化中先出现。

腹侧视觉系统与外显加工而非内隐加工关系更紧密的原因,就包含了客体和个体的表征需要进入计划即意识系统这一事实,这一点在我的著作(Rolls 2003, 2021a)中有更详细的论述。

比罗森塔尔(和我)的观点稍弱的一种立场认为,有意识状态对应于一阶思维,其

①
②

① 在心理学中,可以用不同的解释水平研究同一问题。较低的解释水平与基因、神经元、神经递质和激素等生物学基础紧密相关,中级解释水平则是指个体的能力与特征,而最高级别的解释水平是指社会群体、组织和文化。——译者注
② 心身问题,指心理现象与物理现象之间的关系;在比较狭义的讨论中,集中于意识与大脑之间的关系。——译者注

能够引起关于它的二阶思维或判断(Carruthers 1996)。与卡拉瑟斯(Carruthers)的立场以及当前理论在某些方面相近的另一立场是查尔姆斯(Chalmers 1996)的观点,即认为意识是可以直接用于行为控制的东西。对他而言,这事实上相当于认为,对人类来说,意识就是我们所能(口头)报告的东西(参见 Rolls 2014b)。

10.3.2 振荡和时间绑定

克里克和科赫(Crick & Koch 1990)的假设是,振荡和同步是意识的必要基础。如果事实证明振荡或神经同步是大脑实现句法绑定的方式,那么该假设可能与当前理论相关。但是,振荡和神经同步在麻醉的猫中尤其明显这一事实并不能作为振荡和神经同步是意识的关键特征的有力证据,因为大多数人会认为麻醉的猫是无意识的。在清醒的、运动的猴子的颞叶皮层视觉区,很难表现出振荡和刺激依赖的神经同步(Tovee & Rolls 1992, Franco, Rolls, Aggelopoulos & Treves 2004, Aggelopoulos, Franco & Rolls 2005, Rolls 2016d, Rolls & Treves 2011, Rolls 2021a),这一事实可能仅仅意味着在灵长类动物的进化过程中,由于发展出了更好的前馈和反馈抑制回路,皮层能够更好地避免寄生振荡(Rolls 2016c)。

256 真实神经元网络中的句法通过时间绑定来实现(Malsburg 1990, Singer 1999),这一观点似乎不能令人信服(Rolls 2016d, Rolls & Treves 2011, Rolls 2021a)。例如,可以从视觉系统末梢读取有关呈现了哪个视觉刺激的编码,而无需考虑神经元放电的时间方面;有关所呈现刺激的大部分信息可以在短暂的 30—50 毫秒的时间内获得,并且在客体识别过程中皮层神经元也仅需放电这么长时间(Tovee, Rolls, Treves & Bellis 1993, Rolls & Tovee 1994, Tovee & Rolls 1995, Rolls & Treves 1998, Rolls 2003, Rolls 2006a, Rolls 2016d, Rolls & Treves 2011, Rolls 2021a)(这对于多个彼此分离的同步神经元群的表达来说,是相当短的时间窗);在灵长类动物涉及客体和面孔表征的颞叶皮层视觉区,刺激依赖的神经元间同步放电并非定量编码信息的重要方式(Tovee & Rolls 1992, Rolls & Treves 1998, Rolls, Franco, Aggelopoulos & Reece 2003b, Rolls, Aggelopoulos, Franco & Treves 2004, Franco, Rolls, Aggelopoulos & Treves 2004, Aggelopoulos, Franco & Rolls 2005, Rolls 2016d, Rolls & Treves 2011, Rolls 2012e, Rolls 2021a)。

此外,相干(锁相)振荡[通过相干性进行交流(Fries 2005, Fries 2009)]促进信息传递这一假说也有相当大的困难(Rolls, Webb & Deco 2012),因为尽管人们非常强调在大脑中寻找相干性,但很少有因果证据表明相干性影响信息传递。在对此进行的测试中发现,在两个可以分析伽马(Gamma)振荡(约 50 Hz)因果效应的连通网络的整合—放电模型中,耦合网络之间的信息传递会在突触连接强度远低于相干振荡所需强度的情况下发生(Rolls et al. 2012)。因此,这一发现说明信息传递不需要伽马振荡,并且也几乎不受其影响。这意味着在检验大脑中的相干性是否在影响信息传递具有因果作用时需要格外小心,至少对伽马频段是如此(Rolls et al. 2012, Rolls & Treves 2011)。

10.3.3 信息到达意识的高神经阈限

实际上,我的部分意识理论为在所谓的阈下加工中,为什么信息到达意识的阈限高于信息影响行为的阈限提供了一个计算上的理由(Dehaene, Changeux, Naccache, Sackur & Sergent 2006, Dehaene 2014)。

基于后掩蔽的神经生理学和心理物理学研究(Rolls & Tovee 1994, Rolls, Tovee, Purcell, Stewart & Azzopardi 1994b, Rolls, Tovee & Panzeri 1999b, Rolls 2003, Rolls 2006a, Rolls 2016d, Rolls 2012e, Rolls 2021a),我认为(Rolls 2003, 2006a, 2011a),在感觉加工中外显有意识的加工的阈限可能比内隐加工更高。并且我提出,这一点的适应性价值部分在于,如果语言加工本身序列进行并且速度很慢,那么中断它可能是不具适应性的,除非中断信号很有可能不是由系统中的噪音引起。心理物理学和神经生理学的研究发现,呈现 16 毫秒的面孔刺激,随后立即呈现掩蔽刺激,这时面孔刺激不会被人类有意识地知觉到,但仍然会产生高于随机水平的识别率,并使猕猴的颞下皮层神经元放电约 30 毫秒。如果将掩蔽延迟 20 毫秒出现,那么神经元会放电约 50 毫秒,并且所测试的面孔刺激更有可能被有意识地知觉到。在一个类似的后掩蔽范式中,研究发现,即使面孔并未被有意识地知觉到,高兴或生气的面孔表情也会影响到想要和喝掉多少饮料(Winkielman & Berridge 2005, Winkielman & Berridge 2003)。这进一步证明无意识的情绪刺激会影响行为。

10.3.4 詹姆斯-兰格(James-Lange)理论和达马西奥关于情绪的躯体标记假说

257

这里介绍的理论也与其他意识和情感理论不同。詹姆斯和兰格(James 1884, Lange 1885)认为,当来自外周神经系统的反馈(例如有关心率的反馈)到达大脑时,会产生情绪体验,但并没有理论说明为什么某些刺激而非其他刺激会引起外周的变化,进而为什么某些事件而非其他事件会引起情绪体验。

此外,来自外周的自主和本体感受系统的反馈对情绪必不可少的证据非常薄弱,因为阻止外周反馈并不能消除情绪,而产生外周(例如自主)变化也不会引起情绪(Reisenzein 1983, Schachter & Singer 1962, Rolls 1999a)(见 2.4.1 节)。

达马西奥的情绪理论(Damasio 1994, Damasio 2003)与詹姆斯—兰格理论相似(因此也受到一些相同的反对),但他认为外周反馈是被用于决策而非意识。他没有正式定义情绪,但他认为躯体图谱和表征是情绪的基础。在考虑意识时,他假定所有意识都是自我意识(Damasio 2003)(p. 184),并且认为"意识流中的基本图像是某种躯体事件的图像,无论该事件是发生于躯体深处还是靠近外周的专门化感受器"(Damasio 2003)(p. 197)。他的理论似乎并不是一个完全可检验的理论,因为他猜想"感觉体验的终极特性,即为什么感觉体验会被如此感觉,部分是由神经介质赋予的"(Damasio 2003)(p. 131)。因此,假设如果他所讨论的加工(Damasio 1994, Damasio 2003)在计算机上被实现,那么该计算机并不会拥有与真实大脑相同的与意识相关的所有属性。在这个意义上来讲,他似乎是在主张非机能主义者的立场,认为与意识相关的关键内容与构成该系统的特定生物机制有关。在这一方面,该理论似乎有些难以理解。

10.3.5 勒杜(LeDoux)的情绪和意识取向

勒杜的情绪取向(LeDoux 1992, LeDoux 1995, LeDoux 1996, LeDoux 2008, LeDoux 2012)在很大程度上(引用他的话)是一种自动化取向,强调涉及恐惧加工的快速皮层下大脑机制。勒杜(LeDoux 1996)与约翰逊—莱尔德(Johnson-Laird 1988)、巴尔斯(Baars 1988)相一致,强调工作记忆在意识中的作用,将工作记忆视为形成和操纵符号表征的容量有限的序列处理器(p. 280)。因此他认为,许多情绪加工是无意识的,只是因为情绪信息进入到工作记忆系统中,情绪加工才变得有意识。然而,勒杜(LeDoux 1996)也承认,意识尤其是其现象性或主观性,并不能完全由作为工作记忆基础的计算过程来解释(p. 281)。最近,勒杜转向了意识的高阶理论,并指出其涉及"一般认知网络"(LeDoux & Brown 2017, Brown et al. 2019)。与我所提出的与意识相关的高阶句法思维加工系统相比,这是一个定义较不明确的加工系统。

258 ### 10.3.6 意识的全局工作空间理论

我提出的意识取向表明,信息必须在能够实现高阶句法思维(HOSTs)的系统中加工才能被意识到;并且从这个意义上来说,它比全局工作空间假说更为具体(Baars 1988, Dehaene & Naccache 2001, Dehaene et al. 2006, Dehaene et al. 2014, Dehaene 2014)。事实上,本取向表明,工作空间可能具有足够的全局性,甚至能够执行驾驶汽车所涉及的复杂加工,并且除非涉及高阶句法思维(监督、监控、修正)加工,这种加工还可能被无意识执行。

10.3.7 监控与意识

大脑中的吸引子网络通过神经元之间的兴奋性回返侧支连接实现正反馈,能够执行决策(Wang 2002, Deco & Rolls 2006, Wang 2008, Rolls & Deco 2010)(见第8章)。正如在其他地方所详细解释的那样(Rolls & Deco 2010),如果决策所需的外部证据与所做出的决策(其受到充满噪音的神经元放电次数的影响)相一致,那么获胜吸引子的放电频率将会获得外部证据的支持,并变得特别高。如果外部证据与受噪音影响的决策(即所做出的决策)相反,那么获胜吸引子中神经元的放电频率将不受外部证据支持,并且会低于预期(图8.3)。通过这种方式,对决策的信心由获胜吸引子神经元集群中神经元的放电频率表达,并由其编码(Rolls & Deco 2010)。

如果我们现在在添加第二个吸引子网络,以读取来自第一个决策网络的放电频率,那么第二个吸引子网络可以基于第一个网络中的放电频率所表示的信心来进行决策(Insabato, Pannunzi, Rolls & Deco 2010)。第二个吸引子网络允许我们做出有关是否改变第一个网络所做决策的决策,例如中止试验或策略。第二个网络,即置信决策网络,实际上是在监控第一个网络所做出的决策,并且如果第一个网络所做决策被评估为似乎不可置信的决策,那么这可能会导致策略或行为的改变。这一点在其他地方有详细论述(Insabato, Pannunzi, Rolls & Deco 2010, Rolls & Deco 2010, Rolls 2014b),表明通过监控第一个决策网络的输出,由双吸引子网络组成的简单系统可以做出基于信心的(二级)决策。

现在,这种用于说明"监控"功能的描述和语言,被认为是一种高级认知加工,并可能与意识有关(Block 1995, Lycan 1997)。例如,在汉普顿(Hampton 2001)(实验3)进行的实验中,猴子需要在延迟一段时间后记起图片。在"测验标志"的选项出现后,猴子要从四张图片中选择一张在延迟时间之前见过的图片。如果猴子的选择正确,那么它会得到大额奖赏(一个花生)。如果猴子不确定自己记得第一张图片,那么它可以选择"回避标志"来开始另一个试次。当延迟时间较长时,由于系统中的噪音等原因,此时猴子对图片的记忆强度可能较低,因而在这些试次中记忆信心也可能较低,猴子更可能会选择回避标志。该实验表明,猴子会思考自己的记忆,即元记忆的一种情况,而这可能与意识有关(Heyes 2008)。然而,仅通过向第一个决策网络添加第二个决策网络,就可以做出是否回避这一试次的决策。因此,我们可以用双吸引子决策网络组成的简单系统,来解释看似复杂的认知现象(Rolls & Deco 2010, Rolls 2012d)。

这意味着某些类型的"自我监控"可以由简单的、双吸引子网络的计算过程来解释。但是更复杂的"自我监控"如何实现呢? 例如在基于对先前事件进行反思的评论中,发生的复杂加工似乎与意识密切相关(Weiskrantz 1997)。这一取向已被我发展为意识的高阶句法理论(HOST)[第10章(Rolls 1997b, Rolls 2004c, Rolls 2005b, Rolls 2007a, Rolls 2008b, Rolls 2007c, Rolls 2010a, Rolls 2011a, Rolls 2012d, Rolls

2014b, Rolls 2016d, Rolls 2020b, Rolls 2021e)], 其中如果多步推理计划失败, 那么就会出现信用分配问题, 可能不清楚哪个步骤失败。此时这种"自我监控"要更为复杂, 因为它需要句法。这一理论的要点在于某些类型的"自我监控"在计算上很简单, 例如基于对第一个决策的信心做出的决策(Insabato et al. 2010, Rolls & Deco 2010), 并且可能与意识关系不大; 而高阶思维过程在所需的句法计算类型方面有很大不同, 并且可能与意识的关系更加紧密(Rolls 1997b, Rolls 2003, Rolls 2004c, Rolls 2005b, Rolls 2007a, Rolls 2008b, Rolls 2007c, Rolls 2010a, Rolls 2011a, Rolls 2012d, Rolls 2014b, Rolls 2016d, Rolls 2020b, Rolls 2021e)。

因此, 本章所描述的意识理论与其他一些意识理论不同。

11 结论及更广泛的问题

11.1 结论

我们首先来总结一下本书所涵盖的内容,然后再讨论一些更广泛的问题,包括情绪的这一生物学取向为理解美学、伦理学和经济学中出现的一些问题提供的背景知识等。这些问题已在《神经文化:论脑科学的启示》(Rolls 2012d)中做了进一步讨论。

1. 我们提出了一种认识情绪及其性质和功能的科学取向(第2章和第3章)。研究表明,这种取向可以帮助我们对不同情绪进行分类(第2章),并有助于理解大脑中哪些信息加工系统参与情绪,以及它们如何参与(第4章至第6章)。

2. 我们对大脑如何围绕奖赏和惩罚价值系统建构,提出了十分详尽的理论观点,正如第3章所述,这些观点阐释了基因构建复杂系统的方式,并且该复杂系统可以产生适宜且灵活的行为,以提高其生存适应性。通过构建奖赏和惩罚系统,该系统使我们的行为指向目标,从而使我们得以生存,尤其是达到健康繁殖,这是基于自然选择的进化实现上述基因构建复杂系统的方式。通过限定目标而非特定反应,基因为提高生存适应性所需的可能行为策略提供了更多可能性。因为在进化中环境会变化,限定特定反应会使行为效率低下,缺乏灵活性,并且限定特定反应对于基因也会有更加高昂的代价(就需要编码的信息和出错的可能性而言）。我认为,基因利用大脑中对奖赏和惩罚的解码以及行为系统来构建生物体,这一方式在进化上具有适应性价值,这个观点恰与达尔文主义相一致,也是我的情绪理论的关键部分,而且我认为该理论能经得起时间的考验。

该理论有助于我们理解大脑中的许多感觉信息加工紧跟着奖赏和惩罚的价值编码,以及紧随其后的是为实现由感觉/强化物解码系统确定的目标而进行的行动选择。价值编码系统必须与纯粹的感觉或运动系统相分离,并且在寻求目标或者目标未被实现时,必须保留价值相关的表征,以指导进一步的目标导向行为,正是这些持续的目标相关状态与情绪相关。

3. 奖赏和惩罚系统在大脑建构中的重要性不仅可以帮助我们理解情绪的意义和重要性,而且还可以帮助我们理解动机行为的意义和重要性,而动机行为通常涉及努力实现目标,这些目标由内部信号的当前状态限定,为了达到体内稳态［有关饥饿参见第 5 章,有关口渴参见罗尔斯（Rolls 2005b）］,或是受内部激素信号影响的目标（有关性行为参见第 7 章）。事实上,动机可以被视为一种为目标而努力的状态,而情绪则可以被视为在目标（强化物）实现或未实现时产生的状态,并且此后该状态可能会持续存在。基因定义的强化物提供行为的目标,这一概念有助于理解动机状态（或欲望）与情绪之间的关系,因为生物体必须被建构为具有去实现目标的动力,并在行为实现或未实现目标时处于不同状态（情绪）。情绪状态可能是激励性的,如令人挫败的无奖赏情况。动机与情绪之间紧密且清晰的关系在于,二者都涉及人们所描述的情感状态（例如,感到饥饿,喜欢食物的味道,因某个社会性强化物而感到快乐）,并且二者都与目标有关。

4. 在第 4 章至第 6 章中,我们概述了包括人类在内的灵长类动物的大脑进行感觉、奖赏价值和惩罚价值的信息加工的基本架构和设计原则。这些架构原则包括以下内容:

（a）对于潜在的次级强化物,分析进行至习得奖赏和惩罚联结之前的客体恒常性识别阶段。这样做的原因是为了能够正确泛化至相同或相似客体的其他实例,即使之前奖赏物或惩罚物已经与一个实例相关联。

（b）理想上,客体表征的（适当）形式是作为模式关联器的输入,其中模式关联器允许习得强化联结。这些表征被适当地编码,可以由在神经元水平上很合理的点积解码来解码;它们是分布式的,因此具备很好的泛化能力和功能衰减;它们具有由整体中不同神经元传递的相对独立的信息,因此具有非常大的容量;并且,它们允许许多信息在 20—50 毫秒的时间内被迅速地读取［参见第 4 章,Rolls(2016d), Rolls & Treves(2011) 和 Rolls(2021a)］。

（c）腹侧视觉系统（投射至颞下视皮层）加工的目的是帮助选择目标或与奖

赏物或惩罚物相关联的客体,以采取行动。行动涉及环境中行动目标的识别和选择,其中腹侧视觉系统至关重要。因此,我不同意米尔纳和古德尔(Milner & Goodale 1995)的观点,即背侧视觉系统负责控制行动,而腹侧视觉系统负责"知觉",如知和认知的表征。腹侧视觉系统与选择行动目标有关。它通过提供客体的恒常性表征来实现这一点,这种表征适于接入使用模式关联来确定客体的奖赏或惩罚价值的系统[如杏仁核和眶额皮层,参见第 4 章的图 4.2 与图 4.3,其中联合皮层在视觉中对应于颞下视皮层],并作为选择适宜行动目标的过程的一部分。对此,第 4 章描述的部分证据是颞叶的大面积损伤(损害腹侧视觉系统及其某些输出区域,如杏仁核等)会导致克鲁尔-布西综合征,在这种综合征中,猴子会不加区分地选择物体并放进嘴里,而不管其奖赏价值。背侧视觉系统帮助执行这些动作,如适当地变换手势以拿起选定的客体等。(通常这种感觉运动操作是内隐执行的,即在无意识觉察的情况下进行。)有关未来目标和行动的外显计划需要关于客体及其奖赏物或惩罚物的联结知识,就这一点而言,正是腹侧视觉系统为计划未来行动提供了适当的输入。此外,出于相同的原因,我认为,当需要外显或有意识的计划时,腹侧视觉系统的活动与意识紧密相关,因为其活动是针对腹侧视觉系统所表征的客体,我们通常将这些表征用于多步计划的加工中。

(d) 对于初级强化物,奖赏解码可能会在数个加工阶段之后发生,如在灵长类动物的味觉系统中,奖赏在初级味觉皮层之后才被解码。此处的建构原则是,灵长类动物的大脑中有一条主要的味觉信息加工通路,即经由丘脑到初级味觉皮层,并且味道的好坏不会在识别这一味道之前对味道识别产生偏向性的调节作用,因此初级皮层中的味觉表征可用于非奖赏依赖的用途。其中一个例子是学习在环境中找到散发特定味道的地方,即使此时灵长类动物并不饿,该味道当前并不具有奖赏性。在其他感觉系统中,可能在感觉加工的早期就明确了强化值。例如,在疼痛系统中就会发生这种情况。这一架构的基础在于,存在针对疼痛和触觉的不同通道(神经纤维),因此触觉刺激的情感价值和识别可以通过分离的平行信息通道来传递,从而可以各自分别表征和加工。

(e) 在非灵长类动物包括啮齿类动物中,这一系统的建构原则可能包含不那么复杂的设计特征,部分原因在于其加工的刺激较为简单。例如,视角不变的客体识别在非灵长类动物中可能发展得不成熟,其识别可能更多地基于纹理、颜色、简单特征等的物理相似性(Rolls 2016c)。这可能是因为非灵长类动物很少以物体恒常知觉的方式对视觉刺激进行复杂的皮层加工,并且啮齿类动物其他感觉系统的组织也较为简单。例如,在啮齿类动物感觉加工的早期,饥饿对味觉加工具有部分(但不是全部,或许只有30%)调节作用(Scott, Yan & Rolls 1995, Rolls & Scott 2003)(1.3节)。此外,虽然非灵长类动物通常对经过充分加工的客体(例如看到特定的人)会做出适当的情绪反应,但在某些情况下,例如听到巨大的噪音或与惩罚相关联的纯音,非灵长类动物可能会在感觉信息加工的早期就抽取出用于产生情绪反应的感觉表征。例如,啮齿类动物的皮层下听觉系统会为杏仁核提供输入信息(参见第4章)。

(f) 另一条建构原则是奖赏和惩罚价值系统的输出必须被行动系统作为行动的目标。行动系统的建构必须设法使由奖赏性事件产生的表征的激活最大化,并使由惩罚物或与惩罚物相关的刺激所产生的表征的激活最小化。如由诸如苯丙胺和可卡因等精神性运动兴奋剂导致的药物成瘾,可被视为在杏仁核和眶额皮层输出至腹侧纹状体这一阶段激活了大脑,这些输出提供了有关刺激是否与奖赏物或惩罚物相关的表征,最终影响成瘾中的接近行为。成瘾一直持续可能与以下情况有关:因为杏仁核和眶额皮层的输出处于刺激—强化学习阶段之后,并处于感觉特异性饱足被计算之后,行动系统必须为能够解释杏仁核和眶额皮层所表征的奖赏价值和行动目标来构建。

263   5. 情绪和社会行为中的视觉加工需要对个体的精细表征,为此有许多神经元负责面孔加工,尤其是在灵长类动物中(Rolls 2011c)。此外,还有一个独立的系统编码面部姿态、运动和视角,因为这些在社会行为中都很重要,可根据某特定个体的强化联结来解释该个体是在进行威胁还是在妥协(Rolls 2011c, Rolls 2012e, Rolls 2014b, Rolls 2016c)。

6. 感觉系统在对客体水平主要进行单模态加工之后,随后会投射至会聚区域。这些会聚区域也就是眶额皮层和杏仁核,它们对奖惩、情绪和动机格外重要,在这里初级强化物被用来表征和编码**结果价值**。大脑的这些区域似乎对情绪和动机格外重要,不仅因为它们是灵长类动物表征刺激的初级(非习得性的)强化价值的大脑区域,还因为它们是在潜在的次级强化物与初级强化物之间进行模式联结学习以计算**期望价值**的大脑区域。因此,它们是大脑中参与学习刺激的情绪和动机**奖赏价值**的区域。

当强化相倚改变时,眶额皮层参与快速、单次的情绪行为的反转,如4.5.5节所述,这可以通过转变规则来实现。这些眶额皮层神经元可以称为期望价值神经元。在单个试次中,这种快速的、基于规则的反转,重新评估刺激以编码当前奖赏价值,以及规则的使用,可能是通过啮齿类动物中不存在的颗粒眶额皮层及其相连区域的计算来实现(1.3节)。

7. 基因将不同奖赏评估系统的价值规定为适当的比例,从而能够以最大化繁殖成功的方式进行自然选择。此外,奖赏系统是特异性的,编码特定奖赏物和惩罚物的价值,并且倾向于自我调节,所以为了按照适当均衡的概率选择不同奖赏,它们以共同的价值尺度运作,并通常依赖于内部动机信号的调节。以共同的价值尺度运作的多个不同奖赏价值系统的存在,有助于每个奖赏都得到选择,以使繁殖成功最大化。这里不存在转换为共同货币(currency)的过程,因为共同货币无法编码特定奖赏,也就不能传递给行动系统指导行为。由基因限定的奖赏物或惩罚物的价值可以通过学习来重新调整,如味觉厌恶学习(Scott 2011)、条件性食欲和饱足感(Booth 1985)等。

8. 当一种奖赏重复若干分钟后,感觉特异性饱足就会建立起来,这种饱足感是有助于选择不同行为的准则。激励性动机是在奖赏呈现早期所具有的奖赏增强的过程,是帮助行为至少在一段有用的时间内锁定一个目标的准则。在分别参与突触习惯化和(非联结性)易化的奖赏(而不是早期感觉)系统中,可能存在简单的神经生理学基础来实现这些时间依赖的加工。

9. 近30年来,随着在理解奖赏和惩罚、情绪和动机的脑机制方面取得的进展,药物成瘾的神经生理基础也变得越来越清晰。其中,尤其是在与药物使用相关的刺激的条件强化效应中,多巴胺发挥着重要作用,而这影响了"想要"成瘾物质的程度。此外,现在我们正着手研究不同大脑系统在情绪产生中的作用机制,这为开发针对特定大脑区域的抑郁和焦虑的药理学疗法提供了更好的基础(第6章)。

10. 眶额皮层中的表征似乎确实代表了经济价值,因为神经元反应和神经激活似乎与其选择紧密相关,并且还与有意识的主观价值或对"商品"的愉悦度评级紧密相关。通过对这些经济价值的度量,眶额皮层的活动反映了风险(可获得奖赏的概率)、模糊性(结果的概率是否已知)、时间折扣,以及可获得的商品量与商品价值之间权衡的影响。价值在眶额皮层中以连续尺度表征,实际上眶额皮层的激活与刺激或事件的主观愉悦(内侧眶额皮层)或不愉悦(外侧眶额皮层)线性相关。

11. 由于遗传变异和自然选择,不同个体赋予不同奖赏物的奖赏价值和赋予不同无奖赏或惩罚物的惩罚价值有所不同。并且,大多数人无法对不同选择的期望价值进行经济计算,因为人脑的功能主要通过相似性比较而非计算机所执行的逻辑计算来实现(Rolls 2016d, Rolls 2021a)。出于这些原因,古典微观经济学及其包含公理和理性人的取向不再被认为可以真正解释人类和其他动物的行为。取而代之的是神经经济学的研究取向,该取向关注由进化引导的启发式如何使不同的回报和成本在不同个体间变得比例不同,进而如何通过基于固有的概率性启发式的决策过程进行选择,而非基于理性明智的决策者的正确计算进行选择。

12. 眶额皮层表征刺激的价值。其神经元对刺激价值做出响应,而不对行为反应做出响应。眶额皮层可为以下脑区提供输出:

(a) 前扣带回,负责考虑行为成本的目标导向行为(4.7节)。为此,在前扣带回膝前部表征积极价值,在更背侧的胼胝体上前扣带回表征消极价值,并在中扣带回与运动/行为表征相联结;

(b) 基底神经节,形成刺激—反应习惯(6.3节);

(c) 杏仁核,执行巴甫洛夫式学习过程,使刺激能够引发趋近或回避行为,以及可能成为工具性行为目标的情感状态;

265

(d) 与杏仁核一起,执行巴甫洛夫式学习过程,使条件刺激能够引起自主反应和内分泌反应(4.6节)。

13. 目前,决策被理解为在吸引子神经网络中的不同吸引子状态之间进行非线性竞争,最终产生一个获胜者。在不同可能性的吸引子状态下,决策变量使神经元发生偏向。这一取向是在整合—放电神经元的层次上理解决策的机制,而且整合—放电神经元的各项参数具有生物物理学的现实意义。对于给定的平均放电频率,由于神经元放电的时刻具有近似泊松分布性质的随机波动,这使得决策是概率性的。

这种认识正在用拟合参数取代决策的人工漂移—扩散数学模型。这不仅是因为吸引子模型更加接近真实的决策机制,而且因为它允许探讨诸如离子通道电导率等生物学参数以及通过不同离子通道表达的不同递质的作用如何影响决策系统的运行和稳定性。这使人们能够研究其对相关医学的意义,如包括对精神分裂症和强迫障碍在内的神经精神疾病的意义(Rolls 2016d,Rolls 2021a,Rolls 2021d)。

14. 决策的吸引子取向是一种统一的取向,因为同一机制不仅适用于决策,而且还适用于短时记忆系统,并适用于从长时记忆系统中提取信息,以及自上而下的注意(Rolls 2016c)。之所以如此,部分原因在于吸引子状态是皮层系统的自然属性,其特征包括:兴奋性局部回返侧支实现正反馈,与此相关的这些连接的突触可塑性,以及由GABA神经元实现神经元之间的抑制(Rolls 2016d,Rolls 2021a)。

15. 在规模有限的神经网络中,与放电时刻相关的随机波动引起概率性决策的作用机制具有许多优势,其中包括即使在输入相似的情况下,在不同时刻也会引起不同的决策和记忆提取,从而导致系统的不确定行为。在许多情况下这种概率性行为都会产生有益的影响,包括有时选择不太有利的选项以更新知识、躲避捕食者、实现社交互动和创造性(Rolls & Deco 2010,Rolls 2016d,Rolls 2021a)。这一概率性的行为机制也使大脑变得不确定,而这意味着自由意志。

16. 在许多皮层区域都发现了这种非线性决策吸引子网络,这种网络不仅可以引起"决策",而且可以导致分类,通常是在对刺激进行多为线性分析加工的早期阶段之后。因此,大脑中并非仅有一个决策器,而是对不同类型的决策存在多种决策过程。例如,一种决策是在背侧视觉系统中做出光流整体方向的决策(Rolls 2016d, Rolls & Deco 2010,Rolls 2021a)。在价值和情绪系统中,有证据表明,腹内侧前额叶(vmPFC)的较前部分,包括内侧前额叶 10 区等,参与不同价值的刺激间的决策,并在层级结构中位于眶额皮层对奖赏价值进行较为线性的表征之后。

266

17. 至于多巴胺系统,似乎多巴胺神经元的活动不表征奖赏,并且与享乐或情绪状态无关(参见第 6 章)。其中部分证据在于,多巴胺神经元放电可能与奖赏预期误差而非奖赏本身有关,并且多巴胺能系统的损伤不会损害享乐反应或对奖赏的"喜欢"。多巴胺通路的确会影响巴甫洛夫式(经典条件)刺激凸显性效应(由腹侧纹状体介导)所涉及的系统,从而可能影响"想要"奖赏的程度。然而,这与多巴胺奖赏预期误差假说存在不一致之处,如关于多巴胺系统是否参与凸显性(因为许多多巴胺神经元对厌恶性、新异和警示刺激做出反应)与奖赏误差预测的比较,以及奖赏预期误差信号是否能够促进对惩罚刺激的学习(参见第 6 章)。

18. 除了行动选择的内隐系统之外,人类及可能与其相近的动物还具有一个外显系统,该系统能够使用语言来计算行动,并使用一次性计划获得延迟奖赏。该语言系统支持一次性的多步计划,而这种计划需将要表达的符号进行句法组织,以便获得奖赏和避免惩罚。因此,人类及可能与其相近的动物具有两个单独的系统,对奖赏性和惩罚性刺激做出行动。这两个系统可能会为不同的行动方案赋予不同的权重,并在决策中产生冲突,因为每个系统都会针对不同的目标(即时目标与涉及多步计划的长期目标)产生行为。了解我们的进化史有助于我们认识我们的情绪决策过程,及其运作方式中可能固有的冲突。

19. 我认为,情绪系统做出的决策符合自私的基因的利益,这是价值系统的基础。推理的理性系统允许通过提前计划做出长期决策,并使决策符合个体利益即表现型的利益,而非基因的利益。认识到人类和其他具有推理系统的动物的行为可以并不是由基因决定的,这具有非常重要的意义(除了认识到基因和环境通常共同起作用的重要意义之外)。

这种理性的、基于推理的"外显"决策系统为社会的运作提供了基础,其中以理性认识为基础的社会契约为社会稳定提供了基础,并且这个外显决策系统也为基因限定的情绪价值系统所提供的目标并不是唯一目标提供了基础(Rolls 2012d)。理解和认识情绪系统非常重要,因为它会对行为产生重大影响,不仅有助于我们理解个体差异和人格,还有助于我们理解部分由于男女利益不同而对行为产生的不同影响(第 7 章)。理解和认识情绪和理性系统及其大相径庭的计算类型,还对理解涵盖美学、经济学、政治和宗教的各种加工过程都具有重要的借鉴意义(Rolls 2012d)。

26720. **快乐**是人类报告的与奖赏有关的主观状态。正如奖赏是具体的、存在许多不同类型的奖赏一样,快乐也是如此。情绪感受(包括快乐),作为更为广泛的意识问题的一部分,其出现可能是涉及关于思维的思维加工的一部分,而这具有适应性价值,可帮助修正一次性的多步计划。这就是第 10 章中所描述的取向,但是似乎没有明确的方法来选择哪种意识理论正在朝着正确的方向发展,因此我们必须对此十分谨慎,并且不应认为当前理论具有实践意义。

21. 人类的功能性神经成像和神经心理学数据(参见第 4 章和第 6 章)与基于灵长类动物的神经生理学数据所得出的许多结论相一致,这些研究为建立大脑如何作为信息加工系统在其计算单元即神经元之间交换信息的计算模型,提供了所需要的基本证据(参见 Rolls 2016c)。此外,有关人类的研究也提供了有趣的新证据,说明了自上而下的认知和注意效应如何在眶额皮层和前扣带回等区域影响情绪(第 4.5.3.6 节)。认知状态对情绪产生自上而下影响的机制可能类似于促进自上而下的注意效应的偏置竞争机制(Rolls & Deco 2002, Deco & Rolls 2003, Deco & Rolls 2005b, Rolls 2016c),尽管皮层加工中整体上相互关联的加工通路可能会受到自上而下的偏置激活过程的影响(Rolls 2013a)(另请参见第 4.9 节)。

22. 就动物福利而言,我认为,除了以健康为导向外,可能以动物如何为不同的奖赏和惩罚设定优先次序为导向也很有用。这是基于以下假设:大脑围绕奖赏/惩罚评估系统而构建,并且优化行为以实现由基因定义的目标。不同基因在多大程度上使不同强化物变得重要以及它们对动机状态的依赖程度,会直接影响动物赋予供给物的价值。因此,这种价值或对强化物的选择,会为强化物"对动物的重要性"提供实用的测量方法。在对不同的工具性强化物的价值进行测量时,意识到有诸多因素可能影响强化物的选择这一点很重要。例如,事实上,强化物的选择对动机激励效应、启动、延迟强化都非常敏感,并且如果强化物的价值低,则对该强化物的选择行为会迅速消失,正如零驱动条件下的测验行为所示(Rolls 2005)。我们可能还会注意到,大脑中的强化物价值系统通常不同于涉及自主和内分泌反应的系统(参见第4章)。这意味着不同系统(负责强化物价值的系统与负责自主/内分泌反应的系统)分别进化,并且在情绪唤起的情境下引发的自主/内分泌反应未必对工具性强化价值(由选择来测量)或资源对动物的"重要性"具有很好的指导作用。

23. 参与情绪的过程和系统已发生了相当大的进化。本书所介绍的一些原则如下:

(1) 啮齿类动物可能没有与大多数灵长类动物同源的皮层区域,包括人类眶额皮层(Wise 2008)。

(2) 诸如饱足感等的贬值实验表明,具有类似人类眶额皮层(OFC)结构的灵长类动物会实现奖赏价值。

(3) 在包括人类在内的灵长类动物中,价值不是在加工的早期阶段被表征。视觉客体识别的恒常性被用于包括记忆形成在内的许多功能中,因此知觉与情绪保持分离。

(4) 相反,在啮齿类动物中,价值甚至在大脑的第一个味觉中继站即孤束核中就得以表征,这表明知觉与情绪之间没有明确的分离。在啮齿类动物中,甚至味觉通路的连接方式也不同,其皮层下连接绕过了皮层(包括眶额皮层),通过脑桥味觉区直接与下丘脑和杏仁核相连。

(5) 在灵长类动物和人类中,眶额皮层实现基于规则的一次性反转学习,这是对基于价值的表征的快速更新,而这对于快速更新的社会行为很重要。将当前规则维持在短时记忆中,并使用这一规则来使眶额皮层神经元发生偏向(Deco & Rolls 2005a),可能都是颗粒状前额皮层所促进的一种计算。而啮齿类动物可能无法执行此操作。

(6) 在灵长类动物和人类眶额皮层中对价值的表征是领域一般性的,因为商品数量和价值以及时间折扣的运作是可迁移的(正如权衡取舍所示),而这为经济决策提供了基础。有证据表明,啮齿类动物并非如此。

(7) 在灵长类动物和人类中,价值导向的目标选择很常见,然而诸如鸟类啄食等固定的行动模式在其他动物中更为常见。

(8) 目标导向的选择可能是对价值和情绪的最佳测量方法,因为对不同的情绪相关反应存在许多部分分离的神经回路,如自主输出、愣住、固定行动模式以及非条件趋近或回避等。

(9) 在人类和某些灵长类动物中,句法推理和由此而进行的计划允许拒绝自私的基因所限定的(情绪相关)奖赏,从而有利于个体(即表现型)的长期利益。

268

11.2　通过外显理性思考选择最优行动

作为科学家,我们会发现,我们的行为不是由我们的基因"决定"的,因为理性系统可以做出选择,而这些选择不受基因所推动的目标支配。

对行为的科学认识应该引领社会支持受基因和推理系统影响的目标、欲望和快乐,只要它们不会对他人造成伤害。我强调,理性和推理可以使人类超越基因限定或受基因影响的目标。这些理论以及相关观点对道德、宗教、美学、政治和经济学具有重要意义[详请参见《神经文化:论脑科学的启示》(Rolls 2012d)]。

11.3　情绪与道德

我在本书中已经指出,我们的情绪行为的基础大多源于对初级强化物的基因的限定,这些基因为我们的行动提供了目标。在某些情况下,我们会有情绪反应,例如当我们发现自己即将遭受痛苦时,当我们坠入爱河时,或在互惠互动中别人没有回报自己时。我们的不同情绪之间的关系是什么? 找们认为止确的东西就是我们的道德原则吗? 如果我们认为某事是正确的,例如借来的东西要归还,那么这是基本和绝对的道德原则,还是可能源于深层次的基于生理的系统? 因为通过在进化中起作用的自然选择,该系统被塑造为适应性地选择那些倾向于促进自身生存的基因。

被我们视为道德原则的许多原则都*可能*源于这种生物学途径[参见 Rolls (2012d)]。例如,如第 2 章所述,当可获得的奖赏与社会规则或法律之间存在冲突时,人们可能会产生内疚。如果一男子的配偶与另一男子联络(如打情骂俏)貌似威胁到其对配偶的忠诚,那么这名男子可能会产生嫉妒情绪。在这种情况下,由惩罚物引起的强化相倚发挥了作用,并且男性的基因可能决定了他能够发觉这种惩罚,这是因为如第 7 章和第 3 章所述,这象征着对其父权和亲代投资的潜在威胁。类似地,如果一女子的配偶与另一女子联络,那么她可能会嫉妒,因为作为"妻子",她用于抚养子女的可用资源受到了威胁。同样,如第 3 章所述,这里的惩罚物可能是由基因限定的。这种情绪反应可能会影响我们围绕婚姻和养育子女的合作关系所建立的一些道德原则。

从进化心理学领域可以推测出许多其他类似的例子[参见 Ridley(1993a, 1996)和 Buss(2015)]。例如,可能有一组强化物由基因限定,有助于促进社会合作,甚至互惠利他,因此可能会影响我们认为什么是道德的,或者至少是我们愿意接受的道德原则。如果合作伙伴背叛或"欺诈",那么此类基因可能会限定应当产生什么情绪和如何改变行为(Cosmides & Tooby 1999)。此外,这些基因可能会根据基因限定的规则来构建大脑,而且这些规则对社会合作很有启发性。例如根据"宽容地以牙还牙"策略行事比严格的"以牙还牙"更具适应性,因为有时宽容是有助于促进进一步合作的好策略;但当双方都在严格的"以牙还牙"场景下彼此背叛时,合作会失败(Ridley 1996)。因此,基因限定的好的启发式会促进社会合作,这可能是宽恕等复杂情绪状态的基础。

研究表明,许多看似复杂的情绪状态都源于使动物在这种社会生物和社会经济情境下表现良好的进化设计(Ridley 1996, Glimcher & Fehr 2013)。这样,人类所接受的许多道德原则都可能与实用的启发式策略密切相关,这些策略会促进社会合作,并且与道德行为相关的情绪感受至少部分与基因限定的策略的适应性价值相关。

我在第10章和本章中所提出的观点可以阐明这一情况,即基于句法的理性推理系统及其如何与在进化上较为古老的情绪系统相互作用,其中情绪系统由基因限定的奖赏所驱动。例如,理性系统使我们能够延迟基因限定的即时奖赏,并为行动制定长期计划,这种计划从长远来看会产生更有益的结果。这种理性系统使我们能够做出合理选择,并推论出什么是正确的。的确,正是由于语言系统,自然主义谬误才成为了一个争议的问题。特别是,虽然基因限定的奖赏物和惩罚物可能至少部分通过大脑系统的内隐(即无意识的)运作来影响我们的行为,但是我们拥有一个理性系统,可以超越简单的、基因限定的奖赏物和惩罚物对我们行为的影响,所以我们不应该认为自然存在的就是正确的(自然主义谬误)。下面,我将进一步讨论情绪与伦理、道德和道德观的生物学基础之间的关系。

人们持有特定的道德信仰,并相信以特定方式行事是好的,这其中有很多原因。生物学可能有助于解释为什么某些类型的行为可能被人类内隐地接受,并将其并入外显行为规则中,以保持一致性。当然,这种取向并不能替代其他解释道德的取向,但是它可能有助于解释出于其他原因而持有的道德信仰,从而有助于对可能由生物学基础导致的某些人类行为的方向有所洞察。当人们对生物学基础有所认识和了解时,他们也许能够更好地明确决定应该做什么。正是在这个框架中,我提出下列观点,并且没有试图就何为"正确"或"错误"提出任何建议。下列论点是基于这样的假设:至少某些被认为是道德的行为以奖惩系统类型为生物学基础,并且这些奖惩系统已在进化过程中被构建至我们的基因中。

这种生物学基础中的一种类型是亲缘选择,即倾向于对可能具有亲缘关系的个体产生支持行为,尤其是对子女、孙辈、兄弟姐妹等,由其亲缘关系的远近决定。这确

270

实在人类社会中经常发生,并且被认为是"权利"①的一部分,能够把货物、财产、财富等传给子女也确实是一种宝贵的"权利"。其潜在基础就是亲缘利他基因②。尽管基因会通过亲缘选择而倾向于支持子女和孙辈,但许多人认为,人们通过继承父母的财产而获得生活上的优势是不公平的。这里,在个体的家庭利益、他人利益和社会利益之间可能会存在一些冲突,而反裙带关系法可能会使社会以更少的摩擦实现更快的进步。

另一种生物学基础可能是以下事实,即许多动物(尤其是灵长类动物)与其他个体合作以达到目的,结果既对它们各自都有利,也对它们的基因有利。其中一个例子是,一群雄性组成联盟,以便为其中一个雄性追求雌性,之后再轮流获得这种好处(见Ridley 1996)。这是灵长类动物群体利他的一个示例,在这种情况下,如果个体或群体都不欺诈,那么就同时对群体和个体都有利;如果个体或群体有欺诈行为,那么在这种情况下就必须改变社会交往的规则,以使策略保持稳定。另一种生物学基础可能是,在面对财产"权利"时动物表现出的领土保卫行为,这在从鱼类到灵长类动物身上都非常普遍。还有一种生物学基础可能是对其配偶的后代进行亲代养育的雄性所表现出的嫉妒和对配偶的保护。这在多种鸟类以及人类中均会发生,反映了雄性因子女未成熟而进行的亲代投资。这可能是雄性有"权利"要求雌性配偶忠诚的生物学基础。

我认为,在所有这些情况下,以及在许多其他情况下,有一些生物学基础决定了我们认为什么具有奖赏性或惩罚性,这些生物基础通过进化建构至基因中,从而导致适当行为,有助于提高基因的适应性。当奖赏和惩罚的这些内隐系统开始被人类外显地(用语言)表达时,形式化的外显规则、权利和法律就是那些用语言说明了生物学基础"想要"什么的东西③。显然,在制定外显形式化的权利和法律时,必须做出一些妥协以保持社会稳定。当在小型社会中制定权利和法律时,该社会群体中的个体很可能会拥有许多相同的基因,而诸如"帮助同胞"(而非"与'外族'作战")之类的规则可能会对一个人的基因有利。然而,当社会规模扩大到超过一个小村庄时(大约1 000人),此时外显形式化的规则、权利和法律可能不再会产生对个体基因有利的行为。此外,通过追踪个体以保持"以牙还牙"的社会合作策略的稳定性将变得不再可

271

---

① 此处原文中使用的"right"具有双关意,既有"权利"的意思,又强调其正当、理所应当。下文中的"权利"同此处。——译者注

② 亲缘选择基因由于亲缘利他而传播。这种基因引导个体帮助其亲属,因为那些亲属有很大可能性拥有相同的亲缘帮助基因,这是一种特殊的机制,但认为基因指引个体帮助其亲属是因为他们通常"共享基因"是不正确的[参见 Hamilton(1964)和 Dawkins(1995)的广义适应性一章]。

③ 在规则被外显地形式化之前,可以使用语言来发展和传播习俗,例如代代口耳相传的传统提供了可能的行为模范,例如荷马(Homer)的《奥德赛》。

能(Dunbar 1996，Ridley 1996)①。在这种情况下，其他因素无疑会发挥作用，进一步影响群体认为什么是正确的。例如，一个社会中的一群人可能要求言论自由的"权利"，因为这在经济上对他们有利。

因此总体来说，我认为，一个社会所认为正确和道德的事物，以及在外显的"权利"和法律中被尊奉的事物的许多方面，都与生物学基础有关，而这通常是由于其对个体基因有利才进化而来。但是随着社会的发展，其他因素也开始影响群体认为什么是正确的，而这与社会经济因素有关。在这两种情况下，社会的法律和规则都会发展，以使这些"权利"受到保护，但往往也会涉及妥协，以使社会中的大部分人同意或被迫服从被法律和规则规定为正确的事物。

在总结以上讨论时，我们要注意自然存在的事物未必意味着"正确"[自然主义谬误，由摩尔(G. E. Moore)提出][例如，参见 Singer(1981)]。然而，我们关于何为正确的观念可能与生物学基础有关，而这一讨论的重点在于，它只能通过给我们提供有关人类行为的有益见解来实现这一点。此外，基于我们的大脑通过进化将什么事物视为具有奖赏性或惩罚性，这一生物学取向可以以其他方式阐明道德问题和权利。

"痛苦是一种比没有痛苦更糟糕的状态。"这被一些道德哲学家认为是正确的说法，并且被认为不涉及生物学基础。它是不证自明的真理，并且从这一命题中可以得出某些行为的意义。痛苦的一种生物学取向是，痛苦的引起必须是惩罚性的(在这个意义上，动物将努力逃避或回避这种痛苦)，因为痛苦是由标志着降低生存率从而降低基因适应性的环境条件维度的刺激所引发的状态。

"乱伦在道德上是错误的。一个人不应该和自己的兄弟姐妹结婚，不应该与任何近亲性交。"其生物学基础是，近亲繁殖的子女有更大的可能性拥有双隐性基因，而这有时对个体有害并降低其生存适应性。此外，非近亲繁殖可能会产生杂交优势。可能出于这个原因，许多动物和人类都具有一些行为策略(受奖赏系统的特性影响)，以减少近亲繁殖(例如恋巢性，即在青春期时出生单元中仅剩一种性别；以及如第7.8节所述，受嗅觉感受器/主要组织相容性基因影响的配偶选择)。与此同时，与具有许多相同基因的另一动物配对(对基因而言)可能是具有适应性的，因为这可能有助于将复杂的基因序列完整地传递给下一代。这可能是鹌鹑能够识别表亲，并使自己看起来有吸引力这一事实的基础，而这也正是亲缘选择的一个示例(Bateson 1983)。在人类中，如果一个人是一个强大社会群体的一部分(在这样一个社会群体中，个体的基因很可能不会被其他社会群体所淘汰)，那么与愿意为其子女提供最大基因和资源

---

① 群体互惠利他的规模，可以通过为大量不同个体提供直接证据并记住个人—强化物联结的能力来限定。在这种情况下，拥有是否可以信任某人有所回报的直接经验的人，其口头传递的名声可能是语言和流言的适应性价值的一个因素(Dunbar 1996，Dunbar 1993)。

潜力的另一个人一起投入资源将会是有利的(无论是男性还是女性),并且在一个规模相对较小、流动性不高的社会中,双方的基因和资源(财富、地位等)通常比较相似。

作为例外,在某些社会中,存在近亲结婚传统(例如埃及法老),部分原因可能是为了把财物和其他资源保持在(基因)家族之内。

为什么选择特定的行为举止可能有多种原因。第一个原因是,这种行为举止可能对个体和个体的基因有益,至少大体上如此。一个例子可能是在同一社会中禁止杀害其他人(与此同时在战时保卫其亲族)。这可能对个体自己的基因有利,在没有大量杀戮的社会中,其基因所承受的风险较小。第二个原因是,特定的行为准则可以通过使社会保持稳定来有效地帮助个体的基因。一个例子就是禁止盗窃,这将有助于保护财产。第三个原因是,行为准则可能实际上是对其他有权势的个体有利,并可能因此而成为一条规则,以说服社会中的其他人遵循。社会中的一般规则可能是诚实是一种美德,但这种规则可能会被赋予特殊的解释,或被拥有巨大权势以至于无法被挑战的社会成员所忽视。正如第7章所述,行为的不同方面可能对男性和女性具有不同的重要性(Goetz & Shackelford 2009)。这可能导致男性和女性强调不同的社会规则,因为其对男性和女性的重要性不同。一个可能的例子是不忠,因为这可能对男性的基因有利,所以相较于女性,男性会将其视为是不那么严重的错误行为。不过,在男性内部也会存在有所差别的指责,那些倾向于忠诚的男性会更加关注其他男性的不忠行为,因为这是对他们的潜在威胁。同样地,能够与许多女性发生关系的有权势的男性会比不那么有权势的男性更少地关注不忠行为,因为后者的主要基因投资可能只是在一名女性身上。

社会可能会就何为"正确的"制定某些规则。这样做的一个原因在于,对每个人来说,要在所有情况下明确计算出每条行为规则的全部收益可能都太困难了。第二个原因是,被宣布为"正确的"事物可能实际上对别人有利,而完全揭露这一点是不明智的。说服社会成员不要做看似符合其即时利益的事情的一种方法是,承诺之后给予其奖赏。宗教通常会提供这种延迟奖赏(Rolls 2012d)。在本章的稍前部分曾指出,外显命题系统的演化发展使得以这种方式运用一次性计划来为延迟奖赏而努力工作的能力成为可能。

总体来看,我们的某些道德信仰可能是反映了基因通过亲缘选择构建至行为中的因素的外显言语表述,即倾向于支持亲属,因为他们可能共享个体的某些基因。在一个小规模的社会群体中,这种外显表述可能是"适当的"(从基因的角度来看),因为该社会群体中的许多成员会与该个体有亲缘关系。当社会群体规模扩大时,亲缘关系会减弱,但社会规则或法律的外显表述不会改变。在这种情况下,社会应使其成员清楚地了解,社会可接受的事物和"正确"行为的规则已制定好,从而个体可以安全地生活,并一般会从社会中得到所期望的帮助。

还有一些其他因素影响个体认为何为正确,这些因素可能反映了群体或个体联盟的社会经济利益。那么从某种意义上来说,是否愿意接受规则的决定取决于个体,其成本和收益以社会契约的形式由社会规则给出。那些不接受社会契约的个体可能想要迁至另一个设有不同个体成本和潜在收益连续体的社会群体,或者去影响其所在社会群体的法律和政策。试图欺骗制度的个体将被预期付出代价,即由社会依照其规则给予惩罚。这一取向将在《神经文化》(Rolls 2012d)中进一步展开。

11.4　情绪与美学

那些对文学感兴趣的人有时会为以下情形感到困惑,而这或许可以通过这里阐明的情绪理论加以澄清。这一困惑就是,人类的情绪常常看似非常强烈,实际上有时会如此强烈以至于会产生看似不具适应性的行为,例如昏厥而非产生主动逃跑的反应,或者愣住而非躲避,或者对情绪状况和决策犹豫不决,或者无可救药地坠入爱河,即使可以预料到其毫无希望或具有毁灭性。令人困惑的不仅在于情绪如此强烈,而且还在于即使人类具有理性推理能力,其仍然会发现自己会陷入这些情况,并难以做出合理有效的决策和行为以解决这种情况。我认为,出现这种情况有如下原因。

在人类中,奖惩系统可能会以与其他动物类似的方式内隐地运行。但是除此之外,人类还有外显系统,它使我们能够有意识地展望和预测(使用语言和句法)未来许多环境事件的结果,并对过去的事件进行反思(参见第 10 章)。这种外显加工的结果是,我们能够认识到奖赏性和惩罚性事件的全部影响,既可以提前展望它将如何影响我们,又可以反思以往的情况,即使我们能够预见到它可能永远不会再次发生。例如,对人类而言,痛失所爱会令人悲伤,而这会比仅仅由于未能得到正强化刺激而产生的悲伤强烈得多,因为我们能够预见到那个人永远不会再次出现,能够加工出所有可能的结果,并能够记住那个人的所有过往场合。在另一个例子中,有的人一看到血液就会昏厥,而这更可能发生在人类中,因为我们完全了解大量失血的后果,我们都知道这是致命性的。

因此结果就是,强化性事件对人类的强化价值要比其他动物大得多,因为我们有如此多的认知(尤其是语言)加工,使得我们能够比其他动物更充分地评估和鉴别大多数强化性事件。因此,人类可以把在其他动物中寻常强度的强化物解码为具有超常的强度,并且被解码为超常强度的强化物会导致超强情绪。因此,情绪状态可能会如此强烈,以至于其不一定具有适应性,并且事实上语言已使人类脱离了情绪系统进化的环境条件。例如,因为我们知道失血的后果,我们看到血液的自主反应可能是如此强烈,以至于我们昏厥而非上前提供帮助。另一个例子是,感受到心脏怦怦直跳会加剧恐慌和焦虑状态,因为我们能够使用我们的外显加工系统来思考和担忧所有可能的原因。人们能够从生活中想到无数其他的例子,事实上也能够杜撰其他例子,而这当然是小说家工作的一部分。

人类产生如此强烈的情绪的第二个原因是,导致情绪的刺激可能比情绪系统过去进化时的刺激强得多。例如,对于人工制品(如可能同时伤害许多人的汽车和枪支,或者超速行驶的大型客车等,它们都会形成超常刺激),在对人类的伤害方面,其造成的景象和相关刺激要比我们情绪系统过去进化时存在的刺激强烈得多。通过这种方式,我们会对所看到的事物在某些情况下产生超强情绪。事实上,自亚里士多德以来,在过去的 2400 年间,人类情绪的力量及其有时不具适应性的结果一直困扰着文学和文艺理论家。

人类有时调动强烈的情绪效应,有时又不调动情绪的第三个原因是,我们能够通过语言和推理,评估在情绪状态下我们所能采取的可能行动方案。这是因为我们能够在计划中提前多步评估未来强化物的可能影响,还因为语言使我们能够制定灵活的一次性行动计划,并使我们能够基于一次性计划来争取延迟奖赏(参见第 10 章)。与无法使用语言制定类似的一次性计划的动物相比,我们在决策中使用强化物的方式变得更加复杂。其结果是,决策可能会变得非常困难,面对许多潜在但不确定的强化结果,人们会犹豫不决。人们会试图通过这种外显方法来计算每个计划在可获得的净强化物上的最有利结果,而非内隐地使用强化来选择当前可得的最大强化物。

我认为人类情绪系统复杂性的第四个原因在于,人类的情绪存在两种影响行为的路径,即内隐(无意识)和外显路径(参见第 10 章)。这两个系统可能并不总是一致。内隐系统会倾向于产生某种行为,通常是为了获得即时奖赏。而外显系统会倾向于产生另一种有计划的行动方案,以获得更好的延迟奖赏。这两个系统之间的冲突会导致许多困境,包括良知(外显系统所认为的正确观念)和遵守法律的要求(其假定外显理性系统对我们的行为负责)。内隐系统似乎确实会经常控制我们的行为,正如人类额叶损伤所表明的结果那样,额叶损伤的病人会在奖赏反转任务中犯错误,即使在该情况下他们能够外显地陈述正确行为(参见第 4 章和第 10 章)。内隐和外显系统之间产生的这种冲突也正是文学作品经常利用的素材。

人类情绪系统复杂性的第五个原因在于,作为社会性动物,我们会对子女进行较多投资,子女会受益于长期的双亲合作,并且如果配偶可以彼此信任,那么我们可以从这一社会联盟中得到好处,因此我们生来就会努力判断我们认识的那些人的目的和可靠性。例如,对有子女的女性而言,其配偶是否被另一女性吸引或爱上另一女性对她很重要,因为这可能意味着她能获得的帮助和供给的减少。因此,人类会对彼此的感情生活非常感兴趣,因为这可能会影响他们自己的生活。实际上,出于这种原因,人们会对谁在与谁合作非常感兴趣,甚至有关于此的流言蜚语已成为语言进化的选择性动力(Dunbar 1996,Dunbar 1993)。在这种情况下,对揭示他人的想法和情绪的着迷[这种能力被称为心理理论(Frith & Frith 2003,Gallagher & Frith 2003)],以及可能对此有帮助的共情(Singer,Seymour,O'Doherty,Kaube,Dolan & Frith 2004)具有适应性价值,尽管很难用模型去计算群体中他人的思想和互动,也很难追踪谁知道有关谁的什么事情,因为这需要多层嵌套的句法引用。因此,我们由此产生的对这一点的着迷,以及对尽可能广泛的情境体验的重视,可能是人类情绪产生的另一个原因。而在复杂社会情境中猜测他人的情绪,可能也是小说家、剧作家和诗人的素材的一部分。实际上,对我们而言,认为进行这种加工具有吸引力是很重要的,因为它具有潜在的适应性价值,而这可能也是我们发现戏剧、小说和诗歌是如此令人着迷的部分原因。

人类情绪系统复杂性的第六个原因是,高级认知加工可以触及情绪系统并影响其反应方式。德阿劳若和罗尔斯等人(DeAraujo,Rolls et al. 2005)的实验证明了这一点,表明语言水平的加工能够以词语标签的形式向下影响感觉加工,其范围远至眶额皮层中的次级嗅觉皮层,即皮层加工的最初阶段,其中与奖赏或惩罚相关(因此是具有情感的)的刺激的意义在刺激的神经元表征中被外显表达。这意味着当前对文学或音乐等的文化阐释和认知解释等认知因素,会影响文学或音乐在情绪上如何被感知(Reddy 2001)。相应地,在 18 世纪和 19 世纪,当感伤①发展为文学中情感文化的一方面时,可以预见到对感伤的极大认知强调会影响人们对那个年代所写小说的情绪反应。因此,当前的认知和文化背景可能不仅影响涉及情绪的高级认知加工,而且还可能触及脑加工中首先外显表达情绪的系统(如眶额皮层),并影响在该水平中所产生的情绪感受。

在表演戏剧或阅读小说时,所产生的情绪感受可能部分与共情状态有关,而共情状态的产生可能是我们生而具有的一种能力,旨在理解他人感受以更好地预测其行为。当然,在观看戏剧或阅读小说时,借助外显系统我们知道这些不是真实事件,其对我们不具有直接的后果,并且自上而下的认知注意加工(参见第 4.5.3.6 节)会影响我们在多大程度上允许各种事件引发情绪反应,其可能使用的是偏置竞争注意机制(Rolls & Deco 2002,Deco & Rolls 2003,Deco & Rolls 2005b,Rolls 2013a,Rolls

---

① 感伤主义(Sentimentalism)是近代西方文艺流派,18 世纪中后期起源于英国,后流传至法、德、俄。感伤主义推崇感情,忽略理智,主张以情感来约束和代替理性,着重描写中小资产阶级的内心活动,抒发其个人情感,表现其个性、精神面貌及其对现实的不满和失望,以此来引发读者的同情和怜悯。——译者注

2016d, Rolls 2021a)。

这种取向在《神经文化》(Rolls 2012d)和其他地方(Rolls 2011d, Rolls 2014a, Rolls 2015e, Rolls 2017a)得到了进一步发展,并更广泛地应用于美学。

11.5 结语

本书以提出以下问题开始。什么是情绪?为什么我们会有情绪?它们的适应性价值是什么?情绪的大脑机制是什么?如何理解情绪障碍?为什么会体验到情绪?为什么情绪感受有时会如此强烈?我们如何做出决策?当我们知道什么是情绪,为什么我们会有情绪,情绪是如何由大脑产生的,为什么会体验到情绪,以及如何做出决策时,我们将会对情绪和决策有更广泛的解释。我们距离这个目标已有多近?

本书为这些问题提供了答案。"为什么"的问题可由关于情绪在动物和大脑构建方面的适应性价值的达尔文进化论来回答。因为本书表明,如果基因将一系列奖赏物和惩罚物(初级强化物)规定为行动目标,那么基因会使生物体的行为具有适应性,这是提高(基因)适应性的有效途径。这一设计的适应性价值、简洁性和高效性,部分在于基因不会决定或限定行为本身,而是只需要限定行动目标。这意味着生物体在有生之年,可以学习实现目标的适当行为,从而允许行为具有很大的灵活性。另外,这种设计的适应性价值还在于,通过刺激—强化物联结学习,过去随意一个中性刺激
276 都可以与初级强化物相联结,因此生物体在有生之年的学习具有很大的灵活性。也就是说,关于何种刺激与初级强化物相联结,何种刺激应当作为情绪性刺激,以及何种刺激引导实现由初级强化物所限定的目标都具有很大的灵活性。我认为,这是理解我们为什么会具有情绪的基本取向。

这种对"为什么"问题的达尔文式解释,很自然地与情绪的操作性定义相吻合,即情绪是由工具性强化物引发的状态(具有特定功能)(第2章),因为强化物即奖赏物和惩罚物限定了行动的目标,并且正是奖赏物和惩罚物在操作上与情绪状态相关。因此,这一定义不应被视为情绪的行为主义定义,而是与围绕奖惩系统构建动物的深层生物学适应性价值相联系。此外,在认知状态能够引发情绪,并且情绪能够影响认知状态的意义上,这一定义也不是行为主义的(相关示例参见第2.6节和第4.9节)。而且,这一定义并不局限于解释狭窄范围内的情绪,而是可以涵盖如第2章所述的范围非常广泛的情绪。这种取向的优点在于,它清楚地说明了什么是情绪,以及情绪的适应性价值是什么。

关于"如何"在大脑中实现情绪的问题,不仅可以通过来自神经科学的大量数据来论证,而且还可以通过本章开头所陈述的大脑组织情绪的一系列原则来论证。此

处所描述的情绪取向的一个优点在于,它非常明确地提出了关于如何研究作为情绪基础的脑机制的问题。因为这种取向表明,理解初级强化物在大脑中的何处被解码和表征,理解刺激—强化物联结学习在大脑中的何处如何发生,理解动作—结果(即动作—强化物)学习如何发生,以及理解第8章所述的奖赏和惩罚影响决策的方式很重要。

关于决策,研究表明,奖赏和惩罚,即诱发情绪的刺激及其引起的状态,可以通过多重路径影响行为(参见第10.1节)。一个重要的划分就是分为内隐路径和外显路径。在内隐路径中,通过诸如巴甫洛夫式方法和动作—结果学习等过程,奖赏会直接影响选择;在外显路径中,可以使用外显的一次性长期计划来延迟即时奖赏,这种计划从长远来看能够使我们获得替代性奖赏。这就是在第10章和第10.1节中所展开的"行为的双重路径"理论。

关于情绪感受,需要强调的是,这是更为广泛的意识问题的一部分。我在第10章中就自己对此问题的取向进行了描述,但需要指出的是,这仅仅是一种取向,似乎并没有明确的标准可以证实任何具体理论,并且在这种情况下,此类理论不应被认为具有实践意义。尽管如此,这些仍然是很有趣的问题。

本书还表明,情绪的科学取向能够说明伦理和道德原则得以发展的一些生物学基础(第11.3节)。这种情绪的科学取向也为情绪在文学和美学中的作用提供了解释[第11.4节和Rolls(2012d)]。

使用罗尔斯(Rolls 2016d)所描述的计算方法,这种情绪取向也与对如何实现情绪和决策的精确定量的知识的发展非常吻合。

在本书中,我说明了我们现在如何能够理解大脑的加工,从与奖赏价值无关的对客体的感觉表征和知觉,包括视觉和味觉客体;到表征奖赏价值(包括结果价值和期望价值)的大脑区域,其是决策的关键组成部分;再到实际执行决策选择部分的脑机制,以及其他大脑系统和皮层区域中分类和决策所共有的机制。我相信这代表了神经科学的重大进步,即我们能够在机制水平上理解所有这些过程,并了解它们如何在大脑中互相连接以实现我们的大多数行为。此外,所有这些神经知识都与理解这种行为组织的适应性价值有关,即与情绪如何成为关键组成部分,甚至与快乐的主观感受如何产生并与这些过程相关联有关。

因此,我们可以说,我们越来越接近于对情绪和决策的科学理解和解释,并且我们已拥有一些实用的研究原则和指导方针,这将进一步增进我们的理解。

附录　术语表

A.1　通用术语

情感状态(affective state)是用于描述情绪状态的术语(第2章)。它可能具有主观体验的内涵。

吸引子网络(attractor network)由一组相互之间具有正性连接的神经元组成。不同子集的神经元之间有着特别强的连接,每个子集代表着一个记忆或决策。神经元之间的竞争通过负反馈抑制神经元实现,因此通常只有一个子集赢得竞争。如果接收到的输入接近其中一个存储的记忆或决策,就会吸引网络回忆其中一个存储的记忆。在第8章中描述了这些网络以及它们如何参与**决策**(decision-making)。如果从其他神经元到一个吸引子网络中的神经元之间有10 000个连接的话,那么大脑中的这个吸引子网络可以存储多达10 000个记忆。罗尔斯(Rolls 2016d, 2021a)用方程和定量分析描述了这些网络的运行。

有效连接(effective connectivity)测量了一个脑区对另一个脑区的影响,这是定向的影响。大脑活动的测量通常是血氧水平依赖性(BOLD)信号,且该测量涉及在连续的时间段中比较信号,其基本理念是,如果第一个大脑区域的活动恰好在第二个大脑区域的活动之前,那么第一个大脑区域可能对第二个大脑区域产生定向的影响。在皮层中,两个皮层区域之间通常在两个方向上都存在连接,我们有时将连通性更强的方向称为向前,因为正如罗尔斯(Rolls 2016d)描述的那样,在皮层的层次结构中,向前的连通性通常更强。

情绪(emotion)的操作定义可以描述为一种由工具性强化物引起的状态(第2章)。

适应性(fitness)是基因的繁殖潜力。通过自然选择和繁殖的过程,为下一代选择合适的基因。

功能连接(functional connectivity)测量两个大脑区域活动程度(通常是BOLD信

号)的相关性。高度的功能连接意味着两个大脑区域在功能上有相对强烈的连接。这种关系可能是由一个脑区影响另一个脑区或两个脑区相互影响而产生,或是由另一个大脑区域提供的共同输入产生。功能连接并不意味着必然存在直接的解剖联系,因为这种影响可以通过其他大脑区域而被调节。

功能性磁共振成像(functional magnetic resonance imaging, fMRI)测量血氧水平依赖性(BOLD)信号。当大脑区域的神经活动增加时,血流量就会增加,这种血流量的变化可以通过大脑区域的脱氧血红蛋白(顺磁性)数量的变化来测量。空间分辨率为 3 毫米量级,反映了成千上万的神经元的活动,时间分辨率为数秒量级。

功能性神经成像(functional neuroimaging)测量参与者在静息态和任务态的大脑活动。常用方法包括功能性磁共振成像(fMRI)、正电子发射断层扫描(positron emission tomography, PET)和脑磁图(magnetoencephalography, MEG)。

模式联结网络(pattern association network)学习输入模式(例如食物的视像)与将要回忆的刺激(例如食物的味道)之间的联结。它可以用来计算期望价值(expected value)。图 4.24 中展示了这一类型的网络,罗尔斯(Rolls 2016c, Rolls 2021a)也对它进行了描述。

如果**奖赏结果**(reward outcome)(例如食物的味道)大于**期望价值**(例如食物的视觉效果带来的期望),那么奖赏的**预期误差**(prediction error)是正性的。多巴胺神经元似乎编码了这个误差,这在**强化学习**(reinforcement learning)中很有用(见第 6 章)。如果奖赏结果(例如食物的味道)小于期望价值(例如食物的视觉效果带来的期望),那么奖赏的**预期误差**是负性的。这有时被称作无奖赏(non-reward)。正如第 4.5.3.5 节中所描述的,眶额皮层中的一些神经元编码负性的奖赏预期误差,并且第 9 章中描述了这可能与抑郁有关。

奖赏价值(reward value)是指物品的价值,这是一个在神经经济学和决策中使用的术语(Glimcher & Fehr 2013, Rolls 2014b)。它可以通过一个人愿意为物品支付的金额来测量,这些物品可能是一种食物,或者一个人为了获得食物会付出多大的努力。奖赏价值高的刺激被认为是主观上令人愉快的,眶额叶皮层的激活与刺激的愉悦程度之间往往存在线性关系(第 4 章)。

A.2 学习理论术语

工具性强化物(instrumental reinforcers)指的是这样的刺激,它们的出现、终止或撤除与某一动作的发生相倚(即有关联),因而工具性强化物会改变未来做出该动作的可能性(Gray 1975, Mackintosh 1983, Dickinson 1980, Lieberman 2000, Mazur

2012，Rolls 2014b）。奖赏物和惩罚物是工具性的强化刺激。这里动作的概念指的是为了获得奖赏物或避免惩罚物而执行的任意行为，例如向左转与向右转，因此在行为反应和强化物之间没有预先的联结。一些刺激是**初级（非习得性的）强化物**[primary (unlearned) reinforcers]（例如动物饥饿时食物的味道，或者疼痛）；其他通过学习而成为强化物的刺激物，由于与初级强化物的联结而被称为**"次级强化物"**（secondary reinforcers）。这一类型的学习因此被称为**"刺激—强化物联结学习"**（stimulus-reinforcer association learning），它通过刺激与刺激之间的联结学习过程而发生。

正强化物（positive reinforcer）（比如食物）会增加与之相倚的动作出现的概率，这个过程被称为**正强化**（positive reinforcement），其结果是**奖赏物**（reward）（比如食物）。

280

负强化物（negative reinforcer）（比如疼痛刺激）会增加能使负强化物撤除[如在**主动回避**（active avoidance）中]或终止[如在逃离（escape）中]的动作出现的概率，该过程被称为**负强化**（negative reinforcement）。

惩罚（punishment）指的是降低一个动作的发生概率的过程。因此，惩罚指的是某个动作由于其后伴随疼痛刺激而出现概率下降的过程，如**被动回避**（passive avoidance）。惩罚也可以用来指撤除或终止奖赏物[即**"消退（extinction）"**或**"结束（time out）"**]的过程，这两种过程都会降低动作的出现概率（Gray 1975，Mackintosh 1983，Dickinson 1980，Lieberman 2000，Mazur 2012，Rolls 2014b）。

当**惩罚物**（punisher）出现时，可以降低与之相倚的动作的出现概率，当它不出现（被逃离或避免）时，起到负强化物的作用，因为它增加了与之"不出现"相倚的动作的出现概率。请注意，我对惩罚物的定义与对厌恶性刺激的定义相似，"惩罚物"是指一种刺激或事件，它能够降低该刺激出现时的相倚行为的概率，或者可以增加该刺激不出现时的相倚行为的概率，而"惩罚"这一术语仅限于行为概率降低的情况。

情绪（emotion）是由工具性强化物引发的状态，这种状态具有一系列如第 3 章中所述的功能。我认为情感上正性的或者"欲望性"的刺激（能产生一种愉悦的状态）以**奖赏物**（reward）的形式起作用，当它出现时起到正强化物的作用，当它不出现（撤除或终止）时则会降低与之相倚的动作的出现概率。相反，我认为情感上负性或者厌恶性的刺激（能产生一种不愉悦的状态）作为**惩罚物**（punisher）起作用，当它出现时，可以降低与之相倚的动作的出现概率，当它不出现（被逃离或避免）时，起到负强化物的作用，因为它增加了与之"不出现"相倚的动作的出现概率。[①]

---

① 请注意，我对惩罚物的定义与对厌恶性刺激的定义相似，"惩罚物"是指一种刺激或事件，它能够降低该刺激出现时的相倚行为的概率，或者可以增加该刺激不出现时的相倚行为的概率，而"惩罚"这一术语仅限于行为概率降低的情况。

经典条件反射（classical conditioning）或巴甫洛夫条件反射（Pavlovian conditioning）。当条件刺激（conditioned stimulus，CS）(比如音调)与初级强化物或非条件刺激（unconditioned stimulus，US）(比如疼痛刺激)配对时，就有机会形成多种类型的联结。其中一些涉及"经典条件反射"或"巴甫洛夫条件反射"，即不采用任何动作影响条件刺激和非条件刺激之间的相倚性。通常非条件反应（unconditioned response，UR），例如心率的改变，是由 US 诱发的，也可以由 CS 诱发而成为条件反应（conditioned response，CR）。这些反应通常是自主神经反应(比如心跳加速)，或内分泌反应［例如肾上腺释放肾上腺素（adrenaline）(美式英语中肾上腺素是 epinephrine)］。此外，有机体可以学习对骨骼肌进行工具性反应，以改变获得初级强化物的概率。在我们的例子中，实验者可能会改变相倚性，这样当相应音调的声音响起时，如果有机体做出如按下杠杆的反应，就能避免疼痛刺激。在工具性学习情境中也有许多经典的条件反射，包括恐惧等情绪状态，都有可能发生。第 4.6.2 节中描述了经典条件反射中涉及的联结过程，以及这些过程可能对工具性绩效产生的影响。

281

当一只动物为了获得奖赏物或回避或避免惩罚物而做出工具性(即自主的操作)反应时，动机行为（motivated behaviour）就会发生。如果自主的操作反应这一标准未被满足，也就是个体不是有意识、自主地反应，且只能执行固定的反应，那么驱力（drive）这一术语可以用来描述此时动物在获得或回避刺激时的状态。

长时程增强（long-term potentiation，LTP）是发生在学习过程中的突触强度的增加。它是取决于突触前的连接活动和突触后的去极化而建立的典型联结。

长时程抑制（long-term depression，LTD）是发生在学习过程中的突触强度的降低。它是在突触前活动较低且突触后去极化较高(异型突触性长时程抑制)时，或突触前活动较高且突触后活动仅适度(同型突触性长时程抑制)时建立的联结。

参考文献

Abdallah CG, Adams TG, Kelmendi B, Esterlis I, Sanacora G, & Krystal JH (2016). Ketamine's mechanism of action: a path to rapid-acting antidepressants. *Depression and Anxiety* 33: 689 – 697.

Abrams DI (2018). The therapeutic effects of cannabis and cannabinoids: An update from the national academies of sciences, engineering and medicine report. *Eur J Intern Med* 49: 7 – 11.

Adams JE (1976). Naloxone reversal of analgesia produced by brain stimulation in the human. *Pain* 2: 161 – 166.

Adolphs R (2003). Cognitive neuroscience of human social behavior. *Nature Reviews Neuroscience* 4: 165 – 178.

Adolphs R, Tranel D, Damasio H, & Damasio AR (1994). Impaired recognition of emotion in facial expressions following bilateral damage to the human amygdala. *Nature* 372: 669 – 672.

Adolphs R, Tranel D, & Baron-Cohen S (2002). Amygdala damage impairs recognition of social emotions from facial expressions. *Journal of Cognitive Neuroscience* 14: 1 – 11.

Adolphs R, Gosselin F, Buchanan TW, Tranel D, Schyns P, & Damasio AR (2005). A mechanism for impaired fear recognition after amygdala damage. *Nature* 433: 68 – 72.

Aggelopoulos NC & Rolls ET (2005). Natural scene perception: inferior temporal cortex neurons encode the positions of different objects in the scene. *European Journal of Neuroscience* 22: 2903 – 2916.

Aggelopoulos NC, Franco L, & Rolls ET (2005). Object perception in natural scenes: encoding by inferior temporal cortex simultaneously recorded neurons. *Journal of Neurophysiology* 93: 1342 – 1357.

Aggleton JP, editor (2000). *The Amygdala, A Functional Analysis*. Oxford University Press, Oxford, 2nd edn.

Aiello LC & Wheeler P (1995). The expensive-tissue hypothesis: the brain and the digestive system in human and primate evolution. *Current Anthropology* 36: 199 – 221.

Akil H, Mayer DJ, & Liebeskind JC (1976). Antagonism of stimulation-produced analgesia by naloxone, a narcotic antagonist. *Science* 191: 961 – 962.

Aleksandrova LR, Phillips AG, & Wang YT (2017). Antidepressant effects of ketamine and the roles of ampa glutamate receptors and other mechanisms beyond nmda receptor antagonism. *J Psychiatry Neurosci* 42: 222 – 229.

Alexander RD (1979). *Darwinism and Human Affairs*. University of Washington Press, Seattle.

Amaral DG (2003). The amygdala, social behavior, and danger detection. *Annals of the New York Academy of Sciences* 1000: 337 – 347.

Amaral DG & Price JL (1984). Amygdalo-cortical projections in the monkey (Macaca fascicularis). *Journal of Comparative Neurology* 230: 465 – 496.

Amaral DG, Price JL, Pitkanen A, & Carmichael ST (1992). Anatomical organization of the primate amygdaloid complex. In Aggleton JP, editor, *The Amygdala*, chap. 1, 1 – 66. Wiley-Liss, New York.

Amsel A (1962). Frustrative non-reward in partial reinforcement and discrimination learning: some recent history and a theoretical extension. *Psychological Review* 69: 306 – 328.

Anderson AK, Christoff K, Stappen I, Panitz D, Ghahremani DG, Glover G, Gabrieli JD, & Sobel N (2003). Dissociated neural representations of intensity and valence in human olfaction. *Nature Neuroscience* 6: 196 – 202.

Anderson IM, Haddad PM, & Scott J (2012). Bipolar disorder. *BMJ* 345: e8508.

Anderson JR (1996). ACT: a simple theory of complex cognition. *American Psychologist* 51: 355 – 365.

Aou S, Oomura Y, Lenard L, Nishino H, Inokuchi A, Minami T, & Misaki H (1984). Behavioral signififance of monkey hypothalamic glucose-sensitive neurons. *Brain Research* 302: 69 – 74.

Argiolas A & Melis MR (2013). Neuropeptides and central control of sexual behavior from the past to the present: A review. *Progress in Neurobiology* doi: 10. 1016/j. pneurobio. 2013. 06. 006.

Aron AR, Robbins TW, & Poldrack RA (2014). Inhibition and the right inferior frontal cortex: one decade on. *Trends in Cognitive Sciences* 18: 177 – 185.

Auger SD & Maguire EA (2013). Assessing the mechanism of response in the retrosplenial cortex of good and poor navigators. *Cortex* 49: 2904 – 2913.

Baars BJ (1988). *A Cognitive Theory of Consciousness*. Cambridge University Press, New York.

Baker RR & Bellis MA (1995). *Human Sperm Competition: Copulation, Competition and Infidelity*. Chapman and Hall, London.

Baker RR & Shackelford TK (2017). A comparison of paternity data and relative testes size as measures of level of sperm competition in the hominoidea. *Am J Phys Anthropol*.

Ballard ED & Zarate J C A (2020). The role of dissociation in ketamine's antidepressant effects. *Nat Commun* 11: 6431.

Balleine BW & Dickinson A (1998). The role of incentive learning in instrumental outcome revaluation by sensory-specifific satiety. *Animal Learning and Behavior* 26: 46 – 59.

Bar-On R (1997). *The Emotional Intelligence Inventory (EQ-i): Technical Manual*. MultiHealth Systems, Toronto.

Barbaro N & Shackelford TK (2015). Book review: Nether no more: bringing genital evolution to the forefront. *Evolutionary Psychology* 13: 262 – 265.

Barbas H (1988). Anatomic organization of basoventral and mediodorsal visual recipient prefrontal regions in the rhesus monkey. *Journal of Comparative Neurology* 276: 313 – 342.

Barbas H (1993). Organization of cortical afferent input to the orbitofrontal area in the rhesus monkey. *Neuroscience* 56: 841 – 864.

Barbas H (1995). Anatomic basis of cognitive-emotional interactions in the primate prefrontal cortex. *Neuroscience and Biobehavioral Reviews* 19: 499 – 510.

Barbas H (2007). Specialized elements of orbitofrontal cortex in primates. *Annals of the New York Academy of Sciences* 1121: 10 – 32.

Barbas H & Pandya DN (1989). Architecture and intrinsic connections of the prefrontal cortex in the rhesus monkey. *Journal of Comparative Neurology* 286: 353 – 375.

Barbas H, Zikopoulos B, & Timbie C (2011). Sensory pathways and emotional context for action in primate prefrontal cortex. *Biological Psychiatry* 69: 1133 – 1139.

Barrett L, Dunbar R, & Lycett J (2002). *Human Evolutionary Psychology*. Palgrave, Basingstoke.

Barsh GS & Schwartz MW (2002). Genetic approaches to studying energy balence: perception and integration. *Nature Reviews Genetics* 3: 589 – 600.

Barsh GS, Farooqi IS, & O'Rahilly S (2000). Genetics of body weight regulation. *Nature* 404: 644 – 651.

Barson JR, Karatayev O, Chang GQ, Johnson DF, Bocarsly ME, Hoebel BG, & Leibowitz SF (2009). Positive relationship between dietary fat, ethanol intake, triglycerides, and hypothalamic peptides: counteraction by lipid-lowering drugs. *Alcohol* 43: 433 – 441.

Bateman AJ (1948). Intra-sexual selection in drosophila. *Heredity (Edinb)* 2: 349 – 368.

Bateson P (1983). *Mate Choice*. Cambridge University Press, Cambridge.

Baum MJ, Everitt BJ, Herbert J, & Keverne EB (1977). Hormonal basis of proceptivity and receptivity in female primates. *Archives of Sexual Behavior* 6: 173 – 192.

Baylis LL & Gaffan D (1991). Amygdalectomy and ventromedial prefrontal ablation produce similar defifficits in food choice and in simple object discrimination learning for an unseen reward. *Experimental Brain Research* 86: 617 – 622.

Baylis LL & Rolls ET (1991). Responses of neurons in the primate taste cortex to glutamate. *Physiology and Behavior* 49: 973 – 979.

Baylis LL, Rolls ET, & Baylis GC (1994). Afferent connections of the orbitofrontal cortex taste area of the primate. *Neuroscience* 64: 801 – 812.

Beauchamp GK & Yamazaki K (2003). Chemical signalling in mice. *Biochemical Society Transactions* 31: 147 – 151.

283

Beaver JD, Lawrence AD, Ditzhuijzen Jv, Davis MH, Woods A, & Calder AJ (2006). Individual differences in reward drive predict neural responses to images of food. *Journal of Neuroscience* 26: 5160–5166.

Bechara A, Damasio AR, Damasio H, & Anderson SW (1994). Insensitivity to future consequences following damage to human prefrontal cortex. *Cognition* 50: 7–15.

Bechara A, Tranel D, Damasio H, & Damasio AR (1996). Failure to respond autonomically to anticipated future outcomes following damage to prefrontal cortex. *Cerebral Cortex* 6: 215–225.

Bechara A, Damasio H, Tranel D, & Damasio AR (1997). Deciding advantageously before knowing the advantageous strategy. *Science* 275: 1293–1295.

Bechara A, Damasio H, Tranel D, & Damasio AR (2005). The Iowa Gambling Task and the somatic marker hypothesis: some questions and answers. *Trends in Cognitive Sciences* 9: 159–162.

Beck AT (1979). *Cognitive Therapy of Depression*. Guilford Press.

Beck AT (2008). The evolution of the cognitive model of depression and its neurobiological correlates. *American Journal of Psychiatry* 165: 969–977.

Becker NB, Jesus SN, Joao K, Viseu JN, & Martins RIS (2017). Depression and sleep quality in older adults: a meta-analysis. *Psychol Health Med* 22: 889–895.

Beckstead RM & Norgren R (1979). An autoradiographic examination of the central distribution of the trigeminal, facial, glossopharyngeal, and vagal nerves in the monkey. *Journal of Comparative Neurology* 184: 455–472.

Beckstead RM, Morse JR, & Norgren R (1980). The nucleus of the solitary tract in the monkey: projections to the thalamus and brainstem nuclei. *Journal of Comparative Neurology* 190: 259–282.

Beluzzi JD, Grant N, Garsky V, Sarantakis D, Wise CD, & Stein L (1976). Analgesia induced in vivo by central administration of enkephalin in rat. *Nature* 260: 625–626.

Ben-Ze'ev A (2000). *The Subtlety of Emotions*. MIT Press, Cambridge, MA.

Benes FM & Subburaj S (2016). Circuitry-specifific hypermetabolism in the hippocampus of bipolar patients. In Soares JC & Young AH, editors, *Bipolar Disorders*, chap. 7, 70–89. Cambridge University Press, Cambridge, 3rd edn.

Berglund A & Rosenqvist G (2001). Male pipefifish prefer ornamented females. *Animal Behaviour* 61: 345–350.

Berlin H & Rolls ET (2004). Time perception, impulsivity, emotionality, and personality in self-harming borderline personality disorder patients. *Journal of Personality Disorders* 18: 358–378.

Berlin H, Rolls ET, & Kischka U (2004). Impulsivity, time perception, emotion, and reinforcement sensitivity in patients with orbitofrontal cortex lesions. *Brain* 127: 1108–1126.

Berlin H, Rolls ET, & Iversen SD (2005). Borderline Personality Disorder, impulsivity, and the orbitofrontal cortex. *American Journal of Psychiatry* 58: 234–245.

Bermpohl F, Kahnt T, Dalanay U, Hagele C, Sajonz B, Wegner T, Stoy M, Adli M, Kruger S, Wrase J, Strohle A, Bauer M, & Heinz A (2010). Altered representation of expected value in the orbitofrontal cortex in mania. *Human Brain Mapping* 31: 958–969.

Berner LA, Bocarsly ME, Hoebel BG, & Avena NM (2011). Pharmacological interventions for binge eating: lessons from animal models, current treatments, and future directions. *Current Pharmaceutical Design* 17: 1180–1187.

Berntson GG, Norman GJ, Bechara A, Bruss J, Tranel D, & Cacioppo JT (2011). The insula and evaluative processes. *Psychological Science* 22: 80–166.

Berridge KC (1996). Food reward: brain substrates of wanting and liking. *Neuroscience and Biobehavioral Reviews* 20: 1–25.

Berridge KC & Robinson TE (1998). What is the role of dopamine in reward: hedonic impact, reward learning, or incentive salience? *Brain Research Reviews* 28: 309–369.

Berridge KC, Robinson TE, & Aldridge JW (2009). Dissecting components of reward: 'liking', 'wanting', and learning. *Current Opinion in Pharmacology* 9: 65–73.

Bertram BCR (1975). Social factors influencing reproduction in wild lions. *Journal of Zoology* 177: 463–482.

Betzig LL (1986). *Despotism and Differential Reproduction*. Aldine, New York.

Bhattacharya A, Derecki NC, Lovenberg TW, & Drevets WC (2016). Role of neuro-immunological factors in the pathophysiology of mood disorders. *Psychopharmacology* (*Berl*) 233: 1623–1636.

284

Bigdeli TB &. al e (2017). Genetic effects influencing risk for major depressive disorder in china and europe. *Transl Psychiatry* 7: e1074.

Birkhead T (2000). *Promiscuity*. Faber and Faber, London.

Birkhead TR, Chaline N, Biggins JD, Burke T, &. Pizzari T (2004). Nontransitivity of paternity in a bird. *Evolution* 58: 416 – 420.

Bjorklund A &. Lindvall O (1986). Catecholaminergic brainstem regulatory systems. In Mountcastle VB, Bloom FE, &. Geiger SR, editors, *Handbook of Physiology: The Nervous System*, vol. 4, Intrinsic systems of the Brain, 155 – 236. American Psychological Society, Bethesda.

Blaney PH (1986). Affect and memory: a review. *Psychological Bulletin* 99: 229 – 246.

Blaustein JD &. Erskine MS (2002). Feminine sexual behavior. In Pfaff DW, Arnold AP, Etgen AM, Fahrbach SE, &. Rubin RT, editors, *Hormones, Brain and Behavior*, vol. 1, chap. 2, 139 – 214. Academic Press, San Diego, CA.

Bliss-Moreau E, Moadab G, Bauman MD, &. Amaral DG (2013). The impact of early amygdala damage on juvenile rhesus macaque social behavior. *J Cogn Neurosci* 25: 2124 – 2140.

Block N (1995). On a confusion about a function of consciousness. *Behavioral and Brain Sciences* 18: 22 – 47.

Blood AJ &. Zatorre RJ (2001). Intensely pleasureable responses to music correlate with activity of brain regions implicated in reward and emotion. *Proceedings of the National Academy of Sciences USA* 98: 11818 – 11823.

Blood AJ, Zatorre RJ, Bermudez P, &. Evans AC (1999). Emotional responses to pleasant and unpleasant music correlate with activity in paralimbic brain regions. *Nature Neuroscience* 2: 382 – 387.

Blumberg J &. Kreiman G (2010). How cortical neurons help us see: visual recognition in the human brain. *The Journal of Clinical Investigation* 120: 3054 – 3063.

Boden MA, editor (1996). *The Philosophy of Artifificial Life*. Oxford University Press, Oxford.

Booth DA (1985). Food-conditioned eating preferences and aversions with interoceptive elements: learned appetites and satieties. *Annals of the New York Academy of Sciences* 443: 22 – 37.

Booth MCA &. Rolls ET (1998). View-invariant representations of familiar objects by neurons in the inferior temporal visual cortex. *Cerebral Cortex* 8: 510 – 523.

Bosch OJ &. Young LJ (2017). Oxytocin and social relationships: From attachment to bond disruption. *Curr Top Behav Neurosci*.

Bostan AC, Dum RP, &. Strick PL (2018). Functional anatomy of basal ganglia circuits with the cerebral cortex and the cerebellum. *Prog Neurol Surg* 33: 50 – 61.

Bowlby J (1969). *Attachment and Loss: Volume 1 Attachment*. Hogarth Press, London.

Bowlby J (1973). *Attachment and Loss: Volume 2 Separation*. Hogarth Press, London.

Bowlby J (1980). *Attachment and Loss: Volume 3 Loss*. Hogarth Press, London.

Bowles S &. Gintis H (2005). Prosocial emotions. In Blume LE &. Durlauf SN, editors, *The Economy as an Evolving Complex System Ⅲ*. Santa Fe Institute, Santa Fe, NM.

Boyd R, Gintis H, Bowles S, &. Richerson PJ (2003). The evolution of altruistic punishment. *Proceedings of the National Academy of Sciences USA* 100: 3531 – 3535.

Brenner E, Smeets JB, &. van den Berg AV (2001). Smooth eye movements and spatial localisation. *Vision Res* 41: 2253 – 2259.

Brodersen KH, Wiech K, Lomakina EI, Lin CS, Buhmann JM, Bingel U, Ploner M, Stephan KE, &. Tracey I (2012). Decoding the perception of pain from fmri using multivariate pattern analysis. *Neuroimage* 63: 1162 – 1170.

Bromberg-Martin ES &. Hikosaka O (2011). Lateral habenula neurons signal errors in the prediction of reward information. *Nat Neurosci* 14: 1209 – 1216.

Bromberg-Martin ES, Matsumoto M, &. Hikosaka O (2010). Dopamine in motivational control: rewarding, aversive, and alerting. *Neuron* 68: 815 – 834.

Brothers L &. Ring B (1993). Mesial temporal neurons in the macaque monkey with responses selective for aspects of social stimuli. *Behavioural Brain Research* 57: 53 – 61.

Brown R, Lau H, &. LeDoux JE (2019). Understanding the higher-order approach to consciousness. *Trends Cogn Sci* 23: 754 – 768.

Brunel N &. Wang XJ (2001). Effects of neuromodulation in a cortical network model of object working memory dominated by recurrent inhibition. *Journal of Computational Neuroscience* 11: 63 – 85.

Bubb EJ, Kinnavane L, &. Aggleton JP (2017). Hippocampal — diencephalic — cingulate networks for memory and emotion: An anatomical guide. *Brain Neurosci Adv* 1: 1 – 20.

Buot A & Yelnik J (2012). Functional anatomy of the basal ganglia: limbic aspects. *Revue Neurologique* (*Paris*) 168: 569 – 575.

Burch RL & Gallup GG (2006). The psychobiology of human semen. In Platek SM & Shackelford TK, editors, *Female infidelity and paternal uncertainty*, chap. 8, 141 – 172. Cambridge University Press, Cambridge.

Bush G, Luu P, & Posner MI (2000). Cognitive and emotional influences in anterior cingulate cortex. *Trends in Cognitive Sciences* 4: 215 – 222.

Bush G, Vogt BA, Holmes J, Dales AM, Greve D, Jenike MA, & Rosen BR (2002). Dorsal anterior cingulate cortex: a role in reward-based decision making. *Proceedings of the National Academy of Sciences USA* 99: 523 – 528.

Buss DM (1989). Sex differences in human mate preferences: evolutionary hypotheses tested in 37 cultures. *Behavioural and Brain Sciences* 12: 1 – 14.

Buss DM (2015). *Evolutionary Psychology: The New Science of the Mind*. Pearson, Boston, MA, 5th edn.

Buss DM (2016). *Evolution of Desire. Strategies of Human Mating*. Basic Books, New York, NY, revised and updated edn.

Buss DM & Schmitt DP (1993). Sexual strategies theory: an evolutionary perspective on human mating. *Psychological Review* 100: 204 – 232.

Buss DM, Abbott M, Angeleitner A, Asherian A, Biaggio A, Blancovillasenor A, Bruchonschweitzer M, Chu H, Czapinski J, DeRaad B, Ekehammar B, Ellohamy N, Fioravanti M, Georgas J, Gjerde P, Guttman R, Hazan F, Iwawaki S, Janakiramaiah N, Khosroshani F, Kreitler S, Lachenicht L, Lee M, Liik K, Little B, Mika S, Moadelshahid M, Moane G, Montero M, Mundycastle AC, Niit T, Nsenduluka E, Pienkowski R, Pirttila Backman AM, Deleon JP, Rousseau J, Runco MA, Safifir MP, Samuels C, Sanitioso R, Serpell R, Smid N, Spencer C, Tadinac M, Todorova EN, Troland K, Vandenbrande L, Van Heck G, Vanlangenhove L, & Yang KS (1990). International preferences in selecting mates: a study of 37 cultures. *Journal of Cross-Cultural Psychology* 21: 5 – 47.

Butter CM (1969). Perseveration in extinction and in discrimination reversal tasks following selective prefrontal ablations in Macaca mulatta. *Physiology and Behavior* 4: 163 – 171.

Butter CM & Snyder DR (1972). Alterations in aversive and aggressive behaviors following orbitofrontal lesions in rhesus monkeys. *Acta Neurobiologica Experimentalis* 32: 525 – 565.

Butter CM, McDonald JA, & Snyder DR (1969). Orality, preference behavior, and reinforcement value of non-food objects in monkeys with orbital frontal lesions. *Science* 164: 1306 – 1307.

Butter CM, Snyder DR, & McDonald JA (1970). Effects of orbitofrontal lesions on aversive and aggressive behaviors in rhesus monkeys. *Journal of Comparative Physiology and Psychology* 72: 132 – 144.

Caan W, Perrett DI, & Rolls ET (1984). Responses of striatal neurons in the behaving monkey. 2. Visual processing in the caudal neostriatum. *Brain Research* 290: 53 – 65.

Cabanac M (1971). Physiological role of pleasure. *Science* 173: 1103 – 1107.

Cabanac M & Duclaux R (1970). Specificity of internal signals in producing satiety for taste stimuli. *Nature* 227: 966 – 967.

Cabanac M & Fantino M (1977). Origin of olfacto-gustatory alliesthesia: Intestinal sensitivity to carbohydrate concentration? *Physiology and Behavior* 10: 1039 – 1045.

Cai X & Padoa-Schioppa C (2012). Neuronal encoding of subjective value in dorsal and ventral anterior cingulate cortex. *Journal of Neuroscience* 32: 3791 – 3808.

Calder AJ, Keane J, Manes F, Antoun N, & Young AW (2000). Impaired recognition and experience of disgust following brain injury. *Nature Neuroscience* 3: 1077 – 1078.

Camille N, Tsuchida A, & Fellows LK (2011). Double dissociation of stimulus-value and action-value learning in humans with orbitofrontal or anterior cingulate cortex damage. *Journal of Neuroscience* 31: 15048 – 15052.

Canli T, Zhao Z, Desmond JE, Kang E, Gross J, & Gabrieli JD (2001). An fMRI study of personality influences on brain reactivity to emotional stimuli. *Behavioral Neuroscience* 115: 33 – 42.

Canli T, Sivers H, Whitfield SL, Gotlib IH, & Gabrieli JD (2002). Amygdala response to happy faces as a function of extraversion. *Science* 296: 2191.

Cannistraro PA & Rauch SL (2003). Neural circuitry of anxiety: evidence from structural and functional

286

neuroimaging studies. *Psychopharmacology Bulletin* 37: 8 – 25.

Cardinal N & Everitt BJ (2004). Neural and psychological mechanisms underlying appetitive learning: links to drug addiction. *Current Opinion in Neurobiology* 14: 156 – 162.

Cardinal RN, Parkinson JA, Hall J, & Everitt BJ (2002). Emotion and motivation: the role of the amygdala, ventral striatum, and prefrontal cortex. *Neuroscience and Biobehavioral Reviews* 26: 321 – 352.

Carlson NR & Birkett MA (2017). *Physiology of Behavior*. Pearson, Boston, 12th edn.

Carmichael ST & Price JL (1994). Architectonic subdivision of the orbital and medial prefrontal cortex in the macaque monkey. *Journal of Comparative Neurology* 346: 366 – 402.

Carmichael ST & Price JL (1995a). Limbic connections of the orbital and medial prefrontal cortex in macaque monkeys. *Journal of Comparative Neurology* 363: 615 – 641.

Carmichael ST & Price JL (1995b). Sensory and premotor connections of the orbital and medial prefrontal cortex of macaque monkeys. *Journal of Comparative Neurology* 363: 642 – 664.

Carmichael ST, Clugnet MC, & Price JL (1994). Central olfactory connections in the macaque monkey. *Journal of Comparative Neurology* 346: 403 – 434.

Carruthers P (1996). *Language, Thought and Consciousness*. Cambridge University Press, Cambridge.

Carruthers P (2000). *Phenomenal Consciousness*. Cambridge University Press, Cambridge.

Carter CS (1998). Neuroendocrine perpectives on social attachment and love. *Psychoneuroendocrinology* 23: 779 – 818.

Carter CS (2017). Oxytocin and human evolution. *Curr Top Behav Neurosci*.

Cavanna AE & Trimble MR (2006). The precuneus: a review of its functional anatomy and behavioural correlates. *Brain* 129: 564 – 583.

Celada P, Puig MV, Armagos-Bosch M, Adell A, & Artigas F (2004). The therapeutic role of 5-HT$_{1A}$ and 5-HT$_{2A}$ receptors in depression. *Journal of Psychiatry and Neuroscience* 29: 252 – 265.

Chalmers DJ (1996). *The Conscious Mind*. Oxford University Press, Oxford.

Chandrashekar J, Hoon MA, Ryba NJ, & Zuker CS (2006). The receptors and cells for mammalian taste. *Nature* 444: 288 – 294.

Chau BK, Sallet J, Papageorgiou GK, Noonan MP, Bell AH, Walton ME, & Rushworth MF (2015). Contrasting roles for orbitofrontal cortex and amygdala in credit assignment and learning in macaques. *Neuron* 87: 1106 – 1118.

Chaudhari N & Roper SD (2010). The cell biology of taste. *Journal of Cell Biology* 190: 285 – 296.

Chaudhari N, Landin AM, & Roper S (2000). A metabolic glutamate receptor variant functions as a taste receptor. *Nature Neuroscience* 3: 113 – 119.

Cheng W, Rolls ET, Qiu J, Liu W, Tang Y, Huang CC, Wang X, Zhang J, Lin W, Zheng L, Pu J, Tsai SJ, Yang AC, Lin CP, Wang F, Xie P, & Feng J (2016). Medial reward and lateral non-reward orbitofrontal cortex circuits change in opposite directions in depression. *Brain* 139: 3296 – 3309.

Cheng W, Rolls ET, Qiu J, Xie X, Lyu W, Li Y, Huang CC, Yang AC, Tsai SJ, Lyu F, Zhuang K, Lin CP, Xie P, & Feng J (2018a). Functional connectivity of the human amygdala in health and in depression. *Soc Cogn Affect Neurosci* 13: 557 – 568.

Cheng W, Rolls ET, Qiu J, Xie X, Wei D, Huang CC, Yang AC, Tsai SJ, Li Q, Meng J, Lin CP, Xie P, & Feng J (2018b). Increased functional connectivity of the posterior cingulate cortex with the lateral orbitofrontal cortex in depression. *Transl Psychiatry* 8: 90.

Cheng W, Rolls ET, Qiu J, Yang D, Ruan H, Wei D, Zhao L, Meng J, Xie P, & Feng J (2018c). Functional connectivity of the precuneus in unmedicated patients with depression. *Biol Psychiatry Cogn Neurosci Neuroimaging* 3: 1040 – 1049.

Cheng W, Rolls ET, Ruan H, & Feng J (2018d). Functional connectivities in the brain that mediate the association between depressive problems and sleep quality. *JAMA Psychiatry* 75: 1052 – 1061.

Cheng W, Rolls ET, Gong W, Du J, Zhang J, Zhang XY, Li F, & Feng J (2020). Sleep duration, brain structure, and psychiatric and cognitive problems in children. *Molecular Psychiatry* https://doi.org/10.1038/s41380 – 020 – 0663 – 2.

Chevalier-Skolnikoff S (1973). Facial expression of emotion in non-human primates. In Ekman P, editor, *Darwin and Facial Expression*, 11 – 89. Academic Press, New York.

Childress AR, Mozley PD, McElgin W, Fitzgerald J, Reivich M, & O'Brien CP (1999). Limbic activation during cue-induced cocaine craving. *American Journal of Psychiatry* 156: 11 – 18.

Cho YK, Li CS, & Smith DV (2002). Gustatory projections from the nucleus of the solitary tract to the parabrachial nuclei in the hamster. *Chemical Senses* 27: 81 – 90.

Churchland PS & Winkielman P (2012). Modulating social behavior with oxytocin: how does it work? What does it mean? *Hormones and Behavior* 61: 392 – 399.

Clutton-Brock TH & Albon SD (1979). The roaring of red deer and the evolution of honest advertisement. *Behaviour* 69: 145 – 170.

Cooper JR, Bloom FE, & Roth RH (2003). *The Biochemical Basis of Neuropharmacology*. Oxford University Press, Oxford, 8th edn.

Corbetta M & Shulman GL (2002). Control of goal-directed and stimulus-driven attention in the brain. *Nature Reviews Neuroscience* 3: 201 – 215.

Cornell CE, Rodin J, & Weingarten H (1989). Stimulus-induced eating when satiated. *Physiology and Behavior* 45: 695 – 704.

Corr PJ & McNaughton N (2012). Neuroscience and approach/avoidance personality traits: a two stage (valuation-motivation) approach. *Neuroscience and Biobehavioural Reviews* 36: 2339 – 2354.

Corrado GS, Sugrue LP, Seung HS, & Newsome WT (2005). Linear-nonlinear-Poisson models of primate choice dynamics. *Journal of the Experimental Analysis of Behavior* 84: 581 – 617.

Cosmides I & Tooby J (1999). Evolutionary psychology. In Wilson R & Keil F, editors, *MIT Encyclopedia of the Cognitive Sciences*, 295 – 298. MIT Press, Cambridge, MA.

Cowley JJ & Brooksbank BWL (1991). Human exposure to putative pheromones and changes in aspects of social behaviour. *Journal of Steroid Biochemistry and Molecular Biology* 39: 647 – 659.

Craig AD (2009). How do you feel-now? The anterior insula and human awareness. *Nature Reviews Neuroscience* 10: 59 – 70.

Craig AD (2011). Significance of the insula for the evolution of human awareness of feelings from the body. *Annals of the New York Academy of Sciences* 1225: 72 – 82.

Craig AD, Chen K, Bandy D, & Reiman EM (2000). Thermosensory activation of insular cortex. *Nature Neuroscience* 3: 184 – 190.

Crews FT & Boettiger CA (2009). Impulsivity, frontal lobes and risk for addiction. *Pharmacology Biochemistry and Behavior* 93: 237 – 247.

Crick FHC & Koch C (1990). Towards a neurobiological theory of consciousness. *Seminars in the Neurosciences* 2: 263 – 275.

Critchley HD & Harrison NA (2013). Visceral influences on brain and behavior. *Neuron* 77: 624 – 638.

Critchley HD & Rolls ET (1996a). Responses of primate taste cortex neurons to the astringent tastant tannic acid. *Chemical Senses* 21: 135 – 145.

Critchley HD & Rolls ET (1996b). Olfactory neuronal responses in the primate orbitofrontal cortex: analysis in an olfactory discrimination task. *Journal of Neurophysiology* 75: 1659 – 1672.

Critchley HD & Rolls ET (1996c). Hunger and satiety modify the responses of olfactory and visual neurons in the primate orbitofrontal cortex. *Journal of Neurophysiology* 75: 1673 – 1686.

Croxson PL, Walton ME, O'Reilly JX, Behrens TE, & Rushworth MF (2009). Effort-based cost-benefit valuation and the human brain. *Journal of Neuroscience* 29: 4531 – 4541.

Cummings DE & Schwartz MW (2003). Genetics and pathophysiology of human obesity. *Annual Reviews of Medicine* 54: 453 – 471.

Cunningham MR, Roberts AR, Barbee AP, & Druen PB (1995). Their ideas of beauty are, on the whole, the same as ours: consistency and variability in the cross-cultural perception of female physical attractiveness. *Journal of Personality and Social Psychology* 68: 261 – 279.

Dahlstrom A & Fuxe K (1965). Evidence for the existence of monoamine-containing neurons in the central nervous system: demonstration of monoamines in the cell bodies of brain stem neurons. *Acta Physiologia Scandinavica* 62: 1 – 55.

Dai D, Li QC, Zhu QB, Hu SH, Balesar R, Swaab D, & Bao AM (2017). Direct involvement of androgen receptor in oxytocin gene expression: Possible relevance for mood disorders. *Neuropsychopharmacology* 42: 2064 – 2071.

Damasio A, Damasio H, & Tranel D (2013). Persistence of feelings and sentience after bilateral damage of the insula. *Cerebral Cortex* 23: 833 – 846.

Damasio AR (1994). *Descartes' Error: Emotion, Reason, and the Human Brain*. Grosset/Putnam, New York.

Damasio AR (1996). The somatic marker hypothesis and the possible functions of the prefrontal cortex [and discussion]. *Philosophical Transactions of the Royal Society of London. Series B: Biological*

287

Sciences 351: 1413 - 1420.

Damasio AR (2003). *Looking for Spinoza*. Heinemann, London.

Damasio AR, Grabowski TJ, Bechara A, Damasio H, Ponto LLB, Parvizi J, & Hichwa RD (2000). Subcortical and cortical brain activity during the feeling of self-generated emotions. *Nature Neuroscience* 3: 1049 - 1056.

Damasio H, Grabowski T, Frank R, Galaburda AM, & Damasio AR (1994). The return of Phineas Gage: clues about the brain from the skull of a famous patient. *Science* 264: 1102 - 1105.

Darwin C (1859). *The Origin of Species*. John Murray [reprinted (1982) by Penguin Books Ltd], London.

Darwin C (1871). *The Descent of Man, and Selection in Relation to Sex*. John Murray [reprinted (1981) by Princeton University Press], London.

Darwin C (1872). *The Expression of the Emotions in Man and Animals*. University of Chicago Press. [reprinted (1998) (3rd edn) ed. P. Ekman. Harper Collins], Glasgow.

Davis M (2006). Neural systems involved in fear and anxiety measured with fear-potentiated startle. *American Psychologist* 61: 741 - 756.

Davis M (2011). NMDA receptors and fear extinction: implications for cognitive behavioral therapy. *Dialogues in Clinical Neuroscience* 13: 463 - 474.

Davis M, Antoniadis EA, Amaral DG, & Winslow JT (2008). Acoustic startle reflex in rhesus monkeys: a review. *Reviews in Neuroscience* 19: 171 - 185.

Dawkins MS (1986a). *Unravelling Animal Behaviour*. Longman, Harlow, 1st edn.

Dawkins MS (1995). *Unravelling Animal Behaviour*. Longman, Harlow, 2nd edn.

Dawkins R (1976). *The Selfish Gene*. Oxford University Press, Oxford.

Dawkins R (1982). *The Extended Phenotype*. Freeman, Oxford.

Dawkins R (1986b). *The Blind Watchmaker*. Longman, Harlow.

Dawkins R (1989). *The Selfish Gene*. Oxford University Press, Oxford, 2nd edn.

Dayan P & Abbott LF (2001). *Theoretical Neuroscience*. MIT Press, Cambridge, MA.

de Araujo IE, Ferreira JG, Tellez LA, Ren X, & Yeckel CW (2012). The gut-brain dopamine axis: a regulatory system for caloric intake. *Physiol Behav* 106: 394 - 399.

De Araujo IET & Rolls ET (2004). Representation in the human brain of food texture and oral fat. *Journal of Neuroscience* 24: 3086 - 3093.

De Araujo IET, Rolls ET, & Stringer SM (2001). A view model which accounts for the response properties of hippocampal primate spatial view cells and rat place cells. *Hippocampus* 11: 699 - 706.

De Araujo IET, Kringelbach ML, Rolls ET, & Hobden P (2003a). Representation of umami taste in the human brain. *Journal of Neurophysiology* 90: 313 - 319.

De Araujo IET, Kringelbach ML, Rolls ET, & McGlone F (2003b). Human cortical responses to water in the mouth, and the effects of thirst. *Journal of Neurophysiology* 90: 1865 - 1876.

De Araujo IET, Rolls ET, Kringelbach ML, McGlone F, & Phillips N (2003c). Taste-olfactory convergence, and the representation of the pleasantness of flflavour in the human brain. *European Journal of Neuroscience* 18: 2059 - 2068.

De Araujo IET, Rolls ET, Velazco MI, Margot C, & Cayeux I (2005). Cognitive modulation of olfactory processing. *Neuron* 46: 671 - 679.

De Gelder B, Vroomen J, Pourtois G, & Weiskrantz L (1999). Non-conscious recognition of affect in the absence of striate cortex. *NeuroReport* 10: 3759 - 3763.

Debiec J, LeDoux JE, & Nader K (2002). Cellular and systems reconsolidation in the hippocampus. *Neuron* 36: 527 - 538.

Debiec J, Doyere V, Nader K, & LeDoux JE (2006). Directly reactivated, but not indirectly reactivated, memories undergo reconsolidation in the amygdala. *Proceedings of the National Academy of Sciences USA* 103: 3428 - 3433.

Deco G & Kringelbach ML (2014). Great expectations: using whole-brain computational connectomics for understanding neuropsychiatric disorders. *Neuron* 84: 892 - 905.

Deco G & Rolls ET (2003). Attention and working memory: a dynamical model of neuronal activity in the prefrontal cortex. *European Journal of Neuroscience* 18: 2374 - 2390.

Deco G & Rolls ET (2004). A neurodynamical cortical model of visual attention and invariant object recognition. *Vision Research* 44: 621 - 644.

Deco G & Rolls ET (2005a). Synaptic and spiking dynamics underlying reward reversal in the orbitofrontal

288

cortex. *Cerebral Cortex* 15: 15 – 30.

Deco G & Rolls ET (2005b). Neurodynamics of biased competition and cooperation for attention: a model with spiking neurons. *Journal of Neurophysiology* 94: 295 – 313.

Deco G & Rolls ET (2006). A neurophysiological model of decision-making and Weber's law. *European Journal of Neuroscience* 24: 901 – 916.

Deco G, Rolls ET, & Romo R (2009). Stochastic dynamics as a principle of brain function. *Progress in Neurobiology* 88: 1 – 16.

Deco G, Rolls ET, Albantakis L, & Romo R (2013). Brain mechanisms for perceptual and reward-related decision-making. *Progress in Neurobiology* 103: 194 – 213.

Dehaene S (2014). *Consciousness and the Brain*. Penguin, New York.

Dehaene S & Naccache L (2001). Towards a cognitive neuroscience of consciousness: basic evidence and a workspace framework. *Cognition* 79: 1 – 37.

Dehaene S, Changeux JP, Naccache L, Sackur J, & Sergent C (2006). Conscious, preconscious, and subliminal processing: a testable taxonomy. *Trends in Cognitive Sciences* 10: 204 – 211.

Dehaene S, Charles L, King JR, & Marti S (2014). Toward a computational theory of conscious processing. *Curr Opin Neurobiol* 25: 76 – 84.

Dehaene S, Lau H, & Kouider S (2017). What is consciousness, and could machines have it? *Science* 358: 486 – 492.

Delgado MR, Jou RL, & Phelps EA (2011). Neural systems underlying aversive conditioning in humans with primary and secondary reinforcers. *Frontiers in Neuroscience* 5: 71.

DeLong M & Wichmann T (2010). Changing views of basal ganglia circuits and circuit disorders. *Clinical EEG and Neuroscience* 41: 61 – 67.

Deng WL, Rolls ET, Ji X, Robbins TW, Banaschewski T, Bokde A, Bromberg U, Buechel C, Desrivieres S, Conrod P, Flor H, Frouin V, Gallinat J, Garavan H, Gowland P, Heinz A, Ittermann B, Martinot JL, Lemaitre H, Nees F, Papadopoulos Orfanos D, Poustka L, Smolka MN, Walter H, Whelan R, Schumann G, Feng J, & the Imagen consortium (2017). Separate neural systems for behavioral change and for emotional responses to failure during behavioral inhibition. *Human Brain Mapping* 38: 3527 – 3537.

Dennett DC (1991). *Consciousness Explained*. Penguin, London.

Derbyshire SWG, Vogt BA, & Jones AKP (1998). Pain and Stroop interference tasks activate separate processing modules in anterior cingulate cortex. *Experimental Brain Research* 118: 52 – 60.

Desimone R & Duncan J (1995). Neural mechanisms of selective visual attention. *Annual Review of Neuroscience* 18: 193 – 222.

DeVries AC, DeVries MB, Taymans SE, & Carter CS (1996). The effects of stress on social preferences are sexually dimorphic in prairie voles. *Proceedings of the National Academy of Science USA* 93: 11980 – 11984.

Di Lorenzo PM (1990). Corticofugal inflluence on taste responses in the parabrachial pons of the rat. *Brain Research* 530: 73 – 84.

Di Marzo V & Matias I (2005). Endocannabinoid control of food intake and energy balance. *Nature Neuroscience* 8: 585 – 590.

Diamond J (1997). *Why is Sex Fun?* Weidenfeld and Nicholson, London.

Dickinson A (1980). *Contemporary Animal Learning Theory*. Cambridge University Press, Cambridge.

Dickinson A (1994). Instrumental conditioning. In Mackintosh NJ, editor, *Animal Learning and Cognition*, 45 – 80. Academic Press, San Diego.

Disner SG, Beevers CG, Haigh EA, & Beck AT (2011). Neural mechanisms of the cognitive model of depression. *Nat Rev Neurosci* 12: 467 – 477.

Douglas RJ, Markram H, & Martin KAC (2004). Neocortex. In Shepherd GM, editor, *The Synaptic Organization of the Brain*, chap. 12, 499 – 558. Oxford University Press, Oxford, 5th edn.

Downar J (2019). Orbitofrontal cortex: a 'non-rewarding' new treatment target in depression? *Curr Biol* 29: R59 – R62.

Downar J, Blumberger DM, Rizvi SJ, Daskalakis ZJ, Kennedy H, & Giacobbe P (2020). Targeting the neural subtypes of depression.

Doyere V, Debiec J, Monfifils MH, Schafe GE, & LeDoux JE (2007). Synapse-specifific reconsolidation of distinct fear memories in the lateral amygdala. *Nature Neuroscience* 10: 414 – 416.

Drevets WC (2007). Orbitofrontal cortex function and structure in depression. *Annals of the New York

289

Academy of Sciences 1121: 499 – 527.

Drysdale AT, Grosenick L, Downar J, Dunlop K, Mansouri F, Meng Y, Fetcho RN, Zebley B, Oathes DJ, Etkin A, Schatzberg AF, Sudheimer K, Keller J, Mayberg HS, Gunning FM, Alexopoulos GS, Fox MD, Pascual-Leone A, Voss HU, Casey BJ, Dubin MJ, & Liston C (2017). Resting-state connectivity biomarkers defifine neurophysiological subtypes of depression. *Nat Med* 23: 28 – 38.

Du J, Rolls ET, Cheng W, Li Y, Gong W, Qiu J, & Feng J (2020). Functional connectivity of the orbitofrontal cortex, anterior cingulate cortex, and inferior frontal gyrus in humans. *Cortex* 123: 185 – 199.

Du J, Rolls ET, Gong W, Cao M, Vatansever D, Cheng W, & Feng J (2021). Association between parental age, brain structure, and behavioral and cognitive problems in children. *Journal of the American Academy of Child and Adolescent Psychiatry*.

Dulac C & Kimchi T (2007). Neural mechanisms underlying sex-specific behaviors in vertebrates. *Current Opinion in Neurobiology* 17: 675 – 683.

Dulac C & Torello AT (2003). Molecular detection of pheromone signals in mammals: from genes to behaviour. *Nature Reviews Neuroscience* 4: 551 – 562.

Duman RS & Aghajanian GK (2012). Synaptic dysfunction in depression: potential therapeutic targets. *Science* 338: 68 – 72.

Dunbar R (1993). Co-evolution of neocortex size, group size and language in humans. *Behavioural and Brain Sciences* 16: 681 – 735.

Dunbar R (1996). *Grooming, Gossip, and the Evolution of Language*. Faber and Faber, London.

Edward DA, Stockley P, & Hosken DJ (2015). Sexual conflict and sperm competition. *Cold Spring Harbor perspectives in biology* 7: a017707.

Eisenberger NI & Lieberman MD (2004). Why rejection hurts: a common neural alarm system for physical and social pain. *Trends in Cognitive Neuroscience* 8: 294 – 300.

Ekman P (1992). An argument for basic emotions. *Cognition and Emotion* 6: 169 – 200.

Ekman P (2003). *Emotions Revealed: Understanding Faces and Feelings*. Weidenfeld and Nicolson, London.

Engelhardt A, Pfeifer JB, Heistermann M, Niemitz C, Van Hoof JARAM, & Jodges JK (2004). Assessment of females' reproductive status by male longtailed macques, Macaca fascicularis, under natural conditions. *Animal Behaviour* 67: 915 – 924.

Eshel N & Roiser JP (2010). Reward and punishment processing in depression. *Biological Psychiatry* 68: 118 – 124.

Eslinger P & Damasio A (1985). Severe disturbance of higher cognition after bilateral frontal lobe ablation: patient EVR. *Neurology* 35: 1731 – 1741.

Everitt BJ (1990). Sexual motivation: a neural and behavioural analysis of the mechanisms underlying appetitive and copulatory responses of male rats. *Neuroscience and Biobehavioral Reviews* 14: 217 – 232.

Everitt BJ & Robbins TW (1992). Amygdala-ventral striatal interactions and reward-related processes. In Aggleton JP, editor, *The Amygdala*, chap. 15, 401 – 429. Wiley, Chichester.

Everitt BJ & Robbins TW (2013). From the ventral to the dorsal striatum: Devolving views of their roles in drug addiction. *Neuroscience and Biobehavioural Reviews* 37: 1946 – 1954.

Everitt BJ, Cador M, & Robbins TW (1989). Interactions between the amygdala and ventral striatum in stimulus-reward association: studies using a second order schedule of sexual reinforcement. *Neuroscience* 30: 63 – 75.

Everitt BJ, Belin D, Economidou D, Pelloux Y, Dalley JW, & Robbins TW (2008). Review. neural mechanisms under-lying the vulnerability to develop compulsive drug-seeking habits and addiction. *Philosopjical Transactions of the Royal Society London B Biological Sciences* 363: 3125 – 3135.

Eysenck HJ & Eysenck SBG (1985). *Personality and Individual Differences: a Natural Science Approach*. Plenum, New York.

Faisal A, Selen L, & Wolpert D (2008). Noise in the nervous system. *Nature Reviews Neuroscience* 9: 292 – 303.

Farb DH & Ratner MH (2014). Targeting the modulation of neural circuitry for the treatment of anxiety disorders. *Pharmacol Rev* 66: 1002 – 1032.

Farooqi IS & O'Rahilly S (2017). The genetics of obesity in humans. In De Groot LJ, Chrousos G, Dungan K, Feingold KR, Grossman A, Hershman JM, Koch C, Korbonits M, McLachlan R, New

290

M, Purnell J, Rebar R, Singer F, & Vinik A, editors, *Endotext*. South Dartmouth (MA).

Farrow TF, Zheng Y, Wilkinson ID, Spence SA, Deakin JF, Tarrier N, Griffifiths PD, & Woodruff PW (2001). Investigating the functional anatomy of empathy and forgiveness. *NeuroReport* 12: 2433 – 2438.

Feffer K, Fettes P, Giacobbe P, Daskalakis ZJ, Blumberger DM, & Downar J (2018). 1hz rtms of the right orbitofrontal cortex for major depression: Safety, tolerability and clinical outcomes. *Eur Neuropsychopharmacol* 28: 109 – 117.

Feinstein JS, Adolphs R, Damasio A, & Tranel D (2011). The human amygdala and the induction and experience of fear. *Current Biology* 21: 34 – 38.

Fellows LK (2007). The role of orbitofrontal cortex in decision making: a component process account. *Annalls of the New York Academy of Sciences* 1121: 421 – 430.

Fellows LK (2011). Orbitofrontal contributions to value-based decision making: evidence from humans with frontal lobe damage. *Annals of the New York Academy of Sciences* 1239: 51 – 58.

Fellows LK & Farah MJ (2003). Ventromedial frontal cortex mediates affective shifting in humans: evidence from a reversal learning paradigm. *Brain* 126: 1830 – 1837.

Ferguson JN, Aldag JM, Insel TR, & Young LJ (2001). Oxytocin in the medial amygdala is essential for social recognition in the mouse. *Journal of Neuroscience* 21: 8278 – 8285.

Fiorillo CD, Tobler PN, & Schultz W (2003). Discrete coding of reward probability and uncertainty by dopamine neurons. *Science* 299: 1898 – 1902.

Firman RC, Gasparini C, Manier MK, & Pizzari T (2017). Postmating female control: 20 years of cryptic female choice. *Trends Ecol Evol* 32: 368 – 382.

Fisher RA (1930). *The Genetical Theory of Natural Selection*. Clarendon Press, Oxford.

Fisher RA (1958). *The Genetical Theory of Natural Selection*. Dover, New York, 2nd edn.

Flint J & Kendler KS (2014). The genetics of major depression. *Neuron* 81: 1214.

Fodor JA (1994). *The Elm and the Expert: Mentalese and its Semantics*. MIT Press, Cambridge, MA.

Forgeard MJ, Haigh EA, Beck AT, Davidson RJ, Henn FA, Maier SF, Mayberg HS, & Seligman ME (2011). Beyond depression: towards a process-based approach to research, diagnosis, and treatment. *Clinical Psychology (New York)* 18: 275 – 299.

Fox C, Wolff H, & Baker J (1970). Measurement of intra-vaginal and intra-uterine pressures during human coitus by radio-telemetry. *Journal of Reproduction and Fertility* 22: 243 – 251.

Francis S, Rolls ET, Bowtell R, McGlone F, O'Doherty J, Browning A, Clare S, & Smith E (1999). The representation of pleasant touch in the brain and its relationship with taste and olfactory areas. *NeuroReport* 10: 453 – 459.

Franco L, Rolls ET, Aggelopoulos NC, & Treves A (2004). The use of decoding to analyze the contribution to the information of the correlations between the firing of simultaneously recorded neurons. *Experimental Brain Research* 155: 370 – 384.

Freeman WJ & Watts JW (1950). *Psychosurgery in the Treatment of Mental Disorders and Intractable Pain*. Thomas, Springfifield, IL, 2nd edn.

Freese JL & Amaral DG (2009). Neuroanatomy of the primate amygdala. In Whalen PJ & Phelps EA, editors, *The Human Amygdala*, chap. 1, 3 – 42. Guilford, New York.

Freton M, Lemogne C, Bergouignan L, Delaveau P, Lehericy S, & Fossati P (2014). The eye of the self: precuneus volume and visual perspective during autobiographical memory retrieval. *Brain Struct Funct* 219: 959 – 968.

Frey S, Kostopoulos P, & Petrides M (2000). Orbitofrontal involvement in the processing of unpleasant auditory information. *European Journal of Neuroscience* 12: 3709 – 3712.

Fries P (2005). A mechanism for cognitive dynamics: neuronal communication through neuronal coherence. *Trends in Cognitive Sciences* 9: 474 – 480.

Fries P (2009). Neuronal gamma-band synchronization as a fundamental process in cortical computation. *Annual Reviews of Neuroscience* 32: 209 – 224.

Frijda NH (1986). *The Emotions*. Cambridge University Press, Cambridge.

Frith U & Frith CD (2003). Development and neurophysiology of mentalizing. *Philosophical Transactions of the Royal Society London B* 358: 459 – 473.

Fujisawa TX & Cook ND (2011). The perception of harmonic triads: an fMRI study. *Brain Imaging Behav* 5: 109 – 125.

Fulton JF (1951). *Frontal Lobotomy and Affective Behavior. A Neurophysiological Analysis*. W. W.

291

Norton, New York.

Fuster JM (2008). *The Prefrontal Cortex*. Academic Press, London, 4th edn.

Gabbott PL, Warner TA, Jays PR, & Bacon SJ (2003). Areal and synaptic interconnectivity of prelimbic (area 32), infralimbic (area 25) and insular cortices in the rat. *Brain Research* 993: 59 – 71.

Gaffan D, Saunders RC, Gaffan EA, Harrison S, Shields C, & Owen MJ (1984). Effects of fornix section upon associative memory in monkeys: role of the hippocampus in learned action. *Quarterly Journal of Experimental Psychology* 36B: 173 – 221.

Gallagher HL & Frith CD (2003). Functional imaging of 'theory of mind'. *Trends in Cogntive Neuroscience* 7: 77 – 83.

Gallagher M & Holland PC (1992). Understanding the function of the central nucleus: is simple conditioning enough? In Aggleton JP, editor, *The Amygdala: Neurobiological Aspects of Emotion, Memory, and Mental Dysfunction*, 307 – 321. Wiley-Liss, New York.

Gallagher M & Holland PC (1994). The amygdala complex: multiple roles in associative learning and attention. *Proceedings of the National Academy of Sciences USA* 91: 11771 – 11776.

Gallo M, Gamiz F, Perez-Garcia M, Del Moral RG, & Rolls ET (2014). Taste and olfactory status in a gourmand with a right amygdala lesion. *Neurocase: The neural Basis of Cognition* 20: 421 – 433.

Gangestad SW & Simpson JA (2000). The evolution of human mating: trade-offs and strategic pluralism. *Behavioural and Brain Sciences* 23: 573 – 644.

Gangestad SW & Thornhill R (1999). Individual differences in developmental precision and fluctuating asymmetry: a model and its implications. *Journal of Evolutionary Biology* 12: 402 – 416.

Garrison J, Erdeniz B, & Done J (2013). Prediction error in reinforcement learning: a meta-analysis of neuroimaging studies. *Neurosci Biobehav Rev* 37: 1297 – 1310.

Gazzaniga MS (1988). Brain modularity: towards a philosophy of conscious experience. In Marcel AJ & Bisiach E, editors, *Consciousness in Contemporary Science*, chap. 10, 218 – 238. Oxford University Press, Oxford.

Gazzaniga MS (1995). Consciousness and the cerebral hemispheres. In Gazzaniga MS, editor, *The Cognitive Neurosciences*, chap. 92, 1392 – 1400. MIT Press, Cambridge, MA.

Gazzaniga MS & LeDoux J (1978). *The Integrated Mind*. Plenum, New York.

Ge T, Feng J, Grabenhorst F, & Rolls ET (2012). Componential Granger causality, and its application to identifying the source and mechanisms of the top-down biased activation that controls attention to affective vs sensory processing. *Neuroimage* 59: 1846 – 1858.

Gennaro RJ (2004). *Higher Order Theories of Consciousness*. John Benjamins, Amsterdam.

Georges-François P, Rolls ET, & Robertson RG (1999). Spatial view cells in the primate hippocampus: allocentric view not head direction or eye position or place. *Cerebral Cortex* 9: 197 – 212.

Georgiadis JR & Kringelbach ML (2012). The human sexual response cycle: brain imaging evidence linking sex to other pleasures. *Progress in Neurobiology* 98: 49 – 81.

Georgiadis JR, Kortekaas R, Kuipers R, Nieuwenburg A, Pruim J, Reinders AA, & Holstege G (2006). Regional cerebral blood flflow changes associated with clitorally induced orgasm in healthy women. *European Journal of Neuroscience* 24: 3305 – 3316.

Gerfen CR & Surmeier DJ (2011). Modulation of striatal projection systems by dopamine. *Annual Reviews of Neuroscience* 34: 441 – 466.

Ghasemi M, Phillips C, Fahimi A, McNerney MW, & Salehi A (2017). Mechanisms of action and clinical efficacy of nmda receptor modulators in mood disorders. *Neurosci Biobehav Rev* 80: 555 – 572.

Ghashghaei HT & Barbas H (2002). Pathways for emotion: interactions of prefrontal and anterior temporal pathways in the amygdala of the rhesus monkey. *Neuroscience* 115: 1261 – 1279.

Gilbert SJ & Burgess PW (2008). Executive function. *Curr Biol* 18: R110 – 4.

Gilson M, Moreno-Bote R, Ponce-Alvarez A, Ritter P, & Deco G (2016). Estimation of directed effective connectivity from fmri functional connectivity hints at asymmetries in the cortical connectome. *PLoS Computational Biology* 12: e1004762.

Gintis H (2003). The hitchhiker's guide to altruism: genes, culture, and the internalization of norms. *Journal of Theoretical Biology* 220: 407 – 418.

Gintis H (2007). A framework for the unification of the behavioral sciences. *Behavioral and Brain Sciences* 30: 1 – 16.

Gintis H (2011). Gene-culture coevolution and the nature of human sociality. *Philosophical Transactions of the Royal Society London B Biological Sciences* 366: 878 – 888.

Giza BK & Scott TR (1983). Blood glucose selectively affects taste-evoked activity in rat nucleus tractus solitarius. *Physiology and Behaviour* 31: 643 – 650.

Giza BK & Scott TR (1987a). Intravenous insulin infusions in rats decrease gustatory-evoked responses to sugars. *American Journal of Physiology* 252: R994 – R1002.

Giza BK & Scott TR (1987b). Blood glucose level affects perceived sweetness intensity in rats. *Physiology and Behaviour* 41: 459 – 464.

Giza BK, Scott TR, & Vanderweele DA (1992). Administration of satiety factors and gustatory responsiveness in the nucleus tractus solitarius of the rat. *Brain Research Bulletin* 28: 637 – 639.

Giza BK, Deems RO, Vanderweele DA, & Scott TR (1993). Pancreatic glucagon suppresses gustatory responsiveness to glucose. *American Journal of Physiology* 265: R1231 – 7.

Glascher J, Adolphs R, Damasio H, Bechara A, Rudrauf D, Calamia M, Paul LK, & Tranel D (2012). Lesion mapping of cognitive control and value-based decision making in the prefrontal cortex. *Proceedings of the National Academy of Sciences U S A* 109: 14681 – 14686.

Gleen JF & Erickson RP (1976). Gastric modulation of gustatory afferent activity. *Physiology and Behaviour* 16: 561 – 568.

Glimcher P (2004). *Decisions, Uncertainty, and the Brain*. MIT Press, Cambridge, MA.

Glimcher P (2005). Indeterminacy in brain and behavior. *Annual Review of Psychology* 56: 25 – 56.

Glimcher P (2011a). *Foundations of Neuroeconomic Analysis*. Oxford University Press, Oxford.

Glimcher PW (2011b). Understanding dopamine and reinforcement learning: the dopamine reward prediction error hypothesis. *Proceedings of the National Academy of Sciences U S A* 108 Suppl 3: 15647 – 15654.

Glimcher PW & Fehr E (2013). *Neuroeconomics: Decision-Making and the Brain*. Academic Press, New York, 2nd edn.

Goetz AT & Shackelford TK (2009). Sexual conflict in humans: Evolutionary consequences of asymmetric parental investment and paternity uncertainty. *Animal Biology* 59: 449 – 456.

Gold JI & Shadlen MN (2007). The neural basis of decision making. *Annual Review of Neuroscience* 30: 535 – 574.

Gold PW (2015). The organization of the stress system and its dysregulation in depressive illness. *Molecular Psychiatry* 20: 32 – 47.

Goldbach M, Loh M, Deco G, & Garcia-Ojalvo J (2008). Neurodynamical amplification of perceptual signals via system-size resonance. *Physica D* 237: 316 – 323.

Goldman PS & Nauta WJH (1977). An intricately patterned prefronto-caudate projection in the rhesus monkey. *Journal of Comparative Neurology* 171: 369 – 386.

Goldman-Rakic PS (1996). The prefrontal landscape: implications of functional architecture for understanding human mentation and the central executive. *Philosophical Transactions of the Royal Society B* 351: 1445 – 1453.

Goleman D (1995). *Emotional Intelligence*. Bantam, New York.

Gong W, Rolls ET, Du J, Feng J, & Cheng W (2021). Brain structure is linked to the association between family environment and psychiatric problems in children. *Nature Communications* in press.

Goodale MA (2004). Perceiving the world and grasping it: dissociations between conscious and unconscious visual processing. In Gazzaniga MS, editor, *The Cognitive Neurosciences III*, 1159 – 1172. MIT Press, Cambridge, MA.

Goodglass H & Kaplan E (1979). Assessment of cognitive deficit in brain-injured patient. In Gazzaniga MS, editor, *Handbook of Behavioural Neurobiology*, vol. 2, Neuropsychology, 3 – 22. Plenum, New York.

Gothard KM, Battaglia FP, Erickson CA, Spitler KM, & Amaral DG (2007). Neural responses to facial expression and face identity in the monkey amygdala. *Journal of Neurophysiology* 97: 1671 – 1683.

Gothard KM, Mosher CP, Zimmerman PE, Putnam PT, Morrow JK, & Fuglevand AJ (2018). New perspectives on the neurophysiology of primate amygdala emerging from the study of naturalistic social behaviors. *Wiley Interdiscip Rev Cogn Sci* 9: 1.

Gotlib IH & Hammen CL (2009). *Handbook of Depression*. Guilford Press, New York.

Gottfried JA, O'Doherty J, & Dolan RJ (2003). Encoding predictive reward value in human amygdala and orbitofrontal cortex. *Science* 301: 1104 – 1107.

Grabenhorst F & Rolls ET (2008). Selective attention to affective value alters how the brain processes taste stimuli. *European Journal of Neuroscience* 27: 723 – 729.

Grabenhorst F & Rolls ET (2009). Different representations of relative and absolute subjective value in the human brain. *Neuroimage* 48: 258 – 268.

Grabenhorst F & Rolls ET (2010). Attentional modulation of affective vs sensory processing: functional connectivity and a top down biased activation theory of selective attention. *Journal of Neurophysiology* 104: 1649 – 1660.

Grabenhorst F & Rolls ET (2011). Value, pleasure, and choice systems in the ventral prefrontal cortex. *Trends in Cognitive Sciences* 15: 56 – 67.

Grabenhorst F, Rolls ET, Margot C, da Silva M, & Velazco MI (2007). How pleasant and unpleasant stimuli combine in the brain: odor combinations. *Journal of Neuroscience* 27: 13532 – 13540.

Grabenhorst F, Rolls ET, & Bilderbeck A (2008a). How cognition modulates affective responses to taste and flflavor: top-down inflfluences on the orbitofrontal and pregenual cingulate cortices. *Cerebral Cortex* 18: 1549 – 1559.

Grabenhorst F, Rolls ET, & Parris BA (2008b). From affective value to decision-making in the prefrontal cortex. *European Journal of Neuroscience* 28: 1930 – 1939.

Grabenhorst F, D'Souza A, Parris BA, Rolls ET, & Passingham RE (2010a). A common neural scale for the subjective value of different primary rewards. *Neuroimage* 51: 1265 – 1274.

Grabenhorst F, Rolls ET, Parris BA, & D'Souza A (2010b). How the brain represents the reward value of fat in the mouth. *Cerebral Cortex* 20: 1082 – 1091.

Grabenhorst F, Hernadi I, & Schultz W (2012). Prediction of economic choice by primate amygdala neurons. *Proceedings of the National Academy of Sciences U S A* 109: 18950 – 18955.

Gray JA (1970). The psychophysiological basis of introversion-extraversion. *Behaviour Research and Therapy* 8: 249 – 266.

Gray JA (1975). *Elements of a Two-Process Theory of Learning*. Academic Press, London.

Gray JA (1981). Anxiety as a paradigm case of emotion. *British Medical Bulletin* 37: 193 – 197.

Gray JA (1987). *The Psychology of Fear and Stress*. Cambridge University Press, Cambridge, 2nd edn.

Gray JP, Muller VI, Eickhoff SB, & Fox PT (2020). Multimodal abnormalities of brain structure and function in major depressive disorder: A meta-analysis of neuroimaging studies. *Am J Psychiatry* 177: 422 – 434.

Guyenet SJ & Schwartz MW (2012). Clinical review: Regulation of food intake, energy balance, and body fat mass: implications for the pathogenesis and treatment of obesity. *Journal of Clinical Endocrinology and Metabolism* 97: 745 – 755.

Haber SN (2016). Corticostriatal circuitry. *Dialogues Clin Neurosci* 18: 7 – 21.

Hahn AC & Perrett DI (2014). Neural and behavioral responses to attractiveness in adult and infant faces. *Neurosci Biobehav Rev* 46 Pt 4: 591 – 603.

Haid D, Widmayer P, Voigt A, Chaudhari N, Boehm U, & Breer H (2013). Gustatory sensory cells express a receptor responsive to protein breakdown products (GPR92). *Histochemistry and Cell Biology* 140: 137 – 145.

Hajnal A, Takenouchi K, & Norgren R (1999). Effect of intraduodenal lipid on parabrachial gustatory coding in awake rats. *Journal of Neuroscience* 19: 7182 – 7190.

Hamani C, Mayberg H, Snyder B, Giacobbe P, Kennedy S, & Lozano AM (2009). Deep brain stimulation of the subcallosal cingulate gyrus for depression: anatomical location of active contacts in clinical responders and a suggested guideline for targeting. *Journal of Neurosurgery* 111: 1209 – 1215.

Hamani C, Mayberg H, Stone S, Laxton A, Haber S, & Lozano AM (2011). The subcallosal cingulate gyrus in the context of major depression. *Biological Psychiatry* 69: 301 – 308.

Hamann S & Canli T (2004). Individual differnces in emotion processing. *Current Opinion in Neurobiology* 14: 233 – 238.

Hamilton JP, Chen MC, & Gotlib IH (2013). Neural systems approaches to understanding major depressive disorder: an intrinsic functional organization perspective. *Neurobiology of Disease* 52: 4 – 11.

Hamilton WD (1964). The genetical evolution of social behaviour. *Journal of Theoretical Biology* 7: 1 – 52.

Hamilton WD (1996). *Narrow Roads of Gene Land*. W. H. Freeman, New York.

Hamilton WD & Zuk M (1982). Heritable true fitness and bright birds: a role for parasites. *Science* 218: 384 – 387.

293

Hampton AN & O'Doherty JP (2007). Decoding the neural substrates of reward-related decision making with functional MRI. *Proceedings of the National Academy of Sciences USA* 104: 1377 – 1382.

Hampton RR (2001). Rhesus monkeys know when they can remember. *Proceedings of the National Academy of Sciences of the USA* 98: 5539 – 5362.

Harlow CM (1986). *Learning to Love: The Selected Papers of HF Harlow*. Praeger, New York.

Harlow HF & Stagner R (1933). Psychology of feelings and emotion. *Psychological Review* 40: 84 – 194.

Harlow JM (1848). Passage of an iron rod though the head. *Boston Medical and Surgical Journal* 39: 389 – 393.

Harmer CJ & Cowen PJ (2013). 'it's the way that you look at it' -a cognitive neuropsychological account of ssri action in depression. *Philosophical Transactions of the Royal Society of London B Biological Sciences* 368: 20120407.

Harrison NA, Gray MA, Gianaros PJ, & Critchley HD (2010). The embodiment of emotional feelings in the brain. *Journal of Neuroscience* 30: 12878 – 12884.

Hassanpour MS, Simmons WK, Feinstein JS, Luo Q, Lapidus RC, Bodurka J, Paulus MP, & Khalsa SS (2018). The insular cortex dynamically maps changes in cardiorespiratory interoception. *Neuropsychopharmacology* 43: 426 – 434.

Hasselmo ME, Rolls ET, & Baylis GC (1989a). The role of expression and identity in the face-selective responses of neurons in the temporal visual cortex of the monkey. *Behavioural Brain Research* 32: 203 – 218.

Hasselmo ME, Rolls ET, Baylis GC, & Nalwa V (1989b). Object-centered encoding by face-selective neurons in the cortex in the superior temporal sulcus of the monkey. *Experimental Brain Research* 75: 417 – 429.

Hauser MD (1996). *The Evolution of Communication*. MIT Press, Cambridge, MA.

Hayden BY, Pearson JM, & Platt ML (2011). Neuronal basis of sequential foraging decisions in a patchy environment. *Nature Neuroscience* 14: 933 – 939.

Haynes JD & Rees G (2005a). Predicting the orientation of invisible stimuli from activity in human primary visual cortex. *Nature Neuroscience* 8: 686 – 691.

Haynes JD & Rees G (2005b). Predicting the stream of consciousness from activity in human visual cortex. *Current Biology* 15: 1301 – 1307.

Haynes JD & Rees G (2006). Decoding mental states from brain activity in humans. *Nature Reviews Neuroscience* 7: 523 – 534.

Haynes JD, Sakai K, Rees G, Gilbert S, Frith C, & Passingham RE (2007). Reading hidden intentions in the human brain. *Current Biology* 17: 323 – 328.

He L, Wei D, Yang F, Zhang J, Cheng W, Yang W, Zhuang K, Chen Q, Ren Z, Li Y, Wang X, Mao Y, Chen Z, Liao M, Cui H, Li C, He Q, Lei X, Feng T, Chen H, Xie P, Rolls ET, Feng J, Su L, Li L, & Qiu J (2021). The functional connectome predicts anxiety related to the covid-19 pandemic. *American Journal of Psychiatry*.

Hebb DO (1949). *The Organization of Behavior: a Neuropsychological Theory*. Wiley, New York.

Heberlein AS, Padon AA, Gillihan SJ, Farah MJ, & Fellows LK (2008). Ventromedial frontal lobe plays a critical role in facial emotion recognition. *Journal of Cognitive Neuroscience* 20: 721 – 733.

Heistermann M, Ziegler T, van Schaik CP, Launhardt K, Winkler P, & Hodges JK (2001). Loss of oestrus, concealed ovulation and paternity confusion in free-ranging Hanuman langurs. *Proceedings of the Royal Society of London B* 268: 2445 – 2451.

Heitmann BL, Westerterp KR, Loos RJ, Sorensen TI, O'Dea K, Mc Lean P, Jensen TK, Eisenmann J, Speakman JR, Simpson SJ, Reed DR, & Westerterp-Plantenga MS (2012). Obesity: lessons from evolution and the environment. *Obesity Reviews* 13: 910 – 922.

Henningsson S, Hovey D, Vass K, Walum H, Sandnabba K, Santtila P, Jern P, & Westberg L (2017). A missense polymorphism in the putative pheromone receptor gene vn1r1 is associated with sociosexual behavior. *Translational psychiatry* 7: e1102.

Hertz JA, Krogh A, & Palmer RG (1991). *Introduction to the Theory of Neural Computation*. Addison-Wesley, Wokingham, UK.

Heyes C (2008). Beast machines? Questions of animal consciousness. In Weiskrantz L & Davies M, editors, *Frontiers of Consciousness*, chap. 9, 259 – 274. Oxford University Press, Oxford.

Highland JN, Zanos P, Riggs LM, Georgiou P, Clark SM, Morris PJ, Moaddel R, Thomas CJ, Zarate J

294

C A, Pereira EFR, & Gould TD (2021). Hydroxynorketamines: Pharmacology and potential therapeutic applications. *Pharmacol Rev* 73: 763 – 791.

Hilton NZ, Harris GT, & Rice ME (2015). The step-father effect in child abuse: Comparing discriminative parental solicitude and antisociality. *Psychology of Violence* 5: 8.

Hines M (2010). Sex-related variation in human behavior and the brain. *Trends in Cognitive Sciences* 14: 448 – 456.

Hines M, Constantinescu M, & Spencer D (2015). Early androgen exposure and human gender development. *Biol Sex Differ* 6: 3.

Hoge EA, Ivkovic A, & Fricchione GL (2012). Generalized anxiety disorder: diagnosis and treatment. *BMJ* 345: e7500.

Holland PC & Gallagher M (1999). Amygdala circuitry in attentional and representational processes. *Trends in Cognitive Sciences* 3: 65 – 73.

Hölscher C, Jacob W, & Mallot HA (2003). Reward modulates neuronal activity in the hippocampus of the rat. *Behavioural Brain Research* 142: 181 – 191.

Holtzheimer PE, Husain MM, Lisanby SH, Taylor SF, Whitworth LA, McClintock S, Slavin KV, Berman J, McKhann GM, Patil PG, Rittberg BR, Abosch A, Pandurangi AK, Holloway KL, Lam RW, Honey CR, Neimat JS, Henderson JM, DeBattista C, Rothschild AJ, Pilitsis JG, Espinoza RT, Petrides G, Mogilner AY, Matthews K, Peichel D, Gross RE, Hamani C, Lozano AM, & Mayberg HS (2017). Subcallosal cingulate deep brain stimulation for treatment-resistant depression: a multisite, randomised, sham-controlled trial. *Lancet Psychiatry* 4: 839 – 849.

Hopfifield JJ (1982). Neural networks and physical systems with emergent collective computational abilities. *Proceedings of the National Academy of Sciences USA* 79: 2554 – 2558.

Hornak J, Rolls ET, & Wade D (1996). Face and voice expression identification in patients with emotional and behavioural changes following ventral frontal lobe damage. *Neuropsychologia* 34: 247 – 261.

Hornak J, Bramham J, Rolls ET, Morris RG, O'Doherty J, Bullock PR, & Polkey CE (2003). Changes in emotion after circumscribed surgical lesions of the orbitofrontal and cingulate cortices. *Brain* 126: 1691 – 1712.

Hornak J, O'Doherty J, Bramham J, Rolls ET, Morris RG, Bullock PR, & Polkey CE (2004). Reward-related reversal learning after surgical excisions in orbitofrontal and dorsolateral prefrontal cortex in humans. *Journal of Cognitive Neuroscience* 16: 463 – 478.

Horvath TL (2005). The hardship of obesity: a soft-wired hypothalamus. *Nature Neuroscience* 8: 561 – 565.

Hsu CCH, Rolls ET, Huang CC, Chong ST, Lo CYZ, Feng J, & Lin CP (2020). Connections of the human orbitofrontal cortex and inferior frontal gyrus. *Cerebral Cortex* 30: 5830 – 5843.

Hughes J (1975). Isolation of an endogenous compound from the brain with pharmacological properties similar to morphine. *Brain Research* 88: 293 – 308.

Hughes J, Smith TW, Kosterlitz HW, Fothergill LA, Morgan BA, & Morris HR (1975). Identification of two related pentapeptides from the brain with potent opiate antagonist activity. *Nature* 258: 577 – 579.

Hull EM, Meisel RL, & Sachs BD (2002). Male sexual behavior. In Pfaff DW, Arnold AP, Etgen AM, Fahrbach SE, & Rubin RT, editors, *Hormones, Brain and Behavior*, vol. 1, chap. 1, 3 – 137. Academic Press, San Diego,CA.

Humphrey NK (1980). Nature's psychologists. In Josephson BD & Ramachandran VS, editors, *Consciousness and the Physical World*, 57 – 80. Pergamon, Oxford.

Humphrey NK (1986). *The Inner Eye*. Faber, London.

Hunt JN (1980). A possible relation between the regulation of gastric emptying and food intake. *American Journal of Physiology* 239: G1 – G4.

Hunt JN & Stubbs DF (1975). The volume and energy content of meals as determinants of gastric emptying. *Journal of Physiology* 245: 209 – 225.

Huntgeburth SC & Petrides M (2012). Morphological patterns of the collateral sulcus in the human brain. *Eur J Neurosci* 35: 1295 – 1311.

Iadarola ND, Niciu MJ, Richards EM, Vande Voort JL, Ballard ED, Lundin NB, Nugent AC, Machado-Vieira R, & Zarate J C A (2015). Ketamine and other n-methyl-d-aspartate receptor antagonists in the treatment of depression: a perspective review. *Therapetic Advances in Chronic Disease* 6: 97 – 114.

295

Ide JS, Nedic S, Wong KF, Strey SL, Lawson EA, Dickerson BC, Wald LL, La Camera G, & Mujica-Parodi LR (2018). Oxytocin attenuates trust as a subset of more general reinforcement learning, with altered reward circuit functional connectivity in males. *Neuroimage* 174: 35 – 43.

Ikeda K (1909). On a new seasoning. *Journal of the Tokyo Chemistry Society* 30: 820 – 836.

Imamura K, Mataga N, & Mori K (1992). Coding of odor molecules by mitral/tufted cells in rabbit olfactory bulb. I. Aliphatic compounds. *Journal of Neurophysiology* 68: 1986 – 2002.

Insabato A, Pannunzi M, Rolls ET, & Deco G (2010). Confidence-related decision-making. *Journal of Neurophysiology* 104: 539 – 547.

Ishizu T & Zeki S (2011). Toward a brain-based theory of beauty. *PLoS ONE* 6: e21852.

Ishizu T & Zeki S (2013). The brain's specialized systems for aesthetic and perceptual judgment. *European Journal of Neuroscience* 37: 1413 – 1420.

Iversen LL, Iversen SD, Bloom FE, & Roth RH, editors (2009). *Introduction to Neuropharmacology*. Oxford University Press, Oxford.

Iversen SD & Mishkin M (1970). Perseverative interference in monkey following selective lesions of the inferior prefrontal convexity. *Experimental Brain Research* 11: 376 – 386.

Jackendoff R (2002). *Foundations of Language*. Oxford University Press, Oxford.

Jacobsen CF (1936). The functions of the frontal association areas in monkeys. *Comparative Psychology Monographs* 13: 1 – 60.

James W (1884). What is an emotion? *Mind* 9: 188 – 205.

Jenni DA & Collier G (1972). Polyandry in the American jacana. *The Auk* 89: 743 – 765.

Johansen-Berg H, Gutman DA, Behrens TE, Matthews PM, Rushworth MF, Katz E, Lozano AM, & Mayberg HS (2008). Anatomical connectivity of the subgenual cingulate region targeted with deep brain stimulation for treatment-resistant depression. *Cerebral Cortex* 18: 1374 – 1383.

Johnson SC, Baxter LC, Wilder LS, Pipe JG, Heiserman JE, & Prigatano GP (2002). Neural correlates of self-reflflection. *Brain* 125: 1808 – 1814.

Johnson-Laird PN (1988). *The Computer and the Mind: An Introduction to Cognitive Science*. Harvard University Press, Cambridge, MA.

Johnston VS, Hagel R, Franklin M, Fink B, & Grammer K (2001). Male facial attractiveness: evidence for hormone-mediated adaptive design. *Evolution and Human Behaviour* 22: 251 – 267.

Johnstone S & Rolls ET (1990). Delay, discriminatory, and modality specific neurons in striatum and pallidum during short-term memory tasks. *Brain Research* 522: 147 – 151.

Jones B & Mishkin M (1972). Limbic lesions and the problem of stimulus-reinforcement associations. *Experimental Neurology* 36: 362 – 377.

Jones EG & Powell TPS (1970). An anatomical study of converging sensory pathways within the cerebral cortex of the monkey. *Brain* 93: 793 – 820.

Jouandet M & Gazzaniga MS (1979). The frontal lobes. In Gazzaniga MS, editor, *Handbook of Behavioural Neurobiology*, vol. 2, Neuropsychology, 25 – 59. Plenum, New York.

Julian JB, Keinath AT, Frazzetta G, & Epstein RA (2018). Human entorhinal cortex represents visual space using a boundary-anchored grid. *Nat Neurosci* 21: 191 – 194.

Jurgens U (2002). Neural pathways underlying vocal control. *Neuroscience and Biobehavioral Reviews* 26: 235 – 258.

Kacelnik A & Brito e Abreu F (1998). Risky choice and Weber's Law. *Journal of Theoretical Biology* 194: 289 – 298.

Kadohisa M, Rolls ET, & Verhagen JV (2004). Orbitofrontal cortex neuronal representation of temperature and capsaicin in the mouth. *Neuroscience* 127: 207 – 221.

Kadohisa M, Rolls ET, & Verhagen JV (2005a). The primate amygdala: neuronal representations of the viscosity, fat texture, grittiness and taste of foods. *Neuroscience* 132: 33 – 48.

Kadohisa M, Rolls ET, & Verhagen JV (2005b). Neuronal representations of stimuli in the mouth: the primate insular taste cortex, orbitofrontal cortex, and amygdala. *Chemical Senses* 30: 401 – 419.

Kagel JH, Battalio RC, & Green L (1995). *Economic Choice Theory: An Experimental Analysis of Animal Behaviour*. Cambridge University Press, Cambridge.

Kapoor E, Collazo-Clavell ML, & Faubion SS (2017). Weight gain in women at midlife: A concise review of the pathophysiology and strategies for management. *Mayo Clin Proc* 92: 1552 – 1558.

Kappeler PM & van Schaik CP (2004). Sexual selection in primates: review and selective preview. In Kappeler PM & van Schaik CP, editors, *Sexual Selection in Primates*, chap. 1, 3 – 23. Cambridge

University Press, Cambridge.

Katz LD (2000). Emotion, representation, and consciousness. *Behavioral and Brain Sciences* 23: 204 – 205.

Kawamura Y & Kare MR, editors (1992). *Umami: a Basic Taste*. Dekker, New York.

Kemp JM & Powell TPS (1970). The cortico-striate projections in the monkey. *Brain* 93: 525 – 546.

Kennedy DP & Adolphs R (2011). Reprint of: Impaired fixation to eyes following amygdala damage arises from abnormal bottom-up attention. *Neuropsychologia* 49: 589 – 595.

Kennerley SW & Wallis JD (2009). Encoding of reward and space during a working memory task in the orbitofrontal cortex and anterior cingulate sulcus. *Journal of Neurophysiology* 102: 3352 – 3364.

Kennerley SW, Walton ME, Behrens TE, Buckley MJ, & Rushworth MF (2006). Optimal decision making and the anterior cingulate cortex. *Nature Neuroscience* 9: 940 – 947.

Kennerley SW, Behrens TE, & Wallis JD (2011). Double dissociation of value computations in orbitofrontal and anterior cingulate neurons. *Nature Neuroscience* 14: 1581 – 1589.

Kennis M, Rademaker AR, & Geuze E (2013). Neural correlates of personality: an integrative review. *Neuroscience and Biobehavioural Reviews* 37: 73 – 95.

Kesner RP & Rolls ET (2015). A computational theory of hippocampal function, and tests of the theory: New developments. *Neuroscience and Biobehavioral Reviews* 48: 92 – 147.

Keverne EB (1995). Neurochemical changes accompanying the reproductive process; their significance for maternal care in primates and other mammals. In Pryce CR, Martin RD, & Skuse D, editors, *Motherhood in Human and Nonhuman Primates*, 69 – 77. Karger, Basel.

Keverne EB, Nevison CM, & Martel FL (1997). Early learning and the social bond. *Annals of the New York Academy of Science* 807: 329 – 339.

Killcross S & Coutureau E (2003). Coordination of actions and habits in the medial prefrontal cortex of rats. *Cerebral Cortex* 13: 400 – 408.

Kim HF, Ghazizadeh A, & Hikosaka O (2015). Dopamine neurons encoding long-term memory of object value for habitual behavior. *Cell* 163: 1165 – 1175.

Kim J (2011). *Philosophy of Mind*. Taylor and Francis, 3rd edn.

Kim KS, Seeley RJ, & Sandoval DA (2018). Signalling from the periphery to the brain that regulates energy homeostasis. *Nat Rev Neurosci* 19: 185 – 196.

Kircher TT, Senior C, Phillips ML, Benson PJ, Bullmore ET, Brammer M, Simmons A, Williams SC, Bartels M, & David AS (2000). Towards a functional neuroanatomy of self processing: effects of faces and words. *Brain Res Cogn Brain Res* 10: 133 – 144.

Kircher TT, Brammer M, Bullmore E, Simmons A, Bartels M, & David AS (2002). The neural correlates of intentional and incidental self processing. *Neuropsychologia* 40: 683 – 692.

Kluver H & Bucy PC (1939). Preliminary analysis of functions of the temporal lobe in monkeys. *Archives of Neurology and Psychiatry* 42: 979 – 1000.

Kobayashi S (2012). Organization of neural systems for aversive information processing: pain, error, and punishment. *Frontiers in Neuroscience* 6: 136.

Kobayashi Y & Amaral DG (2003). Macaque monkey retrosplenial cortex: Ii. cortical afferents. *J Comp Neurol* 466: 48 – 79.

Kobayashi Y & Amaral DG (2007). Macaque monkey retrosplenial cortex: Iii. cortical efferents. *J Comp Neurol* 502: 810 – 833.

Kolb B & Whishaw IQ (2015). *Fundamentals of Human Neuropsychology*. Macmillan, New York, 7th edn.

Kolling N, Wittmann MK, Behrens TE, Boorman ED, Mars RB, & Rushworth MF (2016). Value, search, persistence and model updating in anterior cingulate cortex. *Nat Neurosci* 19: 1280 – 1285.

Koob GF & Le Moal M (1997). Drug abuse: hedonic homeostatic dysregulation. *Science* 278: 52 – 58.

Koob GF & Volkow ND (2016). Neurobiology of addiction: a neurocircuitry analysis. *Lancet Psychiatry* 3: 760 – 773.

Kosar E, Grill HJ, & Norgren R (1986). Gustatory cortex in the rat. II. Thalamocortical projections. *Brain Research* 379: 342 – 352.

Koski L & Paus T (2000). Functional connectivity of anterior cingulate cortex within human frontal lobe: a brain mapping meta-analysis. *Experimental Brain Research* 133: 55 – 65.

Krebs JR, Davies NB, & West WA (2012). *An Introduction to Behavioural Ecology*. Wiley-Blackwell, Oxford, 4th edn.

Kringelbach ML & Rolls ET (2003). Neural correlates of rapid reversal learning in a simple model of human social interaction. *Neuroimage* 20: 1371 – 1383.

Kringelbach ML & Rolls ET (2004). The functional neuroanatomy of the human orbitofrontal cortex: evidence from neuroimaging and neuropsychology. *Progress in Neurobiology* 72: 341 – 372.

Kringelbach ML, O'Doherty J, Rolls ET, & Andrews C (2003). Activation of the human orbitofrontal cortex to a liquid food stimulus is correlated with its subjective pleasantness. *Cerebral Cortex* 13: 1064 – 1071.

Kroes MC, Schiller D, LeDoux JE, & Phelps EA (2016). Translational approaches targeting reconsolidation. *Curr Top Behav Neurosci* 28: 197 – 230.

Krolak-Salmon P, Henaff MA, Isnard J, Tallon-Baudry C, Guenot M, Vighetto A, Bertrand O, & Mauguiere F (2003). An attention modulated response to disgust in human ventral anterior insula. *Annals of Neurology* 53: 446 – 453.

Krug R, Plihal W, Fehm HL, & Born J (2000). Selective influence of the menstrual cycle on perception of stimuli with reproductive significance: an event-related potential study. *Psychophysiology* 37: 111 – 122.

Kuehner C (2017). Why is depression more common among women than among men? *Lancet Psychiatry* 4: 146 – 158.

Kuhar MJ, Pert CB, & Snyder SH (1973). Regional distribution of opiate receptor binding in monkey and human brain. *Nature* 245: 447 – 450.

Kumar V, Croxson PL, & Simonyan K (2016). Structural organization of the laryngeal motor cortical network and its implication for evolution of speech production. *J Neurosci* 36: 4170 – 4181.

Kunz G & Leyendecker G (2002). Uterine peristaltic activity during the menstrual cycle: characterization, regulation, function and dysfunction. *Reproductive biomedicine online* 4: 5 – 9.

Kupferman I (2000). Reward: Wanted — a better definition. *Behavioral and Brain Sciences* 23: 208.

Kuwabara M, Kang N, Holy TE, & Padoa-Schioppa C (2020). Neural mechanisms of economic choices in mice. *Elife* 9: e49669.

Laland KN & Brown GR (2002). *Sense and Nonsense. Evolutionary Perspectives on Human Behaviour.* Oxford University Press, Oxford.

Lally N, Nugent AC, Luckenbaugh DA, Niciu MJ, Roiser JP, & Zarate J C A (2015). Neural correlates of change in major depressive disorder anhedonia following open-label ketamine. *Journal of Psychopharmacology* 29: 596 – 607.

Lane RD, Fink GR, Chau PML, & Dolan RJ (1997a). Neural activation during selective attention to subjective emotional responses. *Neuroreport* 8: 3969 – 3972.

Lane RD, Reiman EM, Ahern GL, Schwartz GE, & Davidson RJ (1997b). Neuroanatomical correlates of happiness, sadness, and disgust. *American Journal of Psychiatry* 154: 926 – 933.

Lane RD, Reiman EM, Bradley MM, Lang PJ, Ahern GL, Davidson RJ, & Schwartz GE (1997c). Neuroanatomical correlates of pleasant and unpleasant emotion. *Neuropsychologia* 35: 1437 – 1444.

Lane RD, Reiman E, Axelrod B, Yun LS, Holmes AH, & Schwartz G (1998). Neural correlates of levels of emotional awareness. Evidence of an interaction between emotion and attention in the anterior cingulate cortex. *Journal of Cognitive Neuroscience* 10: 525 – 535.

Lange C (1885). The emotions. In Dunlap E, editor, *The Emotions.* Williams and Wilkins, Baltimore, 1922nd edn.

Langlois JH, Roggman LA, Casey RJ, & Ritter JM (1987). Infant preferences for attractive faces: Rudiments of a stereotype? *Developmental Psychology* 23: 363 – 369.

Langlois JH, Roggman LA, & Reiser-Danner LA (1990). Infants' differential social responses to attractive and unattractive faces. *Developmental Psychology* 29: 153 – 159.

Langlois JH, Ritter JM, Roggman LA, & Vaughn LS (1991). Facial diversity and infant preferences for attractive faces. *Developmental Psychology* 27: 79 – 84.

Langlois JH, Kalakanis L, Rubenstein AJ, Larson A, Hallam M, & Smoot M (2000). Maxims or myths of beauty? A meta-analytic and theoretical review. *Psychological Bulletin* 126: 390 – 423.

Lau H & Rosenthal D (2011). Empirical support for higher-order theories of conscious awareness. *Trends in Cognitive Sciences* 15: 365 – 373.

Lau HC, Rogers RD, & Passingham RE (2006). On measuring the perceived onsets of spontaneous actions. *Journal of Neuroscience* 26: 7265 – 7271.

Laxton AW, Neimat JS, Davis KD, Womelsdorf T, Hutchison WD, Dostrovsky JO, Hamani C, Mayberg

HS, & Lozano AM (2013). Neuronal coding of implicit emotion categories in the subcallosal cortex in patients with depression. *Biological Psychiatry* 74: 714 – 719.

LeDoux J, Brown R, Pine D, & Hofmann S (2018). Know thyself: well-being and subjective experience. *Cerebrum* 2018: https://www.ncbi.nlm.nih.gov/pmc/articles/PMC6353121/.

LeDoux JE (1992). Emotion and the amygdala. In Aggleton JP, editor, *The Amygdala*, chap. 12, 339 – 351. Wiley-Liss, New York.

LeDoux JE (1995). Emotion: clues from the brain. *Annual Review of Psychology* 46: 209 – 235.

LeDoux JE (1996). *The Emotional Brain*. Simon and Schuster, New York.

LeDoux JE (2008). Emotional coloration of consciousness: how feelings come about. In Weiskrantz L & Davies M, editors, *Frontiers of Consciousness*, 69 – 130. Oxford University Press, Oxford.

LeDoux JE (2012). Rethinking the emotional brain. *Neuron* 73: 653 – 676.

LeDoux JE & Brown R (2017). A higher-order theory of emotional consciousness. *Proc Natl Acad Sci U S A* 114: E2016 – E2025.

LeDoux JE & Daw ND (2018). Surviving threats: neural circuit and computational implications of a new taxonomy of defensive behaviour. *Nat Rev Neurosci* 19: 269 – 282.

LeDoux JE & Pine DS (2016). Using neuroscience to help understand fear and anxiety: a two-system framework. *Am J Psychiatry* 173: 1083 – 1093.

Leech R & Sharp DJ (2014). The role of the posterior cingulate cortex in cognition and disease. *Brain* 137: 12 – 32.

Leonard CM, Rolls ET, Wilson FAW, & Baylis GC (1985). Neurons in the amygdala of the monkey with responses selective for faces. *Behavioural Brain Research* 15: 159 – 176.

Li CS & Cho YK (2006). Efferent projection from the bed nucleus of the stria terminalis suppresses activity of taste-responsive neurons in the hamster parabrachial nuclei. *American Journal of Physiology Regul Integr Comp Physiol* 291: R914 – R926.

Li CS, Cho YK, & Smith DV (2002). Taste responses of neurons in the hamster solitary nucleus are modulated by the central nucleus of the amygdala. *Journal of Neurophysiology* 88: 2979 – 2992.

Lieberman DA, editor (2000). *Learning: Behavior and Cognition*. Wadsworth, Belmont, CA.

Liebeskind JC & Paul LA (1977). Psychological and physiological mechanisms of pain. *Annual Review of Psychology* 88: 41 – 60.

Liebeskind JC, Giesler GJ, & Urca G (1985). Evidence pertaining to an endogenous mechanism of pain inhibition in the central nervous system. In Zotterman Y, editor, *Sensory Functions of the Skin*. Pergamon, Oxford.

Lim MM, Wang Z, Olazabal DE, Ren X, Terwilliger EF, & Young LJ (2004). Enhanced partner preference in a promiscuous species by manipulating the expression of a single gene. *Nature* 429: 754 – 757.

Lin W, Ogura T, & Kinnamon SC (2003). Responses to di-sodium guanosine 5′-monophosphate and monosodium L-glutamate in taste receptor cells of rat fungiform papillae. *Journal of Neurophysiology* 89: 1434 – 1439.

Liu Z, Ma N, Rolls ET, Wei D, Zhang J, Chen Q, Meng J, Qiu J, & Feng J (2021). Integrating multi-modal data to explore the neural, genetic and behavioral correlates of happiness.

Loh M, Rolls ET, & Deco G (2007a). A dynamical systems hypothesis of schizophrenia. *PLoS Computational Biology* 3: e228. doi: 10.1371/journal.pcbi.0030228.

Loh M, Rolls ET, & Deco G (2007b). Statistical fluctuations in attractor networks related to schizophrenia. *Pharmacopsychiatry* 40: S78 – 84.

Longtin A (1993). Stochastic resonance in neuron models. *Journal of Statistical Physics* 70: 309 – 327.

Loonen AJ & Ivanova SA (2016). Circuits regulating pleasure and happiness: the evolution of the amygdalar-hippocampal-habenular connectivity in vertebrates. *Front Neurosci* 10: 539.

Lovlie H, Gillingham MAF, Worley K, Pizzari T, & Richardson DS (2013). Cryptic female choice favours sperm from major histocompatibility complex-dissimilar males. *Proceedings of the Royal Society B* 280: 20131296.

Lozano AM, Giacobbe P, Hamani C, Rizvi SJ, Kennedy SH, Kolivakis TT, Debonnel G, Sadikot AF, Lam RW, Howard AK, Ilcewicz-KlimekM, Honey CR, & Mayberg HS (2012). A multicenter pilot study of subcallosal cingulate area deep brain stimulation for treatment-resistant depression. *Journal of Neurosurgery* 116: 315 – 322.

Lujan JL, Chaturvedi A, Choi KS, Holtzheimer PE, Gross RE, Mayberg HS, & McIntyre CC (2013).

298

Tractography-activation models applied to subcallosal cingulate deep brain stimulation. *Brain Stimulation* 6: 737 – 739.

Luk CH & Wallis JD (2009). Dynamic encoding of responses and outcomes by neurons in medial prefrontal cortex. *Journal of Neuroscience* 29: 7526 – 7539.

Luk CH & Wallis JD (2013). Choice coding in frontal cortex during stimulus-guided or action-guided decision-making. *Journal of Neuroscience* 33: 1864 – 1871.

Lundy J R F & Norgren R (2004). Activity in the hypothalamus, amygdala, and cortex generates bilateral and convergent modulation of pontine gustatory neurons. *Journal of Neurophysiology* 91: 1143 – 1157.

Luo Q, Ge T, Grabenhorst F, Feng J, & Rolls ET (2013). Attention-dependent modulation of cortical taste circuits revealed by Granger causality with signal-dependent noise. *PLoS Computational Biology* 9: e1003265.

Lycan WG (1997). Consciousness as internal monitoring. In Block N, Flanagan O, & Guzeldere G, editors, *The Nature of Consciousness: Philosophical Debates*, 755 – 771. MIT Press, Cambridge, MA.

Ma Y (2015). Neuropsychological mechanism underlying antidepressant effect: a systematic meta-analysis. *Molecular Psychiatry* 20: 311 – 319.

Mackey S & Petrides M (2010). Quantitative demonstration of comparable architectonic areas within the ventromedial and lateral orbital frontal cortex in the human and the macaque monkey brains. *European Journal of Neuroscience* 32: 1940 – 1950.

Mackintosh NJ (1983). *Conditioning and Associative Learning*. Oxford University Press, Oxford.

Malsburg Cvd (1990). A neural architecture for the representation of scenes. In McGaugh JL, Weinberger NM, & Lynch G, editors, *Brain Organization and Memory: Cells, Systems and Circuits*, chap. 19, 356 – 372. Oxford University Press, New York.

Maltbie EA, Kaundinya GS, & Howell LL (2017). Ketamine and pharmacological imaging: use of functional magnetic resonance imaging to evaluate mechanisms of action. *Behav Pharmacol* 28: 610 – 622.

Matrix (2013). Economic analysis of workplace mental health promotion and mental disorder prevention programmes and of their potential contribution to eu health, social and economic policy objectives. *Executive Agency for Health and Consumers, Specific Request EAHC/2011/Health/19 for the Implementation of Framework Contract EAHC/2010/Health/01/Lot 2*.

Matsumoto K, Suzuki W, & Tanaka K (2003). Neuronal correlates of goal-based motor selection in the prefrontal cortex. *Science* 301: 229 – 232.

Matsumoto M & Hikosaka O (2009a). Two types of dopamine neuron distinctly convey positive and negative motivational signals. *Nature* 459: 837 – 841.

Matsumoto M & Hikosaka O (2009b). Representation of negative motivational value in the primate lateral habenula. *Nat Neurosci* 12: 77 – 84.

Matsumoto M, Matsumoto K, Abe H, & Tanaka K (2007). Medial prefrontal selectivity signalling prediction errors of action values. *Nature Neuroscience* 10: 647 – 656.

Matthews G & Gilliland K (1999). The personality theories of H. J. Eysenck and J. A. Gray: a comparative review. *Personality and Individual Differences* 26: 583 – 626.

Matthews G, Zeidner M, & Roberts RD (2002). *Emotional Intelligence: Science and Myth*. MIT Press, Cambridge, MA.

Mayberg HS (2003). Positron emission tomography imaging in depression: a neural systems perspective. *Neuroimaging Clinics of North America* 13: 805 – 815.

Maynard Smith J (1982). *Evolution and the Theory of Games*. Cambridge University Press, Cambridge.

Maynard Smith J (1984). Game theory and the evolution of behaviour. *Behavioral and Brain Sciences* 7: 95 – 125.

Maynard Smith J & Harper D (2003). *Animal Signals*. Oxford University Press, Oxford.

Mayr E (1961). Cause and effect in biology. *Science* 134: 1501 – 1506.

Mazur JE (2012). *Learning and Behavior*. Pearson, Boston, MA, 7th edn.

McCabe C & Rolls ET (2007). Umami: a delicious flflavor formed by convergence of taste and olfactory pathways in the human brain. *European Journal of Neuroscience* 25: 1855 – 1864.

McCabe C, Rolls ET, Bilderbeck A, & McGlone F (2008). Cognitive influences on the affective representation of touch and the sight of touch in the human brain. *Social, Cognitive and Affective*

Neuroscience 3: 97 – 108.

McClure SM, Laibson DI, Loewenstein G, & Cohen JD (2004). Separate neural systems value immediate and delayed monetary rewards. *Science* 306: 503 – 507.

McEwen BS, Gray JD, & Nasca C (2015). 60 years of neuroendocrinology: Redefifining neuroendocrinology: stress, sex and cognitive and emotional regulation. *J Endocrinol* 226: T67 – 83.

McLeod P, Plunkett K, & Rolls ET (1998). *Introduction to Connectionist Modelling of Cognitive Processes.* Oxford University Press, Oxford.

McQuaid RJ, McInnis OA, Abizaid A, & Anisman H (2014). Making room for oxytocin in understanding depression. *Neurosci Biobehav Rev* 45: 305 – 322.

Meehan TP, Bressler SL, Tang W, Astafifiev SV, Sylvester CM, Shulman GL, & Corbetta M (2017). Top-down cortical interactions in visuospatial attention. *Brain Struct Funct* 222: 3127 – 3145.

Meier IM, van Honk J, Bos PA, & Terburg D (2021). A mu-opioid feedback model of human social behavior. *Neurosci Biobehav Rev* 121: 250 – 258.

Melzack R & Wall PD (1996). *The Challenge of Pain.* Penguin, Harmondsworth, UK.

Menon V & Uddin LQ (2010). Saliency, switching, attention and control: a network model of insula function. *Brain Structure and Function* 214: 655 – 667.

Mesulam MM & Mufson EJ (1982a). Insula of the Old World monkey. I: Architectonics in the insulo-orbito-temporal component of the paralimbic brain. *Journal of Comparative Neurology* 212: 1 – 22.

Mesulam MM & Mufson EJ (1982b). Insula of the Old World monkey. III. Efferent cortical output and comments on function. *Journal of Comparative Neurology* 212: 38 – 52.

Micevych PE & Meisel RL (2017). Integrating neural circuits controlling female sexual behavior. *Front Syst Neurosci* 11: 42.

Millar R (1952). Forces observed during coitus in thoroughbreds. *Australian Veterinary Journal* 28: 127 – 128.

Millenson JR (1967). *Principles of Behavioral Analysis.* MacMillan, New York.

Miller GA (1956). The magic number seven, plus or minus two: some limits on our capacity for the processing of information. *Psychological Review* 63: 81 – 93.

Miller GF (2000). *The Mating Mind.* Heinemann, London.

Milner A (2008). Conscious and unconscious visual processing in the human brain. In Weiskrantz L & Davies M, editors, *Frontiers of Consciousness*, chap. 5, 169 – 214. Oxford University Press, Oxford.

Milner AD & Goodale MA (1995). *The Visual Brain in Action.* Oxford University Press, Oxford.

Milton AL, Lee JL, Butler VJ, Gardner R, & Everitt BJ (2008). Intra-amygdala and systemic antagonism of NMDA receptors prevents the reconsolidation of drug-associated memory and impairs subsequently both novel and previously acquired drug-seeking behaviors. *Journal of Neuroscience* 28: 8230 – 8237.

Moller AP & Thornhill R (1998). Male parental care, differential parental investment by females and sexual selection. *Animal Behaviour* 55: 1507 – 1515.

Mombaerts P (2006). Axonal wiring in the mouse olfactory system. *Annual Review of Cell and Developmental Biology* 22: 713 – 737.

Moniz E (1936). *Tentatives Operatoires dans le Traitment de Certaines Psychoses.* Masson, Paris.

Montague PR, King-Casas B, & Cohen JD (2006). Imaging valuation models in human choice. *Annual Review of Neuroscience* 29: 417 – 448.

Moors A, Ellsworth PC, Scherer, & Frijda NH (2013). Appraisal theories of emotion: state of the art and future development. *Emotion Review* 5: 119 – 124.

Mora F, Mogenson GJ, & Rolls ET (1977). Activity of neurones in the region of the substantia nigra during feeding. *Brain Research* 133: 267 – 276.

Morecraft RJ & Tanji J (2009). Cingulofrontal interactions and the cingulate motor areas. In Vogt B, editor, *Cingulate Neurobiology and Disease*, chap. 5, 113 – 144. Oxford University Press, Oxford.

Morecraft RJ, Geula C, & Mesulam MM (1992). Cytoarchitecture and neural afferents of orbitofrontal cortex in the brain of the monkey. *Journal of Comparative Neurology* 323: 341 – 358.

Morecraft RJ, McNeal DW, Stilwell-Morecraft KS, Gedney M, Ge J, Schroeder CM, & van Hoesen GW (2007). Amygdala interconnections with the cingulate motor cortex in the rhesus monkey. *J Comp Neurol* 500: 134 – 165.

Mori K & Sakano H (2011). How is the olfactory map formed and interpreted in the mammalian brain? *Annual Reviews of Neuroscience* 34: 467 – 499.

300

Mori K, Mataga N, & Imamura K (1992). Differential specificities of single mitral cells in rabbit olfactory bulb for a homologous series of fatty acid odor molecules. *Journal of Neurophysiology* 67: 786 - 789.

Mori K, Nagao H, & Yoshihara Y (1999). The olfactory bulb: coding and processing of odor molecule information. *Science* 286: 711 - 715.

Morris JA, Jordan CL, & Breedlove MS (2004). Sexual differentiation of the vertebrate nervous system. *Nature Neuroscience* 7: 1034 - 1039.

Morrison SE, Saez A, Lau B, & Salzman CD (2011). Different time courses for learning-related changes in amygdala and orbitofrontal cortex. *Neuron* 71: 1127 - 1140.

Morrot G, Brochet F, & Dubourdieu D (2001). The color of odors. *Brain and Language* 79: 309 - 320.

Motta-Mena NV & Puts DA (2017). Endocrinology of human female sexuality, mating, and reproductive behavior. *Horm Behav* 91: 19 - 35.

Mufson EJ & Mesulam MM (1982). Insula of the Old World monkey Ⅱ: Afferent cortical input and comments on the claustrum. *Journal of Comparative Neurology* 212: 23 - 37.

Munzberg H & Myers MG (2005). Molecular and anatomical determinants of central leptin resistance. *Nature Neuroscience* 8: 566 - 570.

Murray EA & Izquierdo A (2007). Orbitofrontal cortex and amygdala contributions to affect and action in primates. *Annals of the New York Academy of Sciences* 1121: 273 - 296.

Nagai Y, Critchley HD, Featherstone E, Trimble MR, & Dolan RJ (2004). Activity in ventromedial prefrontal cortex covaries with sympathetic skin conductance level: a physiological account of a "default mode" of brain function. *Neuroimage* 22: 243 - 251.

Nakazawa K, Quirk MC, Chitwood RA, Watanabe M, Yeckel MF, Sun LD, Kato A, Carr CA, Johnston D, Wilson MA, & Tonegawa S (2002). Requirement for hippocampal CA3 NMDA receptors in associative memory recall. *Science* 297: 211 - 218.

Nakazawa K, Sun LD, Quirk MC, Rondi-Reig L, Wilson MA, & Tonegawa S (2003). Hippocampal CA3 NMDA receptors are crucial for memory acquisition of one-time experience. *Neuron* 38: 305 - 315.

Nakazawa K, McHugh TJ, Wilson MA, & Tonegawa S (2004). NMDA receptors, place cells and hippocampal spatial memory. *Nature Reviews Neuroscience* 5: 361 - 372.

Nemeroff CB (2003). The role of GABA in the pathophysiology and treatment of anxiety disorders. *Psychopharmacology Bulletin* 37: 133 - 146.

Nesse RM (2000). Is depression an adaptation? *Archives of General Psychiatry* 57: 14 - 20.

Nesse RM & Lloyd AT (1992). The evolution of psychodynamic mechanisms. In Barkow JH, Cosmides L, & Tooby J, editors, *The Adapted Mind*, 601 - 624. Oxford University Press, New York.

Niki H & Watanabe M (1979). Prefrontal and cingulate unit activity during timing behavior in the monkey. *Brain Research* 171: 213 - 224.

Nishijo H, Ono T, & Nishino H (1988). Single neuron responses in amygdala of alert monkey during complex sensory stimulation with affective signsignificance. *Journal of Neuroscience* 8: 3570 - 3583.

Norgren R (1974). Gustatory afferents to ventral forebrain. *Brain Research* 81: 285 - 295.

Norgren R (1976). Taste pathways to hypothalamus and amygdala. *Journal of Comparative Neurology* 166: 17 - 30.

Norgren R (1990). Gustatory system. In Paxinos G, editor, *The Human Nervous System*, 845 - 861. Academic Press, San Diego.

Norgren R & Leonard CM (1971). Taste pathways in rat brainstem. *Science* 173: 1136 - 1139.

Norgren R & Leonard CM (1973). Ascending central gustatory pathways. *Journal of Comparative Neurology* 150: 217 - 238.

Nugent AC, Milham MP, Bain EE, Mah L, Cannon DM, Marrett S, Zarate CA, Pine DS, Price JL, & Drevets WC (2006). Cortical abnormalities in bipolar disorder investigated with mri and voxel-based morphometry. *Neuroimage* 30: 485 - 497.

Nusslock R, Young CB, & Damme KS (2014). Elevated reward-related neural activation as a unique biological marker of bipolar disorder: assessment and treatment implications. *Behaviour Research and Therapy* 62: 74 - 87.

Nutt DJ, Lingford-Hughes A, Erritzoe D, & Stokes PR (2015). The dopamine theory of addiction: 40 years of highs and lows. *Nat Rev Neurosci* 16: 305 - 312.

Oatley K & Jenkins JM (1996). *Understanding Emotions*. Blackwell, Oxford.

Oatley K, Keltner D, & Jenkins JM (2018). *Understanding Emotions*. Wiley-Blackwell, Hoboken, NJ,

4th edn.

O'Doherty J, Rolls ET, Francis S, Bowtell R, McGlone F, Kobal G, Renner B, & Ahne G (2000). Sensory-specifific satiety related olfactory activation of the human orbitofrontal cortex. *NeuroReport* 11: 893 – 897.

O'Doherty J, Kringelbach ML, Rolls ET, Hornak J, & Andrews C (2001a). Abstract reward and punishment representations in the human orbitofrontal cortex. *Nature Neuroscience* 4: 95 – 102.

O'Doherty J, Rolls ET, Francis S, Bowtell R, & McGlone F (2001b). The representation of pleasant and aversive taste in the human brain. *Journal of Neurophysiology* 85: 1315 – 1321.

O'Doherty J, Winston J, Critchley HD, Perrett DI, Burt DM, & Dolan RJ (2003). Beauty in a smile: the role of the medial orbitofrontal cortex in facial attractiveness. *Neuropsychologia* 41: 147 – 155.

Ongur D & Price JL (2000). The organisation of networks within the orbital and medial prefrontal cortex of rats, monkeys and humans. *Cerebral Cortex* 10: 206 – 219.

Ongur D, Ferry AT, & Price JL (2003). Architectonic subdivision of the human orbital and medial prefrontal cortex. *Journal of Comparative Neurology* 460: 425 – 449.

Ono T & Nishijo H (1992). Neurophysiological basis of the Kluver-Bucy syndrome: responses of monkey amygdaloid neurons to biologically significant objects. In Aggleton JP, editor, *The Amygdala*, chap. 6, 167 – 190. Wiley-Liss, New York.

Ono T, Nishino H, Sasaki K, Fukuda M, & Muramoto K (1980). Role of the lateral hypothalamus and amygdala in feeding behavior. *Brain Research Bulletin* 5, Suppl. : 143 – 149.

Ono T, Tamura R, Nishijo H, Nakamura K, & Tabuchi E (1989). Contribution of amygdala and LH neurons to the visual information processing of food and non-food in the monkey. *Physiology and Behavior* 45: 411 – 421.

O'Rahilly S (2009). Human genetics illuminates the paths to metabolic disease. *Nature* 462: 307 – 314.

Orban GA (2011). The extraction of 3D shape in the visual system of human and nonhuman primates. *Annual Reviews of Neuroscience* 34: 361 – 388.

Oring LW (1986). Avian polyandry. In Johnston RF, editor, *Current Ornithology*, vol. 3, 309 – 351. Plenum, New York.

Overath P, Sturm T, & Rammensee HG (2014). Of volatiles and peptides: in search for mhc-dependent olfactory signals in social communication. *Cell Mol Life Sci* 71: 2429 – 2442.

Padoa-Schioppa C (2011). Neurobiology of economic choice: a good-based model. *Annual Review of Neuroscience* 34: 333 – 359.

Padoa-Schioppa C & Assad JA (2006). Neurons in the orbitofrontal cortex encode economic value. *Nature* 441: 223 – 226.

Padoa-Schioppa C & Conen KE (2017). Orbitofrontal cortex: A neural circuit for economic decisions. *Neuron* 96: 736 – 754.

Palomero-Gallagher N & Zilles K (2004). Isocortex. In Paxinos G, editor, *The Rat Nervous System*, 729 – 757. Elsevier Academic Press, San Diego.

Panksepp J (1998). *Affective Neuroscience: The Foundations of Human and Animal Emotions*. Oxford University Press, New York.

Panksepp J (2011). The basic emotional circuits of mammalian brains: Do animals have affective lives? *Neuroscience and Biobehavioral Reviews* 35: 1791 – 1804.

Panksepp J, Nelson E, & Bekkedal M (1997). Brain systems for the mediation of social separation-distress and social reward. *Annals of the New York Academy of Sciences* 807: 78 – 100.

Parker GA & Pizzari T (2015). Sexual selection: the logical imperative. In *Current perspectives on sexual selection*, 119 – 163. Springer.

Passingham RE & Wise SP (2012). *The Neurobiology of the Prefrontal Cortex*. Oxford University Press, Oxford.

Paton JJ, Belova MA, Morrison SE, & Salzman CD (2006). The primate amygdala represents the positive and negative value of visual stimuli during learning. *Nature* 439: 865 – 870.

Pearce JM (2008). *Animal Learning and Cognition*. Psychology Press, Hove, Sussex, 3rd edn.

Penton-Voak IS, Perrett DI, Castles DL, Kobayashi T, Burt DM, Murray LK, & Minamisawa R (1999). Menstrual cycle alters faces preference. *Nature* 399: 741 – 742.

Percheron G, Yelnik J, & François C (1984a). A Golgi analysis of the primate globus pallidus. III. Spatial organization of the striato-pallidal complex. *Journal of Comparative Neurology* 227: 214 – 227.

Percheron G, Yelnik J, & François C (1984b). The primate striato-pallido-nigral system: an integrative system for cortical information. In McKenzie JS, Kemm RE, & Wilcox LN, editors, *The Basal Ganglia: Structure and Function*, 87 – 105. Plenum, New York.

Percheron G, Yelnik J, François C, Fenelon G, & Talbi B (1994). Informational neurology of the basal ganglia related system. *Revue Neurologique (Paris)* 150: 614 – 626.

Perl ER & Kruger L (1996). Nociception and pain: evolution of concepts and observations. In Kruger L, editor, *Pain and Touch*, chap. 4, 180 – 211. Academic Press, San Diego.

Perrett DI, Rolls ET, & Caan W (1982). Visual neurons responsive to faces in the monkey temporal cortex. *Experimental Brain Research* 47: 329 – 342.

Perrett DI, Smith PAJ, Potter DD, Mistlin AJ, Head AS, Milner D, & Jeeves MA (1985). Visual cells in temporal cortex sensitive to face view and gaze direction. *Proceedings of the Royal Society of London*, Series B 223: 293 – 317.

Pessoa L & Adolphs R (2010). Emotion processing and the amygdala: from a 'low road' to 'many roads' of evaluating biological significance. *Nature Reviews Neuroscience* 11: 773 – 783.

Pessoa L & Padmala S (2005). Quantitative prediction of perceptual decisions during near-threshold fear detection. *Proceedings of the National Academy of Sciences USA* 102: 5612 – 5617.

Petrides M (1996). Specialized systems for the processing of mnemonic information within the primate frontal cortex. *Philosophical Transactions of the Royal Society of London B* 351: 1455 – 1462.

Petrides M (2007). The orbitofrontal cortex: novelty, deviation from expectation, and memory. *Annals of the New York Academy of Sciences* 1121: 33 – 53.

Petrides M & Pandya DN (1988). Association fifiber pathways to the frontal cortex from the superior temporal region in the rhesus monkey. *Journal of Comparative Neurology* 273: 52 – 66.

Petrides M, Tomaiuolo F, Yeterian EH, & Pandya DN (2012). The prefrontal cortex: comparative architectonic organization in the human and the macaque monkey brains. *Cortex* 48: 46 – 57.

Pfaff DW & Baum MJ (2018). Hormone-dependent medial preoptic/lumbar spinal cord/autonomic coordination supporting male sexual behaviors. *Mol Cell Endocrinol* 467: 21 – 30.

Pfaff DW, Gagnidze K, & Hunter RG (2018). Molecular endocrinology of female reproductive behavior. *Mol Cell Endocrinol* 467: 14 – 20.

Phelps E, O'Connor KJ, Gatenby JC, Gore JC, Grillon C, & Davis M (2001). Activation of the left amygdala to a cognitive representation of fear. *Nature Neuroscience* 4: 437 – 441.

Phelps EA (2004). Human emotion and memory: interactions of the amygdala and hippocampal complex. *Current Opinion in Neurobiology* 14: 198 – 202.

Phelps EA (2006). Emotion and cognition: insights from studies of the human amygdala. *Annual Review of Psychology* 57: 27 – 53.

Phelps EA & LeDoux JE (2005). Contributions of the amygdala to emotion processing: from animal models to human behavior. *Neuron* 48: 175 – 187.

Phillips AG, Mora F, & Rolls ET (1981). Intra-cerebral self-administration of amphetamine by rhesus monkeys. *Neuroscience Letters* 24: 81 – 86.

Phillips AG, Pfaus JG, & Blaha CD (1991). Dopamine and motivated behavior: insights provided by in vivo analysis. In Willner P & Scheel-Kruger J, editors, *The Mesolimbic Dopamine System: From Motivation to Action*, chap. 8, 199 – 224. Wiley, New York.

Phillips AG, Vacca G, & Ahn S (2008). A top-down perspective on dopamine, motivation and memory. *Pharmacol Biochem Behav* 90: 236 – 249.

Phillips ML (2004). Facial processing deficits and social dysfunction: how are they related? *Brain* 127: 1691 – 1692.

Phillips ML, Drevets WC, Rauch SL, & Lane R (2003). Neurobiology of emotion perception II: Implications for major psychiatric disorders. *Biological Psychiatry* 54: 515 – 528.

Phillips ML, Williams LM, Heining M, Herba CM, Russell T, Andrew C, Bullmore ET, Brammer MJ, Williams SC, Morgan M, Young AW, & Gray JA (2004). Differential neural responses to overt and covert presentations of facial expressions of fear and disgust. *Neuroimage* 21: 1484 – 1496.

Piguet O (2011). Eating disturbance in behavioural-variant frontotemporal dementia. *Journal of Molecuar Neuroscience* 45: 589 – 593.

Pitkanen A, Kelly JL, & Amaral DG (2002). Projections from the lateral, basal, and accessory basal nuclei of the amygdala to the entorhinal cortex in the macaque monkey. *Hippocampus* 12: 186 – 205.

Pizzari T, Cornwallis CK, Lovlie H, Jakobsson S, & Birkhead TR (2003). Sophisticated sperm allocation in male fowl. *Nature* 426: 70 – 74.

302

Preuss TM (1995). Do rats have prefrontal cortex? The Rose-Woolsey-Akert program reconsidered. *Journal of Cognitive Neuroscience* 7: 1 - 24.

Preuss TM & Goldman-Rakic PS (1989). Connections of the ventral granular frontal cortex of macaques with perisylvian premotor and somatosensory areas: anatomical evidence for somatic representation in primate frontal association cortex. *Journal of Comparative Neurology* 282: 293 - 316.

Price JL (2006). Connections of orbital cortex. In Zald DH & Rauch SL, editors, *The Orbitofrontal Cortex*, chap. 3,39 - 55. Oxford University Press, Oxford.

Price JL & Drevets WC (2012). Neural circuits underlying the pathophysiology of mood disorders. *Trends in Cognitive Science* 16: 61 - 71.

Price JL, Carmichael ST, Carnes KM, Clugnet MC, & Kuroda M (1991). Olfactory input to the prefrontal cortex. In Davis JL & Eichenbaum H, editors, *Olfaction: A Model System for Computational Neuroscience*, 101 - 120. MIT Press, Cambridge, MA.

Pritchard TC, Hamilton RB, & Norgren R (1989). Neural coding of gustatory information in the thalamus of Macaca mulatta. *Journal of Neurophysiology* 61: 1 - 14.

Proulx CD, Hikosaka O, & Malinow R (2014). Reward processing by the lateral habenula in normal and depressive behaviors. *Nat Neurosci* 17: 1146 - 1152.

Pryce CR, Azzinnari D, Spinelli S, Seifritz E, Tegethoff M, & Meinlschmidt G (2011). Helplessness: a systematic translational review of theory and evidence for its relevance to understanding and treating depression. *Pharmacol Ther* 132: 242 - 267.

Puts D (2015). Human sexual selection. *Current Opinion in Psychology* 7: 28 - 32.

Rachlin H (1989). *Judgement, Decision, and Choice: A Cognitive/Behavioural Synthesis*. Freeman, New York.

Rada P, Mark GP, & Hoebel BG (1998). Dopamine in the nucleus accumbens released by hypothalamic stimulation-escape behavior. *Brain Research* 782: 228 - 234.

Rahman S, Sahakian BJ, Hodges JR, Rogers RD, & Robbins TW (1999). Specific cognitive deficits in mild frontal variant frontotemporal dementia. *Brain* 122: 1469 - 1493.

Rantala MJ, Luoto S, Krams I, & Karlsson H (2018). Depression subtyping based on evolutionary psychiatry: Proximate mechanisms and ultimate functions. *Brain Behav Immun* 69: 603 - 617.

Rao VR, Sellers KK, Wallace DL, Lee MB, Bijanzadeh M, Sani OG, Yang Y, Shanechi MM, Dawes HE, & Chang EF (2018). Direct electrical stimulation of lateral orbitofrontal cortex acutely improves mood in individuals with symptoms of depression. *Curr Biol* 28: 3893 - 3902 e4.

Rascovsky K, Hodges JR, & al (2011). Sensitivity of revised diagnostic criteria for the behavioural variant of frontotemporal dementia. *Brain* 134: 2456 - 2477.

Ratcliff R & Rouder JF (1998). Modeling response times for two-choice decisions. *Psychological Science* 9: 347 - 356.

Ratcliff R, Zandt TV, & McKoon G (1999). Connectionist and diffusion models of reaction time. *Psychological Reviews* 106: 261 - 300.

Rawlins JN, Winocur G, & Gray JA (1983). The hippocampus, collateral behavior, and timing. *Behavioral Neuroscience* 97: 857 - 872.

Reddy WM (2001). *The Navigation of Feeling: A Framework for the History of Emotions*. Cambridge University Press, Cambridge.

Reisenzein R (1983). The Schachter theory of emotion: two decades later. *Psychological Bulletin* 94: 239 - 264.

Rempel-Clower NL & Barbas H (1998). Topographic organization of connections between the hypothalamus and prefrontal cortex in the rhesus monkey. *Journal of Comparative Neurology* 398: 393 - 419.

Riani M & Simonotto E (1994). Stochastic resonance in the perceptual interpretation of ambiguous fifigures: A neural network model. *Physical Review Letters* 72: 3120 - 3123.

Ridley M (1993a). *The Red Queen: Sex and the Evolution of Human Nature*. Penguin, London.

Ridley M (1993b). *Evolution*. Blackwell, Oxford.

Ridley M (1996). *The Origins of Virtue*. Viking, London.

Ridley M (2003). *Nature via Nurture*. Harper, London.

Riggs LM & Gould TD (2021). Ketamine and the future of rapid-acting antidepressants. *Annu Rev Clin Psychol*.

Robbins TW, Gillan CM, Smith DG, de Wit S, & Ersche KD (2012). Neurocognitive endophenotypes of

303

impulsivity and compulsivity: towards dimensional psychiatry. *Trends in Cognitive Sciences* 16: 81 – 91.

Robertson RG, Rolls ET, & Georges-François P (1998). Spatial view cells in the primate hippocampus: Effects of removal of view details. *Journal of Neurophysiology* 79: 1145 – 1156.

Robinson MD, Watkins ER, & Harmon-Jones E (2013). *Handbook of Cognition and Emotion*. Guilford, New York.

Rodin J (1976). The role of perception of internal and external signals in the regulation of feeding in overweight and non-obese individuals. *Dahlem Konferenzen, Life Sciences Research Report* 2: 265 – 281.

Rolls BJ (2012a). Dietary strategies for weight management. *Nestle Nutrition Institute Workshop Series* 73: 37 – 48.

Rolls BJ & Hetherington M (1989). The role of variety in eating and body weight regulation. In Shepherd R, editor, *Handbook of the Psychophysiology of Human Eating*, chap. 3, 57 – 84. Wiley, Chichester.

Rolls BJ & Rolls ET (1982a). *Thirst*. Cambridge University Press, Cambridge.

Rolls BJ, Rolls ET, Rowe EA, & Sweeney K (1981a). Sensory specifific satiety in man. *Physiology and Behavior* 27: 137 – 142.

Rolls BJ, Rowe EA, Rolls ET, Kingston B, Megson A, & Gunary R (1981b). Variety in a meal enhances food intake in man. *Physiology and Behavior* 26: 215 – 221.

Rolls BJ, Rowe EA, & Rolls ET (1982a). How sensory properties of foods affect human feeding behavior. *Physiology and Behavior* 29: 409 – 417.

Rolls BJ, Rowe EA, & Rolls ET (1982b). How flavour and appearance affect human feeding. *Proceedings of the Nutrition Society* 41: 109 – 117.

Rolls BJ, Van Duijenvoorde PM, & Rowe EA (1983a). Variety in the diet enhances intake in a meal and contributes to the development of obesity in the rat. *Physiology and Behavior* 31: 21 – 27.

Rolls BJ, Van Duijenvoorde PM, & Rolls ET (1984a). Pleasantness changes and food intake in a varied four course meal. *Appetite* 5: 337 – 348.

Rolls ET (1975). *The Brain and Reward*. Pergamon Press, Oxford.

Rolls ET (1981a). Processing beyond the inferior temporal visual cortex related to feeding, learning, and striatal function. In Katsuki Y, Norgren R, & Sato M, editors, *Brain Mechanisms of Sensation*, chap. 16, 241 – 269. Wiley, New York.

Rolls ET (1981b). Central nervous mechanisms related to feeding and appetite. *British Medical Bulletin* 37: 131 – 134.

Rolls ET (1981c). Responses of amygdaloid neurons in the primate. In Ben-Ari Y, editor, *The Amygdaloid Complex*, 383 – 393. Elsevier, Amsterdam.

Rolls ET (1986a). A theory of emotion, and its application to understanding the neural basis of emotion. In Oomura Y, editor, *Emotions. Neural and Chemical Control*, 325 – 344. Japan Scientific Societies Press; and Karger, Tokyo; and Basel.

Rolls ET (1986b). Neural systems involved in emotion in primates. In Plutchik R & Kellerman H, editors, *Emotion: Theory, Research, and Experience*, vol. 3: Biological Foundations of Emotion, chap. 5, 125 – 143. Academic Press, New York.

304   Rolls ET (1989). Functions of neuronal networks in the hippocampus and neocortex in memory. In Byrne JH & Berry WO, editors, *Neural Models of Plasticity: Experimental and Theoretical Approaches*, chap. 13, 240 – 265. Academic Press, San Diego, CA.

Rolls ET (1990a). A theory of emotion, and its application to understanding the neural basis of emotion. *Cognition and Emotion* 4: 161 – 190.

Rolls ET (1990b). Theoretical and neurophysiological analysis of the functions of the primate hippocampus in memory. *Cold Spring Harbor Symposia in Quantitative Biology* 55: 995 – 1006.

Rolls ET (1992a). Neurophysiology and functions of the primate amygdala. In Aggleton JP, editor, *The Amygdala*, chap. 5, 143 – 165. Wiley-Liss, New York.

Rolls ET (1992b). Neurophysiological mechanisms underlying face processing within and beyond the temporal cortical visual areas. *Philosophical Transactions of the Royal Society* 335: 11 – 21.

Rolls ET (1995). A theory of emotion and consciousness, and its application to understanding the neural basis of emotion. In Gazzaniga MS, editor, *The Cognitive Neurosciences*, chap. 72, 1091 – 1106. MIT Press, Cambridge, MA.

Rolls ET (1996). A theory of hippocampal function in memory. *Hippocampus* 6: 601 – 620.

Rolls ET (1997a). Brain mechanisms of vision, memory, and consciousness. In Ito M, Miyashita Y, & Rolls E, editors, *Cognition, Computation, and Consciousness*, chap. 6, 81 – 120. Oxford University Press, Oxford.

Rolls ET (1997b). Consciousness in neural networks? *Neural Networks* 10: 1227 – 1240.

Rolls ET (1999a). *The Brain and Emotion*. Oxford University Press, Oxford.

Rolls ET (1999b). Spatial view cells and the representation of place in the primate hippocampus. *Hippocampus* 9: 467 – 480.

Rolls ET (1999c). The functions of the orbitofrontal cortex. *Neurocase* 5: 301 – 312.

Rolls ET (2000a). Précis of The Brain and Emotion. *Behavioral and Brain Sciences* 23: 177 – 233.

Rolls ET (2000b). The orbitofrontal cortex and reward. *Cerebral Cortex* 10: 284 – 294.

Rolls ET (2000c). Neurophysiology and functions of the primate amygdala, and the neural basis of emotion. In Aggleton JP, editor, *The Amygdala: Second Edition. A Functional Analysis*, chap. 13, 447 – 478. Oxford University Press, Oxford.

Rolls ET (2000d). Memory systems in the brain. *Annual Review of Psychology* 51: 599 – 630.

Rolls ET (2001). The representation of umami taste in the human and macaque cortex. *Sensory Neuron* 3: 227 – 242.

Rolls ET (2003). Consciousness absent and present: a neurophysiological exploration. *Progress in Brain Research* 144: 95 – 106.

Rolls ET (2004a). The operation of memory systems in the brain. In Feng J, editor, *Computational Neuroscience: A Comprehensive Approach*, chap. 16, 491 – 534. CRC Press (UK), London.

Rolls ET (2004b). The functions of the orbitofrontal cortex. *Brain and Cognition* 55: 11 – 29.

Rolls ET (2004c). A higher order syntactic thought (HOST) theory of consciousness. In Gennaro RJ, editor, *Higher Order Theories of Consciousness*, chap. 7, 137 – 172. John Benjamins, Amsterdam.

Rolls ET (2005a). *Emotion Explained*. Oxford University Press, Oxford.

Rolls ET (2005b). *Emotion Explained*. Oxford University Press, Oxford.

Rolls ET (2006a). Consciousness absent and present: a neurophysiological exploration of masking. In Ogmen H & Breitmeyer BG, editors, *The First Half Second*, chap. 6, 89 – 108. MIT Press, Cambridge, MA.

Rolls ET (2006b). Brain mechanisms underlying flavour and appetite. *Philosophical Transactions of the Royal Society B* 361: 1123 – 1136.

Rolls ET (2007a). The affective neuroscience of consciousness: higher order syntactic thoughts, dual routes to emotion and action, and consciousness. In Zelazo PD, Moscovitch M, & Thompson E, editors, *Cambridge Handbook of Consciousness*, chap. 29, 831 – 859. Cambridge University Press, New York.

Rolls ET (2007b). Understanding the mechanisms of food intake and obesity. *Obesity Reviews* 8: 67 – 72.

Rolls ET (2007c). A computational neuroscience approach to consciousness. *Neural Networks* 20: 962 – 982.

Rolls ET (2008a). *Memory, Attention, and Decision-Making. A Unifying Computational Neuroscience Approach*. Oxford University Press, Oxford.

Rolls ET (2008b). Emotion, higher order syntactic thoughts, and consciousness. In Weiskrantz L & Davies M, editors, *Frontiers of Consciousness*, chap. 4, 131 – 167. Oxford University Press, Oxford.

Rolls ET (2008c). Functions of the orbitofrontal and pregenual cingulate cortex in taste, olfaction, appetite and emotion. *Acta Physiologica Hungarica* 95: 131 – 164.

Rolls ET (2009a). Functional neuroimaging of umami taste: what makes umami pleasant. *American Journal of Clinical Nutrition* 90: 803S – 814S.

Rolls ET (2009b). The anterior and midcingulate cortices and reward. In Vogt B, editor, *Cingulate Neurobiology and Disease*, chap. 8, 191 – 206. Oxford University Press, Oxford.

Rolls ET (2010a). Noise in the brain, decision-making, determinism, free will, and consciousness. In Perry E, Collerton D, LeBeau F, & Ashton H, editors, *New Horizons in the Neuroscience of Consciousness*, 113 – 120. John Benjamins, Amsterdam.

Rolls ET (2010b). A computational theory of episodic memory formation in the hippocampus. *Behavioural Brain Research* 215: 180 – 196.

Rolls ET (2010c). The affective and cognitive processing of touch, oral texture, and temperature in the brain. *Neuroscience and Biobehavioral Reviews* 34: 237 – 245.

Rolls ET (2010d). Taste, olfactory and food texture processing in the brain and the control of appetite. In LDube, ABechara, ADagher, ADrewnowski, JLeBel, PJames, & RYYada, editors, *Obesity Prevention*, chap. 4,41 – 56. Academic Press, London.

Rolls ET (2011a). Consciousness, decision-making, and neural computation. In Cutsuridis V, Hussain A, & Taylor JG, editors, *Perception-Action Cycle: Models, architecture, and hardware*, chap. 9, 287 – 333. Springer, Berlin.

Rolls ET (2011b). Taste, olfactory, and food texture reward processing in the brain and obesity. *International Journal of Obesity* 35: 550 – 561.

Rolls ET (2011c). Face neurons. In Calder AJ, Rhodes G, Johnson MH, & Haxby JV, editors, *The Oxford Handbook of Face Perception*, chap. 4,51 – 75. Oxford University Press, Oxford.

Rolls ET (2011d). A neurobiological basis for affective feelings and aesthetics. In Schellekens E & Goldie P, editors, *The Aesthetic Mind: Philosophy and Psychology*, chap. 8,116 – 165. Oxford University Press, Oxford.

Rolls ET (2011e). The neural representation of oral texture including fat texture. *Journal of Texture Studies* 42: 137 – 156.

Rolls ET (2011f). Chemosensory learning in the cortex. *Frontiers in Systems Neuroscience* 5: 78(1 – 13).

Rolls ET (2012b). Glutamate, obsessive-compulsive disorder, schizophrenia, and the stability of cortical attractor neuronal networks. *Pharmacology, Biochemistry and Behavior* 100: 736 – 751.

Rolls ET (2012c). Taste, olfactory, and food texture reward processing in the brain and the control of appetite. *Proceedings of the Nutrition Society* 71: 488 – 501.

Rolls ET (2012d). *Neuroculture: On the Implications of Brain Science*. Oxford University Press, Oxford.

Rolls ET (2012e). Invariant visual object and face recognition: neural and computational bases, and a model, VisNet. *Frontiers in Computational Neuroscience* 6: 1 – 70.

Rolls ET (2013a). A biased activation theory of the cognitive and attentional modulation of emotion. *Frontiers in Human Neuroscience* 7: 74.

Rolls ET (2013b). On the relation between the mind and the brain: a neuroscience perspective. *Philosophia Scientiae* 17: 31 – 70.

Rolls ET (2013c). A quantitative theory of the functions of the hippocampal CA3 network in memory. *Frontiers in Cellular Neuroscience* 7: 98.

Rolls ET (2013d). What are emotional states, and why do we have them? *Emotion Review* 5: 241 – 247.

Rolls ET (2014a). Neuroculture: art, aesthetics, and the brain. *Rendiconti Lincei Scienze Fisiche e Naturali* 25: 291 – 307. doi: DOI: 10. 1007/s12210 – 013 – 0276 – 7.

Rolls ET (2014b). *Emotion and Decision-Making Explained*. Oxford University Press, Oxford.

Rolls ET (2014c). Emotion and decision-making explained: Precis. *Cortex* 59: 185 – 193.

Rolls ET (2015a). Limbic systems for emotion and for memory, but no single limbic system. *Cortex* 62: 119 – 157.

Rolls ET (2015b). Neural integration of taste, smell, oral texture, and visual modalities. In Doty R, editor, *Handbook of Olfaction and Gustation*, chap. 46,1027 – 1047. Wiley, Hoboken, New Jersey, 3rd edn.

Rolls ET (2015c). Taste, olfactory, and food reward value processing in the brain. *Progress in Neurobiology* 127 – 128: 64 – 90.

Rolls ET (2015d). Limbic systems for emotion and for memory, but no single limbic system. *Cortex* 62: 119 – 157.

Rolls ET (2015e). Neurobiological foundations of art and aesthetics. In Huston JP, Nadal M, Mora F, Agnati L, & Cela-Conde CJ, editors, *Art, Aesthetics and the Brain*, chap. 23, 453 – 478. Oxford University Press, Oxford.

Rolls ET (2016a). Motivation explained: Ultimate and proximate accounts of hunger and appetite. *Advances in Motivation Science* 3: 187 – 249.

Rolls ET (2016b). Brain processing of reward for touch, temperature, and oral texture. In Olausson H, Wessberg J, Morrison I, & McGlone F, editors, *Affective Touch and the Neurophysiology of CT Afferents*, chap. 13,209 – 225. Springer, Berlin.

Rolls ET (2016c). Functions of the anterior insula in taste, autonomic, and related functions. *Brain and Cognition* 110: 4 – 19.

Rolls ET (2016d). *Cerebral Cortex: Principles of Operation*. Oxford University Press, Oxford.

Rolls ET (2016e). A non-reward attractor theory of depression. *Neuroscience and Biobehavioral Reviews* 68: 47 – 58.

Rolls ET (2016f). Reward systems in the brain and nutrition. *Annual Review of Nutrition* 36: 435 – 470.

Rolls ET (2017a). Neurobiological foundations of aesthetics and art. *New Ideas in Psychology* 47: 121 – 135.

Rolls ET (2017b). The roles of the orbitofrontal cortex via the habenula in non-reward and depression, and in the responses of serotonin and dopamine neurons. *Neuroscience and Biobehavioral Reviews* 75: 331 – 334.

Rolls ET (2017c). Evolution of the emotional brain. In Watanabe S, Hofman MA, & Shimizu T, editors, *Evolution of Brain, Cognition, and Emotion in Vertebrates*, chap. 12, 251 – 272. Springer, Tokyo.

Rolls ET (2018a). The storage and recall of memories in the hippocampo-cortical system. *Cell and Tissue Research* 373: 577 – 604.

Rolls ET (2018b). *The Brain, Emotion, and Depression*. Oxford University Press, Oxford.

Rolls ET (2019a). Emotion and reasoning in human decision-making. *Economics: The Open-Access, Open Assessment E-Journal* 13: http://dx. doi. org/10. 5018/economics-ejournal. ja. 2019 – 2039.

Rolls ET (2019b). The cingulate cortex and limbic systems for emotion, action, and memory. *Brain Struct Funct* 224: 3001 – 3018.

Rolls ET (2019c). Attractor network dynamics, transmitters, and the memory and cognitive changes in aging. In Heilman KM & Nadeau SE, editors, *Cognitive Changes and the Aging Brain*, chap. 14, 203 – 225. Cambridge University Press, Cambridge.

Rolls ET (2019d). The orbitofrontal cortex and emotion in health and disease, including depression. *Neuropsychologia* 128: 14 – 43.

Rolls ET (2019e). *The Orbitofrontal Cortex*. Oxford University Press, Oxford.

Rolls ET (2020a). The texture and taste of food in the brain. *Journal of Texture Studies* 51: 23 – 44.

Rolls ET (2020b). Neural computations underlying phenomenal consciousness: a higher order syntactic thought theory. *Frontiers in Psychology (Consciousness Research)* 11: 655.

Rolls ET (2021a). *Brain Computations: What and How*. Oxford University Press, Oxford.

Rolls ET (2021b). Neurons including hippocampal spatial view cells, and navigation in primates including humans. *Hippocampus* doi: 10. 1002/HIPO. 23324.

Rolls ET (2021c). Brain design for natural behavior. *iScience*.

Rolls ET (2021d). Attractor cortical neurodynamics, schizophrenia, and depression. *Translational Psychiatry* in press.

Rolls ET (2021e). A neuroscience levels of explanation approach to the mind and the brain. *Frontiers in Computational Neuroscience* in press.

Rolls ET & Baylis GC (1986). Size and contrast have only small effects on the responses to faces of neurons in the cortex of the superior temporal sulcus of the monkey. *Experimental Brain Research* 65: 38 – 48.

Rolls ET & Baylis LL (1994). Gustatory, olfactory and visual convergence within the primate orbitofrontal cortex. *Journal of Neuroscience* 14: 5437 – 5452.

Rolls ET & de Waal AWL (1985). Long-term sensory-specific satiety: evidence from an Ethiopian refugee camp. *Physiology and Behavior* 34: 1017 – 1020.

Rolls ET & Deco G (2002). *Computational Neuroscience of Vision*. Oxford University Press, Oxford.

Rolls ET & Deco G (2006). Attention in natural scenes: neurophysiological and computational bases. *Neural Networks* 19: 1383 – 1394.

Rolls ET & Deco G (2010). *The Noisy Brain: Stochastic Dynamics as a Principle of Brain Function*. Oxford University Press, Oxford.

Rolls ET & Deco G (2011a). A computational neuroscience approach to schizophrenia and its onset. *Neuroscience and Biobehavioral Reviews* 35: 1644 – 1653.

Rolls ET & Deco G (2011b). Prediction of decisions from noise in the brain before the evidence is provided. *Frontiers in Neuroscience* 5: 33.

Rolls ET & Deco G (2015a). A stochastic neurodynamics approach to the changes in cognition and memory in aging. *Neurobiology of Learning and Memory* 118: 150 – 161.

Rolls ET & Deco G (2015b). Networks for memory, perception, and decision-making, and beyond to how the syntax for language might be implemented in the brain. *Brain Research* 1621: 316 – 334.

Rolls ET & Deco G (2016). Non-reward neural mechanisms in the orbitofrontal cortex. *Cortex* 83:

27 – 38.

Rolls ET & Grabenhorst F (2008). The orbitofrontal cortex and beyond: from affect to decision-making. *Progress in Neurobiology* 86: 216 – 244.

Rolls ET & Johnstone S (1992). Neurophysiological analysis of striatal function. In Vallar G, Cappa S, & Wallesch C, editors, *Neuropsychological Disorders Associated with Subcortical Lesions*, chap. 3, 61 – 97. Oxford University Press, Oxford.

Rolls ET & Kesner RP (2006). A theory of hippocampal function, and tests of the theory. *Progress in Neurobiology* 79: 1 – 48.

Rolls ET & McCabe C (2007). Enhanced affective brain representations of chocolate in cravers vs non-cravers. *European Journal of Neuroscience* 26: 1067 – 1076.

Rolls ET & Mills WPC (2018). Non-accidental properties, metric invariance, and encoding by neurons in a model of ventral stream visual object recognition, visnet. *Neurobiology of Learning and Memory* 152: 20 – 31.

Rolls ET & Rolls BJ (1977). Activity of neurones in sensory, hypothalamic and motor areas during feeding in the monkey. In Katsuki Y, Sato M, Takagi S, & Oomura Y, editors, *Food Intake and Chemical Senses*, 525 – 549. University of Tokyo Press, Tokyo.

Rolls ET & Rolls BJ (1982b). Brain mechanisms involved in feeding. In Barker L, editor, *Psychobiology of Human Food Selection*, chap. 3, 33 – 62. AVI Publishing Company, Westport, Connecticut.

Rolls ET & Rolls JH (1997). Olfactory sensory-specifific satiety in humans. *Physiology and Behavior* 61: 461 – 473.

Rolls ET & Scott TR (2003). Central taste anatomy and neurophysiology. In Doty R, editor, *Handbook of Olfaction and Gustation*, chap. 33, 679 – 705. Dekker, New York, 2nd edn.

307　Rolls ET & Stringer SM (2000). On the design of neural networks in the brain by genetic evolution. *Progress in Neurobiology* 61: 557 – 579.

Rolls ET & Stringer SM (2001). A model of the interaction between mood and memory. *Network: Computation in Neural Systems* 12: 89 – 109.

Rolls ET & Tovee MJ (1994). Processing speed in the cerebral cortex and the neurophysiology of visual masking. *Proceedings of the Royal Society*, B 257: 9 – 15.

Rolls ET & Tovee MJ (1995). Sparseness of the neuronal representation of stimuli in the primate temporal visual cortex. *Journal of Neurophysiology* 73: 713 – 726.

Rolls ET & Treves A (1990). The relative advantages of sparse versus distributed encoding for associative neuronal networks in the brain. *Network* 1: 407 – 421.

Rolls ET & Treves A (1998). *Neural Networks and Brain Function*. Oxford University Press, Oxford.

Rolls ET & Treves A (2011). The neuronal encoding of information in the brain. *Progress in Neurobiology* 95: 448 – 490.

Rolls ET & Webb TJ (2014). Finding and recognising objects in natural scenes: complementary computations in the dorsal and ventral visual systems. *Frontiers in Computational Neuroscience* 8: 85.

Rolls ET & Williams GV (1987). Neuronal activity in the ventral striatum of the primate. In Carpenter MB & Jayamaran A, editors, *The Basal Ganglia II — Structure and Function — Current Concepts*, 349 – 356. Plenum, New York.

Rolls ET & Wirth S (2018). Spatial representations in the primate hippocampus, and their functions in memory and navigation. *Progress in Neurobiology* 171: 90 – 113.

Rolls ET & Xiang JZ (2005). Reward-spatial view representations and learning in the primate hippocampus. *Journal of Neuroscience* 25: 6167 – 6174.

Rolls ET & Xiang JZ (2006). Spatial view cells in the primate hippocampus, and memory recall. *Reviews in the Neurosciences* 17: 175 – 200.

Rolls ET, Judge SJ, & Sanghera M (1977). Activity of neurones in the inferotemporal cortex of the alert monkey. *Brain Research* 130: 229 – 238.

Rolls ET, Burton MJ, & Mora F (1980). Neurophysiological analysis of brain-stimulation reward in the monkey. *Brain Research* 194: 339 – 357.

Rolls ET, Rolls BJ, & Rowe EA (1983b). Sensory-specific and motivation-specifific satiety for the sight and taste of food and water in man. *Physiology and Behavior* 30: 185 – 192.

Rolls ET, Thorpe SJ, & Maddison SP (1983c). Responses of striatal neurons in the behaving monkey. 1. Head of the caudate nucleus. *Behavioural Brain Research* 7: 179 – 210.

Rolls ET, Thorpe SJ, Boytim M, Szabo I, & Perrett DI (1984b). Responses of striatal neurons in the behaving monkey. 3. Effects of iontophoretically applied dopamine on normal responsiveness. *Neuroscience* 12: 1201 – 1212.

Rolls ET, Baylis GC, & Leonard CM (1985). Role of low and high spatial frequencies in the face-selective responses of neurons in the cortex in the superior temporal sulcus. *Vision Research* 25: 1021 – 1035.

Rolls ET, Murzi E, Yaxley S, Thorpe SJ, & Simpson SJ (1986). Sensory-specific satiety: food-specific reduction in responsiveness of ventral forebrain neurons after feeding in the monkey. *Brain Research* 368: 79 – 86.

Rolls ET, Baylis GC, & Hasselmo ME (1987). The responses of neurons in the cortex in the superior temporal sulcus of the monkey to band-pass spatial frequency filtered faces. *Vision Research* 27: 311 – 326.

Rolls ET, Scott TR, Sienkiewicz ZJ, & Yaxley S (1988). The responsiveness of neurones in the frontal opercular gustatory cortex of the macaque monkey is independent of hunger. *Journal of Physiology* 397: 1 – 12.

Rolls ET, Miyashita Y, Cahusac PMB, Kesner RP, Niki H, Feigenbaum J, & Bach L (1989a). Hippocampal neurons in the monkey with activity related to the place in which a stimulus is shown. *Journal of Neuroscience* 9: 1835 – 1845.

Rolls ET, Sienkiewicz ZJ, & Yaxley S (1989b). Hunger modulates the responses to gustatory stimuli of single neurons in the caudolateral orbitofrontal cortex of the macaque monkey. *European Journal of Neuroscience* 1: 53 – 60.

Rolls ET, Yaxley S, & Sienkiewicz ZJ (1990). Gustatory responses of single neurons in the orbitofrontal cortex of the macaque monkey. *Journal of Neurophysiology* 64: 1055 – 1066.

Rolls ET, Hornak J, Wade D, & McGrath J (1994a). Emotion-related learning in patients with social and emotional changes associated with frontal lobe damage. *Journal of Neurology, Neurosurgery and Psychiatry* 57: 1518 – 1524.

Rolls ET, Tovee MJ, Purcell DG, Stewart AL, & Azzopardi P (1994b). The responses of neurons in the temporal cortex of primates, and face identification and detection. *Experimental Brain Research* 101: 474 – 484.

Rolls ET, Critchley HD, Mason R, & Wakeman EA (1996a). Orbitofrontal cortex neurons: role in olfactory and visual association learning. *Journal of Neurophysiology* 75: 1970 – 1981.

Rolls ET, Critchley HD, Wakeman EA, & Mason R (1996b). Responses of neurons in the primate taste cortex to the glutamate ion and to inosine 5′-monophosphate. *Physiology and Behavior* 59: 991 – 1000.

Rolls ET, Robertson RG, & Georges-François P (1997a). Spatial view cells in the primate hippocampus. *European Journal of Neuroscience* 9: 1789 – 1794.

Rolls ET, Treves A, Foster D, & Perez-Vicente C (1997b). Simulation studies of the CA3 hippocampal subfield modelled as an attractor neural network. *Neural Networks* 10: 1559 – 1569.

Rolls ET, Treves A, Tovee M, & Panzeri S (1997c). Information in the neuronal representation of individual stimuli in the primate temporal visual cortex. *Journal of Computational Neuroscience* 4: 309 – 333.

Rolls ET, Treves A, & Tovee MJ (1997d). The representational capacity of the distributed encoding of information provided by populations of neurons in the primate temporal visual cortex. *Experimental Brain Research* 114: 149 – 162.

Rolls ET, Critchley HD, Browning A, & Hernadi I (1998a). The neurophysiology of taste and olfaction in primates, and umami flavor. *Annals of the New York Academy of Sciences* 855: 426 – 437.

Rolls ET, Treves A, Robertson RG, Georges-François P, & Panzeri S (1998b). Information about spatial view in an ensemble of primate hippocampal cells. *Journal of Neurophysiology* 79: 1797 – 1813.

Rolls ET, Critchley HD, Browning AS, Hernadi A, & Lenard L (1999a). Responses to the sensory properties of fat of neurons in the primate orbitofrontal cortex. *Journal of Neuroscience* 19: 1532 – 1540.

Rolls ET, Tovee MJ, & Panzeri S (1999b). The neurophysiology of backward visual masking: information analysis. *Journal of Cognitive Neuroscience* 11: 335 – 346.

Rolls ET, Stringer SM, & Trappenberg TP (2002). A unified model of spatial and episodic memory. *Proceedings of The Royal Society B* 269: 1087 – 1093.

Rolls ET, Aggelopoulos NC, & Zheng F (2003a). The receptive fifields of inferior temporal cortex

308

neurons in natural scenes. *Journal of Neuroscience* 23: 339 - 348.

Rolls ET, Franco L, Aggelopoulos NC, & Reece S (2003b). An information theoretic approach to the contributions of the firing rates and the correlations between the firing of neurons. *Journal of Neurophysiology* 89: 2810 - 2822.

Rolls ET, Kringelbach ML, & De Araujo IET (2003c). Different representations of pleasant and unpleasant odours in the human brain. *European Journal of Neuroscience* 18: 695 - 703.

Rolls ET, O'Doherty J, Kringelbach ML, Francis S, Bowtell R, & McGlone F (2003d). Representations of pleasant and painful touch in the human orbitofrontal and cingulate cortices. *Cerebral Cortex* 13: 308 - 317.

Rolls ET, Verhagen JV, & Kadohisa M (2003e). Representations of the texture of food in the primate orbitofrontal cortex: neurons responding to viscosity, grittiness, and capsaicin. *Journal of Neurophysiology* 90: 3711 - 3724.

Rolls ET, Aggelopoulos NC, Franco L, & Treves A (2004). Information encoding in the inferior temporal visual cortex: contributions of the firing rates and the correlations between the firing of neurons. *Biological Cybernetics* 90: 19 - 32.

Rolls ET, Browning AS, Inoue K, & Hernadi S (2005a). Novel visual stimuli activate a population of neurons in the primate orbitofrontal cortex. *Neurobiology of Learning and Memory* 84: 111 - 123.

Rolls ET, Xiang JZ, & Franco L (2005b). Object, space and object-space representations in the primate hippocampus. *Journal of Neurophysiology* 94: 833 - 844.

Rolls ET, Critchley HD, Browning AS, & Inoue K (2006). Face-selective and auditory neurons in the primate orbitofrontal cortex. *Experimental Brain Research* 170: 74 - 87.

Rolls ET, Grabenhorst F, Margot C, da Silva M, & Velazco MI (2008a). Selective attention to affective value alters how the brain processes olfactory stimuli. *Journal of Cognitive Neuroscience* 20: 1815 - 1826.

Rolls ET, Grabenhorst F, & Parris B (2008b). Warm pleasant feelings in the brain. *Neuroimage* 41: 1504 - 1513.

Rolls ET, Loh M, & Deco G (2008c). An attractor hypothesis of obsessive-compulsive disorder. *European Journal of Neuroscience* 28: 782 - 793.

Rolls ET, Loh M, Deco G, & Winterer G (2008d). Computational models of schizophrenia and dopamine modulation in the prefrontal cortex. *Nature Reviews Neuroscience* 9: 696 - 709.

Rolls ET, McCabe C, & Redoute J (2008e). Expected value, reward outcome, and temporal difference error representations in a probabilistic decision task. *Cerebral Cortex* 18: 652 - 663.

Rolls ET, Grabenhorst F, & Franco L (2009). Prediction of subjective affective state from brain activations. *Journal of Neurophysiology* 101: 1294 - 1308.

Rolls ET, Critchley H, Verhagen JV, & Kadohisa M (2010a). The representation of information about taste and odor in the primate orbitofrontal cortex. *Chemosensory Perception* 3: 16 - 33.

Rolls ET, Grabenhorst F, & Deco G (2010b). Choice, diffficulty, and confidence in the brain. *Neuroimage* 53: 694 - 706.

Rolls ET, Grabenhorst F, & Deco G (2010c). Decision-making, errors, and confifidence in the brain. *Journal of Neurophysiology* 104: 2359 - 2374.

Rolls ET, Grabenhorst F, & Parris BA (2010d). Neural systems underlying decisions about affective odors. *Journal of Cognitive Neuroscience* 10: 1068 - 1082.

Rolls ET, Webb TJ, & Deco G (2012). Communication before coherence. *European Journal of Neuroscience* 36: 2689 - 2709.

Rolls ET, Dempere-Marco L, & Deco G (2013). Holding multiple items in short term memory: a neural mechanism. *PLoS One* 8: e61078.

Rolls ET, Joliot M, & Tzourio-Mazoyer N (2015). Implementation of a new parcellation of the orbitofrontal cortex in the automated anatomical labeling atlas. *Neuroimage* 122: 1 - 5.

Rolls ET, Cheng W, Gilson M, Qiu J, Hu Z, Li Y, Huang CC, Yang AC, Tsai SJ, Zhang X, Zhuang K, Lin CP, Deco G, Xie P, & Feng J (2018a). Effective connectivity in depression. *Biological Psychiatry: Cognitive Neuroscience and Neuroimaging* 3: 187 - 197.

Rolls ET, Mills T, Norton A, Lazidis A, & Norton IT (2018b). Neuronal encoding of fat using the coefficient of sliding friction in the cerebral cortex and amygdala. *Cerebral Cortex* 28: 4080 - 4089.

Rolls ET, Cheng W, Gong W, Qiu J, Zhou C, Zhang J, Lv W, Ruan H, Wei D, Cheng K, Meng J, Xie P, & Feng J (2019). Functional connectivity of the anterior cingulate cortex in depression and in health. *Cereb Cortex* 29: 3617 – 3630.

Rolls ET, Cheng W, Du J, Wei D, Qiu J, Dai D, Zhou Q, Xie P, & Feng J (2020a). Functional connectivity of the right inferior frontal gyrus and orbitofrontal cortex in depression. *Soc Cogn Affect Neurosci* 15: 75 – 86.

Rolls ET, Cheng W, & Feng J (2020b). The orbitofrontal cortex: reward, emotion, and depression. *Brain Communi-cations* 2: fcaa196.

Rolls ET, Huang CC, Lin CP, Feng J, & Joliot M (2020c). Automated anatomical labelling atlas 3. *Neuroimage* 206: 116189.

Rolls ET, Vatansever D, Li Y, Cheng W, & Feng J (2020d). Rapid rule-based reward reversal and the lateral orbitofrontal cortex. *Cerebral Cortex Communications* 1: doi: 10. 1093/texcom/tgaa087.

Rosati AG (2017). The evolution of primate executive function: from response control to strategic decision-making. In Kaas JH, editor, *Evolution of Nervous Systems*, *2nd edition*, *Volume 3*, vol. 3, chap. 23, 423 – 437. Elsevier, Amsterdam, 2nd edn.

Rosenkilde CE (1979). Functional heterogeneity of the prefrontal cortex in the monkey: a review. *Behavioral and Neural Biology* 25: 301 – 345.

Rosenkilde CE, Bauer RH, & Fuster JM (1981). Single unit activity in ventral prefrontal cortex in behaving monkeys. *Brain Research* 209: 375 – 394.

Rosenthal D (1990). A theory of consciousness. *ZIF Report 40/1990. Zentrum fur Interdisziplinaire Forschung*, *Bielefeld* 40. Reprinted in Block, N. , Flanagan, O. and Guzeldere, G. (eds.) (1997) *The Nature of Consciousness: Philosophical Debates*. MIT Press, Cambridge MA, pp. 729 – 853.

Rosenthal DM (1986). Two concepts of consciousness. *Philosophical Studies* 49: 329 – 359.

Rosenthal DM (1993). Thinking that one thinks. In Davies M & Humphreys GW, editors, *Consciousness*, chap. 10, 197 – 223. Blackwell, Oxford.

Rosenthal DM (2004). Varieties of higher order theory. In Gennaro RJ, editor, *Higher Order Theories of Consciousness*, 17 – 44. John Benjamins, Amsterdam.

Rosenthal DM (2005). *Consciousness and Mind*. Oxford University Press, Oxford.

Rosenthal DM (2012). Higher-order awareness, misrepresentation, and function. *Philosophical Transactions of the Royal Society B: Biological Sciences* 367: 1424 – 1438.

Royet JP, Zald D, Versace R, Costes N, Lavenne F, Koenig O, Gervais R, Routtenberg A, Gardner EI, & Huang YH (2000). Emotional responses to pleasant and unpleasant olfactory, visual, and auditory stimuli: a positron emission tomography study. *Journal of Neuroscience* 20: 7752 – 7759.

Rudebeck PH & Murray EA (2011). Dissociable effects of subtotal lesions within the macaque orbital prefrontal cortex on reward-guided behavior. *Journal of Neuroscience* 31: 10569 – 10578.

Rudebeck PH & Murray EA (2014). The orbitofrontal oracle: cortical mechanisms for the prediction and evaluation of specific behavioral outcomes. *Neuron* 84: 1143 – 1156.

Rudebeck PH, Behrens TE, Kennerley SW, Baxter MG, Buckley MJ, Walton ME, & Rushworth MF (2008). Frontal cortex subregions play distinct roles in choices between actions and stimuli. *Journal of Neuroscience* 28: 13775 – 13785.

Rudebeck PH, Saunders RC, Lundgren DA, & Murray EA (2017). Specialized representations of value in the orbital and ventrolateral prefrontal cortex: desirability versus availability of outcomes. *Neuron* 95: 1208 – 1220 e5.

Rumelhart DE, Hinton GE, & Williams RJ (1986). Learning internal representations by error propagation. In Rumelhart DE, McClelland JL, & the PDP Research Group, editors, *Parallel Distributed Processing: Explorations in the Microstructure of Cognition*, vol. 1, chap. 8, 318 – 362. MIT Press, Cambridge, MA.

Rupp HA & Wallen K (2009). Sex-specific content preferences for visual sexual stimuli. *Archives in Sexual Behavior* 38: 417 – 426.

Rushworth MF, Noonan MP, Boorman ED, Walton ME, & Behrens TE (2011). Frontal cortex and reward-guided learning and decision-making. *Neuron* 70: 1054 – 1069.

Rushworth MF, Kolling N, Sallet J, & Mars RB (2012). Valuation and decision-making in frontal cortex: one or many serial or parallel systems? *Current Opinion in Neurobiology* 22: 946 – 955.

Rushworth MFS, Hadland KA, Paus T, & Sipila PK (2002). Role of the human medial frontal cortex in task-switching: a combined fMRI and TMS study. *Journal of Neurophysiology* 87: 2577 – 2592.

Rushworth MFS, Walton ME, Kennerley SW, & Bannerman DM (2004). Action sets and decisions in the medial frontal cortex. *Trends in Cognitive Sciences* 8: 410 – 417.

Rushworth MFS, Buckley MJ, Behrens TE, Walton ME, & Bannerman DM (2007). Functional organization of the medial frontal cortex. *Current Opinion in Neurobiology* 17: 220 – 227.

Rusting C & Larsen R (1998). Personality and cognitive processing of affective information. *Personality and Social Psychology Bulletin* 24: 200 – 213.

Rutishauser U, Tudusciuc O, Neumann D, Mamelak AN, Heller AC, Ross IB, Philpott L, Sutherling WW, & Adolphs R (2011). Single-unit responses selective for whole faces in the human amygdala. *Current Biology* 21: 1654 – 1660.

Rutishauser U, Mamelak AN, & Adolphs R (2015). The primate amygdala in social perception-insights from electrophysiological recordings and stimulation. *Trends Neurosci* 38: 295 – 306.

Rylander G (1948). Personality analysis before and after frontal lobotomy. *Association for Research into Nervous and Mental Disorders* 27 (The Frontal Lobes): 691 – 705.

Saez RA, Saez A, Paton JJ, Lau B, & Salzman CD (2017). Distinct roles for the amygdala and orbitofrontal cortex in representing the relative amount of expected reward. *Neuron* 95: 70 – 77 e3.

Saint-Cyr JA, Ungerleider LG, & Desimone R (1990). Organization of visual cortical inputs to the striatum and subsequent outputs to the pallido-nigral complex in the monkey. *Journal of Comparative Neurology* 298: 129 – 156.

Saleem KS, Kondo H, & Price JL (2008). Complementary circuits connecting the orbital and medial prefrontal networks with the temporal, insular, and opercular cortex in the macaque monkey. *Journal of Comparative Neurology* 506: 659 – 693.

Saleem KS, Miller B, & Price JL (2014). Subdivisions and connectional networks of the lateral prefrontal cortex in the macaque monkey. *Journal of Comparative Neurology* 522: 1641 – 1690.

Sandman N, Merikanto I, Maattanen H, Valli K, Kronholm E, Laatikainen T, Partonen T, & Paunio T (2016). Winter is coming: nightmares and sleep problems during seasonal affective disorder. *J Sleep Res* 25: 612 – 619.

Sanfey AG, Rilling JK, Aronson JA, Nystrom LE, & Cohen JD (2003). The neural basis of economic decision-making in the ultimatum game. *Science* 300: 1755 – 1758.

Sanghera MK, Rolls ET, & Roper-Hall A (1979). Visual responses of neurons in the dorsolateral amygdala of the alert monkey. *Experimental Neurology* 63: 610 – 626.

Savic I (2014). Pheromone processing in relation to sex and sexual orientation. In Mucignat-Caretta C, editor, *Neurobiology of Chemical Communication*, Frontiers in Neuroscience, chap. 18. CRC Press, Boca Raton (FL).

Schachter S (1971). Importance of cognitive control in obesity. *American Psychologist* 26: 129 – 144.

Schachter S & Singer J (1962). Cognitive, social and physiological determinants of emotional state. *Psychological Review* 69: 378 – 399.

Scherer K (2009). The dynamic architecture of emotion: Evidence for the component process model. *Cognition and Emotion* 23: 1307 – 1351.

Schiller D, Monfils MH, Raio CM, Johnson DC, LeDoux JE, & Phelps EA (2010). Preventing the return of fear in humans using reconsolidation update mechanisms. *Nature* 463: 49 – 53.

Schilthuizen M (2015). *Nature's Nether Regions: What the Sex Lives of Bugs, Birds, and Beasts Tell Us about Evolution, Biodiversity, and Ourselves.* Penguin, New York.

Schirmer A, Zysset S, Kotz SA, & von Cramon YD (2004). Gender differences in the activation of inferior frontal cortex during emotional speech perception. *Neuroimage* 21: 1114 – 1123.

Schoenbaum G & Eichenbaum H (1995). Information encoding in the rodent prefrontal cortex. I. Single-neuron activity in orbitofrontal cortex compared with that in pyriform cortex. *Journal of Neurophysiology* 74: 733 – 750.

Schoenbaum G, Roesch MR, Stalnaker TA, & Takahashi YK (2009). A new perspective on the role of the orbitofrontal cortex in adaptive behaviour. *Nature Reviews Neuroscience* 10: 885 – 892.

Schultz W (2013). Updating dopamine reward signals. *Current Opinion in Neurobiology* 23: 229 – 238.

Schultz W (2016a). Dopamine reward prediction-error signalling: a two-component response. *Nat Rev Neurosci* 17: 183 – 195.

Schultz W (2016b). Reward functions of the basal ganglia. *J Neural Transm (Vienna)* 123: 679 – 693.

Schultz W, Romo R, Ljunberg T, Mirenowicz J, Hollerman JR, & Dickinson A (1995). Reward-related signals carried by dopamine neurons. In Houk JC, Davis JL, & Beiser DG, editors, *Models of Information Processing in the Basal Ganglia*, chap. 12, 233 – 248. MIT Press, Cambridge, MA.

Schwartz MW & Porte D (2005). Diabetes, obesity, and the brain. *Science* 307: 375 – 379.

310

Sclafani A (2013). Gut-brain nutrient signaling. appetition vs. satiation. *Appetite* 71: 454 – 458.

Scott SK, Young AW, Calder AJ, Hellawell DJ, Aggleton JP, & Johnson M (1997). Impaired auditory recognition of fear and anger following bilateral amygdala lesions. *Nature* 385: 254 – 257.

Scott TR (2011). Learning through the taste system. *Frontiers in Systems Neuroscience* 5: 87.

Scott TR & Giza BK (1987). A measure of taste intensity discrimination in the rat through conditioned taste aversions. *Physiology and Behaviour* 41: 315 – 320.

Scott TR & Giza BK (1992). Gustatory control of ingestion. In Booth DA, editor, *The Neurophysiology of Ingestion*. Manchester University Press, Manchester.

Scott TR & Small DM (2009). The role of the parabrachial nucleus in taste processing and feeding. *Annals of the New York Academy of Sciences* 1170: 372 – 377.

Scott TR, Yaxley S, Sienkiewicz ZJ, & Rolls ET (1986). Gustatory responses in the frontal opercular cortex of the alert cynomolgus monkey. *Journal of Neurophysiology* 56: 876 – 890.

Scott TR, Karadi Z, Oomura Y, Nishino H, Plata-Salaman CR, Lenard L, Giza BK, & Aou S (1993). Gustatory neural coding in the amygdala of the alert monkey. *Journal of Neurophysiology* 69: 1810 – 1820.

Scott TR, Yan J, & Rolls ET (1995). Brain mechanisms of satiety and taste in macaques. *Neurobiology* 3: 281 – 292. 311

Seleman LD & Goldman-Rakic PS (1985). Longitudinal topography and interdigitation of corticostriatal projections in the rhesus monkey. *Journal of Neuroscience* 5: 776 – 794.

Seligman ME (1970). On the generality of the laws of learning. *Psychological Review* 77: 406 – 418.

Seligman ME (1978). Learned helplessness as a model of depression. Comment and integration. *Journal of Abnormal Psychology* 87: 165 – 179.

Seltzer B & Pandya DN (1989). Frontal lobe connections of the superior temporal sulcus in the rhesus monkey. *Journal of Comparative Neurology* 281: 97 – 113.

Shackelford TK & Goetz AT (2007). Adaptation to sperm competition in humans. *Current Directions in Psychological Science* 16: 47 – 50.

Shackelford TK, Le Blanc GL, Weekes-Shackelford VA, Bleske-Rechek AL, Euler HA, & Hoier S (2002). Psychological adaptation to human sperm competition. *Evolution and Human Behaviour* 23: 123 – 138.

Shang Y, Claridge-Chang A, Sjulson L, Pypaert M, & Miesenbock G (2007). Excitatory local circuits and their implications for olfactory processing in the fly antennal lobe. *Cell* 128: 601 – 612.

Shen X, Tokoglu F, Papademetris X, & Constable RT (2013). Groupwise whole-brain parcellation from resting-state fmri data for network node identification. *Neuroimage* 82: 403 – 415.

Shima K & Tanji J (1998). Role for cingulate motor area cells in voluntary movement selection based on reward. *Science* 13: 1335 – 1338.

Shimura T & Shimokochi M (1990). Involvement of the lateral mesencephalic tegmentum in copulatory behavior of male rats: neuron activity in freely moving animals. *Neuroscience Research* 9: 173 – 183.

Simmen-Tulberg B & Moller AP (1993). The relationship between concealed ovulation and mating systems in anthropoid primates: a phylogenetic analysis. *American Naturalist* 141: 1 – 25.

Simmons JM, Minamimoto T, Murray EA, & Richmond BJ (2010). Selective ablations reveal that orbital and lateral prefrontal cortex play different roles in estimating predicted reward value. *Journal of Neuroscience* 30: 15878 – 15887.

Simmons LW, Firman RC, Rhodes G, & Peters M (2004). Human sperm competition: testis size, sperm production and rate of extra-pair copulations. *Animal Behaviour* 68: 297 – 302.

Singer P (1981). *The Expanding Circle: Ethics and Sociobiology*. Oxford University Press, Oxford.

Singer T, Seymour B, O'Doherty J, Kaube H, Dolan RJ, & Frith CD (2004). Empathy for pain involves the affective but not sensory components of pain. *Science* 303: 1157 – 1162.

Singer W (1999). Neuronal synchrony: A versatile code for the definition of relations? *Neuron* 24: 49 – 65.

Singh D & Bronstad MP (2001). Female body odour is a potential cue to ovulation. *Proceedings of the Royal Society of London B* 268: 797 – 801.

Singh D & Young RK (1995). Body weight, waist-to-hip ratio, breasts and hips: role in judgements of female attractiveness and desirability for relationships. *Ethology and Sociobiology* 16: 483 – 507.

Singh D, Meyer W, Zambarano RJ, & Hurlbert DF (1998). Frequency and timing of coital orgasm in women desirous of becoming pregnant. *Archives of Sexual Behaviour* 27: 15 – 29.

Small DM & Scott TR (2009). Symposium overview: What happens to the pontine processing? Repercussions of interspecies differences in pontine taste representation for tasting and feeding. *Annals of the New York Academy of Science* 1170: 343 – 346.

Small DM, Zald DH, Jones-Gotman M, Zatorre RJ, Petrides M, & Evans AC (1999). Human cortical gustatory areas: a review of functional neuroimaing data. *NeuroReport* 8: 3913 – 3917.

Small DM, Bender G, Veldhuizen MG, Rudenga K, Nachtigal D, & Felsted J (2007). The role of the human orbitofrontal cortex in taste and flflavor processing. *Annals of the New York Academy of Sciences* 1121: 136 – 151.

Smerieri A, Rolls ET, & Feng J (2010). Decision time, slow inhibition, and theta rhythm. *Journal of Neuroscience* 30: 14173 – 14181.

Snyder SH (2004). Opiate receptors and beyond: 30 years of neural signaling research. *Neuropharmacology* 47 Suppl 1: 274 – 285.

Soares JC & Young AH (2016). *Bipolar Disorder: basic mechanisms and therapeutic implications*. Cambridge University Press, Cambridge, 3rd edn.

Sobel N, Prabhakaran V, Hartley CA, Desmond JE, Glover GH, Sullivan EV, & Gabrieli JD (1999). Blind smell: brain activation induced by an undetected air-borne chemical. *Brain* 122: 209 – 217.

Spiridon M, Fischl B, & Kanwisher N (2006). Location and spatial profile of category-specific regions in human extrastriate cortex. *Human Brain Mapping* 27: 77 – 89.

Squire LR, Stark CEL, & Clark RE (2004). The medial temporal lobe. *Annual Review of Neuroscience* 27: 279 – 306.

Stalnaker TA, Cooch NK, & Schoenbaum G (2015). What the orbitofrontal cortex does not do. *Nat Neurosci* 18: 620 – 627.

Stefanacci L, Suzuki WA, & Amaral DG (1996). Organization of connections between the amygdaloid complex and the perirhinal and parahippocampal cortices in macaque monkeys. *Journal of Comparative Neurology* 375: 552 – 582.

Stephan KE, Weiskopf N, Drysdale PM, Robinson PA, & Friston KJ (2007). Comparing hemodynamic models with DCM. *Neuroimage* 38: 387 – 401.

Stephenson-Jones M, Yu K, Ahrens S, Tucciarone JM, van Huijstee AN, Mejia LA, Penzo MA, Tai LH, Wilbrecht L, & Li B (2016). A basal ganglia circuit for evaluating action outcomes. *Nature* 539: 289 – 293.

Stocks NG (2000). Suprathreshold stochastic resonance in multilevel threshold systems. *Physical Review Letters* 84: 2310 – 2313.

Stowers L & Kuo TH (2015). Mammalian pheromones: emerging properties and mechanisms of detection. *Curr Opin Neurobiol* 34: 103 – 109.

Strongman KT (2003). *The Psychology of Emotion*. Wiley, New York, 5th edn.

Sugiura M, Watanabe J, Maeda Y, Matsue Y, Fukuda H, & Kawashima R (2005). Cortical mechanisms of visual self-recognition. *Neuroimage* 24: 143 – 149.

Sugrue LP, Corrado GS, & Newsome WT (2005). Choosing the greater of two goods: neural currencies for valuation and decision making. *Nature Reviews Neuroscience* 6: 363 – 375.

Suleiman AB, Galvan A, Harden KP, & Dahl RE (2017). Becoming a sexual being: The "elephant in the room" of adolescent brain development. *Dev Cogn Neurosci* 25: 209 – 220.

Suzuki WA & Amaral DG (1994). Perirhinal and parahippocampal cortices of the macaque monkey — cortical afferents. *Journal of Comparative Neurology* 350: 497 – 533.

Swaddle JP & Reierson GW (2002). Testosterone increases perceived dominance but not attractiveness in human males. *Proceedings of the Royal Society of London B* 269: 2285 – 2289.

Swann AC (2009). Impulsivity in mania. *Current Psychiatry Reports* 11: 481 – 487.

Tabuchi E, Mulder AB, & Wiener SI (2003). Reward value invariant place responses and reward site associated activity in hippocampal neurons of behaving rats. *Hippocampus* 13: 117 – 132.

Tafet GE & Nemeroff CB (2020). Pharmacological treatment of anxiety disorders: the role of the hpa axis. *Front Psychiatry* 11: 443.

Tanaka D (1973). Effects of selective prefrontal decortication on escape behavior in the monkey. *Brain Research* 53: 161 – 173.

Terenius L & Johansson B (2010). The opioid systems-panacea and nemesis. *Biochemical and Biophysical Research Communications* 396: 140 – 142.

Tessman I (1995). Human altruism as a courtship display. *Oikos* 74: 157 – 158.

Thibaut F (2017). Anxiety disorders: a review of current literature. *Dialogues Clin Neurosci* 19: 87–88.

Thomas DM, Bouchard C, Church T, Slentz C, Kraus WE, Redman LM, Martin CK, Silva AM, Vossen M, Westerterp K, & Heymsfield SB (2012). Why do individuals not lose more weight from an exercise intervention at a defined dose? An energy balance analysis. *Obesity Reviews* 13: 835–847.

Thornhill R & Gangestad SW (2015). The functional design and phylogeny of women's sexuality. In *The evolution of sexuality*, 149–184. Springer.

Thornhill R & Gangstad SW (1999). The scent of symmetry: a human sex pheromone that signals fitness? *Evolution and Human Behaviour* 20: 175–201.

Thornhill R & Grammer K (1999). The body and face of woman: one ornament that signals quality? *Evolution and Human Behaviour* 20: 105–120.

Thornhill R, Gangestad SW, & Comer R (1995). Human female orgasm and mate fluctuating asymmetry. *Animal Behaviour* 50: 1601–1615.

Thorpe SJ, Maddison S, & Rolls ET (1979). Single unit activity in the orbitofrontal cortex of the behaving monkey. *Neuroscience Letters* S3: S77.

Thorpe SJ, Rolls ET, & Maddison S (1983). Neuronal activity in the orbitofrontal cortex of the behaving monkey. *Experimental Brain Research* 49: 93–115.

Tiihonen J, Kuikka J, Kupila J, Partanen K, Vainio P, Airaksinen J, Eronen M, Hallikainen T, Paanila J, Kinnunen I, & Huttunen J (1994). Increase in cerebral blood flow of right prefrontal cortex in man during orgasm. *Neuroscience Letters* 170: 241–243.

Tinbergen N (1951). *The Study of Instinct*. Oxford University Press, Oxford.

Tinbergen N (1963). On aims and methods of ethology. *Zeitschrift fur Tierpsychologie* 20: 410–433.

Tomkins SS (1995). *Exploring Affect: The Selected Writings of Sylvan S. Tomkins*. Cambridge University Press, New York.

Tonegawa S, Nakazawa K, & Wilson MA (2003). Genetic neuroscience of mammalian learning and memory. *Philosophical Transactions of the Royal Society of London B Biological Sciences* 358: 787–795.

Tovee MJ & Rolls ET (1992). Oscillatory activity is not evident in the primate temporal visual cortex with static stimuli. *Neuroreport* 3: 369–372.

Tovee MJ & Rolls ET (1995). Information encoding in short firing rate epochs by single neurons in the primate temporal visual cortex. *Visual Cognition* 2: 35–58.

Tovee MJ, Rolls ET, Treves A, & Bellis RP (1993). Information encoding and the responses of single neurons in the primate temporal visual cortex. *Journal of Neurophysiology* 70: 640–654.

Tovee MJ, Rolls ET, & Azzopardi P (1994). Translation invariance and the responses of neurons in the temporal visual cortical areas of primates. *Journal of Neurophysiology* 72: 1049–1060.

Tracey I (2017). Neuroimaging mechanisms in pain: from discovery to translation. *Pain* 158 Suppl 1: S115–S122.

Tranel D, Bechara A, & Denburg NL (2002). Asymmetric functional roles of right and left ventromedial prefrontal cortices in social conduct, decision-making and emotional processing. *Cortex* 38: 589–612.

Trappenberg TP, Rolls ET, & Stringer SM (2002). Effective size of receptive fields of inferior temporal visual cortex neurons in natural scenes. In Dietterich TG, Becker S, & Gharamani Z, editors, *Advances in Neural Information Processing Systems*, vol. 14, 293–300. MIT Press, Cambridge, MA.

Tremblay L & Schultz W (1999). Relative reward preference in primate orbitofrontal cortex. *Nature* 398: 704–708.

Treves A & Rolls ET (1991). What determines the capacity of autoassociative memories in the brain? *Network* 2: 371–397.

Treves A & Rolls ET (1992). Computational constraints suggest the need for two distinct input systems to the hippocampal CA3 network. *Hippocampus* 2: 189–199.

Treves A & Rolls ET (1994). A computational analysis of the role of the hippocampus in memory. *Hippocampus* 4: 374–391.

Treves A, Panzeri S, Rolls ET, Booth M, & Wakeman EA (1999). Firing rate distributions and efficiency of information transmission of inferior temporal cortex neurons to natural visual stimuli. *Neural Computation* 11: 601–631.

Trivers R (1971). The evolution of reciprocal altruism. *Quarterly Review of Biology* 46: 35–57.

Trivers R (1974). Parent-offspring conflict. *American Zoologist* 14: 249–264.

313

Trivers RL (1985). *Social Evolution*. Benjamin, Cummings, CA.

Troisi A & Carosi M (1998). Female orgasm rate increases with male dominance in Japanese macaque. *Animal Behaviour* 56: 1261 – 1266.

Trull TJ & Widiger TA (2013). Dimensional models of personality: the five-factor model and the dsm-5. *Dialogues Clin Neurosci* 15: 135 – 146.

Tsao DY & Livingstone MS (2008). Mechanisms of face perception. *Annual Reviews of Neuroscience* 31: 411 – 437.

Udry JR & Eckland BK (1984). Benefifits of being attractive: differential pay-offs for men and women. *Psychological Reports* 54: 47 – 56.

Ullsperger M & von Cramon DY (2001). Subprocesses of performance monitoring: a dissociation of error processing and response competition revealed by event-related fMRI and ERPs. *Neuroimage* 14: 1387 – 1401.

Ungerstedt U (1971). Adipsia and aphagia after 6-hydroxydopamine induced degeneration of the nigrostriatal dopamine system. *Acta Physiologia Scandinavica* 81 (Suppl. 367): 95 – 122.

Valenstein ES (1974). *Brain Control. A Critical Examination of Brain Stimulation and Psychosurgery.* Wiley, New York.

Van Hoesen GW (1981). The differential distribution, diversity and sprouting of cortical projections to the amygdala in the rhesus monkey. In Ben-Ari Y, editor, *The Amygdaloid Complex*, 77 – 90. Elsevier, Amsterdam.

Van Hoesen GW, Yeterian EH, & Lavizzo-Mourey R (1981). Widespread corticostriate projections from temporal cortex of the rhesus monkey. *Journal of Comparative Neurology* 199: 205 – 219.

van Veen V, Cohen JD, Botvinick MM, Stenger AV, & Carter CS (2001). Anterior cingulate cortex, conflict monitoring, and levels of processing. *Neuroimage* 14: 1302 – 1308.

vandenBerghe PL & Frost P (1986). Skin colour preferences, sexual dimorphism and sexual selection: a case for gene culture evolution. *Ethnic and Racial Studies* 9: 87 – 113.

Veening JG, de Jong TR, Waldinger MD, Korte SM, & Olivier B (2015). The role of oxytocin in male and female reproductive behavior. *Eur J Pharmacol* 753: 209 – 228.

Verhagen JV, Rolls ET, & Kadohisa M (2003). Neurons in the primate orbitofrontal cortex respond to fat texture independently of viscosity. *Journal of Neurophysiology* 90: 1514 – 1525.

Verhagen JV, Kadohisa M, & Rolls ET (2004). The primate insular taste cortex: neuronal representations of the viscosity, fat texture, grittiness, and the taste of foods in the mouth. *Journal of Neurophysiology* 92: 1685 – 1699.

Voellm BA, De Araujo IET, Cowen PJ, Rolls ET, Kringelbach ML, Smith KA, Jezzard P, Heal RJ, & Matthews PM (2004). Methamphetamine activates reward circuitry in drug naive human subjects. *Neuropsychopharma cology* 29: 1715 – 1722.

Vogt BA, editor (2009). *Cingulate Neurobiology and Disease*. Oxford University Press, Oxford.

Vogt BA & Laureys S (2009). The primate posterior cingulate gyrus: connections, sensorimotor orientation, gateway to limbic processing. In Vogt BA, editor, *Cingulate Neurobiology and Disease*, chap. 13,275 – 308. Oxford University Press, Oxford.

Vogt BA & Pandya DN (1987). Cingulate cortex of the rhesus monkey: II. Cortical afferents. *Journal of Comparative Neurology* 262: 271 – 289.

Vogt BA & Sikes RW (2000). The medial pain system, cingulate cortex, and parallel processing of nociceptive information. *Progress in Brain Research* 122: 223 – 235.

Vogt BA, Derbyshire S, & Jones AKP (1996). Pain processing in four regions of human cingulate cortex localized with co-registered PET and MR imaging. *European Journal of Neuroscience* 8: 1461 – 1473.

Vogt BA, Berger GR, & Derbyshire SWG (2003). Structural and functional dichotomy of human midcingulate cortex. *European Journal of Neuroscience* 18: 3134 – 3144.

Volkow ND, Wang GJ, Tomasi D, & Baler RD (2013). Obesity and addiction: neurobiological overlaps. *Obesity Reviews* 14: 2 – 18.

Waelti P, Dickinson A, & Schultz W (2001). Dopamine responses comply with basic assumptions of formal learning theory. *Nature* 412: 43 – 48.

Walker DM, Bell MR, Flores C, Gulley JM, Willing J, & Paul MJ (2017). Adolescence and reward: Making sense of neural and behavioral changes amid the chaos. *J Neurosci* 37: 10855 – 10866.

Wallis G & Rolls ET (1997). Invariant face and object recognition in the visual system. *Progress in Neurobiology* 51: 167 – 194.

314

Wallis JD &. Miller EK (2003). Neuronal activity in primate dorsolateral and orbital prefrontal cortex during performance of a reward preference task. *European Journal of Neuroscience* 18: 2069 – 2081.

Wallrabenstein I, Gerber J, Rasche S, Croy I, Kurtenbach S, Hummel T, &. Hatt H (2015). The smelling of hedione results in sex-differentiated human brain activity. *Neuroimage* 113: 365 – 373.

Walton ME, Bannerman DM, &. Rushworth MFS (2002). The role of rat medial frontal cortex in effort-based decision making. *Journal of Neuroscience* 22: 10996 – 11003.

Walton ME, Bannerman DM, Alterescu K, &. Rushworth MFS (2003). Functional specialization within medial frontal cortex of the anterior cingulate for evaluating effort-related decisions. *Journal of Neuroscience* 23: 6475 – 6479.

Walton ME, Devlin JT, &. Rushworth MF (2004). Interactions between decision making and performance monitoring within prefrontal cortex. *Nature Neuroscience* 7: 1259 – 1265.

Wang H, Rolls ET, Du X, Du J, Yang D, Li J, Li F, Cheng W, &. Feng J (2020). Severe nausea and vomiting in pregnancy: psychiatric and cognitive problems, and brain structure in children. *BMC Medicine* 18: 228.

Wang XJ (2002a). Probabilistic decision making by slow reverberation in cortical circuits. *Neuron* 36: 955 – 968.

Wang XJ (2002b). Probabilistic decision making by slow reverberation in cortical circuits. *Neuron* 36: 955 – 968.

Wang XJ (2008a). Decision making in recurrent neuronal circuits. *Neuron* 60: 215 – 234.

Wang XJ (2008b). Decision making in recurrent neuronal circuits. *Neuron* 60: 215 – 234.

Watson JB (1930). *Behaviorism: Revised Edition*. University of Chicago Press, Chicago.

Wedell N, Gage MJ, &. Parker G (2002). Sperm competition, male prudence and sperm limited females. *Proceedings of the Royal Society of London B* 260: 245 – 249.

Weiner KS &. Grill-Spector K (2013). Neural representations of faces and limbs neighbor in human high-level visual cortex: evidence for a new organization principle. *Psychological Research* 77: 74 – 97.

Weisenfeld K (1993). An introduction to stochastic resonance. *Annals of the New York Academy of Sciences* 706: 13 – 25.

Weiskrantz L (1956). Behavioral changes associated with ablation of the amygdaloid complex in monkeys. *Journal of Comparative and Physiological Psychology* 49: 381 – 391.

Weiskrantz L (1968). Emotion. In Weiskrantz L, editor, *Analysis of Behavioural Change*, 50 – 90. Harper and Row, New York.

Weiskrantz L (1997). *Consciousness Lost and Found*. Oxford University Press, Oxford.

Weiskrantz L (1998). *Blindsight*. Oxford University Press, Oxford, 2nd edn.

Weiskrantz L (2009). Is blindsight just degraded normal vision? *Experimental Brain Research* 192: 413 – 416.

Wessa M, Kanske P, &. Linke J (2014). Bipolar disorder: a neural network perspective on a disorder of emotion and motivation. *Restorative Neurology and Neuroscience* 32: 51 – 62.

West RA &. Larson CR (1995). Neurons of the anterior mesial cortex related to faciovocal activity in the awake monkey. *Journal of Neurophysiology* 74: 1856 – 1869.

Whalen PJ &. Phelps EA (2009). *The Human Amygdala*. Guilford, New York.

Wheeler EZ &. Fellows LK (2008). The human ventromedial frontal lobe is critical for learning from negative feedback. *Brain* 131: 1323 – 1331.

Whelan R, Conrod PJ, Poline JB, Lourdusamy A, Banaschewski T, Barker GJ, Bellgrove MA, Buchel C, Byrne M, Cummins TDR, et al. (2012). Adolescent impulsivity phenotypes characterized by distinct brain networks. *Nature Neuroscience* 15: 920 – 925.

WHO (2017). World health organization: Depression and other common mental disorders: global health estimates https://www. who. int/mental health/management/depression/prevalence global health estimates/en/.

Wiech K &. Tracey I (2013). Pain, decisions, and actions: a motivational perspective. *Frontiers in Neuroscience* 7: 46.

Wilks DC, Besson H, Lindroos AK, &. Ekelund U (2011). Objectively measured physical activity and obesity prevention in children, adolescents and adults: a systematic review of prospective studies. *Obesity Reviews* 12: 119 – 129.

Williams GV, Rolls ET, Leonard CM, &. Stern C (1993). Neuronal responses in the ventral striatum of the behaving macaque. *Behavioural Brain Research* 55: 243 – 252.

Wilson FAW & Rolls ET (1990a). Neuronal responses related to the novelty and familiarity of visual stimuli in the substantia innominata, diagonal band of Broca and periventricular region of the primate. *Experimental Brain Research* 80: 104 – 120.

Wilson FAW & Rolls ET (1990b). Neuronal responses related to reinforcement in the primate basal forebrain. *Brain Research* 509: 213 – 231.

Wilson FAW & Rolls ET (1990c). Learning and memory are reflected in the responses of reinforcement-related neurons in the primate basal forebrain. *Journal of Neuroscience* 10: 1254 – 1267.

Wilson FAW & Rolls ET (1993). The effects of stimulus novelty and familiarity on neuronal activity in the amygdala of monkeys performing recognition memory tasks. *Experimental Brain Research* 93: 367 – 382.

Wilson FAW & Rolls ET (2005). The primate amygdala and reinforcement: a dissociation between rule-based and associatively-mediated memory revealed in amygdala neuronal activity. *Neuroscience* 133: 1061 – 1072.

Wilson RI & Nicoll RA (2002). Endocannabinoid signalling in the brain. *Science* 296: 678 – 682.

Winkielman P & Berridge KC (2003). What is an unconscious emotion? *Cognition and Emotion* 17: 181 – 211.

Winkielman P & Berridge KC (2005). Unconscious affective reactions to masked happy versus angry faces influence consumption behavior and judgments of value. *Personality and Social Psychology Bulletin* 31: 111 – 135.

Winslow JT & Insel TR (2004). Neuroendrocrine basis of social recognition. *Current Opinion in Neurobiology* 14: 248 – 253.

Wise SP (2008). Forward frontal fields: phylogeny and fundamental function. *Trends in Neuroscience* 31: 599 – 608.

Wyatt TD (2014). *Pheromones and Animal Behaviour*. Cambridge University Press, Cambridge, 2nd edn.

Xie C, Jia T, Rolls ET, & al e (2021). Reward versus nonreward sensitivity of the medial versus lateral orbitofrontal cortex relates to the severity of depressive symptoms. *Biol Psychiatry Cogn Neurosci Neuroimaging* 6: 259 – 269.

Yamaguchi S (1967). The synergistic taste effect of monosodium glutamate and disodium 5′-inosinate. *Journal of Food Science* 32: 473 – 478.

Yamaguchi S & Kimizuka A (1979). Psychometric studies on the taste of monosodium glutamate. In Filer LJ, Garattini S, Kare MR, Reynolds AR, & Wurtman RJ, editors, *Glutamic Acid: Advances in Biochemistry and Physiology*, 35 – 54. Raven Press, New York.

Yan J & Scott TR (1996). The effect of satiety on responses of gustatory neurons in the amygdala of alert cynomolgus macaques. *Brain Research* 740: 193 – 200.

Yaxley S, Rolls ET, Sienkiewicz ZJ, & Scott TR (1985). Satiety does not affect gustatory activity in the nucleus of the solitary tract of the alert monkey. *Brain Research* 347: 85 – 93.

Yaxley S, Rolls ET, & Sienkiewicz ZJ (1988). The responsiveness of neurones in the insular gustatory cortex of the macaque monkey is independent of hunger. *Physiology and Behavior* 42: 223 – 229.

Yaxley S, Rolls ET, & Sienkiewicz ZJ (1990). Gustatory responses of single neurons in the insula of the macaque monkey. *Journal of Neurophysiology* 63: 689 – 700.

Yelnik J (2002). Functional anatomy of the basal ganglia. *Movement Disorders* 17 Suppl 3: S15 – S21.

Yeterian EH, Pandya DN, Tomaiuolo F, & Petrides M (2012). The cortical connectivity of the prefrontal cortex in the monkey brain. *Cortex* 48: 58 – 81.

Yohn CN, Gergues MM, & Samuels BA (2017). The role of 5-ht receptors in depression. *Mol Brain* 10: 28.

Young AW, Aggleton JP, Hellawell DJ, Johnson M, Broks P, & Hanley JR (1995). Face processing impairments after amygdalotomy. *Brain* 118: 15 – 24.

Young AW, Hellawell DJ, Van de Wal C, & Johnson M (1996). Facial expression processing after amygdalotomy. *Neuropsychologia* 34: 31 – 39.

Young KA, Gobrogge KL, Liu Y, & Wang Z (2011). The neurobiology of pair bonding: insights from a socially monogamous rodent. *Frontiers in Neuroendocrinology* 32: 53 – 69.

Young LJ & Wang Z (2004). The neurobiology of pairbonding. *Nature Neuroscience* 7: 1048 – 1054.

Zahavi A (1975). Mate selection: a selection for a handicap. *Journal of Theoretical Biology* 53: 205 – 214.

Zahavi A & Zahavi A (1997). *The Handicap Principle: A Missing Piece of Darwin's Puzzle.* Oxford University Press, Oxford.

Zald DH & Rauch SL, editors (2006). *The Orbitofrontal Cortex.* Oxford University Press, Oxford.

Zangemeister L, Grabenhorst F, & Schultz W (2016). Neural basis for economic saving strategies in human amygdala-prefrontal reward circuits. *Curr Biol* 26: 3004 – 3013.

Zanos P & Gould TD (2018). Mechanisms of ketamine action as an antidepressant. *Mol Psychiatry* 23: 801 – 811.

Zanos P, Moaddel R, Morris PJ, Georgiou P, Fischell J, Elmer GI, Alkondon M, Yuan P, Pribut HJ, Singh NS, Dossou KS, Fang Y, Huang XP, Mayo CL, Wainer IW, Albuquerque EX, Thompson SM, Thomas CJ, Zarate J C A, & Gould TD (2016). Nmdar inhibition-independent antidepressant actions of ketamine metabolites. *Nature* 533: 481 – 486.

Zatorre RJ, Jones-Gotman M, Evans AC, & Meyer E (1992). Functional localization of human olfactory cortex. *Nature* 360: 339 – 340.

Zatorre RJ, Jones-Gotman M, & Rouby C (2000). Neural mechanisms involved in odor pleasantness and intensity judgments. *NeuroReport* 11: 2711 – 2716.

Zhao GQ, Zhang Y, Hoon MA, Chandrashekar J, Erlenbach I, Ryba NJ, & Zucker CS (2003). The receptors for mammalian sweet and umami taste. *Cell* 115: 255 – 266.

Zorumski CF, Izumi Y, & Mennerick S (2016). Ketamine: Nmda receptors and beyond. *J Neurosci* 36: 11158 – 11164.

索 引

---

① 索引中的数字，均指原版书页码，中文版可按边码检索，由于图片排版的原因，个别页码无法与原版书完全对应。——编辑注